新时代复旦大学精品教材

柔性电子器件

胡来归　詹义强　丛春晓　蔚安然　编著

化学工业出版社

·北京·

内容简介

柔性电子学属于材料、化学、物理、电子等多学科交叉的前沿领域，内容主要涉及柔性可弯曲/可折叠/可拉伸/可穿戴的电子元器件、电路封装，以及它们的制备工艺和测试，是实现可穿戴设备的基础。本书从机械弯曲、杨氏模量开始，带领读者全面了解柔性电子器件的方方面面。

本书适宜电子、材料、机械等相关领域的技术人员参考，也可供高等本科院校相关专业学生使用。

图书在版编目（CIP）数据

柔性电子器件 / 胡来归等编著 . — 北京：化学工业出版社，2025. 3. — ISBN 978-7-122-47073-7

Ⅰ. TN6

中国国家版本馆 CIP 数据核字第 2025K6Z658 号

责任编辑：邢　涛　　　　　　　文字编辑：蔡晓雅
责任校对：王鹏飞　　　　　　　装帧设计：韩　飞

出版发行：化学工业出版社
　　　　　（北京市东城区青年湖南街 13 号　邮政编码 100011）
印　　装：北京云浩印刷有限责任公司
787mm×1092mm　1/16　印张 20¾　字数 492 千字
2025 年 5 月北京第 1 版第 1 次印刷

购书咨询：010-64518888　　　　售后服务：010-64518899
网　　址：http://www.cip.com.cn
凡购买本书，如有缺损质量问题，本社销售中心负责调换。

定　　价：98.00 元　　　　　　　版权所有　违者必究

自 20 世纪以来，电子科学与技术得到了飞速发展，电子元器件从最初的真空管，发展到二极管、三极管，再到大规模集成电路（LSI）以及超大规模集成电路（VLSI），其尺寸从宏观快速微缩到了纳米级别。英特尔创始人 Gordon Moore（时任仙童半导体公司工程师）于 1965 年提出了著名的"摩尔定律"，即集成电路上可容纳的晶体管数目每隔 18～24 个月就增加一倍，性能也将提升一倍，半导体行业大致按照摩尔定律发展了半个多世纪。但自 2010 年以来，其发展速度开始逐渐放缓，已低于摩尔定律所预测的发展速度。

随着器件尺寸越来越接近物理极限，著名物理学家霍金预测的两只"拦路虎"（量子隧穿效应与光速）如期而至，特别是制造芯片的进程来到 22nm 节点后，量子隧穿效应开始显著；由于栅极太短，晶体管的源漏极之间开始漏电；同时，实现 1～2nm 制程的硅片刻蚀所需光源也成为一大挑战。为了使相关技术不断进步，新的半导体材料、晶体管架构技术（比如 FinFET）和异构集成技术不断地被提出，电子信息行业也呈现出多元化的发展，在继续缩小晶体管尺寸和提高芯片密度的同时，多功能芯片与电子系统也逐渐开始出现并快速成长，例如可穿戴与植入式电子设备开始进入了人们的生活中，相应地，柔性电子学开始发展起来。

柔性电子学属于材料、化学、物理、微电子等多学科交叉的新兴学科，内容主要包括柔性可弯曲/可折叠/可拉伸/可穿戴的电子元器件、芯片、电路以及所涉及的制备工艺与物理化学知识。根据使用的材料，柔性电子器件主要可分为两类：一类是将刚性器件/芯片减薄，如使硅芯片在后期处理中变薄，再将其转移至柔性可弯曲的衬底上，从而实现一定程度的可弯曲性，而工艺与性质仍与传统硅基芯片一样；另一类是直接采用柔性材料制造柔性器件与电路，如有机材料、纳米材料等。相比较而言，后者的柔韧性与延展性要远大于前者，同时，后者不需要在高温下也能实现电子元器件的制造，甚至可以通过印刷和卷对卷工艺，低成本、大面积地制造柔性电子元件，如大面积的柔性显示板和太阳能电池面板。

伴随着柔性电子的快速发展，科学家们已开发出了各式各样的柔性电子器件（如发光二极管、柔性电池、超级电容器和传感器等），除了小分子、聚合物和有机单晶材料外，一些新型材料（如二维材料、有机-无机杂化钙钛矿材料、液态金属、离子凝胶等）也被广泛地运用到了各种柔性电子器件中，并带来了各种新的器件功能与性质，对应的应用清单也越来越大。

本书围绕复旦大学信息科学与工程学院开设了近十年的新型交叉学科课程"柔

性电子器件",面向授课过程中不同知识背景的学生情况(譬如:物理、电子信息、微电子等专业背景的学生缺乏柔性电子涉及的化学知识,而电子信息、化学、材料等背景的学生对半导体物理知识不够熟悉),结合过去数十年来柔性电子领域的相关研究和突破,并站在国内外柔性电子领域众多专家的肩膀上,从机械弯曲、杨氏模量等基本概念开始,带领读者踏上柔性电子器件的认识旅程。

本书适用于柔性电子学的入门性课程,也可作为学术研究的工具书或参考资料。全书共分成9章内容进行介绍,涉及柔性电子器件的材料、工作原理、制造工艺、发展历史与现状、相应的应用与展望。其中,胡来归老师负责编写绪论、第1章、第2章、第6~9章,并统稿全书内容;第4章和3.1节由丛春晓老师编写;第5章、3.2节和3.3节由詹义强老师、蔚安然老师编写。在本书的编写过程中,研究生徐凯(绪论与第1章)、秦守坤(第2章)、林远(3.1节)、刘天一(3.2节)、郭强(3.3节)、聂青青(4.1节)、周雪婷(4.2节)、胡志杰(5.1节)、张若桐(5.2~5.4节)、张秋仪(第6章)、盛晨旭(第7章)、单乐乐(第8章)、夏大成(第9章)协助资料收集与整理,在此表示衷心的感谢,也感谢2023年修读该课程的研究生同学为该书编写提供的帮助。

本书得到复旦大学首批"七大系列精品教材"立项建设项目的资助,在此表示衷心的感谢。由于笔者水平和经验有限,加上柔性电子学发展迅速,书中难免存在不足之处,敬请读者批评指正。

编著者
2024 年 8 月

目录

绪　论

在过去的半个多世纪中，半导体行业一直遵循着摩尔定律高速发展。目前的半导体制程节点已经来到了 3nm 及以下，借助于极紫外（EUV）光刻等先进技术，正在向着更小的节点推进。但随着工艺节点逐渐逼近物理极限，传统的硅基半导体技术面临着巨大的挑战，如晶体管尺寸微缩导致的量子效应、高能耗和高制造成本等，半导体行业逐渐进入了"后摩尔时代"，技术路线基本按照两个不同的维度继续推进：一是"深度摩尔"（more Moore），即继续延续摩尔定律，以缩小集成电路的尺寸为基础，同时兼顾性能及功耗；另一个便是"超摩尔"（more than Moore），即芯片性能的提升不再单纯地靠缩小或堆叠晶体管，而更多地依靠电路设计、系统算法优化等，同时借助于先进封装技术，实现异质集成，即把依靠先进工艺实现的数字芯片模块和依靠成熟工艺实现的模拟、射频模块等集成到一起以提升芯片性能[1]，在寻求性能提升的同时，增加其功能性，摆脱传统的框架结构，包括本书所涉及的柔性电子器件与相关技术。柔性电子技术有望实现不同功能器件的集成，而且可以使微电子集成系统具有传统系统所不具备的柔韧性和延展性，以满足可穿戴技术和医疗设备等领域的需求。

随着导电高分子、二维材料等新型柔性材料的出现，柔性电子技术涉及的各种器件有了更多的候选材料，从而使柔性电子器件与技术进入了发展的快速车道。这类电子设备在一定范围的形变条件（如弯曲、折叠、扭曲、拉伸、压缩等）下仍可工作，并具有轻质、柔性、小巧等特点，从而颠覆性地改变了传统刚性电路与器件的物理形态，在柔性化、大面积、低成本以及节能环保等方面具有显著的优势，极大地促进了人-机-物的融合，成为融合实体、数字世界的变革性力量。

（1）柔性电子的发展历史

理论上，任何很薄的材料都能呈现出不同程度的柔韧性或者弹性，例如单晶硅（Si）太阳能电池，第一个柔性太阳能电池阵列就是通过将单晶硅晶片电池减薄至约 $100\mu m$，然后将它们组装在塑料衬底上实现柔性的。1973年的能源危机，促进了对薄膜太阳能电池的研究，人们将其作为降低光伏发电成本的主要途径。20世纪80年代初，由于相对较低的沉积温度，人们在柔性金属或聚合物衬底上制备了氢化的非晶硅（a-Si:H）太阳能电池，甚至还引入了卷对卷制造技术，在多种柔性衬底上制备了a-Si:H太阳能电池[2-4]。此后，柔性太阳能电池领域便开始蓬勃发展，随着2009年第一个有机-无机杂化的钙钛矿太阳能电池问世，开启了柔性光伏器件的新纪元[5]。

在其他柔性电子器件方面，例如柔性薄膜晶体管（TFT），1968年，布洛迪（Brody）和他的同事在一张纸条上制作了碲（Te）的TFT，并提出使用TFT矩阵来进行显示寻址。在接下来的几年里，布洛迪的团队在各种柔性基板上制造了TFT，包括聚酯薄膜、聚乙烯和阳极氧化铝包装箔等，这些TFT器件可以弯曲到1/16in❶的半径并仍能正常工作[6]。

20世纪80年代中期，日本采用大面积等离子体增强化学气相沉积（PECVD）设备开始了有源矩阵液晶显示器（AMLCD）的产业化，该设备也已被开发用于制造a-Si:H太阳能电池。而a-Si:H基TFT背板的AMLCD产业以及a-Si:H太阳能电池在柔性衬底上的成功展示，进一步激励了新型衬底上硅基薄膜电路的研究[7]。1994年，爱荷华州立大学的康斯坦特（Constant）等人在柔性聚酰亚胺衬底上制备了a-Si:H的TFT电路[8]。此后，泰斯（Theiss）等人在柔性不锈钢箔上制备了a-Si:H薄膜晶体管[9]；而史密斯（Smith）等人利用激光退火技术在塑料衬底上制备了多晶硅（poly-Si）的TFT[10]。从那时起，人们对柔性电子产品的研究迅速扩大，许多研究小组和公司相继在钢箔或塑料基板上展示了柔性显示器。例如三星公司在2005年发布了一款7in柔性液晶面板，飞利浦公司则展示了一款可卷曲的电泳显示器原型。2006年，帕洛阿尔托研究中心和通用显示公司展示了一种采用钢箔制成的多晶硅TFT背板的全彩色、全动态柔性有机发光二极管（OLED）显示器原型。

进入21世纪后，柔性电子技术逐渐开始走出实验室，应用于商业领域并取得成功。柔性显示屏和柔性电子技术已应用于可穿戴设备和智能手机，可弯曲屏幕的智能手机等产品也相继问世。柔性电子设备可贴合人体肌肤或曲面物体，它们也可以嵌入我们的衣服和配饰中，附着在我们的皮肤上，以及植入生物体内，对应的分支学科还包括可穿戴电子学[11]、表皮电子学和植入式电子学[12-14]。具体而言，它们可用于连续、无创、实时、舒适地监测生命体征，为疾病诊断、预防保健和康复护理提供重要的临床相关信息。它们可以测量各种物理和生理信号，如电生理信号、身体运动、肌肉运动（如步行、慢跑、眨眼）。通过对肌肉活动的实时监测，柔性电子设备有助于临床步态分析和肌肉疲劳评估，从而提高运动表现，甚至防止意外等灾难性情况发生。通过表皮电子学，重要的生理信号，如脉搏、心跳、呼吸频率、体温、皮肤和呼吸湿度，能够以机械上无法感知的方式连续及时地跟踪。通过这种方式，慢性疾病如糖尿病和青光眼可以通过无创的经皮治疗（药物通过皮肤吸收的治疗方法）有效地诊断和管理。此外，随着生物相容性和生物可吸收材料的出现，植入式电子设备已被开发用于体内，用来记录内部状况，如颅内压、生化成分（如代谢物和电解质）和电生理信号［心电图（ECG）、肌电图、脑电图、眼电图等］[13]。

---

❶ 1in=2.54cm。

这种技术已经改变了传统的医学诊断，赋予它们可穿戴、舒适、远程操作和及时反馈的综合特征，为下一代医疗保健和生物医学应用提供了光明的前景。

柔性电子学是一门新兴学科，它的出现不但整合了电子电路、电子组件、材料、平面显示、纳米技术等领域技术，同时横跨了半导体、封测、材料、化工、印刷电路板、显示面板等产业，并正在不断演进和扩大应用范围，已逐步应用于医疗保健、军事、自动化、智能城市等多个领域，还可协助传统产业，如塑料、印刷、化工、金属材料等产业的转型，在信息、能源、医疗、制造等各个领域的应用重要性日益凸显，成为世界多国和跨国企业竞相发展的前沿技术。目前，我国已经能够自主研发许多柔性电子器件，包括有机发光二极管（OLED）、场效应晶体管、电致变色器件、非接触发光柔性屏、光致变色器件、平面式超级电容器、手写发光柔性屏、有机太阳能电池及各种类型的传感器等，还有更多的新型柔性电子器件在不断地开发中。

（2）现状与展望

2000 年，美国《科学》杂志将有机电子技术进展列为 21 世纪世界十大科技成果之一，与人类基因组草图、克隆技术等重大发现并列。由于在导电聚合物领域的开创性工作，美国科学家艾伦·黑格、艾伦·马克迪尔米德和日本科学家白川英树获得 2000 年诺贝尔化学奖，极大地推动了柔性电子器件与技术的发展。作为最有前景的新兴信息技术之一，柔性电子技术越来越受到学术界和工业界的广泛关注。本书介绍的柔性电子器件是柔性电子技术中最重要的组成部分与基础，是指具有柔韧性或延展性的各种电子器件，在结构和功能上与对应的传统刚性器件相同或者相似，但由于具有质地柔软、可弯曲、重量轻、耐冲击等优点，它们具有更多特有的功能，在军用、民用等领域具有巨大的应用潜力。

据预测，全球有机、柔性和印刷电子市场产值预计到 2030 年将达到数百亿美元，其中大部分是 OLED 折叠屏、传感器和印刷导电油墨，可伸缩电子、逻辑存储器以及电容传感器等增长潜力也很明显，全球柔性电子产业市场处于长期高速增长态势，可协助传统产业提升产业附加值，为产业结构和人类生活带来革命性变化。很多发达国家已在柔性电子领域加大投入，战略布局柔性电子项目，纷纷制定了针对柔性电子的重大研究计划。2009 年，英国曼德尔森发表了题为 *Plastic Electronics：A UK Strategy for Success* 的柔性电子发展战略，阐述了英国在柔性电子领域的优势和未来的发展目标。我国则在科技部"十二五"规划、973 计划、863 计划以及国家自然科学基金委的"十二五"规划中都开始将柔性电子列为重要的研究内容，工信部"十四五"规划进一步把新一代信息产业、先进材料、生物技术等与柔性电子技术息息相关的产业列为国家战略性新兴产业。

随着技术不断进步，柔性电子将成为电子领域的关键驱动力。未来更轻薄、更柔性化的设计将使电子设备更加贴合各种使用场景，提供更全面和个性化的功能。而医疗保健领域也将迎来革新，柔性传感器和监测电子设备的使用将使医疗服务更加个性化，为个体提供精准的医疗辅助，有助于实现更及时、有效的医疗监护和诊断。同时，柔性电子技术还将拓展到医疗器械的制造和使用中，为医护人员提供更便捷、精准的医疗手段。智能城市和自动化系统也将受益于柔性电子技术，包括环境监测、智能交通、能源管理等方面。由于其柔性和适应性，设备将能更好地融入城市基础设施，为城市居民提供更智能化、便捷的生活环境。此外，不同于传统的刚性设计限制了电子产品的外形和用途，柔性电子技术的发展可打破这些局限，创造出更多具有曲线美感、可定制的产品。

柔性电子技术的可持续性特点还将成为环保和可持续发展的重要推手。相较于传统电子设备，柔性电子产品通常使用更少的材料，因此能减少电子废物的产生，有利于推动绿色环保理念的实现。教育和娱乐领域也将受到柔性电子技术的影响，更多柔性屏幕、教育工具和娱乐设备的涌现将提供更丰富的学习和娱乐方式。这些设备将为教育提供更具交互性的体验，以及更多个性化的学习机会，同时也将丰富娱乐体验，提供更多创新性的游戏和娱乐选择。

综上所述，柔性电子技术有着非常好的未来，它将与新兴技术（如人工智能、物联网等）一起，共同推动科技的不断进步，并在社会各个领域创造出更多的创新和改变，有望成为未来科技发展的重要驱动力之一，也将为人类社会的发展带来更多选择与可能。

参考文献

[1] 尹周平，黄永安. 柔性电子制造：材料，器件与工艺. 北京：科学出版社，2016.

[2] Nath P, Izu M. Performance of large area amorphous Si based single and multiple junction solar cells. Photovoltaic Specialists Conference, 1985：939-942.

[3] Yano M, Suzuki K, Nakatani K, et al. Roll-to-roll preparation of a hydrogenated amorphous silicon solar cell on a polymer film substrate. Thin Solid Films, 1987, 146 (1)：75-81.

[4] Russell T W F, Baron B N, Brestovansky D F, et al. Properties of continuously-deposited photovoltaic grade CdS. IEEE Photovoltaics Specialists Conference (United States), 1982.

[5] Kojima A, Teshima K, Shirai Y, et al. Organometal halide perovskites as visible-light sensitizers for photovoltaic cells. Journal of the American Chemical Society, 2009, 131 (17)：6050-6051.

[6] Brody T P. The thin film transistor：A late flowering bloom. IEEE Transactions on Electron Devices, 1984, 31 (11)：1614-1628.

[7] Wong W S, Salleo A. Flexible electronics：materials and applications. Springer Science & Business Media, 2009.

[8] Constant A, Burns S G, Shanks H, et al. Development of thin film transistor based circuits on flexible polyimide substrates. Process Electrochemical Society, 1995, 94 (35)：392-400.

[9] Theiss S, Wagner S. Amorphous silicon thin-film transistors on steel foil substrates. IEEE Electron Device Letters, 1996, 17 (12)：578-580.

[10] Smith P M, Carey P G, Sigmon T W. Excimer laser crystallization and doping of silicon films on plastic substrates. Applied Physics Letters, 1997, 70 (3)：342-344.

[11] Shi X, Zuo Y, Zhai P, et al. Large-area display textiles integrated with functional systems. Nature, 2021, 591 (7849)：240-245.

[12] Kim D H, Lu N, Ma R, et al. Epidermal electronics. Science, 2011, 333 (6044)：838-843.

[13] Choi H K, Lee J H, Lee T, et al. Flexible electronics for monitoring in vivo electrophysiology and metabolite signals. Frontiers in Chemistry, 2020, 8：547591.

[14] Park S, Heo S W, Lee W, et al. Self-powered ultra-flexible electronics via nano-grating-patterned organic photovoltaics. Nature, 2018, 561 (7724)：516-521.

第 1 章

柔性电子材料

柔性电子技术是使用柔性功能材料或将功能材料、结构和器件附着于柔性/可拉伸的衬底上实现柔性电子信息器件的技术。与传统在 Si 衬底上发展的电子器件相比，柔性/可拉伸电子器件具有可弯曲或拉伸、便携、可大面积制备与应用的特点，代表了电子器件未来发展的重要方向之一，而应用于柔性电子器件各部分的材料则是器件实现柔性的基础与重要组成部分。本章将介绍用于柔性电子器件的材料，主要包括介电材料、半导体材料、导电材料、衬底材料等，并简单介绍柔性电子器件的传统加工方法。

1.1 柔性材料的定义

柔性材料这一概念较为宽泛，是具有高度可塑性和变形能力的材料统称。相对于刚性材料而言，柔性材料具备一定的柔软度，在外力的作用下会发生弹性形变，在外力撤销后依然能够保持原状，其结构与性质不会被破坏。本节内容将从柔性材料的相关性质以及物理参数入手，介绍柔性材料的定义和柔性电子学中一些常涉及的物理概念。

1.1.1 应力与应变

通常研究物体时往往都站在宏观的视角，暂时不考虑物体的微观结构，这时的物体可以被看成连续体，在物体中取一个很小很小的"有质量的体积元"，可称为"质元"，并以质元为单位来分析物体的运动。相应地，在考虑连续介质时，所使用的模型可看成"质元模型"（如图 1.1.1 所示）。当物体在受力时，可能会产生形变，

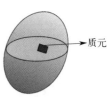

图 1.1.1　质元模型示意图

特别是柔性材料，其本征的受到外力作用时所呈现出来的性质和能力可称为材料的力学性能，通常可用应力与应变来描述。

（1）应力

当对柔性材料进行研究时，如前所述，我们不再将其看作一个个离散的质点，而是看成一小块一小块且连续的质元，同时我们还需要考虑物体内部各部分之间的内力。内力是物体里某部分作用于其他部分上的力，从微观角度考虑就是某一块质元作用在另一块质元上，也就是作用在某个小面元上的力。因此，应力就是一种"作用在单位面积上的内力"。具体来说，物体由于外因，如力、湿度、温度场等变化而发生形变时，在物体内各部分之间将会产生相互作用的内力以抵抗这种外因的作用，并试图使物体从形变后的位置恢复到形变之前的位置，这种力称为应力，也就是物体在受到外界作用时物体各部分的材料贡献的内力。

从微观角度来看，应力本质上是原子间的作用力。当物体发生形变时，原子间距离会偏离平衡位置，从而导致原子间相互排斥或吸引，这就是产生应力的根本原因。只有当偏离距离非常小时，排斥力或吸引力与偏离距离的关系才能看作是线性的，这也是后文介绍的胡克定律必须在小变形下才能成立的原因。

对于处于平衡状态的物体，使用一个过质元上一点 P 的平面 c，将物体分成 a 和 b 两部分。如果把 b 部分移开，那么 b 对 a 的作用应该以内部的内力合力（即应力）代替。考察平面 c 上包括 P 点在内的微小面积（面元），如图 1.1.2 所示。设面元的外法线（即平面 c 的外法线）为 n，面元的面积为 ΔS，作用在其上的内力合力为 ΔF，由于面元足够小，假设其内力均匀分布，则该微面上的平均内力为 $\Delta F/\Delta S$，于是，P 点的总应力可使用应力矢量 $T(n)$ 表示（应力的单位为 Pa）：

$$T(n) = \lim_{\Delta S \to 0} \frac{\Delta F}{\Delta S} \tag{1.1.1}$$

在空间直角坐标系中，可使用 e_x，e_y 和 e_z 来分别表示坐标轴的单位基矢量，则 $T(n)$ 可以表示为：

$$T(n) = T_x e_x + T_y e_y + T_z e_z \tag{1.1.2}$$

式中，T_x、T_y 和 T_z 为应力矢量沿坐标轴的分量。在实际应用中，往往需要知道应力矢量沿面元法线方向和切线方向的分量，其中，沿法线方向的应力分量称为正应力，而沿着切线方向的应力分量称为切应力（如图 1.1.3 所示）。

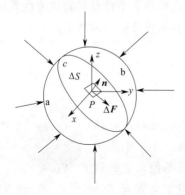

图 1.1.2　应力矢量定义

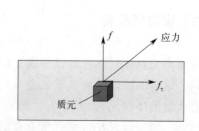

图 1.1.3　正应力和切应力

正应力用符号 f 表示，其方向与截面垂直，其数值表达式为：

$$f = \frac{F}{S} \tag{1.1.3}$$

式中，F 为施加在材料法向方向上的分力；S 为受力面积。正应力又分为拉应力和压应力。顾名思义，压应力是在内部材料受压时产生的，其方向与所受到的外力方向相反；而拉应力是在内部材料受拉时产生的，具体情况和压应力相似。

切应力由外力引起的材料切变变形而引起，方向与所受到的外力方向相反。切应力用符号 f_τ 表示，其方向与截面相切，其数值表达式为：

$$f_\tau = \frac{F}{S} \tag{1.1.4}$$

式中，F 为外力的切向分量。

如果应力使材料产生拉伸、膨胀或延伸的效果，即材料的原子之间的距离增加，对应的拉应力取正值。如果应力使材料产生缩短或收缩效应，所伴随压应力取为负值。对于前者，有三个相关的重要阶段：屈服强度，此时材料失去弹性；极限强度，材料所能承受的最大拉伸强度；断裂强度（断裂点），即断裂点处的拉应力。同样，在高压应力下的材料（如杆件）在临界载荷下会发生突然的侧向（相对于受压方向）偏转或弯曲，失去其稳定性，这种现象被称为屈曲。

器件中的应力来源主要有两种。一种是内置残余应力，这是在制造过程中薄膜沉积时产生的应力，是不平衡内力在材料中造成的应力，它取决于沉积条件。较大的拉应力值会扭曲材料的形状，并引发开裂。由于内置的拉应力在代数上与外部施加的应力相加，因此它会导致组件的过早失效；压应力则相反，这在某些方面是有益的，它可以抵消外部拉应力来提高部件的可靠性。残余应力的来源主要包括化学反应产生的残余应力、温度变化产生的残余应力和机械处理的残余应力，相应地也可以通过这些途径来控制残余应力。另一种是热系数失配应力，它是由于薄膜与衬底之间的热胀系数（CTE）不匹配，导致薄膜从沉积温度冷却到室温时所产生的应力。

（2）应变

弹性固体内的微小质元受到应力作用，自然会发生变形。应变这一概念就是用来衡量单位质元的变形程度的。它是指物体局部在外力或非均匀温度场等因素作用下的相对变形。与应力相同，应变也分为正应变和切应变（见图1.1.4），分别表示材料在受力下某一方向上线

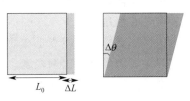

图 1.1.4　正应变（左）和切应变（右）

段长度的伸长或缩短以及物体上两条相互垂直的微小线段在变形后所夹角度的改变程度。

正应变采用符号 ε_f 表示，其表达式为：

$$\varepsilon_f = \frac{\Delta L}{L_0} \tag{1.1.5}$$

切应变通常用符号 γ 表示，其在 xy 平面内的表达式为：

$$\gamma = \frac{\Delta x}{L_0} = \Delta\theta \tag{1.1.6}$$

式中，ΔL 为长度变化；L_0 为原始长度；Δx 为切变位移；$\Delta\theta$ 为形变后改变的角度。

正应变和切应变都是量纲为 1 的纯数。简单来讲，正应变衡量的是质元的拉伸和压缩，切应变衡量的是质元的剪切和扭转。

（3）胡克定律

谈到应力与应变，就不得不提到著名的胡克定律。它是力学弹性理论中的一条基本定律，即固体材料在受力后，材料中的应力与应变之间成线性关系。满足胡克定律的材料称为线弹性（或胡克型）材料。

以一根直杆为例（图 1.1.5），设其原长为 L_0，对其一端的表面施加与杆方向平行的拉力或压力 F，则直杆就会被拉伸或压缩，相应地变长或变短，长度的变化量设为 ΔL，则杆内的正应变 $\varepsilon_f = \Delta L / L_0$。同样规定符号规则：拉伸时 ε_f 取正，而压缩时 ε_f 取负。设杆的横截面积为 S，则杆内某处单位面积受到的正应力大小为 $f = F/S$。在一定限度内，应力大小恰好和应变大小成正比，即：

$$f = Y\varepsilon_f = Y\frac{\Delta L}{L_0} \tag{1.1.7}$$

这个关系被称作胡克定律。其中，Y 被称作固体的杨氏模量，它具有和应力 f 相同的量纲，和固体的材料有关。

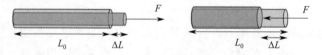

图 1.1.5　直杆的拉伸和压缩

而我们熟知的胡克定律公式，即弹簧给予物体的力 F 与长度变化量 x 成线性关系，可表达为：

$$\boldsymbol{F} = -kx \text{ 或 } \Delta\boldsymbol{F} = -k\Delta x \tag{1.1.8}$$

式中，Δx 为物体长度的总伸长（或缩减）量；k 是常数，是物体的劲度系数（弹性系数），其单位为 N/m，在数值上等于弹簧伸长（或缩短）单位长度时的弹力。将上面两公式进行比较，很容易发现两者的原理是一模一样的。换句话说，$f = Y\varepsilon_f$ 就好像是从局部和微观的视角分析 $\boldsymbol{F} = -kx$。

值得注意的是，胡克定律的"正比关系"只有在一定限度内才满足，这一限度被称为比例限度。如果超出比例限度，正比关系不再成立，但物体的弹性依然保持，直到超出了另一个更高的限度，即弹性限度，之后弹性就会失去，即使再撤掉外力也不能恢复原形。超出弹性限度可能导致材料失去功能（称为失效），脆性材料容易被拉断。塑性材料在拉伸时可能出现明显影响功能的塑性变形，弹性材料可能会失去弹性，以上都属于由于强度或刚度不足而造成的失效。此外，其他的影响因素，例如温度、时间、疲劳以及化学腐蚀等原因，都可能造成失效，因此，对于柔性材料来说，其比例限度是我们必须要关注的重要性质。

1.1.2　弹性模量

前面在介绍胡克定律时，已经给出了模量相关的概念。它是指材料在受力状态下的应力与应变之比，是专指材料在弹性极限内的一个力学参数，是表征材料性质的一个物理量，其大小仅取决于材料本身的物理性质[1]。相对于不同的受力状态，模量有不同的称谓。例如，拉伸模量、剪切模量、体积模量、纵向压缩量等，统称为弹性模量，在不加任何说明时，模量往往就认为指弹性模量。

对于拉伸变形，弹性模量被称为拉伸模量或杨氏模量，它是沿纵向的弹性模量。拉伸模量的大小标志了材料的刚性，拉伸模量越大，越不容易发生形变。杨氏模量的表达式为：

$$Y = \frac{f}{\varepsilon_f} \tag{1.1.9}$$

对于剪切变形，弹性模量被称为剪切模量，是材料在剪切应力作用下，在弹性变形比例极限范围内，切应力与切应变的比值。它表征材料抵抗切应变的能力。剪切模量大，则表示材料的刚性强。剪切模量的倒数称为剪切柔量，是单位剪切力作用下发生切应变的量度，可表示材料剪切变形的难易程度。剪切模量通常用 G 表示，其表达式为：

$$G = \frac{f_\tau}{\gamma} \tag{1.1.10}$$

式中，f_τ 表示切应力。

当应力不超过比例极限时，横向应变 ε_f' 与纵向应变 ε_f 的比是一个常数，即泊松比 σ_p（量纲为 1），可以写成：

$$\sigma_p = -\frac{\varepsilon_f'}{\varepsilon_f} \tag{1.1.11}$$

之所以引入负号，是因为绝大部分材料都满足"纵向拉伸时横向会收缩、纵向压缩时横向膨胀"的规律，所以 ε_f' 和 ε_f 的符号是相反的，引入负号来保证比值通常为正值。泊松比与杨氏模量、剪切模量一起，并列为材料的三项基本物理特性参数，在材料力学、弹性力学中有广泛的应用。

由热力学原理可以给出各向同性材料 σ_p 的取值范围为 $-1 \leqslant \sigma_p \leqslant 1/2$，对于常规、传统的材料，都有 $0 \leqslant \sigma_p \leqslant 1/2$。如果 $\sigma_p = 1/2$，意味着材料在变形过程中体积保持不变，这种材料称为不可压缩材料；如果 $\sigma_p = 0$，意味着材料在变形过程中横向尺寸保持不变。而如果 $-1 \leqslant \sigma_p \leqslant 0$，就会出现纵向拉伸时横向也膨胀、纵向压缩时横向也收缩的奇异现象，这种具有负泊松比的材料也被称作拉胀材料，例如黄铁矿、α-方英石等天然材料以及很多人造材料，有这样特性的材料和结构多半会有高减振及高断裂抵抗的能力，可以应用于防弹衣、包装材料、护具、减振材料等领域。

除了拉伸和压缩，常见的形变形式还有扭转和弯曲。这里依然以圆柱形的直杆为例（图1.1.6），扭转指的是给它一个绕轴的合力矩（可以由一对大小相等、方向相反但作用线之间有一定距离的力提供，也称为一对力偶），最终的结果是杆件的任意两个横截面产生绕轴线的相对转动。而弯曲则指给它垂直于轴的横向合力作用，最终的结果是轴由直线变成了曲线。

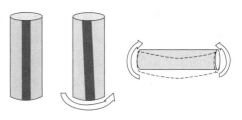

图 1.1.6　直杆的扭转和弯曲

实际中遇到的问题，往往是拉伸、压缩、弯曲、扭转等几种基本形变的组合，在分析柔性电子材料与器件的形变时较为复杂，但仍可以通过这些基础知识对其进行一些初步的界定和评估。

1.1.3　柔性电子材料与器件的评估

评价材料或器件、电路等是否柔性，最简单和普遍的方法是采用静态弯曲法，即将器件或电路弯曲到一定曲率进行测量。弯曲实验最常用的手段之一就是利用表面是圆柱形的棒或管，将携带材料或器件的柔性样品附着在曲面上来完成实验。下面简单介绍一下所涉及的曲率和曲率半径概念。

曲率就是曲线上某一处的切线方向角对弧长的转动率，表明曲线偏离直线的程度。某处的曲率定义为切线转角对该处弧长 s 的微分，或者是沿曲线走过的单位距离单位切矢量的变化量，即：

$$\kappa_s = \frac{|\mathrm{d}t|}{|\mathrm{d}s|} \tag{1.1.12}$$

式中，$\mathrm{d}t$ 是一个切向的单位矢量。而曲线某一点处的曲率半径 r_s 是该点处的闭合圆的半径，即最接近该点曲线的圆弧半径，它是曲率的倒数，即：

$$r_s = \frac{1}{\kappa_s} \tag{1.1.13}$$

接下来介绍中性轴的概念，以一根横杆为例，中性轴可以看作是杆的横截面上的一条线，当杆弯曲时，中性轴不经历任何伸长或缩短（见图 1.1.7）。换句话说，沿着中性轴任何纵向应力和任何纵向应变都不存在。应用到复合结构的柔性电子器件中，最明显的一个方案是找到复合结构的中性轴，并且将容易受到损坏或不易弯曲的器件/电路放置在中性轴上。这样，它们就不会在弯曲时发生尺寸变形。

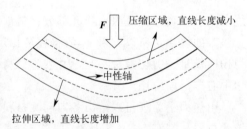

图 1.1.7　中性轴示意图

可以证明，均匀组成的横杆的中性轴位于其质心上[2]，并且可以进一步推出薄膜-衬底结构在表面的应变。当柔性电子元件受到与其正常工作相比不可接受的程度的干扰，即暴露于一定程度的应变（称为临界应变 ε_c）时，就可能导致结构损伤，从而导致电气或光学故障。临界应变与临界曲率半径 r_c 有关，在该曲率半径处，器件的机械或电学/光学功能失效。对于常见的薄膜-衬底结构的柔性电子器件，最大应变通常发生在表面上，因此可以将上表面的临界应变视作整个结构的临界应变 ε_c，在弹性范围内进行一些近似后，可以得到临界应变和临界曲率半径的关系：

$$r_c \propto \frac{1}{\varepsilon_c} \tag{1.1.14}$$

通过定义 r_c 和 ε_c，人们提出了一种可以区分三个含义较为接近的概念的方法[3]：

① 柔性电子器件（flexible electronics）：这些器件可以承受的临界应变为 $\varepsilon_c < 2\%$，

并且可以承受曲率半径 $r_c = 10\text{mm}$ 的弯曲。柔性电子器件通常是在厚度 $100\mu\text{m}$ 以下的薄基板上制造的。

② 有可塑性的电子器件（compliant electronics）：临界应变承受能力在 $2\% \sim 10\%$ 之间，即 $2\% < \varepsilon_c < 10\%$。临界曲率半径 r_c 为几毫米。允许有一定程度的面内载荷。可以使用较厚的基板。

③ 可拉伸电子器件（stretchable electronics）：器件和电路可承受 $\varepsilon_c > 10\%$。曲率的临界半径 r_c 可以小于几毫米。

综合考虑这些与柔性材料相关的机械物理参数，可以更加全面地了解柔性材料与器件的特性及其在受力下的行为。这些参数及其关系也有助于我们在实验设计和工程应用中对柔性材料更加合理地选用。此外，还可以指导器件结构的设计、提高柔性器件中脆性薄膜的寿命与可靠性以及增强器件中金属薄膜承受循环弯曲冲击的能力等。

1.2　柔性材料的分类及特性

柔性材料是器件实现柔性的基础和重要组成部分。在本节中，将主要介绍用于柔性电子器件的各种材料及性质，主要包括衬底材料、介电材料、半导体材料、导电材料等。

1.2.1　柔性衬底材料

衬底（也常称作基底、基板等）是制造电子元器件和电路的基本材料之一。相应地，柔性衬底材料是柔性电子器件和电路的根基，柔性器件的质量以及相应的制备工艺和柔性效果直接受柔性衬底材料的影响。柔性衬底不仅要具有传统刚性基板绝缘性好且价格低廉的特点，还要具有轻、薄、软等优点，从而保证在弯曲、卷绕、折叠、扭曲、拉伸等复杂的机械形变下保持稳定的电学特性，且不发生屈服、疲劳和断裂等。除此之外，还需要看其本身性能能否满足器件的应用要求，即：

① 具有较低的表面粗糙度，器件薄膜越薄，其电学性能对表面粗糙度越敏感，必须避免短距离的不平整。

② 较好的耐热特性，如高的热裂解温度、玻璃化温度等；要有合适的热学与热机械性能，衬底的工作温度必须与涉及的最大制造工艺温度相匹配，且衬底和器件薄膜之间的热胀系数要相当，否则因为失配，可能导致薄膜在制造涉及的热过程中破裂。

③ 机械特性不易受损（包括表面硬度、机械强度等），因为使用过程中需要承受人为触碰以及可穿戴、可收纳等严苛环境考验，所以力学性能也是考察衬底的重要一环。

④ 具有稳定的化学性质，不能对环境造成污染，同时对工艺所使用的化学品具有惰性，还应具备一定的隔绝水汽和氧气的能力，这是评价衬底封装效果最常用的指标。

⑤ 对于一些光学器件，衬底还需要满足一定的光学条件，比如透光性、色泽、折射率等。

目前，可用于柔性应用的衬底材料主要包括如下几类。

薄玻璃板：它是应用于平板显示技术的标准基板。当平板玻璃的厚度减小到几百微米时，它就会具有一定的柔性[4]。薄玻璃板保留了平板玻璃的所有优点，包括可见光的高透射率、低应力双折射、表面光滑、均方根（RMS）粗糙度小、温度耐受性高、稳定性高、热胀系数（CTE）小、耐腐蚀、抗氧和水、耐划伤且电绝缘。为了减少搬运过程中的破裂，薄玻璃板可以通过涂一层硬涂层或聚合物涂层来起到保护作用。

聚合物衬底：代表性的聚合物材料如图1.2.1所示，它们具有很高的柔韧性，价格低廉，并且拥有灵活的制备工艺。可用于柔性衬底的聚合物包括聚碳酸酯（PC）和聚醚砜（PES）等热塑性非结晶聚合物；聚萘二甲酸乙二醇酯（PEN）和聚对苯二甲酸乙二醇酯（PET）等热塑性半结晶聚合物；聚芳酯（PAR，主链上带有芳香族环和酯键的多种热塑性塑料的统称）、聚酰亚胺（PI，含有两个与氮键合的酰基的酰亚胺单体的多种聚合物）和聚环烯烃（PCO，多种环烯的共聚物的统称）等高转变温度材料。上述材料中，PC是一种透明聚合物，而PI则是一种耐热和耐化学品的聚合物，杂环聚酰亚胺的结构中含有芳香杂环结构；PET是一种坚固、轻便的半结晶聚合物。除此之外，聚甲基丙烯酸甲酯（PMMA）也可用于柔性衬底，它是玻璃的抗碎替代品，因此经常被称为有机玻璃，是一种具有生物相容性的材料；聚丙烯（PP）也是一种具有良好的抗弯强度和抗疲劳性能、耐多种酸碱的材料，但稳定性较差。在上述材料中，PC、PES、PAR和PCO是光学透明的，与PET、PEN相比具有相对较高的转变温度，但它们的CTE过高，并且较容易与工艺中使用的化学品反应。PET、PEN和PI具有相对较小的CTE和相对较高的弹性模量，以及良好的化学惰性，其中，PET和PEN都是透明的，但工艺温度仅为约150℃和约200℃。相比之下，PI具有较高的转变温度，但它易吸水，并且通常具有棕色或棕黄色[5]。聚合物衬底的热稳定性和尺寸稳定性（即在受机械力或其他外界条件的作用下材料外形尺寸不发生变化的性能）一般都不如玻璃基板，而且容易被氧气和水渗透。

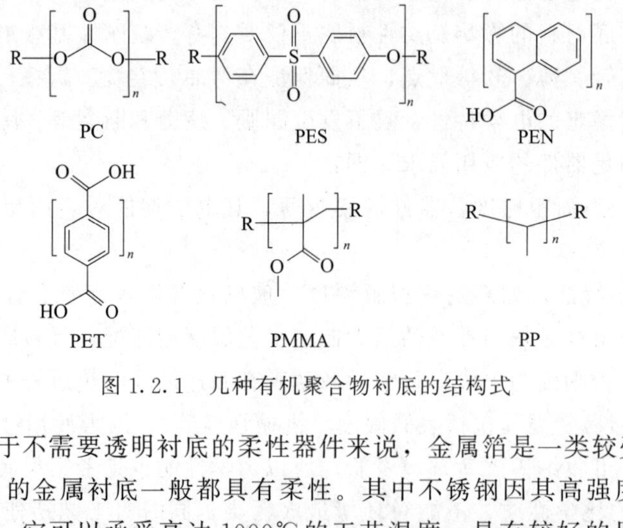

图1.2.1 几种有机聚合物衬底的结构式

金属衬底：对于不需要透明衬底的柔性器件来说，金属箔是一类较受青睐的衬底，厚度小于大约$125\mu m$的金属衬底一般都具有柔性。其中不锈钢因其高强度、耐腐蚀和化学惰性而被广泛关注，它可以承受高达1000℃的工艺温度，具有较好的尺寸稳定性，能够良好地防止水分和氧气的渗透，并且可以提供电磁屏蔽。一般来说，不锈钢基板比聚合物和玻璃更耐用。但值得注意的是，不经特殊处理的不锈钢衬底表面粗糙度较大，为了确保在其上制作的薄膜器件的电气完整性，需要对不锈钢箔衬底进行抛光或用其他薄膜使其平整化[6-8]，但采用有机成分对其进行平整化时会影响其工艺性能（材料适应实际生产工艺要求的能力）。此外，由于金属基板的导电性，在某些应用中可以将其作为背触点（在集成电路或其他器件的背面或封装基板的背面的电连接点）；对于其他应用，则必须涂上绝缘层使其与电路隔离。实际上，柔性金属衬底已广泛应用于太阳能电池等器件中[9,10]。

云母衬底：作为柔性电子器件中常用的衬底材料，云母是一种层状结构的硅酸盐矿物，它可以做成薄层甚至厚度 $20\sim30\mu m$ 的透明单层，具有良好的弯曲性能，且韧性很好，不易碎且易切割。与有机柔性衬底相比，云母衬底是无机物，能够耐受更高的工艺温度，且结晶程度高，并与一些重要的无机材料晶格匹配度良好，适合用于外延生长，已在很多领域有所应用。

纸质衬底：纸质衬底是近些年引起广泛关注的柔性衬底材料之一。其优势在于成本低廉、质地轻薄、环境友好，且能达到弯曲折叠、循环使用的效果，对发展柔性电子器件具有重要意义。但是纸质衬底目前还存在耐热、耐化学性能较差，且使用寿命较低等问题。

此外，还有一些来自天然或生物的柔性电子材料，如木材、蚕丝等，由于它们在自然界中的丰富性、生物相容性以及独特的机械和电气特性，为构建可持续的柔性电子技术提供了一种更为简单而经济的选择。

1.2.2　柔性导体

作为电极或电路使用的柔性导体是柔性电子器件的重要组成部分。普通导体材料通常具有刚性的物理形态，并不具备柔韧性或延展性。随着柔性电子技术的发展，电极与电路也需要呈现一定的柔性与延展性，同时还要求具备高容量、高稳定性，并具有良好的导电性，能很好地匹配衬底的机械柔性。电导率和力学性能是柔性电极的重要指标，其中，电导率是表征柔性可拉伸电极性能的关键指标，它与材料本身的组成和结构有关，柔性可拉伸电极电导率通常应在 $10^0 S/cm$ 以上[11]。可拉伸性是指柔性可拉伸电极在机械变形下保持导电性的能力，性能良好的柔性可拉伸电极在最大工作应变下应保持较高的电导率，且在循环操作过程中其电导性能几乎不变。

柔性导电材料包括无机和有机导电材料等，对于前者，其在固态薄膜状态下也能呈现出一定的柔韧性。下面是几种代表性的柔性导电材料。

（1）透明氧化物薄膜

透明导电氧化物（TCO）薄膜是应用比较成熟的电极材料，主要包括 In、Sb、Zn 和 Cd 的氧化物及其复合多元氧化物薄膜材料。按照半导体物理的规律（见第 2 章内容），氧化物的禁带宽度一般会大于 3.1eV，因而通常是透明的，同时它们又是一种宽禁带的半导体光电材料，能够通过氧空位或离子掺杂等手段增加内部的载流子数，从而转变成导体。TCO 具有禁带宽、电阻率低、可见光透射率高及红外光反射率高等特性，可作为透明电极，被广泛应用于太阳能电池、平板显示器、有机发光二极管、特殊功能窗涂层、透明薄膜晶体管等领域。

目前，对 n 型透明导电氧化物的研究较为丰富，其中主要包括二元氧化物锡掺杂氧化铟 ITO(In_2O_3：Sn）、AZO（ZnO：Al）和 FTO(SnO_2：F）等，其中 ITO 薄膜兼具高可见光透过率和低电阻率，是研究和应用最广泛的透明导电薄膜材料之一。对于 p 型透明导电氧化物的研究相对较少，主要有 $CuMO_2$（M＝In、Ga、Sc、Cr、Y、Ag）、$SrCu_2O_2$ 等。此外还有以 a-IGZO（InGa-Zn-O）为代表的无定型透明氧化物导体。

制备 TCO 薄膜的传统方法主要有磁控溅射、真空蒸镀和离子镀，目前人们也在探索更加经济简洁的溶液制备方法，例如溶胶-凝胶法，通过它得到的 AZO 薄膜，其电阻率最小可达 $10^{-4}\Omega\cdot cm$ 量级，可见光平均透射率能够达到 90%。

（2）柔性金属材料

通常情况下，所有材料中金属具有最高的导电性，其薄膜结构也具有高导电性、良好的机械柔性、可调透光率等多种特性。采用机械加工处理可以将常规金属材料的厚度处理至微米甚至纳米尺度，从而实现一定程度上的柔性金属箔，如已商用的铜箔、铝箔、锡箔等。柔性金属电极可借助微加工技术，如激光切割，对金属箔进行图案化。但是激光加工的精度有限，对于精度和性能要求更高的柔性电子器件，一般需通过物理气相沉积（PVD）技术，如溅射、蒸镀等方式在柔性薄膜衬底上沉积金属薄膜，再结合光刻等工艺完成加工制造[12]。柔性金属电极主要包括以下几种形态：

① 导电薄膜　厚度为 10～20nm 的超薄且均匀的金属（如银 Ag、金 Au、铜 Cu 或铝 Al）薄膜，可以表现出良好的导电性能、较好的光学透明性，同时具备较高的机械柔韧性。基于 PVD 就可制备出光滑连续的超薄金属薄膜。沉积的超薄金属薄膜通常遵循三维岛状（Volmer-Weber）生长模式[12]：沉积的金属原子最初聚集成孤立的岛屿，随后在衬底上形成连续的薄膜，此刻是薄膜的临界厚度，在达到临界厚度之前，金属层一般会显示出非常高的薄片电阻。虽然在临界厚度的基础上进一步沉积金属会使薄片电阻显著降低几个数量级，但其透光率也会急剧下降；可通过提高金属在柔性衬底上的润湿性，来有效地降低临界厚度，从而制造出柔性透明金属电极[13]。

还可采用种子层和引入掺杂来有效减薄金属在 PVD 过程中的临界厚度。引入种子层是在金属薄膜 PVD 之前将一薄层种子沉积在基底表面，这些种子能为下一步的金属沉积提供密集的成核中心。这些种子可能的材料包括金属（Al、Au、Ag、Cu）、氧化物（五氧化二钽 Ta_2O_5、氧化锌 ZnO、氧化镍 NiO、二氧化碲 TeO_2、五氧化二铌 Nb_2O_5、三氧化钼 MoO_3 和碳酸铯 Cs_2CO_3）、聚合物（聚乙烯亚胺 PEI 和光刻胶 SU-8）及有机单分子膜（如巯基十一烷酸）等[14]。掺杂则是通过在 PVD 过程中引入少量掺杂剂（如 Al、Cu、Ni、Ca、N 和 O 等[14]）与金属共沉积来实现减薄临界厚度的，这种一步掺杂策略比引入种子层方法更简单、更快。例如，通过溅射工艺将少量 Al 掺杂到 Ag 中，可将 Ag 的临界厚度从 20nm 降低到 6nm。Al 的掺杂抑制了 Ag 岛的形成，促进了连续膜的生长[15]。在沉积 Cu 的过程中掺杂微量的氮（＜1%），可获得连续的超薄 Cu 膜[16]。

② 金属纳米线　金属纳米线特别是银纳米线（AgNWs），作为一种潜在的柔性电极材料，具有优异的导电性和在宽波长光谱范围内的高透射率。可在覆盖剂［聚乙烯吡咯烷酮（PVP）］作用下将硝酸银（$AgNO_3$）用热的乙二醇还原，得到直径为纳米级、长度为微米级的 AgNWs 悬浮液。随后可以通过打印、旋涂、喷涂和滴涂等湿法工艺技术涂覆在柔性基底上，形成具有随机开孔的网络，通过对孔隙度和厚度的控制，就能使这种随机渗透的网络具有很好的光学透明和导电性能[17]。除了 AgNWs 外，铜纳米线（CuNWs）、

金纳米线（AuNWs）、纳米金属颗粒等悬浮液制成的电极也同样具有出色的导电性。

由于金属纳米线可以通过低成本的溶液工艺合成，并且其涂层与印刷技术、高通量的卷对卷（R2R）工艺兼容，因此在柔性电子器件领域有着巨大的应用前景，但仍需进一步在兼顾性能和成本等方面进行研究。

③ 金属网格　作为柔性电极的金属网格是指在柔性基板上形成的周期性或随机图案的透明导电金属网格。制作金属网格，可以根据不同的器件架构，采用专门的图形化工艺，也可以人为调节栅距、宽度和厚度来实现电阻、透光率等性能之间的平衡。传统的金属网格制造过程通常涉及蒸发、溅射、刻蚀、光刻、电子束光刻、纳米压印等昂贵且耗时的技术，开发简单、低成本和可规模生产的方法制备高性能柔性金属网格电极一直是重要的研究方向之一。例如可通过结合光刻、电沉积和压印转移技术来制造金属网格；可以采用经济高效的高速凹版胶印工艺，将银网嵌入紫外光固化树脂中，并涂上高导电聚合物来制造银网[18]；也可采用基于金属凝聚系数局部调制的金属网格制造新方法[19]，利用银或铜蒸气在某些高氟有机化合物薄膜上具有极小的冷凝系数的原理，当用这些有机层作为模板时，Ag 或 Cu 会被选择性地沉积在未被有机层覆盖的区域，从而避免了金属刻蚀步骤，简化了制造过程。

④ 液态金属　镓和基于镓的液态金属合金因其优异的特性，在柔性电子领域有着十分广阔的应用前景。它们具有低黏度、高电导率、高热导率和低至可忽略的蒸气压，且与最常见的液态金属汞不同，基于镓的液态金属被认为是无毒的。至今，已有很多种方法可以制备液态金属基导体或复合材料，代表性的有以下三种方法：微流控弹性体、双相液态金属合金与弹性体复合材料[20]。微流控弹性体是将液态金属及其合金用于柔性电路的最普遍的方法，它是一种基于微流控技术（即在微米级别的通道中，通过控制液体的微流动调节反应条件以精准控制材料结构的方法）制备弹性体材料的方法，可以通过注入、直接写入和接触打印和其他方法实现微流控弹性体的制备[21]，但通常需要封装层。双相液态金属合金是一种用预先沉积的具有面心立方（FCC）结构的金属薄膜（Au、Ag、Cu 和Pt 等）作为支撑层（基质），镓基合金作为液体填充层的结构[21]，该策略的优势是具有制备高分辨率图案的能力，能够提供更高的机械拉伸性和导电性[22]。而镓基液态合金在弹性基体中混合时，液态金属上会形成薄的天然氧化物并作为表面活性剂，从而维持液滴结构，施加应变、拉伸应变氧化层很容易断裂，可以自主地形成导电通路，并具有电自愈能力，可以不间断地与邻近的金属液滴形成新的导电连接。

柔性电子采用液态金属基材料会具有许多优异的性质，它们通常具有较高的电导率，并且非常适合于应变不敏感的可穿戴电子产品。传统可穿戴电子材料设计需要权衡热学和力学性能，而液态金属基材料可以同时实现高热导率和高拉伸性，也可以同时实现高电导率，并可以用于抗电磁干扰的器件[23]。

（3）碳基柔性电极

碳基材料具有高比表面积、高导电性和良好的化学稳定性，被广泛用于制备各种柔性可拉伸的电极。常用的碳基电极材料主要包括炭黑、碳纤维、碳纳米管、石墨烯等。

① 炭黑是一种有着较低电导率的材料，可以在空气不足的条件下，通过含碳材料的不完全燃烧或热分解得到。将其分散到特殊制品中，使制品起到导电或防静电的作用。其

特点包括粒径小、比表面积大且粗糙等。碳材料的导电性和热处理温度有关，这种碳电极需要在高温（400～500℃）下烧结才能形成良好的导电性，并且由于炭黑的导电性不如石墨，研究人员经常将炭黑和石墨按一定比例混合来制备电极。由于炭黑能较好地从钙钛矿层中捕获空穴，因此可应用于柔性钙钛矿太阳能电池领域[24]。

② 碳纤维（CNF）是含碳量高于90%的无机高分子纤维，兼具高强度、高模量、柔软可加工等特征，是一种力学性能优异的碳材料。碳纤维有着极高的纵横比，使得其有着良好的电子传输路径，导电性能优异。且碳纤维还有着高度可修饰的纳米结构、良好的循环使用寿命等特点。近年来，以碳纤维作为柔性电极也成了超级电容器领域的研究热点。制备碳纤维最常见的途径是静电纺丝法，其具有优异的可设计性，适合大规模工业生产。在此基础上，将活性材料的颗粒预先分散在纤维的前驱体溶液中，经过纺丝后即可获得封装了活性颗粒的碳纤维电极材料，同时也可以直接在CNF表面进行原位复合，从而制备出力学强度更高、导电性更好的柔性CNF电极[25]。

③ 碳纳米管（CNT）是代表性的一维碳纳米材料，因其优异的力学性能、光电性能、热稳定性和较大的比表面积等显著的特性而被广泛认为是很有前途的柔性电极之一。其性质可参见本书第3章内容。透明、导电的碳纳米管基柔性电极已得到了广泛的研究，涉及许多应用（如OLED和超级电容器）。它们可以使用多种不同的方法制造，目前主要以石墨为原料，制备方法有电泳涂覆、超声喷涂、浸渍、刷涂、转移印花等，而基于单壁碳纳米管（SWCNT）和基于多壁碳纳米管（MWCNT）的电极如同前面介绍的AgNWs一样，也可以通过溶液法制备，包括卷对卷工艺和转移印刷技术[26]。

④ 石墨烯是一种二维（2D）碳材料，由碳原子以sp^2轨道杂化而成、呈六角形蜂巢晶格结构，具体性质可参见本书第3章内容。石墨烯及其衍生物（氧化石墨烯和还原氧化石墨烯）已被尝试用于柔性透明电极。其可通过化学气相沉积法（CVD）、化学还原法和机械剥离法制备；此外，它们可以通过丝网印刷、化学蚀刻、喷涂、旋涂、浸涂、滴铸、真空过滤转移、Langmuir-Blodgett（LB）法和卷对卷工艺转移到柔性基板上。CVD可以生长大面积高质量石墨烯薄膜，但它需要昂贵的设备和复杂的刻蚀转移过程。与气相沉积法相比，溶液法化学反应少，生产成本相对较低，因此它是一种比CVD更简单、更便宜的大规模生产的方法。但与金属薄膜相似，随着纯的石墨烯层数的增加，电导率增加的同时透光率却呈下降趋势。

为了提高电极的光电性能，将石墨烯与其他导体复合是一种可行的方法，例如，石墨烯/ITO柔性杂化透明电极可表现出优异的机械光电特性；石墨烯与金属材料（如金属纳米线）的结合也可以显著提高其光电性能[27]。

（4）有机聚合物柔性电极

导电聚合物（CP）自20世纪被发现以来已得到了迅速发展，其合成简单、易于加工，并且可以通过分子设计实现材料性质的调控，包括透明度可调、电磁屏蔽等不同功能。此外，它们具有良好的光学和电子特性，在柔性电子器件中有着很大的应用前景[28]。聚合物作为电极，主要通过以下几种形式。

① 本征导电聚合物。常见的导电聚合物主要包括聚苯胺（PANI）、聚吡啶（PPY）、聚噻吩（PTH）、聚（3,4-乙烯二氧噻吩）（PEDOT）、聚苯二胺（PPD）、聚苯硫醚

（PPS）、聚苯乙烯（PPV）、聚乙炔（PAC）、聚芴（PF，一系列与芴分子聚合相关的化合物）和聚萘（PN，一系列与萘分子聚合相关的化合物）等（分子式见图 1.2.2），这些本征导电聚合物通过聚合物链上的共轭键系统进行导电，具体机理可参见本书第 3 章相关内容。其制备方法有化学聚合、电化学聚合、光诱导聚合、气相聚合等，通过控制聚合过程的成核和生长，可以调控有机聚合物导体的尺寸和形状，也可以调控聚合物的带隙从而调控其光电性能。通过化学修饰，如引入官能团，也可以调节和提高其光电性能。它们是有机物，通常存在强度低、稳定性差等问题，且在未掺杂状态下，导电聚合物通常表现为较低的导电性，甚至表现为半导体和绝缘体的性质，但可以通过掺杂（n 掺杂和 p 掺杂）来提高电导率，这些掺杂技术主要有电化学掺杂、酸碱掺杂、光掺杂和电荷注入等。通常与其他导电材料（如金属或碳基材料）结合来制备柔性电极。

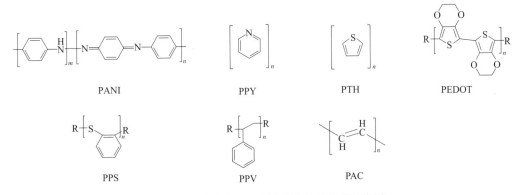

PANI　　　　　　　PPY　　　　　　　PTH　　　　　　　PEDOT

PPS　　　　　　　PPV　　　　　　　PAC

图 1.2.2　几种有机导电聚合物的结构式示意图

② 传统有机聚合物导电层。传统的弹性体如聚二甲基硅氧烷（PDMS）、聚氨酯（PU）和苯乙烯-乙烯-丁烯-苯乙烯嵌段共聚物（SEBS）目前已广泛应用于柔性器件中[29]。然而，传统弹性体为绝缘体，必须与导电填料复合才能用于柔性器件（如传感器）的导电层。用作导电填料的材料有前文所述的纳米金属（如银纳米线/纳米颗粒）、碳基填料（如碳纳米管/石墨烯）、MXene（通过反应将 A 元素从 $M_{n+1}AX_n$ 相中移除从而得到的一种类石墨烯的二维结构，其中 M 通常指过渡金属，X 通常指 C、N 元素，A 指的是主族元素）材料等。传统弹性体导电层的制备方法主要有均匀分散法和非均匀组装法两大类。例如，可将 MXene 颗粒和 MXene 纳米片溶液滴在制备的氧化石墨烯/PDMS 底物上制备导电层，基于此导电层的柔性传感器能在外部刺激下表现出极强的稳定性[30]。还可将改性的银纳米颗粒（AgNPs）与 SEBS（聚苯乙烯作为末端段，乙烯-丁烯共聚物为中间弹性嵌段的线性三嵌共聚物）结合在预拉伸的天然橡胶（NR）基板上，获得具有高拉伸性和导电性的超疏水涂层[31]。

③ 导电水凝胶。它是由本质导电材料和交联聚合物网络组成的，绝缘聚合物网络提供支架，而导电材料提供导电性。导电水凝胶以其高导电性、易合成、高比表面积和优异的柔韧性，在各种类型的导电高分子材料中脱颖而出。与传统弹性体不同，导电水凝胶不仅可以通过添加导电填料来实现导电性，还可以通过在 3D 水凝胶网络中添加自由移动的离子来实现离子导电性。无论是电子导电水凝胶还是离子导电水凝胶，都可以通过优化填料的添加量和设计合适的结构来调节导电水凝胶的性能[32]。典型的导电水凝胶聚合物基

体主要有聚丙烯酰胺（PAM）、聚乙烯醇（PVA）和聚丙烯酸（PAA）。可将海藻酸钠（SA）和单宁酸（TA）加入 PAM，所得水凝胶的导电性能得到显著的提高，并且具有高延展性[33]。还可将纯化后的 PAA 水凝胶浸入过量的 1-乙基-3-甲基咪唑双氰酰胺中得到 PAA 离子凝胶，它具有较高的导电性、拉伸性、韧性和抗疲劳性。

（5）电路结构设计

对于刚性导电材料，可通过采用特殊的结构设计来实现器件与电路的柔韧性与延展性，主要有蛇形结构、盘绕结构、面外波浪结构、开孔结构、三维多孔结构等[34]。

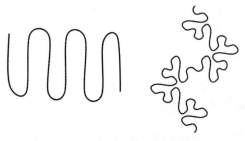

图 1.2.3　蛇形结构（左）和一种分形结构（右）的示意图

① 蛇形设计由于其高拉伸性能在可拉伸电子学中研究十分广泛（如图 1.2.3 所示），金属线具有面内可拉伸结构，从而能够实现高度可拉伸的电子电路，其可拉伸性源于蜿蜒的"二维弹簧"结构[35]。先将基底预拉伸，然后使用转印技术将蛇形连接线转印到基底，释放基底应变，最终可以得到弹性和延伸度都相当出色的器件或电路。虽然蛇形结构表现出良好的弹性应变，但其可拉伸性受到金属丝与基体的黏附性和基体刚度的限制。类似地，分形设计的自相似性结构也表现出了很大的可拉伸性。与蛇形结构相比，分形结构拥有更大的灵活性，并支持各种变形模式（单轴、双轴或径向变形）[36]。

② 引入可拉伸性的另一种直观的方法是将高导电性金属或导电性纳米材料制成面外波浪结构（图 1.2.4）。当施加应力时，波纹被拉直，衬底承受较大的应变，而导电路径基本保持不变，从而在拉伸下具有稳定的高电导。应当指出的是，在将金属薄膜制备在弹性衬底上时，由于两层之间的热膨胀不匹配，支撑在弹性聚合物上的金属薄膜通常会因为应力自然发生屈曲，从而产生有序的波浪结构[37]。另一种

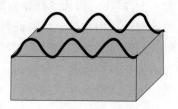

图 1.2.4　波浪结构的示意图

常用的方法是将导电薄膜沉积在预拉伸的弹性体衬底上。由于预拉伸产生较大的应力，衬底的松弛导致导电薄膜形成弯曲的波浪结构，可以承受大的变形而维持高导电性[38]。这种波浪结构可以通过波长和振幅的变化来适应外部形变，具有易于制备、延展性大等优点，可以提高材料的柔韧性、机械稳定性、多功能性，使材料更适合用于各种形状和环境下应用，为柔性电子学带来了许多潜在的优势和创新可能性。

③ 直岛桥设计用于互连单独制造的有源器件（即"岛"，如图 1.2.5 所示），以进一步增加系统的拉伸性[39]。在直岛桥设计中，功能组件（岛）通过化学方法转印到经过预拉伸的衬底上，组件之间通过导线进行连接，导线与衬底之间不发生黏合。释放预应变后，导线发生面外屈曲而拱起，从而提高了柔性电子器件的延展性。这种岛桥结构在施加

大应变后依然能保持良好的电学性能。对于岛桥结构，电子器件的延展率和功能组件的覆盖率是两个相互矛盾的指标，延展率要求尽量大的岛间距以容纳尽量长的导线，而覆盖率则要求岛间距尽量小。因为直导线的尺寸受到了岛与岛之间的影响，若要继续增大电子器件的延展率，就需要增大岛的间距，所以整个器件中功能组件的覆盖率下降，影响电路的大规模集成。为了同时实现电子器件的高延展率和功能组件的高覆盖率，也考虑到直导线岛桥结构并未充分利用两个岛之间的全部空间，又出现了蛇形岛桥结构。相比于直导线，蛇形结构在相同的岛间距内长度更大。当设备进行拉伸时，由于蛇形结构导线的面内弯曲会累积很大的应变能，因此导线会发生面外的弯曲和扭转，从而减小导线的应变能。在这个过程中，导线承担了电子器件几乎全部的应变，而功能组件几乎不承受应变，最终器件的可延展性能可以达到甚至超过100%。

图 1.2.5　直岛桥结构的示意图

图 1.2.6　一种折纸结构的示意图

④ 折纸结构（图 1.2.6）也被设计用于生产具有高可变形性、高延展性，并且在机械应变下的性能可与无机电子产品相媲美的电子产品。具有多层材料的传统平面电子元件可以根据相邻折痕之间角度的差异，将不同的层折叠成特定的折纸图案，从而转化为可拉伸的电子元件。当折痕经受折叠和展开过程时，执行器件功能的元件所在的面不会受到大的应变，从而保持原有的性能[40]。实现折纸结构的方法主要包括光刻、激光束切割、剃须刀片切割、计算机控制电子切割等。

⑤ 三维多孔结构是另一种具有高拉伸性能的结构，该结构可以实现远超纳米结构固有极限的高水平拉伸性。例如，可通过复制泡沫镍的结构来制造 3D 多孔 PDMS，并在 PDMS 骨架上涂覆导电纳米填料（如碳纳米管和石墨烯），从而开发出在100%的单轴拉伸下仍保持较高导电性的高拉伸性导体[41]。

1.2.3　柔性电介质

电介质又称电绝缘体，理想的电介质在外电场作用下，不能导电，但可以被电场极化。其在柔性电子器件中也充当着重要的角色，可以通过其固有性质来实现特定的功能，材料的不同介电性能对器件性能影响也巨大，特别是高介电常数材料，应用十分广泛，例如可以提高传感器的灵敏度、降低薄膜晶体管的驱动电压、提高薄膜电容器的能量密度等。

（1）无机电介质薄膜

无机电介质薄膜包括许多绝缘的金属氧化物、陶瓷、多孔玻璃、沸石、无机高分子材料等制成的薄膜。它们具有很多优点：化学稳定性高，能耐酸、碱和有机溶剂；机械强度大；抗微生物能力强（不与微生物发生作用，可以在生物工程及医药科学领域中应用）；耐高温等。同时，也存在不足之处：造价较高，陶瓷膜不耐强碱，并且无机材料脆性大、弹性小，膜的成型加工及组装存在困难。

为了在柔性基板上制备柔性电子器件，一般来说介电层的处理温度不能太高。由于传统介电层 SiO_2 工艺上的高温限制，以及其低介电常数带来的继续轻薄化的瓶颈，人们广泛地探寻了用于柔性器件的高介电常数栅极氧化物，其中值得注意的替代品有 Al_2O_3、HfO_2、Y_2O_3、ZrO_2、TiO_2 等。以 HfO_2 为例，其具有相对高的介电常数，并且加工方法丰富多样，已广泛用于柔性氧化物 TFT 领域[42]。

（2）有机聚合物

有机聚合物是通过聚合反应人工合成的有机高分子材料。相比于传统的刚性材料，它们具有良好的弹性和自愈合的特点，还有质地轻柔、生物相容性好、合成可控、结构功能易于改性、可控的光学性能等特点。

有机介电材料的一个用途就是用作柔性电子器件与电路的衬底和封装。本章 1.2.1 节内容已有所提到，很多用于衬底的材料就是柔性介电材料，包括 PI、PET、PEN、PES、PC、PMMA 等。此外还有 PDMS，它属于有机硅化合物家族（分子式见图 1.2.7），非交联的 PDMS 是一种具有黏弹性的液体或半固体，与交联剂混合后，PDMS 可以成为具有疏水性的柔性聚合物；亲水性的线状聚合物聚乙烯醇（PVA 或 PVOH）、对水蒸气和腐蚀性气体渗透性低的涂层材料聚二甲苯等也可以用于柔性器件。

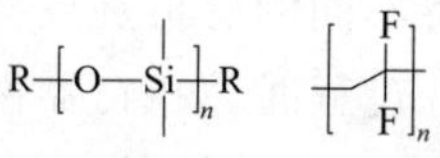

图 1.2.7　PDMS（左）和 PVDF（右）的结构示意图

有机介电材料的另一个重要应用是作柔性低压晶体管的栅介质或电容器的介电层。利用聚合物介质可实现柔性晶体管的低电压操作。目前主要有两种方案：开发高介电常数 ε 的聚合物和减小栅介质膜的厚度。为了提高传统聚合物的介电常数，人们提出了多种策略，包括聚合物介电交联、聚合物共混介电材料、双层聚合物介电材料等方式，这些方法中的大多数都能将电容提升到 $10nF/cm^2$ 以上[43]。在高 ε 介电材料中，聚偏氟乙烯（PVDF）具有铁电性（分子式见图 1.2.7）、压电性和显著大于多数传统聚合物材料的高介电常数，是有机电子器件中较有前途的聚合物介电材料。常见报道的 PVDF 衍生物也具有非常好的介电性质，包括聚偏氟乙烯-共六氟丙烯[P（VDF-HFP）]、聚偏氟乙烯-三氟乙烯[P（VDF-TrFE）]、聚（偏氟乙烯-三氟氯乙烯）[P（VDF-CTFE）]、聚（偏氟乙烯-三氟乙烯-三氟氯乙烯）[P（VDF-TrFE-CTFE）]和聚（偏氟乙烯-溴三氟乙烯）[P（VDF-BT-FE）]等。

除此之外，常用的有机聚合物介质材料还有水凝胶材料、弹性体材料、生物可降解材料。它们也已经被探索用于可拉伸电子皮肤、压力传感器、可拉伸显示器和可变形有机场效应晶体管（OFET）等器件。

① 水凝胶材料　水凝胶是一类由亲水性聚合物交联而形成的三维网络材料，能够容

纳大量的水或组织液，水凝胶可以用天然聚合物、人工合成材料或两者的组合来合成。天然水凝胶是由从植物或动物等天然来源获得的聚合物合成的包括纤维素、海藻酸盐和明胶等，而通过人为地掺杂各种材料等方法可以改善其性能，并能实现或提升其自愈能力。水凝胶具有柔性和高度的可弯曲性和可拉伸性，甚至能够对温度、光、电场和 pH 值等各种外部刺激做出一定的反应。由于其良好的生物相容性、柔软性以及类似人体软组织的结构特质，因此在组织工程、伤口敷料、药物传递、细胞培养等生物医学领域得到广泛应用，除此之外，水凝胶还可应用于传感器和执行器、能量收集和存储设备以及电磁屏蔽设备等领域。

② 弹性体材料　基于有机弹性体材料的器件在非潮湿环境下工作时能保持良好的机械和光学特性，克服了水凝胶材料暴露在空气或者干燥环境下水分丢失导致其力学性质和光学性质劣化的情况。介电弹性体具有较高的介电常数和较低的弹性模量，从而能够在外加电场的作用下产生较大的电致应变响应。常用的介电弹性体材料包括硅橡胶、丙烯酸树脂和热塑性聚氨酯弹性体等。介电弹性体可以通过在高分子链上引入极性基团，或将其与高介电常数的无机填料，又或导电填料进行复合来制备，由于它们应变大、断裂韧性和功率质量比与天然肌肉相近，因此还可以应用在仿生机器人等领域，可基于电场驱动直接把电能转化成机械能（即介电弹性体致动器，DEAs）[44]。

③ 生物可降解材料　可降解聚合物材料通常由天然衍生的高分子加工而成，具有理想的生物相容性和生物可降解性，在药物的可控释放、细胞封装及组织修复与再生等临床医学领域发挥着重要作用。以天然丝、琼脂和纤维素等为代表的天然生物材料，已被证明可以作为柔性光电子材料，甚至可以用于开发植入式的医疗器件[45]。这些功能性器件在植入人体并完成预期功效后，可以在体内自然降解，最终被人体吸收，无须再进行额外的手术取出，从而减少了创伤。

（3）复合材料膜

陶瓷介电材料具有高介电常数，但较低的击穿强度和较大的脆性等问题限制了其进一步发展。聚合物介电材料具有高的击穿强度、低的介电损耗、质轻柔韧和易加工等特殊优势，通常受到其较低的能量密度和工作温度的限制，但由于有机材料能够容忍缺陷和杂质的存在，可采取多种方法来提升其性能[46]。例如，将氧化铝纳米颗粒和聚合物复合形成纳米复合介质，并用于柔性非晶铟镓锌氧化物薄膜晶体管，可展现出优异的稳定性[47]。科学家们还在 PVDF 基体中加入二维的 BNNS（氮化硼纳米片）和 TONS（2D 锐钛矿型二氧化钛）制备夹层复合材料，设计了一种三明治电容结构的复合材料，即 BNNS/PVDF-TONS/PVDF-BNNS/PVDF 的电介质薄膜[48]，宽带隙的 BNNS 可抑制载流子的传输，而易极化的 TONS 促进了偶极子转向与界面极化。与单层聚合物介质材料相比，该介质薄膜表现出了良好的协同效应，能量密度获得了大幅度的提升（约为纯 PVDF 的 5 倍）。

（4）压电材料

压电效应是指当给一些晶体施加外部机械力（如压力）时，在晶体材料表面会产生正负电荷从而形成电场，当外力撤去时又恢复到原始状态，从而把机械能转变成电能；当对这些晶体材料施加外部电场时，晶体材料也会发生形变，产生折射率的变化，并将电能转化为机械能。压电材料目前已被广泛应用于各种传感器、换能器、医用仪器等领域。由于传统的压电陶瓷主要为钙钛矿结构，其不具备柔性，因此限制了它们在柔性电子器件方面的应用。如前所述，可以通过材料低维化的方法（如制备薄膜、纳米线、纳米棒等）实现一定的柔韧性，但相比有机压电材料，其可弯曲程度仍十分有限。目前，有机压电材料有很多，比如 PVDF、左旋聚乳酸（PLLA）、聚丙烯腈（PAN）等。与无机压电材料相比，它们具有优良的天然柔韧性、质轻、易于加工的特点，但其压电性能通常不如无机压电材料。其中，PVDF 及其共聚物因相对优异的性质而备受关注，已广泛用于纳米发电机和压电传感器（见本书第 5 章）等。此外，许多天然材料中也发现了压电性，例如多糖（纤维素、甲壳素等）、蚕丝蛋白、肽和氨基酸等。

柔性压电材料的制备方法主要有旋涂法、溶液浇注法、热压法、液态剥离法和静电纺丝法等，也可以通过表面修饰、化学掺杂和结构工程提高材料的压电性能[49]。除此之外，将无机压电材料与有机压电材料复合是获得柔性且同时保持较高压电性能的有效途径，也是柔性压电材料的重要发展方向之一。

压电复合材料主要有三种组合形式：压电填料和非压电聚合物复合；非压电填料和压电聚合物复合；压电填料和压电聚合物复合。压电填料和非压电聚合物复合主要是将无机压电纳米材料［如钛酸钡（BTO）、铌酸钾钠（KNN）等］填充到 PDMS 等柔弹性基体中；非压电填料和压电聚合物的复合主要是将导电材料（如 AgNPs、CNT、石墨烯、还原氧化石墨烯 rGO、MXene 等）、金属氧化物（MgO、TiO_2、Fe_3O_4 等）或其他材料（如 MoS_2 等）混合在 PVDF 及其共聚物中，从而实现提高复合材料的压电输出性能和机械柔韧性等效果。柔性压电材料可广泛用于可穿戴设备，在医疗健康、人机交互等领域具有广阔的应用前景。

（5）铁电材料

铁电材料是一类特殊的功能电介质，其内部存在着许多有序区域，在单个区域内具有自发定向的电偶极矩（自发极化），在外加电场大于某一阈值时可将整个铁电体内的电偶极子指向同一方向，并在电场撤离后，仍能对外产生纯净的极化强度，即一种非易失的自发极化特性。铁电体中的电偶极矩在电场作用下会从一种状态变为另一种状态，其自发极化高度依赖于温度。一般来说，铁电晶体的晶体结构会在某一温度发生转变，这种转变温度称作居里温度。在这个温度点，材料特性也会突然变化。铁电材料的介电常数在接近其居里温度时会增加到很大的值。低于居里温度时，晶体为极化相（铁电相），其基本特性为电滞回线和压电效应（介电常数与直流电压的依赖关系呈蝴蝶形）；高于居里温度时，晶体处于顺电相，其没有电滞回线。

铁电材料主要分为无机铁电材料和有机铁电材料，前者包括含铅铁电体（如钛酸铅）、铋系铁电体（如铁酸铋）和与传统 CMOS（互补金属氧化物半导体）工艺兼容的铪基铁电体等，有机铁电体包含铁电聚合物（如 PVDF）和分子铁电体（如二异丙胺溴盐）。近年来还出现了二维铁电材料和有机-无机杂化的铁电材料。铁电薄膜因其高压电系数和剩余极化得到了广泛的研究，但大部分的传统铁电材料为刚性材料，人们为了将其应用于柔性电子器件，采取了许多方法解决这一问题[50]：①使用范德华异质外延，通过在柔性衬底与功能层之间生长缓冲层获得高质量的钙钛矿型铁电体；②采用转移法获得柔性铁电功能材料，转移过程中的分离方法可分为干式蚀刻和湿式蚀刻两种，即在功能膜和衬底之间蚀刻牺牲层，这是一种快速、具有成本效益的方法；③直接使用柔性铁电体（如二维铁电材料）实现柔性铁电器件。

铁电柔性薄膜因其压电性和铁电性在柔性电子器件领域有着广泛的应用前景，如压力传感器、光伏器件和能量收集器件等，另一重要的应用就是柔性铁电信息存储器件。铁电存储器具有稳定的非易失性铁电极化状态，它是快速、低功耗和非易失性存储技术的长期竞争者，近年来，铁电材料被发现还可以用于制备新型存储器件，能够模拟典型的生物突触可塑性，很适合模拟人工突触实现神经形态计算的应用。

（6）驻极体

驻极体是一类具有准永久电荷或分子偶极子的介电材料，并且能够在没有外电场的情况下响应外部振荡和压力并产生静电荷，上文提到的铁电体就是一种特殊的驻极体。它们可以在许多日常生活应用中找到，例如麦克风和能量收集器等。制备驻极体最重要的就是对介电材料进行表面充电，可以采用静电纺丝法、电晕放电法、电子束辐照法、液体接触法、摩擦起电法、热极化法等方法[51]，使材料表面带上永久电荷（如铁电极化产生的表面束缚电荷、材料表面俘获的空间电荷等）。基于有机分子/聚合物的高柔性和高耐用的驻极体材料的柔性驻极体可以广泛地应用于有机场效应晶体管（OFET）、能量收集设备、传感器、医疗保健设备等，在柔性电子领域有着巨大的应用前景（例如脉搏或心跳传感器、触觉控制装置等）。

1.2.4　柔性半导体

柔性半导体是指具有高度机械柔性的半导体材料，其具备可弯曲、可拉伸的特点，能够保证电子器件在弯曲、折叠、拉伸、挤压等恶劣的工作条件下，仍能保持稳定的工作状态和性能。任何足够薄的半导体都具有一定的柔韧性，包括无机半导体材料。因此，常见的柔性半导体既包括无机薄膜，也包括其他柔性功能半导体材料，包括有机半导体、有机-无机杂化半导体、二维半导体材料等。

硅基半导体在传统电子器件领域承担着难以替代的角色，它们同样也在柔性电子领域发挥着重要的作用。例如，可通过等离子体气相沉积技术将非晶硅（a-Si）薄膜沉积在柔性衬底上，实现柔性的太阳能电池等器件。20 世纪 90 年代，a-Si∶H 就能够在适合柔性衬底的温度下制得，并可在柔性衬底上制成 TFT[52]。对非晶硅薄膜进行不同的热处理，还可以将 a-Si 薄膜转化为纳米晶硅（nc-Si）、微晶硅（μc-Si）和多晶硅（p-Si）薄膜，从而得到更高的载流子迁移率。nc-Si 具有良好的电学特性，可以在低衬底温度下通过电感耦合等离子体 CVD 制造，可以用于在柔性衬底上集成完整的电子器件。微晶硅具有掺杂效率高、电导率高等优点，可以应用于提高太阳电池的效率。多晶硅薄膜与非晶硅薄膜相比具有较高的稳定性和高迁移率，并且没有非晶硅严重的光致衰减效应，适合应用于光伏器件领域[53]。p-Si 通常通过前驱体膜 a-Si∶H 结晶形成，但其通过炉内退火将 a-Si 转化为 p-Si 的高温要求与柔性衬底的工艺并不相容，虽可以先将 a-Si 薄膜在玻璃等基板上进行退火得到 p-Si 薄膜，然后将其转移到柔性衬底上，但这种方法增加了工艺流程的复杂性。

另一种选择是使用激光技术制备 p-Si，需要在 a-Si 和衬底之间插入合适的缓冲层以保护其免受损坏[54]。此外还可以通过溶液法制备高性能的柔性 p-Si 器件[55]。

其他无机半导体材料包括氧化锌（ZnO）、氧化铟锡（ITO）、氧化钙钛（$CaTiO_3$）、碲化镉（CdTe）、铜铟镓硒（CIGS）等，也可在柔性衬底上制备出柔性薄膜，并在太阳能电池、柔性显示器件、柔性传感器、智能穿戴设备等领域有着广泛的运用。尽管无机半导体薄膜具有一定的柔韧性，但因其制备和处理过程复杂，成本较高，且需要足够薄才能满足柔性电子器件的要求，因而不是最理想的柔性半导体材料。

相比于无机半导体材料，有机半导体由于其分子结构和化学键的特点，往往具有天然的柔性，这一点是无机半导体材料所不能比拟的。它也具有优异的光电性能，且成本低廉、加工工艺简单、选材广泛、容易调控和修饰，在柔性电子领域得到了广泛的应用。有机半导体按照分子结构可分为小分子和聚合物半导体，按照载流子类型可分为以空穴为主要载流子的 p 型半导体、以电子为主要载流子的 n 型半导体和既可以传输空穴又可以传输电子的双极性有机半导体三种类型，其涉及的具体机制可见本书第 3 章内容。

p 型有机半导体主要包括并苯（oligomerized phenylene）类、红荧烯（rubrene）类、噻吩（thiophene）类、苯并噻吩（thianaphthene）类、寡聚硒吩（oligoselenophene）类和聚四硫富瓦烯（polytetrathiofulvalene）等（分子式见图 1.2.8），其中并五苯（pentacene）自首次合成以来就成为广泛研究的有机半导体明星材料，至今仍用来作为合成新型材料的前驱体化合物[56]。红荧烯在其 OFET 中可测得高达 $20\sim40cm^2/(V \cdot s)$ 的载流子迁移率[57]，其带状单晶优异的柔韧性使得制成的场效应晶体管可以在压缩和拉伸应变下保持良好的电学性能[58]。

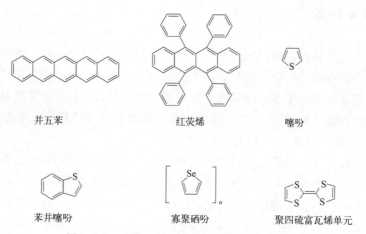

并五苯   红荧烯   噻吩

苯并噻吩   寡聚硒吩   聚四硫富瓦烯单元

图 1.2.8　几种 p 型有机半导体结构式示意图

n 型半导体在大气环境中稳定性较差，它们的数量相比于 p 型半导体要少很多，可以通过向 p 型材料中引入强的亲电子取代基团来获得 n 型半导体材料。目前存在的 n 型半导体材料主要包括类醌型化合物、酰亚胺基材料、富勒烯（C_{60}）及其衍生物和含氰基材料等，图 1.2.9 是几种代表性的 n 型半导体，即 7,7,8,8-四氰基对苯二醌二甲烷（TCNQ）、苝酰亚胺（PDI）、甲烷富勒烯苯基-C_{61}-丁酸甲酯（PCBM），可以用于光伏、LED 器件等领域[59]。双极性有机半导体材料可以通过 p 型和 n 型材料共混、直接合成或化学修饰得到。而有机聚合物半导体主要有二酮吡咯并吡咯（DPP）类聚合物、茚二噻吩（IDT）类聚合物、环戊二噻吩（CDT）类聚合物、异靛蓝（IID）类聚合物、萘二酰亚胺（NDI）类聚合物等（分子式见图 1.2.10），并且能够通过修饰等方式调节其性能。

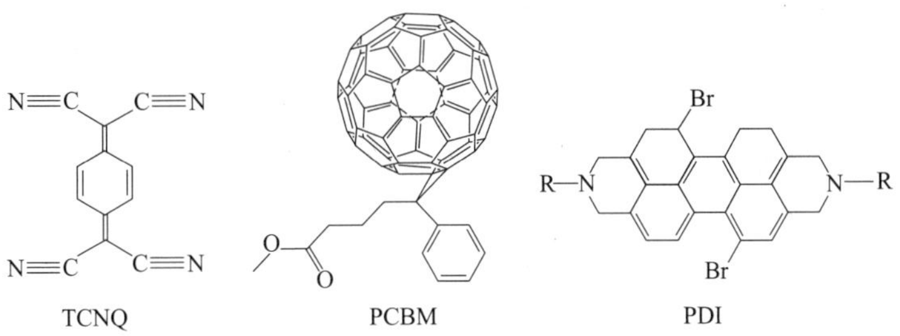

图 1.2.9　几种 n 型有机半导体结构式示意图

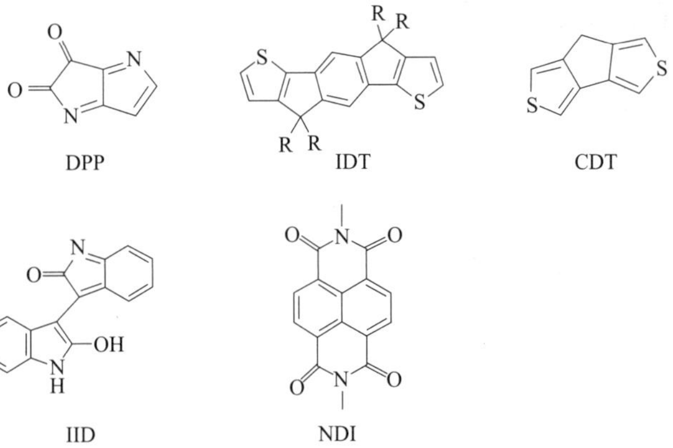

图 1.2.10　几种有机聚合物半导体单体的结构式示意图

相较于无机半导体，有机半导体也有着明显的不足，如载流子迁移率较低、导电性差、易腐蚀、对水和氧甚至光敏感等，导致器件结构和工作效率不稳定，这些因素限制了有机半导体材料的使用寿命和应用场景。进一步提升有机半导体的稳定性和迁移率，开发合适的加工工艺，是有机半导体进一步实用化的关键所在。

近年来，一种融合了无机半导体材料和有机半导体各自的特点的新型材料，正逐渐成为柔性半导体领域的研究热点，即有机-无机杂化钙钛矿材料，它同时具备了有机材料的柔性、可塑性和可溶性，以及无机材料的导电性等。有机-无机杂化钙钛矿不仅光学带隙可调控，且具有玻尔半径大、载流子寿命长、介电常数高、扩散长度长、载流子复合率低、高光吸收系数等特点，有利于载流子的高效输运，提高光电转换效率。由于具有有机材料的特点，有机-无机杂化钙钛矿电子器件可通过旋涂等湿法工艺，低成本地制备出太阳能电池、发光二极管等器件，发展短短十年左右，其单结太阳能电池的最高认证光电转换效率（PCE）已达到了 25.73%[60]。

同时，纳米材料的发展为柔性电子器件的半导体材料提供了更多的选择。例如：半导体型碳纳米管，它们拥有超小的尺寸、可调控的带隙、优异的载流子迁移率和超大的比表面积等特性，可以通过诸如丝网印刷、喷墨印刷等工艺在柔性衬底上制备，也可以与卷对卷工艺兼容制备大面积器件；而二维材料中的石墨烯也被发现可具有半导体性质[61]，其结构具有很高的柔韧性，具有超高的本征载流子迁移率以及其他优越的热学、力学、电学性能，它可以通过 CVD 等工艺制备并在制备完成后转移到柔性衬底上；此外，单质二维材料磷烯中的黑磷，具有高迁移率、可调带隙、与硅兼容等特性，目前在聚酰亚胺塑料基底上的最高载流子迁移率可超过 $1000\mathrm{cm}^2\mathrm{V}^{-1}\mathrm{s}^{-1}$，并且保留了可调控的直接带隙，基于二维磷烯的柔性器件已被集成到数字和模拟电子系统的基本元件中，但磷烯在空气中很不稳定，因而对封装有着很高的要求[62]。另外，二维过渡金属硫族化合物（如 MoS_2）具有带隙随层数可调、高迁移率等许多优异的物理和化学性质，它们原子级的厚度消除了表面的悬挂键，在形成异质结时不需考虑晶格匹配就能得到极清晰的界面，为异质结的发展开辟了新的道路。除此之外掺杂六方氮化硼[63]、二维有机-无机钙钛矿[64] 等材料也极具应用前景。

1.3 柔性薄膜的加工工艺

在上节中我们介绍了多种用于柔性电子器件的不同功能的柔性材料，与传统集成电路（IC）技术一样，将这些材料加工成柔性电子器件的制造工艺及相关设备也是柔性电子技术发展的关键。柔性电子制造主要集中在柔性薄膜的制备和加工中，主要关注生产成本、生产效率和可实现的特征尺寸等方面。在本节中主要介绍一些最基本的柔性薄膜加工工艺，包括物理气相沉积、化学气相沉积、湿法制备工艺等。

1.3.1 物理气相沉积

物理气相沉积（PVD）是指在真空条件下，用物理的方法将材料气化成原子、分子或电离成离子，并通过气相过程在衬底上沉积一层具有特殊性能的薄膜技术，已广泛应用于机械、航空、航天、电子、光学、医学等工业领域，用于制备耐磨、耐热、抗蚀、绝缘、导电、光学、磁性、压电、铁电和超导等薄膜。PVD 方法包括真空热蒸发、脉冲激光沉积、溅射镀膜、离子镀、外延生长等。

（1）真空热蒸发

真空热蒸发或蒸镀是在真空条件下，通过提供热量使蒸发源中的材料蒸发气化成原子或分子，沉积到基片（衬底）上形成薄膜。热蒸发源、冷基片和真空环境（如图 1.3.1 所示），可以尽量避免高温下残留空气分子与蒸发源进行反应，也能降低蒸发物分子之间的相互碰撞概率，并防止空气分子作为杂质混入沉积的薄膜中。

蒸发过程中，被蒸发材料的原子或分子从固体或液体表面逸出，加热的能量分为两部分，一部分是逸出原子带走的能量，另一部分是克服液体或固体原子、分子间引力的能量。

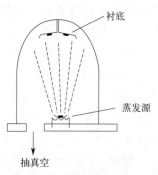

图 1.3.1 蒸镀示意图

蒸发粒子在蒸发源到基片的输运过程中可能与气体分子发生碰撞，碰撞次数取决于分子的平均自由程。通常选择气体分子平均自由程比蒸发源到基片间距离（10～50cm）大 10 倍以上的真空度（$10^{-4}\sim10^{-2}$Pa）条件下进行镀膜，以降低粒子碰撞概率。

蒸发原子到达基片后，与基片表面的原子或分子发生相互作用，包括反射、吸附、再蒸发、扩散等过程。影响薄膜生长和性能的因素有：基片温度、镀膜的真空度、蒸发速率、基片材料与薄膜材料的物性差别。基片温度高则会出现再蒸发，低则会影响薄膜组织结构和晶粒大小；真空度低会导致残余气体分子对薄膜的污染，以及碰撞导致蒸发原子或分子能量的降低；而较高的沉积速率可以提高薄膜的纯度；此外，基片与薄膜材料的物性差别会影响两者结合的强度与应力。

根据加热的原理，可以将真空蒸发镀膜分为电阻加热蒸发、电子束蒸发、电弧蒸发、激光熔融蒸发、射频加热蒸发。

电阻加热蒸发的原理是将待蒸发材料放置在电阻加热装置（高熔点金属或难熔导电材料制成）中，通过电阻加热给待沉积材料提供蒸发热使其气化。电阻加热原材料要求高熔点、低饱和蒸气压、稳定的化学性能、良好的耐热性。它可用来制备单质、氧化物、介电和半导体化合物薄膜，具有结构简单、成本低廉、操作方便的优点，但支撑坩埚及材料易与蒸发物反应，难以用于需足够高温才能蒸发的材料薄膜（如 Al_2O_3、TiO_2）。

电子束蒸发的原理是电子束通过 $5\sim10$kV 的电场加速后，聚焦并打到待蒸发材料表面，电子束将能量传递给待蒸发材料使其熔化，电子束迅速损失能量。电子束聚焦方式有静电聚焦和磁偏转聚焦。电子束蒸发可以避免蒸发物与容器反应，无坩埚材料的污染，因此可制备出高纯度的薄膜；并且可获得极高的能量密度，能够用于蒸发难熔金属（如铂）；但由于大部分能量被坩埚的水冷系统带走，导致热效率较低；且设备非常昂贵、工艺比较复杂。

而电弧蒸发的原理则是将待蒸发材料制成放电的电极，在薄膜沉积时通过调整真空室内电极间的距离而点燃电弧，瞬间的高温电弧使电极端部蒸发而实现物质的沉积。电弧蒸发的优点是无电阻加热材料或坩埚材料的污染。其加热温度高，适用于难熔金属和石墨等的蒸发，加热装置简单和廉价，但放电过程易产生微米级的颗粒，从而影响薄膜的性能。

射频加热的原理是将装有蒸发材料的坩埚放在高频螺旋线圈的中央，使蒸发材料在高频电磁场的感应下产生强大的涡流损失和磁滞损失，从而将镀料金属加热蒸发。蒸发源的温度均匀，不易产生飞溅，当蒸发材料是金属时，本身可产生热量。

对于两种以上元素组成的合金或化合物，为了在蒸发时控制成分，以获得与蒸发材料化学计量比不变的膜层，可采用两种方法：瞬时蒸发法和双源/多源蒸发法。瞬时蒸发法是将细小的合金颗粒，逐次送到非常高温的蒸发器中，使一个一个的颗粒实现瞬间完全蒸发。如果颗粒尺寸很小，几乎能对任何成分进行同时蒸发，获得成分均匀的薄膜。双源/多源蒸发法是指分别装入各自的蒸发源中，然后独立地控制各蒸发源的蒸发速率，使到达基片的各种原子或分子与所需薄膜的组成相对应，并匀速转动基板，使薄膜的厚度均匀。

（2）脉冲激光沉积（PLD）

脉冲激光沉积是将高功率脉冲激光束聚焦作用于靶材表面，使靶材表面产生高温及熔蚀，并进一步产生高温、高压等离子体，等离子体定向局域膨胀发射并在衬底上沉积形成薄膜，其反应装置如图 1.3.2 所示。

脉冲激光沉积的重要参数有基底的加热温度、腔体的真空度、沉积时间、基底与靶的距离、激光能量与频率等，基底的加热问题会影响沉积速率和薄膜的质量，而沉积时间会影响薄膜的厚度，基底与靶的距离会影响薄膜的均匀性，激光能量和频率则会影响沉积速率。还可以在反应室内充入气体发生反应，通过控制充入气体的压力和种类控制薄膜的生长。例如在制备氧化锌薄膜时，充入的氧气压力过高不利于薄膜择优取向的形成，过低会导致化学配比失衡，内部缺陷增多。

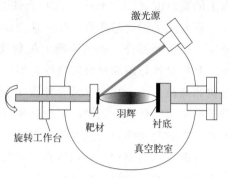

图1.3.2　脉冲激光沉积示意图

　　脉冲激光沉积具有许多的优点：①可制备与靶材成分一致的多元化合物薄膜；②激光能量高度集中，也可制备难熔材料的薄膜；③可制备易在较低温度下原位生长的织构（多晶体存在择优取向）薄膜和外延单晶薄膜；④可制备高质量纳米薄膜或纳米材料；⑤脉冲激光沉积换靶装置灵活，易实现多层膜及超晶格薄膜的生长；⑥设备效率高、可控性好、灵活性大。但也存在不易制备大面积薄膜、激光成本高、表面会有熔滴形成等缺点[65]。

（3）溅射镀膜

　　溅射镀膜是一种在一定真空环境中，利用荷能粒子（如正离子或中性原子、分子）轰击靶材，使靶材表面原子或原子团逸出，逸出的原子在基片的表面形成与靶材成分相同的薄膜的制备方法（如图1.3.3所示）。

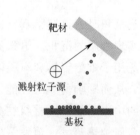

图1.3.3　溅射镀膜示意图

　　当入射粒子的能量比较低时，靶材表面原子的溅射以单原子碰撞机制为主。当入射粒子的能量比较高时，表面原子的溅射以线性级联碰撞机制为主。溅射的主要参数有溅射阈值、溅射产额、溅射粒子的速度和能量。溅射阈值是将靶材原子溅射出来所需的入射离子的最小能量值，与靶材有关，与入射粒子的种类关系不大。溅射产额是单位入射粒子轰击靶极溅出原子的平均数，它与入射粒子能量、种类、角度、靶材特性、温度、表面氧化、合金化等条件有关。溅射出的原子能量通常呈麦克斯韦分布，一般比蒸发时原子能量大1~2个数量级，最可几能量为几个电子伏特左右，与靶材的原子序数、入射粒子种类和入射能量有关。溅射镀膜几乎可将任何能做成靶材的原材料溅射成膜，应用范围十分广泛。溅射所获得的薄膜不仅纯度高、致密性好、能与基片较好结合，而且溅射所获得的薄膜膜厚可控制、工艺重复性好。

　　溅射方法主要有直流溅射、射频溅射、磁控溅射和反应溅射等。

　　直流溅射适用于制备靶材为良好导体的薄膜。在靶材上加直流电压后会产生辉光放电，产生出正离子轰击靶面，从而使靶材表面的中性原子溅射出，这些原子沉积在衬底上形成薄膜。在离子轰击靶材的同时，从阴极靶发射出大量二次电子，并与气体原子碰撞又产生更多离子，更多的离子轰击靶材又释放出更多电子，使辉光放电达到自持状态。直流溅射可以分为直流二极溅射、直流三极溅射和直流四极溅射。直流二极溅射是最初的溅射装置，它的优点是装置简单，但是沉积速率低；直流三极溅射在直流二极溅射装置中使用热阴极并增加辅助阳极，可以降低溅射电压、增大放电电流；直流四极溅射装置在直流三极溅射的热阴极前面又增加了一个栅网状电极，使放电更加稳定。

射频溅射采用射频交流电压代替直流电压，适用于制备绝缘体、半导体薄膜等多种薄膜[66]。在采用绝缘靶材的射频溅射系统中，射频电压加在与绝缘靶相连的金属电极上，在射频电场作用下，在两电极间振荡运动的电子具有足够高的能量产生离化碰撞，从而达到自持放电，此时阴极溅射的二次电子不再重要。交流电源的正负性会发生周期交替，当溅射靶材处于电压的正半周期时，电子会流向靶面，中和其表面积累的正电荷并且积累电子，使其表面呈现负偏压，导致在射频电压的负半周期时吸引正离子轰击靶材从而实现溅射。

由于传统溅射方法沉积速率低、工作气压高、气体分子对薄膜污染高，因此出现了磁控溅射的方法[67]。磁控溅射在靶材附近加入磁场，在磁场和电场的共同作用下能够将电子约束在靶材表面附近，并且能够延长其在等离子体中的运动轨迹，从而提高电子与气体分子的碰撞概率和电离过程。因此磁控溅射具有离化率较高、靶电流密度和溅射效率较高、工作气压宽、对薄膜的损伤小等优点，能够实现高速、低靶电压与低温沉积；与此同时磁控溅射也存在一些缺点，它难以实现强磁性材料（Fe、Co、Ni、Fe_2O_3）的低温高速溅射，并且存在靶材溅射不均匀、利用率低等问题。

反应溅射是一种制备化合物薄膜的方式，它是指在溅射靶材时通入适量的反应气体（如氧气等），使靶材与反应气体形成化合物（如氮化物、碳化物、氧化物）并沉积在基底上的溅射技术。反应溅射有利于制备高纯度的化合物薄膜和大面积均匀薄膜，并且能够通过调节溅射中的工艺参数调控薄膜的组成和薄膜特性。同时反应溅射也存在一些问题，如反应气体与靶反应在靶表面形成化合物造成的"靶中毒"现象，为了改善这一问题，可以采取将反应气体输入位置远离靶、提高靶材溅射速率、采用中频或脉冲反应溅射等方式[68]。

（4）离子镀

离子镀是蒸发和溅射相结合的一种镀膜技术。它以气体放电产生的离子轰击为基础，将与阳极接触的镀膜材料加热到熔融状态，随后利用高能离子轰击将待镀材料或其反应物沉积到基底表面，从而获得具有特定结构和性能的薄膜，其反应装置如图1.3.4所示。

离子镀具有很多的优势，首先它得到的镀层质量好，组织致密且厚度均匀，并且镀层附着性能好、能够良好地绕镀（环绕镀膜）。除此之外，离子镀还能简化清洗过程，可以离子镀的材料范围也十分广泛。不同的膜层粒子的产生方式和不同的电离与激发的方式之间会

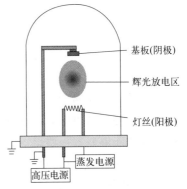

图1.3.4 离子镀反应装置示意图

有多种组合，因此出现了许多离子镀的方法，根据膜层粒子的获得方式，离子镀可分为溅射型离子镀和蒸发型离子镀，蒸发型离子镀根据放电原理不同又可分为直流离子镀、空心阴极离子镀、阴极电弧离子镀等。

阴极电弧离子镀是目前主流离子镀膜技术的集大成者，它采用冷弧光放电，并且有着

在众多 PVD 镀膜技术中最高的膜层粒子离化率。电弧离子镀通过设置"引弧针"等电弧装置引燃电弧，采用低电压大电流的电源维持阴极和阳极之间弧光放电的进行，在电源的维持和磁场的推动下，电弧可以在靶面游动，将所经之处的靶材蒸发并离化，在负偏压作用下调整离子的能量，最终在基底上沉积成膜。

（5）外延生长

外延是指在一定的单晶体衬底上，沿着衬底的某晶面向外延伸生长一层符合一定要求的、和衬底晶向相同的单晶薄膜。在硅基集成电路制造中，外延工艺已经被广泛使用，主要用 Si 外延、碳化硅（SiC）外延、氮化镓（GaN）外延等。外延可以分为同质外延和异质外延，实现外延的方法主要有分子束外延、液相生长外延、热壁外延生长等。

分子束外延沉积（MBE）是指在超高真空条件下精确控制原材料的中性分子束强度，使其在加热的基片上进行外延生长。MBE 可以获得高质量的单晶薄膜，并且可在原子尺度上精确控制外延厚度、掺杂和界面平整，但这个过程相对缓慢，设备也相当昂贵，这使得它的使用更多地局限于实验室的研究。

1.3.2　化学气相沉积

化学气相沉积（CVD）是利用气态的前驱反应物，通过原子、分子间化学反应在衬底上生成固态薄膜的技术统称，其反应装置如图 1.3.5 所示。

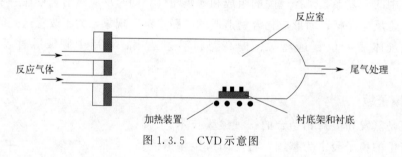

图 1.3.5　CVD 示意图

CVD 应用范围十分广泛，可以用于制备金属膜、非金属膜和合金膜，并且能准确地控制薄膜的组分及掺杂水平，还可以在复杂形状和大尺寸基片上沉积薄膜。与此同时，它的真空设备相对简单低廉，可以在较高的气压下沉积薄膜，从而提高薄膜沉积速率和成膜质量，因此能够制备一些熔点高、难分解材料的薄膜，但由于一些化学反应需要很高的温度，导致基体材料的选择受到一些限制。

CVD 过程是通过一个或多个化学反应实现的，涉及化学反应、热力学、动力学、输运现象、薄膜生长等多个领域。可能发生的化学反应类型包括热解反应、还原反应、氧化反应、置换反应、歧化反应等，因此可以根据化学反应自由能的变化来预测某个 CVD 反应或过程发生的可能性，为化学反应路线的选择提供依据。CVD 根据提供反应活化能的方式不同，可以分为热 CVD、等离子体 CVD、光 CVD 等。

热 CVD 是最基础的化学气相沉积技术，其基本工作过程是在高温条件下，将气态前体物质输送到基板表面，通过化学反应使其分解并沉积形成固体薄膜。这种方法通常需要高温反应室、气体输送系统和真空系统等设备。热 CVD 可以用于生长各种材料的薄膜，包括金属、半导体和绝缘体等。不同的前体物质和反应条件可以实现对薄膜性质的调控，如晶体结构、成分、厚度和形貌等。热 CVD 通常具有较高的生长速率和较好的薄膜质量，适用于大面积薄膜的生长和工业生产。

光 CVD 利用高能光子有选择性地激发表面吸附分子或气体分子而导致化学键断裂，从而产生自由化学粒子形成目标薄膜，可由紫外光等来实现。光化学气相沉积过程中没有高能粒子轰击生长膜的表面，而且引起反应物分子分解的光子没有足够的能量产生电离，因此可制备高质量薄膜，并且沉积的薄膜与基片结合良好，能够实现快速、低温沉积，可用于生长亚稳相和形成突变结。

等离子体增强化学气相沉积（PECVD）是在低压化学气相沉积过程的同时，利用气体放电产生等离子体并对沉积过程施加影响的技术。PECVD 可降低沉积温度、减少热损伤，避免薄膜与衬底发生不必要的扩散、化学反应以及薄膜或衬底材料的结构变化。采用 PECVD 可将非晶态硅薄膜的沉积温度降低到 300℃，可用于太阳能电池、光敏元件等的制备[69]。

根据等离子体的产生方法，PECVD 可以分为微波辅助 PECVD、射频辉光放电 PECVD、直流辉光放电 PECVD。其中电感耦合型射频 PECVD 装置的工作原理是置于反应器之外的线圈由射频电源驱动产生高频交变电场，在反应气体下游放置基片，即可得到薄膜的沉积，也可以在上游只通入惰性气体，而在下游输入反应气体，使之在惰性气体电离的等离子体作用下活化反应，完成沉积。微波辅助 PECVD 利用微波能量产生等离子体，进而沉积薄膜，微波是频率在 300MHz～300GHz，波长在 100cm～1mm 范围内的电磁波。一般工业所用频率为 2.45GHz，对应波长为 12cm。微波放电实际上是气体介质被击穿的过程，在微波能量经过耦合到达谐振腔后，在谐振腔内将形成微波电场的驻波，当微波电场的强度超过气体的击穿场强时，反应气体就会发生放电击穿，产生相应的等离子体。等离子体中的电子随微波振荡，以此不断地获得电场能量，这些电子在获得能量的同时，将不断发生与气体分子的碰撞，产生出新的电子和离子并维持等离子放电。

激光化学气相沉积是通过使用激光源产生出来的激光束提供活化能实现化学气相沉积的一种方法。其中激光起到两个作用：一是加热作用，通过激光对衬底加热、促进衬底表面的化学反应；二是光作用，使用高能量光子促进反应物分解为活性化学基团，促进反应的进行。激光化学气相沉积反应迅速集中、成核生长好并且无污染，并且对参与反应物和沉积方向性具有很好的选择能力。

金属有机化学气相沉积（MOCVD）利用氢气把金属有机物蒸气和气态非金属氢化物送入反应室，然后利用热能来分解化合物，其原理与利用硅烷热分解得到硅外延生长的技术相同，主要用于化合物半导体（Ⅲ-Ⅴ、Ⅱ-Ⅵ族）薄膜的生长。MOCVD 常用原材料有金属烷基或芳烃基衍生物、乙酰基化合物、羟基化合物，它造就了 GaAs、GeSi、GaN 等器件及各种新型超晶格器件的诞生，还可以合成组分按任意比例组成的人工合成材料，以及形成厚度精确控制到原子级的薄膜，并且几乎可以生长所有化合物及合金半导体，但也存在设备配套设施以及所需原材料昂贵、气路复杂要求高等缺点。

1.3.3 湿法制备工艺

（1）旋涂法

旋涂法是获得小尺寸（晶圆规模）薄膜的一种途径，它利用离心力扩散材料并使其均匀地分布在平面基板上（如图1.3.6所示）。为了形成均匀的薄膜，溶液对靶材基质应具有一定的润湿性。大多数材料和溶剂是在旋转过程中从基板上分散开的，从而在基板上留下一层薄薄的材料。对于特定的材料，薄膜的厚度主要由材料的浓度和黏度、溶剂的挥发性和旋涂的转速决定。薄膜厚度和旋涂转速的关系可由如下公式近似给出：

$$d \propto \omega^{-\frac{2}{3}}$$

(1.3.1)

式中，d 是最终的薄膜厚度；ω 是旋转速率。旋涂后通常会进行退火处理，此步操作可蒸发残留溶剂、烧结纳米颗粒/纳米线以及提高结晶性等。

旋涂技术的一个主要优点是能够在平面基板上形成薄而均匀的薄膜，此特点非常符合高质量薄膜的要求，如透明电极薄膜，因为透明电极的电导率和透光率之间的平衡可以通过旋涂的薄膜厚度得到很好的控制。然而，基于旋涂技术还存在一些局限性。首先，旋涂过程会浪费大量的原料，造成了成本的增加；其次，旋涂薄膜的粗糙度与均匀性受许多参数影响，包括基板的清洁度、湿度以及旋涂速度等；最后，旋涂难以在大面积基板上进行，一方面难以控制高速旋转的大型基板；另一方面在不同位置的薄膜厚度也因为不同的局部离心速度而不一样，从而使旋涂得到的薄膜不均匀。

（2）刮涂法

刮涂法是另一种常见的制备薄膜的方法，它利用刮刀将目标溶液或前驱体溶液均匀地刮涂在平整的基底表面上，然后通过挥发剂或化学反应使其形成均匀的薄膜（如图1.3.7所示）。该方法具有简单、快速、低成本等优点，已广泛应用于有机薄膜、无机材料薄膜等领域。

图1.3.6　旋涂示意图

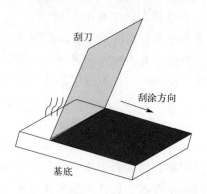

图1.3.7　刮涂示意图

在刮涂法中，溶液或前驱体溶液会被平均地涂布在基体表面上。在这个过程中，由于刮刀的作用，溶液先被蓄积在刮刀的刮刃部分，随着刮刀的移动，涂料被均匀地压到基体表面上。因此涂层的厚度通常取决于刮刀与基体的间隙和溶液挥发速度，以及刮涂的速度。除此之外薄膜的厚度和质量也与刮涂时的表面条件密切相关，除了表面的平整度、清洁度、湿度和温度外，涂料的湿润性和表面的亲疏水性也十分重要，当衬底表面的亲水性较强时，溶液容易在表面铺展开来，形成液膜。湿润性好的涂料也更易于在表面均匀分布，减少涂料在刮涂过程中的流失和积聚，并且能够提升涂层表面的不平整现象。这对于追求高质量的薄膜尤为重要。

薄膜的形成是涂布后挥发剂或化学反应后的结果。在挥发剂蒸发的过程中，溶液中的低沸点挥发剂会逐渐蒸发，使分子逐渐靠近，形成薄膜。化学反应时，则是通过反应原料的反应使得前驱体之间发生反应，形成固体薄膜。在这个过程中，溶剂的挥发或化学反应是控制薄膜质量的重要因素。控制挥发速度或是反应速度都能够制备出具有理想性能的薄膜。刮涂法能够制备出厚度均匀、精确可控的薄膜，与旋涂法相比更加柔和、更节省原料。

（3）提拉法

浸渍提拉法（dip-coating technique）也是一种常用的制备薄膜的方法，适用于多种不同材料的薄膜制备。该方法通过将基板浸入溶液中并逐渐提升，使溶液均匀附着在基片表面，并使附着的液膜在空气（气相）中析出溶质，最终形成均匀的薄膜（如图 1.3.8 所示）。与刮涂类似，湿润性对于提拉同样是一个关键因素。湿润性好的涂料在提拉过程中能够更好地附着

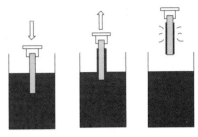

图 1.3.8　提拉示意图

在提拉工具上，使得涂层更为均匀。而湿润性差的涂料在提拉时可能出现涂料断裂、涂层厚度不均等问题，导致成膜效果不佳。

提拉法成膜的主要影响因素有溶液和基板的性质、浸渍和提拉条件、成膜条件等，该方法具有简单、灵活、成本低等优点，适用于多种材料的薄膜制备。通过对浸渍提拉法制备薄膜的步骤和影响因素的了解和优化，可以更好地控制薄膜的质量和性能。

（4）喷墨打印

喷墨打印技术（inkjet printing）是一种非接触式的柔性薄膜印刷技术，可以通过直接喷射打印墨水的液滴在柔性基底上实现薄膜制备。根据将墨滴从喷嘴中挤出的过程可以将喷墨打印分为连续喷墨打印（CIJ）和按需喷墨打印（DOD）。在 CIJ 中采用压电振动器将连续的喷流分解成单个的墨滴，并通过施加适当的电压脉冲使每个墨滴选择性地充电，最后在外加电场和其他部件的作用下控制墨滴的沉积位置。DOD 则可以通过数字驱动器直接实现打印墨滴在指定位置的沉积。因此，除了打印连续薄膜，喷墨打印技术还可以制备图案化的薄膜，具体可见第 9 章内容。

喷墨打印是一种能够完全数字化的薄膜印刷工艺，省去了传统印刷工艺的许多程序，因此它具有时间效率高、成本低等诸多优势。由于对液滴沉积的精细控制和基于多种纳米材料（如金属、二维材料、钙钛矿和生物材料）的功能墨水的引入，喷墨打印可以在多种基材（如陶瓷、纸张、聚合物、纺织品、电子皮肤）上实现厚度从几纳米到几十微米不等的结构，具有很高的适应性。喷墨打印技术在超级电容器、柔性传感器、柔性和纺织电子、生物工程、微机械和微流体器件等领域都有广泛的应用。同样，虽然喷墨打印技术迅速发展，但也面临着一系列的挑战，它需要合成满足不同功能的各种油墨，进一步改进喷

墨打印薄膜的质量。

（5）卷对卷技术

卷对卷（roll to roll）技术是一种高效能、可连续性的大规模生产方式，可以用来处理柔性薄膜。卷对卷技术通常有两个卷筒，分别可用于供应原材料和收集产品。在卷对卷制备柔性薄膜的过程中，原材料通常是一种柔性基板，基板从供应卷筒上展开，并通过一系列加工步骤，最终可以在基板上形成目标薄膜或各种功能层，如导电层、半导体层、绝缘层等（如图1.3.9所示）。结合卷对卷制程在软基板表面进行加工的方式有许多种，可以直接写入图案，还有精密压印、贴合、镀膜、印刷等多种方式。在制造过程中，由于不需要使用真空无尘环境、复杂腐蚀过程与庞大的废液处理工程，可降低生产成本，实现高生产率和高度自动化。然而，这种制造方法也面临着一些挑战，包括确保基板在整个过程中保持平整和紧贴加工设备，以及控制加工条件以实现高质量的薄膜。因此，卷对卷制备柔性薄膜需要精密的设备和严格的质量控制。在实际应用中可以用于石墨烯以及纳米材料薄膜的制备，并广泛用于液晶显示器（LCD）、电子纸、薄膜太阳能电池等器件的制造过程。

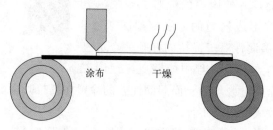

图1.3.9 卷对卷工艺示意图

除了上述方法外，制备柔性薄膜的湿法工艺还有电沉积法[70]、喷涂法[71]、自组装法[72]、静电纺丝法[73]等。电沉积法通过构建由电解液、阴极和阳极构成的回路，利用电解液中发生的氧化还原反应，以及离子在外加电场作用下向阴极或阳极表面的聚集，制备出所需的柔性薄膜；喷涂法通常是将某种材料（如溶液、悬浮液或熔融物）通过喷枪或类似设备喷涂到基底上，随后通过干燥、固化等步骤形成薄膜；自组装法则是利用粒子或颗粒间的相互作用力（如范德瓦尔斯力、氢键、静电作用等），使分子或纳米材料自发地组织成有序的结构；而静电纺丝法是通过在高压电场中使聚合物溶液或熔体带电并拉伸，形成纳米级直径的聚合物细丝，然后经过收集装置得到纤维网络或柔性薄膜。综上所述，每种柔性薄膜制备方法都有其独特的优势和适用范围，选择哪种方法取决于所需的薄膜类型、性能要求以及生产成本等多种因素。在实际应用中，可以根据具体需求选择合适的方法进行柔性薄膜的制备。

参考文献

［1］ 张涛然，晁晓洁，郭丽红．材料力学．重庆：重庆大学出版社，2018.

［2］ Khanna V K. Flexible Electronics：Volume 1. Philadelphia：IOP Publishing Ltd，2019.

［3］ Leterrier Y. Mechanics of curvature and strainin flexible organic electronic devices-ScienceDirect. Handbook of Flexible Organic Electronics, 2015: 3-36.

[4] Plichta A, Weber A, Habeck A. Ultra thin flexible glass substrates. MRS Online Proceedings Library (OPL), 2003, 769: H9.1.

[5] Macdonald W A. Engineered films for display technologies. Journal of Materials Chemistry, 2004, 14 (1): 4-10.

[6] Afentakis T, Hatalis M, Voutsas A T, et al. Design and fabrication of high-performance polycrystalline silicon thin-film transistor circuits on flexible steel foils. IEEE Transactions on Electron Devices, 2006, 53 (4): 815-822.

[7] Eugene Y, Wagner S. Amorphous silicon transistors on ultrathin steel foil substrates. Applied Physics Letters, 1999, 74 (18): 2661-2662.

[8] Wu M, Bo X Z, Sturm J C, et al. Complementary metal-oxide-semiconductor thin-film transistor circuits from a high-temperature polycrystalline silicon process on steel foil substrates. IEEE Transactions on Electron Devices, 2002, 49 (11): 1993-2000.

[9] Iida K, Sugimoto Y, Hatano T, et al. Novel method to study strain effect of thin films using a piezoelectric-based device and a flexible metallic substrate. Applied Physics Express, 2019, 12 (1): 016503.

[10] Zhao B, Tang X S, Huo W X, et al. Characteristics of InGaP/GaAs double junction thin film solar cells on a flexible metallic substrate. Solar Energy, 2018, 174: 703-708.

[11] 冯雪. 柔性电子技术. 北京: 科学出版社, 2021.

[12] Sennett R, Scott G. The structure of evaporated metal films and their optical properties. JOSA, 1950, 40 (4): 203-211.

[13] Yun J. Ultrathin metal films for transparent electrodes of flexible optoelectronic devices. Advanced Functional Materials, 2017, 27 (18): 1606641.

[14] Lu X, Zhang Y, Zheng Z. Metal-based flexible transparent electrodes: challenges and recent advances. Advanced Electronic Materials, 2021, 7 (5): 2001121.

[15] Zhang C, Zhao D, Gu D, et al. An ultrathin, smooth, and low-loss Al-doped Ag film and its application as a transparent electrode in organic photovoltaics. Advanced Materials, 2014, 26 (32): 5696-5701.

[16] Zhao G, Kim S M, Lee S G, et al. Bendable solar cells from stable, flexible, and transparent conducting electrodes fabricated using a nitrogen-doped ultrathin copper film. Advanced Functional Materials, 2016, 26 (23): 4180-4191.

[17] Li W, Zhang H, Shi S, et al. Recent progress in silver nanowire networks for flexible organic electronics. Journal of Materials Chemistry C, 2020, 8 (14): 4636-4674.

[18] Kim W, Kim S, Kang I, et al. Hybrid silver mesh electrode for ITO-free flexible polymer solar Cells with good mechanical stability. ChemSusChem, 2016, 9 (9): 1042-1049.

[19] Varagnolo S, Park K W, Lee J K, et al. Embedded-grid silver transparent electrodes fabricated by selective metal condensation. Journal of Materials Chemistry C, 2020, 8 (38): 13453-13457.

[20] Won P, Jeong S, Majidi C, et al. Recent advances in liquid-metal-based wearable electronics and materials. Iscience, 2021, 24 (7): 102698.

[21] Silva A F, Paisana H, Fernandes T, et al. High resolution soft and stretchable circuits with PVA/liquid-metal mediated printing. Advanced Materials Technologies, 2020, 5 (9): 2000343.

[22] Wang C, Gong Y, Cunning B V, et al. A general approach to composites containing nonmetallic fillers and liquid gallium. Science Advances, 2021, 7 (1): eabe3767.

[23] Yokota T, Fukuda K, Someya T. Recent progress of flexible image sensors for biomedical applications. Advanced Materials, 2021, 33 (19): 2004416.

[24] Que M, Zhang B, Chen J, et al. Carbon-based electrodes for perovskite solar cells. Materials Advances, 2021, 2 (17): 5560-5579.

[25] 王晶, 杨梅, 郑子剑, 等. 碳基柔性电极的结构设计、制备和组装. 科学通报, 2019, 64 (Z1): 514-538.

[26] Feng C, Liu K, Wu J S, et al. Flexible, stretchable, transparent conducting films made from superaligned car-

bon nanotubes. Advanced Functional Materials, 2010, 20 (6): 885-891.

[27] Liu J, Yi Y, Zhou Y, et al. Highly stretchable and flexible graphene/ITO hybrid transparent electrode. Nanoscale Research Letters, 2016, 11: 1-7.

[28] Tajik S, Beitollahi H, Nejad F G, et al. Recent developments in conducting polymers: Applications for electrochemistry. RSC Advances, 2020, 10 (62): 37834-37856.

[29] Huang Y, Peng C, Li Y, et al. Elastomeric polymers for conductive layers of flexible sensors: Materials, fabrication, performance, and applications. Aggregate, 2023, 4 (4): e319.

[30] Xu J, Zhang L, Lai X, et al. Wearable RGO/MXene Piezoresistive Pressure Sensors with Hierarchical Microspines for Detecting Human Motion. ACS Applied Materials & Interfaces, 2022, 14 (23): 27262-27273.

[31] Su X, Li H, Lai X, et al. Highly Stretchable and Conductive Superhydrophobic Coating for Flexible Electronics. ACS Applied Materials & Interfaces, 2018, 10 (12): 10587-10597.

[32] Li G, Li C, Li G, et al. Development of Conductive Hydrogels for Fabricating Flexible Strain Sensors. Small, 2022, 18 (5): 2101518.

[33] Qiao H, Qi P, Zhang X, et al. Multiple weak H-bonds lead to highly sensitive, stretchable, self-adhesive, and self-healing ionic sensors. ACS Applied Materials & Interfaces, 2019, 11 (8): 7755-7763.

[34] Wu S, Peng S, Yu Y, et al. Strategies for designing stretchable strain sensors and conductors. Advanced Materials Technologies, 2020, 5 (2): 1900908.

[35] Gray D S, Tien J, Chen C S. High-conductivity elastomeric electronics. Advanced Materials, 2004, 16 (5): 393-397.

[36] Fan J A, Yeo W H, Su Y, et al. Fractal design concepts for stretchable electronics. Nature Communications, 2014, 5 (1): 3266.

[37] Bowden N, Brittain S, Evans A G, et al. Spontaneous formation of ordered structures in thin films of metals supported on an elastomeric polymer. Nature, 1998, 393 (6681): 146-149.

[38] Xu F, Wang X, Zhu Y, et al. Wavy ribbons of carbon nanotubes for stretchable conductors. Advanced Functional Materials, 2012, 22 (6): 1279-1283.

[39] Kim D H, Song J, Choi W M, et al. Materials and noncoplanar mesh designs for integrated circuits with linear elastic responses to extreme mechanical deformations. Proceedings of the National Academy of Sciences, 2008, 105 (48): 18675-18680.

[40] Song Z, Ma T, Tang R, et al. Origami lithium-ion batteries. Nature communications, 2014, 5 (1): 3140.

[41] Chen M, Zhang L, Duan S, et al. Highly stretchable conductors integrated with a conductive carbon nanotube/graphene network and 3D porous poly- (dimethylsiloxane). Advanced Functional Materials, 2014, 24 (47): 7548-7556.

[42] Yao R, Zheng Z, Xiong M, et al. Low-temperature fabrication of sputtered high-k HfO_2 gate dielectric for flexible a-IGZO thin film transistors. Applied Physics Letters, 2018, 112 (10): 103503. 1-5.

[43] Nketia-Yawson B, Noh Y Y. Recent Progress on High-Capacitance Polymer Gate Dielectrics for Flexible Low-Voltage Transistors. Advanced Functional Materials, 2018, 28 (42): 1802201.

[44] Qiu Y, Zhang E, Plamthottam R, et al. Dielectric Elastomer Artificial Muscle: Materials Innovations and Device Explorations. Accounts of Chemical Research, 2019, 52 (2): 316-325.

[45] 郭晶晶, 郭校言, 脱佳霖, 等. 柔性有机聚合物光子器件及其生物医学应用. Laser & Optoelectronics Progress, 2023, 60 (13): 1316002.

[46] 李雨凡, 薛文清, 李玉超, 等. 三明治结构柔性储能电介质材料研究进展. 物理学报, 2024, 73 (2): 1-17.

[47] Lai H C, Pei Z, Jian J R, et al. Alumina nanoparticle/polymer nanocomposite dielectric for flexible amorphous indium-gallium-zinc oxide thin film transistors on plastic substrate with superior stability. Applied Physics Letters, 2014, 105 (3): 033510.

[48] Yin L, Wang Q, Zhao H, et al. Improved Energy Density Obtained in Trilayered Poly (vinylidene fluoride) - Based Composites by Introducing Two-Dimensional BN and TiO_2 Nanosheets. ACS Applied Materials & Inter-

faces, 2023, 15 (12): 16079-16089.

[49]　Mao A, Lu W, Jia Y, et al. Flexible Piezoelectric Devices and Their Wearable Applications. Journal of Inorganic Materials, 2023, 38 (7): 717-730.

[50]　Jia X, Guo R, Tay B K, et al. Flexible Ferroelectric Devices: Status and Applications. Advanced Functional Materials, 2022, 32 (45): 2205993.

[51]　Guo Z, Patil Y, Shinohara A, et al. Organic molecular and polymeric electrets toward soft electronics. Molecular Systems Design & Engineering, 2022, 7 (6): 537-552.

[52]　Theiss S, Wagner S. Amorphous silicon thin-film transistors on steel foil substrates. IEEE Electron Device Letters, 1996, 17 (12): 578-580.

[53]　常艳, 陈官壁, 汪雷, 等. 利用 HWCVD 在柔性衬底上制备多晶硅薄膜. 真空科学与技术学报, 2007, 27 (6): 475-478.

[54]　Smith P M, Carey P G, Sigmon T W. Excimer laser crystallization and doping of silicon films on plastic substrates. Applied Physics Letters, 1997, 70 (3): 342-344.

[55]　Shimoda T, Matsuki Y, Furusawa M, et al. Solution-processed silicon films and transistors. Nature, 2006, 440 (7085): 783-786.

[56]　Lee J, Hwang D K, Choi J M, et al. Flexible semitransparent pentacene thin-film transistors with polymer dielectric layers and NiO_x electrodes. Applied Physics Letters, 2005, 87 (2): 023504.

[57]　Beaujuge P M, Reynolds J R. Color control in pi-conjugated organic polymers for use in electrochromic devices. Chemical Reviews, 2010, 110 (1): 268-320.

[58]　Wang H, Deng L, Tang Q, et al. Flexible Organic Single-Crystal Field-Effect Transistor for Ultra-Sensitivity Strain Sensing. IEEE Electron Device Letters, 2017, 38 (11): 1598-1601.

[59]　Zhang J, Geng H, Virk T S, et al. Sulfur-Bridged Annulene-TCNQ Co-Crystal: A Self-Assembled "Molecular Level Heterojunction" with Air Stable Ambipolar Charge Transport Behavior. Advanced Materials, 2012, 24 (19): 2603-2607.

[60]　Jaewang Park J K, Hyun-Sung Y, et al. Controlled growth of perovskite layers with volatile alkylammonium chlorides. Nature, 2023, 616: 724-730.

[61]　Lu G, Yu K, Wen Z, et al. Semiconducting graphene: converting graphene from semimetal to semiconductor. Nanoscale, 2013, 5 (4): 1353-1368.

[62]　陈佳熠, 陈启超, 李政雄, 等. 基于硅烯和磷烯的新型纳米电子器件. 中国材料进展, 2018, 37 (06): 448-452.

[63]　Lanlan H, Wulin Y, Jiajun Z, et al. Flexible and thermal conductive poly (vinylidene fluoride) composites with silver decorated hexagonal boron nitride/silicon carbide hybrid filler. Polymer Composites, 2022, 43 (6): 3960-3970.

[64]　Zhihai L, Lei W, Chongyang X, et al. Electron-transport-layer-free two-dimensional perovskite solar cells based on a flexible poly (3,4-ethylenedioxythiophene): poly (styrenesulfonate) cathode. Sustainable Energy & Fuels, 2021, 5 (10): 2595-2601.

[65]　Wu Z, Lyu Y, Zhang Y, et al. Large-scale growth of few-layer two-dimensional black phosphorus. Nature Materials, 2021, 20 (9): 1203-1209.

[66]　Dejam L, Kulesza S, Sabbaghzadeh J, et al. ZnO, Cu-doped ZnO, Al-doped ZnO and Cu-Al doped ZnO thin films: Advanced micro-morphology, crystalline structures and optical properties. Results in Physics, 2023, 44: 106209.

[67]　Sun G, Cao X, Long S, et al. Optical and electrical performance of thermochromic V_2O_3 thin film fabricated by magnetron sputtering. Applied Physics Letters, 2017, 111 (5): 053901.

[68]　Gudmundsson J T. Physics and technology of magnetron sputtering discharges. Plasma Sources Science Technology, 2020, 29 (11): 113001.

[69]　Abadias G, Chason E, Keckes J, et al. Stress in thin films and coatings: Current status, challenges, and pros-

pects. Journal of Vacuum Science & Technology A Vacuum Surfaces and Films, 2018, 36 (2): 020801.

[70] Jongbeom N, Younghoon K, Teahoon P, et al. Preparation of bismuth telluride films with high thermoelectric power factor. ACS Applied Materials & Interfaces, 2016, 8 (47): 32392-32400.

[71] Jiang C, Zhou B, Wei Z, et al. Transparent conductive flexible trilayer films for a deicing window and self-recover bending sensor based on a single-walled carbon nanotube/polyvinyl butyral interlayer. ACS applied materials & interfaces, 2019, 12 (1): 1454-1464.

[72] Zhao S, Zheng J, Fang L, et al. Ultra-robust, highly stretchable, and conductive nanocomposites with self-healable asymmetric structures prepared by a simple green method. ACS Applied Materials & Interfaces, 2023, 15 (29): 35439-35448.

[73] Li T T, Wang Y, Peng H K, et al. Lightweight, flexible and superhydrophobic composite nanofiber films inspired by nacre for highly electromagnetic interference shielding. Composites Part A: Applied Science and Manufacturing, 2020, 128: 105685.

第2章

器件的物理与化学基础

本章将概述电子器件经常涉及的一些基本物理与化学概念，包括半导体的能带、载流子浓度、输运现象和 p-n 结等。在经典的半导体物理学或固体物理学教科书中，可找到更详细的概念论述，这里为了更好地知识衔接，以更直观和简化的方式介绍柔性电子器件常涉及的基本概念和重要结论。如果读者想有更详尽的了解，可查阅相关的经典教科书或参考书。

2.1 固体物理基础

2.1.1 能级与能带

在无机材料特别是单晶材料中，原子周期性紧密排列，间距只有几个埃（$1\text{Å} = 0.1\text{nm}$）的数量级。按照固体物理中的量子理论，当原子相互接近形成晶体时，由于原子间的相互作用，原先孤立原子的每个能级（1s, 2s, 2p…）之间就有了一定程度的重叠，电子将不再完全局限于某一个原子上，而是可以在长程有序的整个晶体中运动，这种运动称为电子的共有化运动。其除受到本身原子的势场作用外，还要受到其他原子势场的作用，结果是原先简并的能级将分裂成间隔极小（准连续）的分立能级，原子靠得越近，分裂的程度越厉害，如图 2.1.1 所示。对于有规律的、周期性排列的原子，每个原子都包含不止一个电子。假设

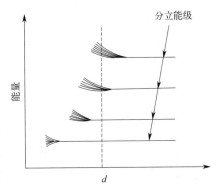

图 2.1.1 能态的分裂

某个晶体中的电子处于原子的 $n=4$ 能级上，如果原子的最初相互距离 d 很远，相邻原子的电子没有互相影响，各自占据着分立能级。当把这些原子聚集在一起时，在 $n=4$ 最外壳层上的电子就会开始相互作用，致使能级分裂成彼此相距很近的能级，从而形成能带。如果原子继续靠近，在 $n=3$ 壳层上的电子也会开始相互作用并分裂成能带。最终，如果原子间的距离足够小，在 $n=1$ 最里层的电子也开始相互作用，从而导致分裂出能带[1]。

内壳层的电子原来处于低能级，共有化运动很弱，其能级分裂得很小，能带很窄，外壳层电子原来处于高能级，特别是价电子，共有化运动很显著，如同自由运动的电子，其能级分裂得很厉害，能带很宽。每一个能带包含的能级数（或者说共有化状态数）与孤立原子能级的简并度有关。例如 s 能级没有简并（不计自旋），N 个原子结合成晶体后，s 能级便分裂为 N 个十分靠近的能级，形成一个能带，这个能带中共有 N 个共有化状态。p 能级是三度简并的，便分裂成 $3N$ 个十分靠近的能级，形成的能带中共有 $3N$ 个共有化状态。实际的晶体，由于 N 是一个十分大的数值，能级又靠得很近，因此每一个能带中的能级基本上可视为连续的，有时称它为"准连续的"。

但是必须指出，许多实际晶体的能带与孤立原子能级间的对应关系，并不都像上述的那样简单，因为一个能带不一定同孤立原子的某个能级相当，即不一定能区分 s 能级和 p 能级所对应的能带。例如，金刚石和半导体硅、锗，它们的原子都有 4 个价电子，两个 s 电子，两个 p 电子，组成晶体后，由于轨道杂化的结果（详见 3.2.1 节相关内容），其上下有两个能带，中间隔以禁带。两个能带并不分别与 s 和 p 能级相对应，而是上下两个能带中都分别包含 $2N$ 个状态，根据泡利不相容原理，各可容纳 $4N$ 个电子。N 个原子结合成的晶体，共有 $4N$ 个电子，根据电子先填充低能级这一原理，下面一个能带填满了电子，它们相应于共价键中的电子，这个带即为满带或价带；上面一个能带是空的，没有电子，称为导带，中间隔以禁带 E_g。

固体能够导电，是固体中的电子在外电场作用下做定向运动的结果。由于电场力对电子的加速作用，使电子的运动速度和能量都发生了变化。换言之，即电子与外电场间发生能量交换。从能带理论来看，电子的能量变化，就是电子从一个能级跃迁到另一个能级上去。对于满带，其中的能级已为电子所占满，在外电场作用下，满带中的电子并不形成电流，对导电没有贡献，通常原子中的内层电子都是占据满带中的能级，因而内层电子对导电没有贡献。对于被电子未占满的导带，在外电场作用下，电子可从外电场中吸收能量跃迁到未被电子占据的能级去，形成了电流，起导电作用。金属中，由于组成金属的原子中的价电子占据的能带是部分占满的，所以金属是良好的导体[2]。

在热力学温度为零时，绝缘体和半导体的能级结构下方是已被价电子占满的价带，中间为禁带，上面是空带。因此，它们在外电场作用下并不能导电。当外界条件发生变化时，例如温度升高或有光照时，满带中有少量电子就有可能被激发到上面的空带中去，使能带底部附近有了少量电子，因而在外电场作用下，这些电子将会参与导电；同时，满带中由于少了一些电子，在满带顶部附近出现了一些空的量子状态，满带变成了部分占满的能带，在外电场的作用下，仍留在满带中的电子也能够起导电作用，满带电子的这种导电作用等效于把这些空的量子状态看作带正电荷的准粒子的导电作用，常称这些空的量子状态为空穴。值得注意的是，应把空穴看作与电子类似的异号载流子，空穴带正电，并在外电场作用下运动，运动的方向与电子相反。所以，导带的电子和价带的空穴均可参与导电，这是与金属导体的最大差别。绝缘体的禁带宽度很大，激发电子需要很大能量，在通常温度下，能激发到导带去的电子很少，所以导电性很差。而半导体的禁带宽度比较小，数量级在 1eV 左右，在通常温度下已有不少电子被激发到导带中去，所以具有一定的导电能力，这是绝缘体和半导体的主要区别。图 2.1.2 展示了绝缘体、半导体和导体的能带结构上的这些区别。

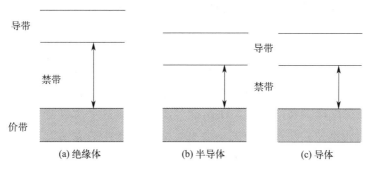

图 2.1.2　不同材料的能带示意图

通常采用符号 E_c 来代表导带底的能量（常以电子伏特 eV 为单位），相应于电子的势能，即导带电子静止时的能量。E_v 代表价带顶的能量，相应于空穴的势能，E_c 和 E_v 之差即为禁带宽度 E_g。当电子能量增加时，电子跃迁到能带图上较高的位置；相反，空穴的能量增加时，空穴在价带内向下跃迁（这是因为空穴带正电，与电子相反）。通常需要一个参考能级来赋予各能级一个实际数值，即真空能级 E_0，它代表了在真空中远离任何物质影响时电子的能量状态。在固体表面附近，真空能级定义了固体内部电子能够无阻碍地逸出到真空中所需的最低能量。换句话说，它是固体表面处电子在没有任何外力作用下，能够脱离固体束缚而进入真空状态的势能零点。

在绝对零度（0K）条件下，我们把费米-狄拉克分布函数值为 0.5 时的能量水平称为费米能级 E_F，即在这个能量水平上，电子占据量子态的概率为 50%。换句话说，它是电子占据的最高能级，所有低于费米能级的能级都被电子占据，而高于费米能级的能级则都是空的。这一概念适用于遵循泡利不相容原理的费米子（如电子）。在非绝对零度条件下，费米能级的概念被扩展为化学势，用来描述电子填充能级的统计概率。此时，费米能级仍然是理解电子分布的关键，但电子分布会因热激发而有所不同，部分电子可以从低能级跃迁到高能级，形成电子-空穴对。

金属、绝缘体，以及 n 型或 p 型半导体的费米能级位置很不相同，金属费米能级代表的是金属中势能最高的电子，绝缘体费米能级在其能隙一半的位置，p 型半导体费米能级在靠近价带顶端位置，而 n 型半导体费米能级在靠近导带底端位置。随着掺杂水平的提高，n 型半导体的费米能级会逐渐向导带靠近，而 p 型半导体的费米能级则逐渐向价带靠近。

上述费米能级是定义在热平衡状态下的，是电子占据和未占据能级的分界线。而在非平衡态系统中通常会引入准费米能级的概念，尤其是当系统受到外部激励（如光照、电流注入等）导致电子或空穴的密度发生变化时。在这种情况下，由于电子和空穴的非平衡分布，电子系统不再能用单一的费米能级来描述。相反，电子和空穴各自会有自己的准费米能级，分别称为电子准费米能级（E_{Fe}）和空穴准费米能级（E_{Fp}）。这些准费米能级反映了在非平衡条件下电子和空穴分布的"局部平衡"状态，即在某一能量范围内，电子或空穴的分布接近于费米-狄拉克统计分布，但整个系统并未达到真正的热力学平衡。

在实际的半导体器件中，电子和空穴的准费米能级往往是分开的，这种分离的程度反映了载流子的非平衡程度。例如，在光伏电池中，光照导致电子被激发到导带，形成高能级的电子准费米能级，同时在价带形成低能级的空穴准费米能级，从而产生内建电场促进电荷分离。准费米能级的位置会根据外界条件的变化（如光照强度、偏置电压调整）而动态调整，这对于理解器件的工作原理和优化设计具有重要意义。

对于半导体器件，还会涉及另一个重要参数，即功函数（$q\phi_m$），其单位为电子伏特，它衡量固体内部电子从费米能级跃迁到真空能级所需克服的能量壁垒。具体来说，功函数等于固体的费米能级与真空能级之间的能量差。功函数的大小会直接影响半导体的表面光电效应，如光电发射、二次电子发射等过程，以及半导体与金属接触时的肖特基势垒高度。在电子器件中，功函数的调节是改善器件性能的关键。表2.1.1给出了不同金属的功函数值。实验上，功函数可以通过不同的表征技术来测量，例如紫外光电子能谱（UPS）和光电子发射光谱（XPS），这些技术可以提供有关材料表面电子能级的详细信息。

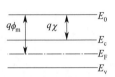

图 2.1.3 功函数与亲和势示意图

表 2.1.1 几种金属的功函数

元素	金属功函数 $q\phi_m$/eV	元素	金属功函数 $q\phi_m$/eV
Ag(银)	4.26	Ni(镍)	5.15
Al(铝)	4.28	Pd(钯)	5.12
Au(金)	5.1	Pt(铂)	5.65
Cr(铬)	4.5	Ti(钛)	4.33
Mo(钼)	4.6	W(钨)	4.55

电子亲和能（$q\chi$）是把一个电子从导带底移到真空能级所需要的能量。这与功函数有所不同（见图2.1.3所示，图中的q为单位电荷），因为它关注的是导带电子而非费米能级上的电子。电子亲和能反映了半导体材料与周围环境（如空气、真空）之间的相互作用，对半导体表面的电荷分布、表面化学反应以及半导体器件的界面特性有重要影响。表2.1.2给出了几种代表性半导体的电子亲和能。

表 2.1.2 一些半导体的电子亲和能

元素	电子亲和能 $q\chi$/eV	元素	电子亲和能 $q\chi$/eV
Ge(锗)	4.13	GaAs(砷化镓)	4.07
Si(硅)	4.01	AlAs(砷化铝)	3.5

2.1.2 本征半导体与掺杂

（1）本征半导体

本征半导体是晶体中不含杂质和晶格缺陷的半导体，例如纯净的硅晶体。在绝对零度（0K）时，本征半导体价带中的所有能级都被电子填满，而导带为空带，当温度升高时，价带中的部分电子获得能量，跃迁至导带，于是价带中就留下对应数量的空穴。所以在本征半导体中，热能可以使电子与空穴成对地产生，因而它们的浓度相等，即 $n_e = n_p = n_i$，其中 n_i 称为本征载流子浓度，其大小强烈依赖于温度 T，随温度上升而指数增加。半导体的禁带宽度越大，其对应的本征载流子浓度会越小。

（2）固体中的缺陷和杂质

所有晶体都有的一类缺陷，就是原子的热振动。理想单晶包含的原子位于晶格的特定位置，这些原子通过一定的距离与其他原子彼此分开，假定该距离为固定的常数。但实际上，晶体中的原子有一定的热能（是一个温度的函数）。这个热能引起了原子在晶格平衡点处随机振动，而随机热运动又引起原子间距离的随机波动，轻微破坏了原子的完美几何排列。因此，这种称为晶格振动的缺陷会影响固体的一些电学参数。

晶体中另一种缺陷为点缺陷。在理想的单晶晶格中，原子是完美地周期性排列的。但对于实际晶体，某些特定晶格格点的原子可能会缺失，这种缺陷称为空位。原子也可能嵌于格点之间，这种缺陷称为填隙。存在空位和填隙缺陷时，不仅原子的完整几何排列被破坏，且原子间化学键也被打乱，从而改变材料的电学特性。在单晶材料的形成中，还会出现更复杂的缺陷。比如线位错，当一整列的原子从正常晶格位置缺失时，就会出现这种线缺陷。和点缺陷一样，线位错会破坏正常的晶格几何周期性和晶体中理想的原子键。

此外，晶格中还可能出现外来原子或杂质原子，杂质原子可以占据正常的晶格格点，即替位杂质。杂质原子也可能位于正常格点之间，它们称为填隙杂质。这些存在于半导体中杂质和缺陷，也会对半导体的电学性质产生重要的影响。杂质和缺陷的存在，会使严格按周期性排列的原子所产生的周期性势场受到破坏，就有可能在禁带中引入允许电子具有的能量状态（即能级）。正是由于杂质和缺陷能够在禁带中引入这种能级，才使它们对半导体的性质产生决定性的影响。

一般形成替位式杂质时，要求替位式杂质原子的大小与被取代的晶格原子的大小相接近，还要求它们的价电子壳层结构比较相近。如Ⅳ族元素中的硅和锗，与Ⅲ、Ⅴ族元素的情况比较相近，所以Ⅲ、Ⅴ族元素在硅、锗晶体中都是替位式杂质。半导体晶体中杂质含量的多少常以杂质浓度表示，即单位体积中含有的杂质原子数。

（3）掺杂

半导体掺入杂质以后就会成为非本征半导体，它是制造各种半导体器件的基础，其在禁带内引入了杂质能级，非本征半导体有数量占优势的电子（n 型）或者空穴（p 型）。为了改变半导体材料的电学特性，可以主动加入适量的某种杂质原子，而这种向半导体材料中加入杂质的技术就称为掺杂，主要有两种方法：杂质扩散和离子注入。

实际的扩散工艺在某种程度上依赖于材料的特性，但通常只有当半导体晶体放置到含有欲掺杂原子的高温（约为 1000℃）气体氛围中，杂质扩散才会显著发生。在这样的高温下，许多晶体原子随机进入或移出属于它们的晶格格点。通过这种随机运动就能产生空位，杂质原子就可以通过从一个空位跳到另一个空位，实现在晶格中的移动，使杂质原子从近表面的高浓度区域运动到晶体内部的低浓度区域。当温度降下来后，杂质原子就被永久地冻结在替位晶格格点处。将不同杂质扩散到一块半导体选定区域中，就可以在一块半导体晶体上制作复杂的电路。

通常情况下，离子注入的温度要比扩散的温度低。杂质离子束被加速到 50keV 范围或更高的动能后，被注入半导体表面。该高能杂质离子束进入晶体并停留在离表面某个平均深度的位置上。离子注入的优点之一是可控制适量杂质离子注入晶体的指定区域。而它的一个缺点则是入射杂质原子与晶体原子发生碰撞，会引起晶格位移损伤。但是大部分的晶格损伤可以通过热退火消除，退火时，晶体温度升高并需持续短暂的时间，是离子注入后必需的工艺步骤。通过掺杂，非本征半导体可分为两种类型。

① n 型半导体　以非本征的硅为例，当原来被 Si 原子（基质原子）占据的某些格点被五价杂质原子（例如 P 原子）占据时，P 原子的五个价电子中有四个同邻近的四个 Si 原子（Si 原子是四价的）形成共价键，第五个价电子则松散地束缚于 P 原子上，这第五个价电子因而也被称为施主电子。在温度极低时，施主电子束缚在 P 原子上。如果施主电子获得了少量能量（如热能），就能激发到导带，留下一个带正电的 P 原子。导带中的这个电子此时可在整个晶体中运动形成电流，而带正电的 P 原子固定不动。因为这种类型的杂质原子向导带提供了电子，所以也称之为施主杂质原子。因为施主杂质原子增加了导带电子，但并不产生价带空穴，所以此时的半导体称为 n 型半导体（n 表示带负电的电子）。

对应地，P 原子相当于一个正离子，它具有俘获一个自由电子的趋势，但由于它对电子的束缚能很小（例如，硅中的 P 施主杂质原子可称为浅施主，其能级位置在导带底之下仅仅约为 0.01eV），只要是温度不太低（不低于 100K）就难以俘获电子。因此，只要温度高到一定程度，热能就足以使浅施主电离，由于本征激发的载流子浓度远低于掺杂浓度，因此 n 型半导体（设浅施主浓度为 N_D）室温时的电子浓度 n_e 主要来自掺杂，即 $n_e = N_D$。

② p 型半导体　继续以非本征硅为例，如果是三价原子（例如 B 原子）占据了硅中某些 Si 原子的格点位置，则 B 原子与邻近的 Si 原子形成共价键时，会有一个键是空着的，这个空键可接来自另一个键中的电子，使后一个键又出现一个空位，即空穴。此空穴在整个晶体中能够自由移动，亦即它进入了价带。因为硅中增加了带正电荷的载流子空穴，所以使硅成为 p 型半导体，其中的 B 原子称为受主。B 在硅中是浅受主，能级位于禁带中稍高于价带顶（约为 0.01eV）处，因此可在室温下几乎全部电离。当一个受主被电离（从价带顶激发一个电子填充其空键）时，就会有一个空穴落入价带顶，成为一个自由载流子。这个电离过程，既可以说成是电子向上的跃迁，也可以说成是空穴向下的跃迁。与 n 型半导体相似，p 型半导体（设浅受主浓度为 N_A）室温时的空穴浓度为 $n_p = N_A$。

2.1.3　载流子及其输运

在半导体或导体中，电子或空穴的净流动将会产生电流，这种载流子的运动过程称为输运。本小节将介绍半导体晶体中的两种基本输运机制：漂移运动（即由电场引起的载流子运动）和扩散运动（即由浓度梯度引起的载流子流动[2]）。

（1）载流子漂移

以金属导体为例，当在导体两端施加电压 V 时，导体内会形成电流 I，其电流强度满足欧姆定律：

$$I = \frac{V}{R} \tag{2.1.1}$$

式中，R 为导体的电阻。它与导体长度 l 和横截面积 s 有关，即：

$$R = \rho \frac{l}{s} \tag{2.1.2}$$

式中，ρ 为导体的电阻率，$\Omega \cdot m$。它的倒数为材料的电导率 σ，西门子/米（S/m）。

实际上，上述欧姆定律并不能很好地诠释半导体中各处的电流分布情况，所以常用电流密度 $\boldsymbol{J}$ 这一概念，它是一个矢量，指通过垂直于电流方向的单位面积内的电流强度，即：

$$dI = \boldsymbol{J} \cdot d\boldsymbol{s} \tag{2.1.3}$$

式中，dI 是通过垂直于电流方向面元 ds 的电流强度，单位为 A/m^2。对一段长为 l，截面积为 s，电阻率为 ρ 的均匀导体，若在其两端加电压 V，则导体内部各处都建立起电场 $\boldsymbol{E}$，根据上述公式可以得出：

$$\boldsymbol{J} = \sigma \boldsymbol{E} \tag{2.1.4}$$

该式称为欧姆定律的微分形式。

电子在电场的作用下定向运动的漂移速度以 v 表示。电流强度是指每秒内通过截面 s 的电量，则单位时间通过截面的电子数为 $n_e v \cdot s$，所以，穿过截面的电流强度为：

$$I = -n_e q v \cdot s \tag{2.1.5}$$

当截面与导线垂直时，电流密度和漂移速度的大小关系为：

$$J = -n_e q v \tag{2.1.6}$$

在后文中，没有明确指明时，都默认为载流子垂直通过截面，因此，相关的物理量只考虑其大小。当导体内部电场恒定时，电子最终会具有一个恒定不变的漂移速度，漂移速度随着电场 E 的增大而增大，速度与电场大小之间存在着正比关系，可以写为：

$$v = \mu_e E \tag{2.1.7}$$

式中，μ_e 称为电子的迁移率，表示单位场强下电子的漂移速度，单位是 $m^2/(V \cdot s)$。因为电子带负电，所以 v 与 E 反向，但是迁移率习惯上只取正值。将该式代入电流密度方程可以得到：

$$J = n_e q \mu_e E \tag{2.1.8}$$

$$\sigma = n_e q \mu_e \tag{2.1.9}$$

前面得到的是电子迁移率的情况，空穴迁移率 μ_p 的推导也同理。导电电子是在导带中脱离了共价键可以在半导体中自由运动的电子；而导电的空穴是在价带中，空穴电流实际上是代表了共价键上的电子在价键间运动时所产生的电流。显然，在相同电场作用下，两者的漂移速度不会相同，而且，导带电子漂移速度要大些，就是说，电子迁移率与空穴迁移率不相等，前者要大些。电子和空穴的迁移率均为温度与掺杂浓度的函数，表 2.1.3 给出了 300K 时，低掺杂浓度下的一些典型迁移率。

表 2.1.3　$T=300\text{K}$ 时，低掺杂浓度下的典型迁移率值[1]

元素	$\mu_e/[\text{cm}^2/(\text{V}\cdot\text{s})]$	$\mu_p/[\text{cm}^2/(\text{V}\cdot\text{s})]$
Si	1350	480
GaAs	8500	400
Ge	3900	1900

实际上，电子和空穴对漂移电流都会有贡献，所以总的漂移电流密度是电子漂移电流密度与空穴漂移电流密度之和，即：

$$J=q(\mu_e n_e+\mu_p n_p)E \tag{2.1.10}$$

（2）载流子的散射

理想情况下，载流子在电场力的作用下会做加速运动，漂移速度会不断地增大，从而使电流密度无限增大，但这并不符合实际。实际上，一定温度下半导体的内部会有大量的载流子做着无规则的热运动，晶格原子在不停围绕格点做热振动，此外，半导体中还掺有一定的杂质。载流子在半导体中运动时，就会不断地与热振动着的晶格原子或电离了的杂质离子发生作用，或者说是发生了碰撞，碰撞后载流子速度的大小及方向都发生改变，即电子在半导体中传播时遭到了散射。所以，载流子在运动中，由于晶格热振动或电离杂质以及其他因素的影响，不断地遭到散射，其速度大小与方向不断地在改变。载流子无规则的热运动也正是由于它们不断地遭到散射的结果。只在两次散射之间的运动才真正是自由运动的，即自由载流子，这种连续两次载流子散射间自由运动的平均路程称为平均自由程，对应的平均时间则称为平均自由时间。

在外电场作用下，载流子存在着相互矛盾的两种运动：一方面，载流子受到电场力的作用，沿电场方向（空穴）或反电场方向（电子）运动；另一方面，载流子运动过程中不断地遭到散射，使其运动方向不断地发生改变。这样，由电场作用获得的漂移速度不断地散射到各个方向上去，而载流子在电场力作用下速度大小的增加也只存在于两次散射之间，经过散射后，增加的速度又会失去部分，使漂移速度不能无限地增大。在外力和散射的双重影响下，载流子在宏观上以一定的速度进行漂移，这个速度才是前文所述的恒定漂移速度。因此，载流子在外电场作用下的实际运动轨迹是热运动和漂移运动的叠加。

（3）载流子的扩散

除了漂移运动外，还有另一种输运机制可使半导体内产生电流，即半导体材料中载流子浓度分布存在空间上的变化，载流子会倾向于从高浓度区流向低浓度区，形成定向的净电流，这种由于扩散作用引起的电流称为扩散电流。

扩散过程是通过载流子的热运动实现的。由于热运动的随机性，半导体内不同区域间不断地进行载流子的交换，若内部载流子的分布不均匀，这种交换就会引起载流子的宏观流动。因此，扩散电流的大小和载流子的绝对数量没有直接关系。假设电子浓度沿 x 方向变化，半导体内部的温度分布均匀，因此，电子的平均热能不随 x 变化，只是浓度 $n_e(x)$ 随 x 变化。在一定温度下，电子以热运动速度 v_{th}、平均自由程 $l_d(l_d=v_{th}\tau'$，τ' 为平均自由时间）做无规则的热运动。在 $x=-l_d$ 处（即左侧距离原点 $x=0$ 为一个平均自由程的地方）的电子向左或者向右的扩散概率相等，因此，在一个平均自由时间 τ' 内，会有一半在该处的电子从左往右穿过 $x=0$ 的平面，单位时间内通过的电子平均流量 F_L

可以表示为：

$$F_L = \frac{1}{2} n_e (-l_d) v_{th} \tag{2.1.11}$$

同样，单位时间内在 $x = l_d$ 处的电子从右向左通过 $x = 0$ 平面单位面积的平均流量 F_R 为：

$$F_R = \frac{1}{2} n_e l_d v_{th} \tag{2.1.12}$$

因此，单位时间内电子从左向右的净流量为：

$$F_N = F_L - F_R = \frac{1}{2} [n_e(-l_d) - n_e l_d] v_{th} \tag{2.1.13}$$

将随空间变化的电子浓度在 $x = \pm l_d$ 处展开成泰勒级数，并取前两项作为近似，可得到：

$$F_N = -l_d v_{th} \frac{dn_e}{dx} = -D_e \frac{dn_e}{dx} \tag{2.1.14}$$

式中，$D_e = v_{th} l_d$ 称为扩散系数。每个电子所带电荷为 $-q$，因此电子流动产生的净电流密度为：

$$J_e = -qF_N = qD_e \frac{dn_e}{dx} \tag{2.1.15}$$

因此，扩散电流正比于电子浓度对空间的导数，它是在有浓度梯度时由载流子的无序热运动引起的。

（4）总电流密度

由于半导体内部会产生四种相互独立的电流，即电子漂移电流和扩散电流、空穴漂移电流和扩散电流，因此总电流密度是这四者之和。针对一维情况，其表达式为：

$$J = qn_e \mu_e E_x + qn_p \mu_p E_x + qD_e \frac{dn_e}{dx} - qD_p \frac{dn_p}{dx} \tag{2.1.16}$$

推广到三维情况后，表达式为：

$$J = qn_e \mu_e E + qn_p \mu_p E + qD_e \nabla n_e - qD_p \nabla n_p \tag{2.1.17}$$

在很多情况下只有一种电流占主导，此时半导体的总电流密度只需要考虑其中占主导的那一项。

（5）平衡与非平衡载流子

在热平衡状态下，半导体中的任何偏离都可能会导致电子与空穴浓度发生变化。例如温度的突然升高，会使热激发产生电子和空穴的速率增加，使它们的浓度随时间变化，达到一个新的平衡状态。此时导带和价带中电子与空穴的热平衡浓度是与时间无关的量。由于热学过程具有随机的性质，因此产生的电子会不断地受到热激发而从价带跃迁到导带。同时，导带中的电子会在晶体中随机移动，当其靠近空穴时就有可能落入价带中的空状态，这也叫复合，即同时消灭了电子和空穴。因为热平衡状态下的净载流子浓度与时间无关，所以电子和空穴的产生率（单位时间单位体积内产生的载流子数）一定与它们的复合率（单位时间单位体积内复合的载流子数）相等。

此外，还可以用光照的方式在半导体中产生非平衡载流子，这种注入方式可称为光注入。如果非平衡少数载流子的浓度远小于平衡多数载流子的浓度，则称为小注入。即使在小注入的情况下，虽然多数载流子浓度变化很小，可以忽略，但非平衡少数载流子浓度还是比平衡少数载流子浓度大很多，它的影响是十分大的。

当外界的作用撤除后，由于半导体的内部作用，非平衡载流子会逐渐消失，即导带中的非平衡载流子落入价带的空状态中，发生上述的复合过程，它是半导体由非平衡态趋向平衡态的一种弛豫过程。

（6）复合机制

载流子的复合过程主要包括直接复合与间接复合。电子由导带直接跃迁到价带中的空状态，使电子和空穴成对地消失，即直接复合。间接复合就是通过复合中心来复合。所谓复合中心，是指晶体中的一些杂质或缺陷，它们在禁带中引入了离导带底和价带顶都比较远的局域化能级，即复合中心能级。

载流子的复合或产生是它们在能级之间的跃迁过程，必然伴随有能量的放出或吸收。根据能量转换形式的不同，引起电子和空穴复合及产生过程的内部作用，有以下三种：

① 电子与电磁波的作用　电磁波（包括可见光）与电子相互作用，可以引起电子在能级之间的跃迁。这种跃迁称为电子的光跃迁或辐射跃迁。在跃迁过程中，电子以吸收或发射光子的形式同电磁波交换能量。

② 电子与晶格振动的相互作用　晶格振动也可以使电子在能级之间跃迁，这种跃迁称为热跃迁。在跃迁过程中，电子以吸收或发射声子的形式与晶格交换能量。通常跃迁中放出的能量比单个声子的能量大得多，必须同时发射多个声子，因而这种跃迁的概率很小。

③ 电子间的相互作用　电子之间的库仑相互作用，也可以引起电子在能级之间的跃迁。载流子从高能级向低能级跃迁，发生电子-空穴复合时，把多余的能量传给另一个载流子，使这个载流子被激发到能量更高的能级上去，当它重新跃迁回低能级时，多余的能量常以声子形式放出，这种跃迁过程称为俄歇效应。

（7）连续性方程和泊松方程

可用来描述半导体中的载流子漂移、扩散、复合和产生这些总体效应的基本方程称为连续性方程。连续性方程基于粒子数守恒，即单位体积内电子增加的速率等于净流入电子的速率和净产生率（$G_e - U_e$）之和：

$$\frac{\partial n_e}{\partial t} = \frac{1}{q}\nabla \cdot \boldsymbol{J}_e + G_e - U_e \tag{2.1.18}$$

式中，右边第一项是单位体积内单位时间内因电子的流动导致粒子数的变化率；G_e 为外界因素作用（例如光激发和强电场下的碰撞电离）下的电子产生率；U_e 为半导体中的电子复合率，在小注入（注入的载流子浓度远小于平衡多数载流子浓度）状态下，U_e 可表示为 $(n - n_0)/\tau$，式中 n 为少数载流子电子的浓度，n_0 为热平衡浓度，τ 为其寿命。若电子和空穴成对产生和复合，没有陷阱效应或其他效应，则 $\tau = \tau_e = \tau_p$（τ_e 和 τ_p 为电子与空穴寿命）。对于空穴也有类似的连续性方程：

$$\frac{\partial n_p}{\partial t} = -\frac{1}{q}\nabla \cdot \boldsymbol{J}_p + G_p - U_p \tag{2.1.19}$$

除了上述连续性方程，半导体中的载流子还必须满足泊松方程。这一方程可由静电场

与电势梯度的关系 $E = -\nabla\psi$ 和高斯定理的微分形式 $\nabla\cdot E = \rho/\varepsilon$ 得到，即：

$$\nabla^2\psi = -\frac{\rho_v}{\varepsilon} \qquad (2.1.20)$$

式中，ε 是半导体的介电常数；$\rho = q(n_p - n_e + N_D^+ - N_A^-)$，$\rho_v$ 为电荷体密度，即载流子浓度和电离杂质浓度（N_D^+、N_A^- 分别为电离施主、受主浓度）的代数和。

2.1.4　p-n 结与肖特基结

理解和掌握 p-n 结原理是学习半导体器件（包括柔性电子器件）理论的关键。在很多半导体器件中，存在至少一个由 p 型半导体区与 n 型半导体区接触形成的 p-n 结，半导体器件的特性和工作过程均与此 p-n 结有着密切的联系。例如，稳压器与开关电路就利用了p-n 结二极管的基本特性来进行工作。

（1）空间电荷区

通过 2.1.2 节的内容可知，单独的 n 型和 p 型半导体均呈现电中性，但是当这两种半导体相互接触时，就会在界面处形成一个 p-n 结。它们之间存在着载流子浓度梯度，导致了空穴会从 p 区到 n 区、电子从 n 区到 p 区的扩散运动。对于 p 区，空穴离开后，留下了带负电荷的电离受主，这些电离受主没有正电荷与之保持电中性，使 p-n 结附近 p 区一侧出现了一个负电荷区。同理，在 p-n 结附近 n 区一侧出现了由电离施主构成的一个正电荷区，通常把在 p-n 结附近的这些电离施主和电离受主所带的电荷称为空间电荷，所存在的区域称为空间电荷区（图 2.1.4）。

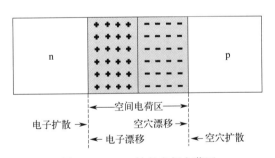

图 2.1.4　p-n 结的空间电荷区

空间电荷区中的这些电荷产生了从 n 区指向 p 区，即从正电荷指向负电荷的电场，称为内建电场。在内建电场作用下，载流子作漂移运动。显然，电子和空穴的漂移运动方向与它们各自的扩散运动方向相反。因此，内建电场起着阻碍电子和空穴继续扩散的作用。随着扩散运动的进行，空间电荷会逐渐增多，空间电荷区也逐渐扩展，但内建电场也会逐渐增强，使载流子的漂移运动也逐渐加强，最终，载流子的扩散和漂移运动会达到一个动态平衡状态，从 n 区向 p 区扩散过去多少电子，同时就将有同样多的电子在内建电场作用下返回 n 区。对于空穴，情况也完全相似，即电子（空穴）的扩散电流和漂移电流的大小相等、方向相反而互相抵消。因此，流过 p-n 结的净电流为零。此时，空间电荷的数量一定，空间电荷区保持在一定的宽度，不再继续扩展，且内部存在一个内建电场。这种情况可称为热平衡状态下的 p-n 结（简称为平衡 p-n 结）。

（2）非平衡状态下的 p-n 结

由前文可知，在平衡 p-n 结中，存在着一个内建电场的空间电荷区，每一种载流子的扩散电流和漂移电流互相抵消，没有净电流通过 p-n 结，相应地，在 p-n 结中费米能级处处相等，电势或能带随着电场的产生发生弯曲，形成一定势垒高度的势垒区（图 2.1.5），其高度为 qV_D（V_D 为 p-n 结的空间电荷区两端间的电势差，即内建电势差）。

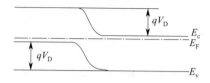

图 2.1.5　热平衡时 p-n 结的能带图

当 p-n 结两端有外加电压时，结的平衡态会被打破，从而使其处于非平衡状态。例如，当 p-n 结加正向偏压 V（即 p 区接电源正极，n 区接负极）时，因势垒区内载流子浓度很小，电阻很大，势垒区外的 p 区和 n 区中载流子浓度很大，电阻很小，所以外加正向偏压基本降落在势垒区。正向偏压在势垒区中产生了与内建电场方向相反的电场，从而削弱了势垒区中的电场强度，使空间电荷相应减少，势垒区的宽度也随之减小，势垒高度从 qV_D 下降为 $q(V_D-V)$，如图 2.1.6 所示。当 p-n 结外接反向偏压时，反向偏压在势垒区产生的电场与内建电场方向一致，势垒区的电场增强，势垒区变宽，势垒高度从 qV_D 增高为 $q(V_D+V)$。

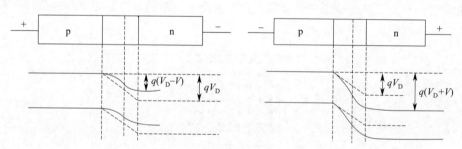

图 2.1.6　正向和反向偏置电压下的 p-n 结能带图

（3）直流特性

p-n 结的直流特性主要涉及以下几个方面。

开启电压：也叫导通电压，当 p-n 结正向偏置时，电子和空穴被推向结区，减少了空间电荷层或耗尽层宽度，当外加电压超过某个阈值（通常是硅 0.7V、锗 0.3V 左右）时，大量的载流子得以穿越结区，导致电流急剧增加。这个电压被称为导通电压（如图 2.1.7 所示）。

正向特性：正向偏置时，p-n 结的电流随着外加电压的增加而增加。在一定的电压范围内，这种增加近似指数。这意味着小幅度的电压变化会引起电

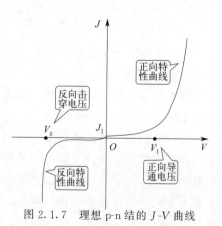

图 2.1.7　理想 p-n 结的 J-V 曲线

流的大幅度变化。

反向饱和电流：当 p-n 结反向偏置（即 n 区接正极，p 区接负极）时，耗尽区会变宽，自由载流子被拉离结区，电流极小。这个小电流具有温度依赖，在室温下非常小，被称为反向饱和电流。

反向击穿：当反向偏置电压增加到一定程度时，耗尽区中的强电场会导致价带电子获得足够能量跳跃到导带，产生大量电子-空穴对。这个过程被称为反向击穿，此时电流会急剧增加。对于硅材料，击穿电压通常在几十至几百伏之间。

温度效应：温度的升高会增加半导体中载流子的浓度，从而影响 p-n 结的特性。例如，正向偏置下的导通电压随温度升高而降低，反向饱和电流随温度升高而增加。

可见，p-n 结在正向偏置和反向偏置条件下，呈现出两种不同的导电状态，即在未击穿的情况下，p-n 结具有单向导通（即整流效应）的导电特性。把符合以下假设条件的 p-n 结称为理想 p-n 结模型[1]：

① 小注入条件——注入的少数载流子浓度比平衡多数载流子浓度小得多。

② 突变耗尽层条件——外加电压和接触电势差都降落在耗尽层上，耗尽层中的电荷是由电离施主和电离受主的电荷组成的，耗尽层外的半导体是电中性的。因此，注入的少数载流子在 p 区和 n 区做的是纯扩散运动。

③ 通过耗尽层的电子和空穴电流为常量，不考虑耗尽层中载流子的产生及复合作用。

④ 玻耳兹曼边界条件——在耗尽层两端，载流子分布满足玻耳兹曼统计分布。

推导可得[2] 通过 p-n 结的总电流密度为：

$$J = \left(\frac{q D_p p_{n0}}{L_p} + \frac{q D_e n_{p0}}{L_n} \right) \left[\exp \left(\frac{qV}{k_B T} \right) - 1 \right] \tag{2.1.21}$$

式中，D_p、D_e 为空穴、电子的扩散系数；L_p、L_n 分别为空穴、电子的扩散长度；p_{n0}、n_{p0} 分别为平衡时 n 区少子空穴浓度以及 p 区少子电子浓度；k_B 为玻尔兹曼常数，值大约是 $1.380649 \times 10^{-23} \mathrm{J/K}$。令 $J_0 = \frac{q D_p p_{n0}}{L_p} + \frac{q D_e n_{p0}}{L_n}$，则有：

$$J = J_0 \left[\exp \left(\frac{qV}{k_B T} \right) - 1 \right] \tag{2.1.22}$$

这就是理想 p-n 结的电流-电压方程，又称肖克莱方程，其中 J_0 被称为饱和电流密度。

（4） p-n 结电容的来源

一个 p-n 结在低频交流电压下，能很好地起整流作用，但是当电压频率增高时，其整流特性会变坏，甚至基本上没有整流效应。这是因为 p-n 结具有电容特性，其电容包括势垒电容和扩散电容两部分：

① 势垒电容　当 p-n 结加正向偏压时，势垒区的电场随正向偏压的增加而减弱，势垒区宽度变窄，同时，空间电荷数量也减少。因为空间电荷是由不能移动的掺杂离子组成的，所以空间电荷的减少是由于 n 区的电子和 p 区的空穴过来中和了势垒区中一部分电离施主和电离受主导致的。即在外加正向偏压增加时，将有一部分电子和空穴"存入"势垒区。反之，当正向偏压减小时，势垒区的电场增强，势垒区宽度增加，空间电荷数量增多，也就是有一部分电子和空穴从势垒区中"取出"，对于加反向偏压的情况，可做类似分析。因此，p-n 结上外加电压的变化，可以引起电子和空穴在势垒区的"存入"和"取

出"作用，使势垒区的空间电荷数量随外加电压而变化，这与一个电容器的充放电过程相似，所以，p-n结的电容效应称为势垒电容。

② 扩散电容　在对 p-n 结施加正向偏压时，会有空穴从 p 区注入 n 区，电子从 n 区注入 p 区，从而分别在 n 区和 p 区近边界处的扩散区中形成额外的空穴和电子的积累。当正向偏压变化时，扩散区内积累的额外载流子就会相应地增减，类似于电容的充放电。这种由正向偏压在扩散区产生的电容效应称为 p-n 结的扩散电容，通常用 C_p 表示。

实验发现，p-n 结的势垒电容和扩散电容都随外加电压而变化，表明它们是可变电容。因此，可以引入微分电容的概念来表示 p-n 结的电容 C。当 p-n 结在一个固定直流偏压 V 作用下，叠加一个微小的交流电压 dV 时，这个微小的电压变化 dV 所引起的电荷变化 dQ，称为这个直流偏压下的微分电容，即：

$$C = dQ/dV \tag{2.1.23}$$

（5）结的击穿

p-n 结击穿是一种非常具有应用价值的半导体物理现象，下面将具体介绍雪崩击穿和齐纳击穿的具体机理和特点。

① 雪崩击穿　在 p-n 结反向偏置下，耗尽区中的电场随着外加电压的增加而加强。当电压达到一定阈值时，耗尽区的电场强度变得足够高，以至于可以加速少数载流子至高速。这些高速载流子撞击晶格原子时，会产生二次电离，即产生更多的电子和空穴。这些新产生的电子和空穴也被加速并进行更多的碰撞电离，形成连锁反应，导致电流急剧增加。

在雪崩击穿过程中，原始的少数载流子可以产生大量的新载流子，这一现象可以用雪崩倍增系数来描述。雪崩倍增系数是指在单位时间内产生的新载流子数与原始载流子数的比值。雪崩击穿的发生电压随着温度的升高而降低。这是因为高温会增加半导体内部载流子的能量，使得电离更容易发生。

② 齐纳击穿　齐纳击穿主要由于量子隧穿效应引起。当反向偏置电压使耗尽区电场极强时，价带中的电子可以通过量子隧穿效应直接跃迁到导带，从而产生大量电子-空穴对。这种效应在薄且高掺杂的 p-n 结中更为显著，因为这样的结构在较低的反向电压下就能产生足够强的电场。

在工程应用上，雪崩击穿的噪声特性可用于生成高频噪声信号，用于通信系统中的噪声源或信号调制。而利用齐纳击穿特性的稳压二极管也已广泛应用于电源电路中，用于维持稳定的输出电压。此外，雪崩二极管和齐纳二极管还常用于电路的过压保护，保护电路免受意外高电压的损害。

（6）肖特基势垒和欧姆接触

前文讨论的 p-n 结是由同一种半导体材料组成的，通常称为同质结。接下来将介绍由不同材料组成的结，即金属-半导体结和半导体异质结，这两种结也能制成二极管。半导体器件或集成电路与外部电路连接时，需要通过金属-半导体结的非整流接触实现，即欧姆接触，其电流与电压的关系符合欧姆定律。

图 2.1.8 是一种特定的金属与 n 型半导体在接触前后热平衡时的理想能带示意图，可以看到金属功函数 $q\phi_m > q\phi_s$（半导体功函数）。接触前，金属的费米能级低于半导体的费

米能级，热平衡时为了使费米能级连续变化，半导体中的电子流向比它能级低的金属中，带正电荷的空穴仍留在半导体中，从而在半导体一侧形成一个空间电荷区（或耗尽层）。

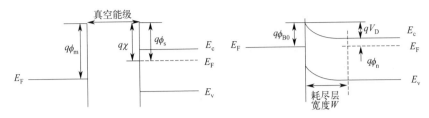

图 2.1.8　理想的金属与 n 型半导体接触前（左）后（右）的能带图

参数 ϕ_{B0} 是半导体接触的理想势垒高度，金属中的电子向半导体移动从而形成势垒。该势垒就是肖特基势垒，由下式给出：

$$\phi_{B0} = \phi_m - \chi \tag{2.1.24}$$

在半导体一侧，V_D 是内建电势差。这个势垒类似于 p-n 结势垒，是由导带中的电子运动到金属中形成的势垒。内建电势差表示为：

$$V_D = \phi_{B0} - \phi_n \tag{2.1.25}$$

式中，ϕ_n 为费米能级到导带底的电势差，它使得 V_D 是半导体掺杂浓度的函数，情况类似于 p-n 结。

如果在半导体与金属间加一个正电压，半导体-金属势垒高度增大，这种情况就是反偏，但理想情况下，ϕ_{B0} 保持不变。如果在金属与半导体间加一个正电压（正偏），半导体-金属势垒高度 V_D 会减小，而 ϕ_{B0} 依然保持不变。在这种情况下，由于内建电势差的减小，电子很容易从半导体流向金属。

实际上，有些因素会使肖特基势垒高度偏离理论值[2]。这些因素包括：表面态、界面态、杂质与掺杂浓度、金属与半导体功函数差异、温度效应、应力效应等。表面态是指半导体表面由于晶格缺陷（化学键断裂）和杂质原子等产生的能态，存在于金属与半导体之间，这些表面态可以俘获或释放电荷，从而影响肖特基势垒的高度。实际中，金属和半导体的功函数可能由于材料的不纯净、表面处理不当或环境因素（如湿度、温度）而发生变化，进而影响肖特基势垒的高度。如果表面态密度高，它们可以显著影响肖特基势垒，导致其偏离理论值。另外，温度的升高可以增加载流子的能量，从而使载流子更容易克服肖特基势垒，这种效应在高温应用中尤为明显。而机械应力也可以改变半导体的能带结构，从而影响肖特基势垒，对柔性电子器件在应力调控引起的应用方面显得尤为重要。

在设计和制造半导体器件时，必须考虑这些因素，以确保器件能够在预期的参数范围内正常工作，并通过精细控制这些非理想因素，制造出性能更优越、更适应特定应用需求的半导体器件。

① 电流-电压关系　金属-半导体结中的电流输运机制主要取决于多数载流子。在 n 型半导体整流接触中，其基本过程是电子运动通过势垒，这种现象可以通过热电子发射的理论来解释。热电子发射现象中，势垒的高度需要远大于 k_BT，可以近似应用麦克斯韦-玻尔兹曼理论，肖特基的 I-V 关系可以由以下方程描述：

$$I = I_0(e^{\frac{qV}{\beta k_B T}} - 1) \tag{2.1.26}$$

式中，I_0 为反向饱和电流，即在反向偏置下的微小电流；V 为施加在二极管两端的电压；β 为理想因子，通常在 $1\sim2$ 之间。

在正向偏置（金属接正极，半导体接负极）下，电压 V 增加会导致电流指数级增加。而在反向偏置下，电流保持在较低的水平，即 I_0 表现出高电阻特性。肖特基势垒的高度决定了反向饱和电流 I_0 的大小，势垒越高，I_0 会越小。而温度的升高会增加 I_0，因为更多的电子获得足够能量跨过势垒。理想因子 β 表示了肖特基二极管偏离理想行为的程度。它受多种因素影响，如接触不完美、界面态、电荷复合和串联电阻等。由于其单向导电特性，肖特基二极管广泛用作整流器件。另外，由于肖特基二极管的快速开关特性，它们在高频电路中也非常有用。

大家可能发现给出的理想肖特基势垒二极管的 I-V 关系与 p-n 结二极管的形式类似，但是肖特基二极管与 p-n 结二极管之间有两点重要的区别：第一个是反向饱和电流密度的数量级；第二个是开关特性。肖特基二极管有更低的正向压降（约 $0.2\sim0.3\text{V}$），在反向偏置下，展示出较快的反应时间。

② 欧姆接触　金属-半导体接触的另一个重要应用是作为器件引线的电极接触，这种接触不应当影响器件的电学特性，称为欧姆接触。所以，作为欧姆接触，金属和半导体接触的电阻应小到与半导体的体电阻相比可以忽略。理想情况下，通过欧姆接触形成的电流是电压的线性函数，且电压要很低。有两种常见的欧姆接触：第一种是非整流接触，另一种是利用隧道效应的原理在半导体上制造欧姆接触。

金属的选择对于形成良好的欧姆接触至关重要，金属的功函数与半导体的费米能级之间的势垒应越小越好。而半导体的掺杂水平也会影响欧姆接触的形成。高掺杂浓度也会有助于减少金属与半导体间的势垒，随着掺杂浓度的增加，隧道效应会增强，使电流在金属和半导体之间流动时几乎不会产生额外的电阻损耗。与肖特基接触（具有整流特性）不同，欧姆接触不表现出电流方向性，即电流可以双向流动。目前在许多电子器件中，如晶体管和二极管，欧姆接触被用于确保电流能够有效地进入和离开半导体。

2.1.5　半导体光学性质

在了解半导体能带理论与性质的基础上，接下来再来学习半导体的基本光学性质。

当半导体受到光的照射时，光子可以被半导体吸收，也可以穿透半导体，这取决于光子的能量与半导体禁带宽度 E_g 的大小[2]。正常情况下（不涉及非线性光学中的多光子现象），如果光子的能量小于禁带宽度，光子将不会被材料吸收。而当光子能量大于禁带宽度时，电子吸收了足够的能量，就会从价带跃迁到导带，同时产生电子-空穴对。该过程类似于原子中的电子吸收能量后从低能级跃迁至高能级，但二者仍有区别，原子中的能级是分立的，所以出现的是吸收线，即吸收的光线波长很窄，而晶体中实际上是连续的能带，所以光吸收的是连续光谱。

表征半导体材料光学特性最基本的两个参数是反射系数和吸收系数。反射系数和吸收系数分别直接反映了半导体材料对于入射光的反射性能和吸收性能。通过分析反射系数和吸收系数可以推导出半导体中相关电子-空穴对跃迁以及激子跃迁。

反射系数和吸收系数可通过麦克斯韦方程组得到。麦克斯韦方程组描述了经典的电磁相互作用。在这里定义电场强度 E、电位移矢量 D、磁场强度 H、磁感应强度 B、电流密度 J、电荷密度 ρ_v。为简单起见，假设空间内没有电荷，从麦克斯韦方程组可以得到以下关系：

$$\nabla \times \nabla \times E = -\frac{\partial}{\partial t}(\nabla \times B)$$

$$= -\mu_0 \frac{\partial}{\partial t}\left(\sigma E + \frac{\partial D}{\partial t}\right) = -\mu_0 \varepsilon_r \varepsilon_0 \frac{\partial^2}{\partial t^2}E \tag{2.1.27}$$

式中，σ 为电导率；μ_0、ε_r 和 ε_0 分别是磁导率、相对介电常数和真空介电常数。

由于空间内没有电荷，可得到以下结果：

$$\nabla \times \nabla \times E = \nabla(\nabla \cdot E) - \nabla^2 E$$

$$\nabla \cdot E = 0 \tag{2.1.28}$$

$$\nabla^2 E = \mu_0 \varepsilon_r \varepsilon_0 \frac{\partial^2}{\partial t^2}E$$

假设一个平面波电磁场：

$$E \sim E \exp[i(k \cdot r - \omega t)] \tag{2.1.29}$$

式中，$\exp[i(k \cdot r - \omega t)]$ 通常用来描述波动或波包的数学形式，特别是平面波；$k \cdot r$ 表示波矢量 k 和位置向量 r 的点积，它给出了波在空间中的相位变化；$-\omega t$ 表示随时间变化的相位变化，负号表明波的相位随着时间向前推进而减小，ω 为角频率，t 表示时间。

把平面波电磁场公式代入式(2.1.28) 中，可以得到：

$$(ik)^2 = -(i\omega)^2 \mu_0 \varepsilon_r \varepsilon_0 \tag{2.1.30}$$

而平面波电磁场的相速度可以写为：

$$\frac{\omega}{k} = \frac{1}{\sqrt{\mu_0 \varepsilon_0}} \frac{1}{\sqrt{\varepsilon_r}} = \frac{c}{\sqrt{\varepsilon_r}} = c' \tag{2.1.31}$$

式中，c 为真空中的光速（真空中介电常数 $\varepsilon_r = 1$），也可以写为：

$$c = \frac{1}{\sqrt{\mu_0 \varepsilon_0}} \approx 3.0 \times 10^8 (\text{m/s}) \tag{2.1.32}$$

c' 为光在介电常数为 ε_r 的介质中的速度：

$$c' = \frac{c}{\sqrt{\varepsilon_r}} = \frac{c}{n_r} \tag{2.1.33}$$

式(2.1.33) 中定义了折射率 $n_r = \sqrt{\varepsilon_r}$。

根据图 2.1.9，定义在半导体表面处的入射、反射和透射电磁波分别为：

$$E_i \exp\left[j\omega\left(\frac{1}{c}z - t\right)\right]$$

$$E_r \exp\left[j\omega\left(-\frac{1}{c}z - t\right)\right] \tag{2.1.34}$$

$$E_t \exp\left[j\omega\left(\frac{\sqrt{\varepsilon_r}}{c}z - t\right)\right]$$

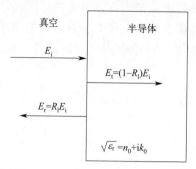

图 2.1.9　在半导体材料表面处的入射、反射和透射电磁波（光线）示意图

式中，E_i、E_r、E_t 分别表示入射波、反射波、透射波的电场强度；$j\omega(z/c-t)$ 表示入射波的相位因子，其中 j 是虚数单位，c 是光速，z 是沿传播方向的位置坐标；$j\omega(-z/c-t)$ 表示反射波的相位因子，其中负号表示波沿着相反的方向传播；$j\omega(\sqrt{\varepsilon_r}z/c-t)$ 表示透射波的相位因子，$\sqrt{\varepsilon_r}/c$ 表示透射波的速度与光速的比值。

由于假设在半导体表面处，没有额外的电荷存在，所以电场和其梯度在垂直半导体表面的 z 方向上是连续的。

反射系数 R_1 和透射系数 T_1 需要满足以下的关系：

$$1=R_1+T_1 \tag{2.1.35}$$

$$1=-R_1+T_1\sqrt{\varepsilon_r}=-R_1+(1-R_1)\sqrt{\varepsilon_r} \tag{2.1.36}$$

式(2.1.35) 表示所有入射到界面的电磁波能量要么被反射，要么被透射，总和为 1，符合能量守恒定律；式(2.1.36) 来源于麦克斯韦方程组在介质界面应用时的边界条件。具体来说，它体现了电场强度的法向分量在两种介质界面上的连续性条件。在垂直入射的情况下，电场的法向分量的连续性导致了这个关系。$\sqrt{\varepsilon_r}$ 表示介电常数对透射波的影响，即它会影响透射波的幅度和相位。将 $1=R_1+T_1$ 代入式(2.1.36)，最终可以得到反射系数 R_1 的表达式：

$$R_1=\frac{\sqrt{\varepsilon_r}-1}{\sqrt{\varepsilon_r}+1} \tag{2.1.37}$$

进一步可以得到：

$$光强 \propto E^2 \propto E_\perp^2 \exp\left(-2\frac{\omega k_0}{c}z\right) \equiv E_\perp^2 \exp(-\alpha z) \tag{2.1.38}$$

式中，$E_\perp^2$ 是垂直于传播方向的电场分量；α 为半导体的吸收系数；k_0 为媒质的消光系数，可以表示为：

$$\alpha=2\frac{\omega k_0}{c}=4\frac{\pi k_0}{\lambda} \tag{2.1.39}$$

式中，λ 是自由空间中光的波长。

至此，从麦克斯韦方程组推导可以得出半导体反射系数、吸收系数、透射系数、折射率的相关表达式。

接下来再介绍朗伯-比尔定律，它是光谱分析领域的一个基本原理，描述了光通过含有吸光物质的透明介质时，光强度被吸收的规律。该定律广泛应用于化学分析、生物医学研究、环境监测等领域，特别是对于测定溶液中物质的浓度有着重要作用。朗伯-比尔定律可以用数学公式表示为：

$$A = \kappa l n_c \qquad (2.1.40)$$

式中，A 表示吸光度（absorbance），是光线透过样品后的减弱程度，通常以没有单位的数值（如透光率的对数）表示；κ 是摩尔吸光系数，它是一个物质特有的常数，表示单位浓度的物质在单位光程长度下对光的吸收能力；l 是光程长度，即光线穿透样品的垂直距离，单位通常是厘米（cm）；n_c 是物质的浓度，单位通常是摩尔浓度（mol/L）或质量浓度（如 g/L），具体取决于吸光系数的定义。

朗伯-比尔定律的四个关键假设。①光的单色性：入射光必须是单色光，即只包含特定波长的光，因为不同波长的光会被同一物质以不同的程度吸收。②光的直线传播：光在穿过介质时，按照直线路径传播，没有散射或反射的影响。③吸收与浓度的线性关系：在一定浓度范围内，物质对光的吸收与其浓度成线性关系。④稀溶液假设：要求样品必须是稀溶液，避免分子间的相互作用（如聚合、缔合等）对吸收造成非线性影响。

在实际应用中，朗伯-比尔定律用于通过测量吸光度来确定未知样品的浓度。首先，需要制备一系列已知浓度的标准溶液，测量它们的吸光度并绘制标准曲线，然后利用该曲线求得未知样品的浓度。此方法因其简便、快速和精确而在科学分析中被广泛应用。然而，当浓度较高或溶液条件偏离理想状态时，朗伯-比尔定律可能不再严格适用，这时需考虑其他修正模型。

上述推导了半导体几个重要的光学参数。接下来开始对半导体发光器件涉及的原理进行介绍。半导体的发光是由载流子的能带间跃迁造成的。图 2.1.10 展示了半导体载流子不同类型的跃迁。这些跃迁的过程按如下的分类依次介绍。

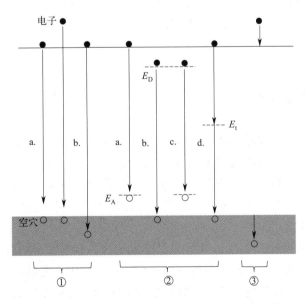

图 2.1.10　半导体载流子不同类型的跃迁示意图

① 第一个分类是带间跃迁：a. 本征发射在能量上与带隙非常接近；b. 涉及高能或热载流子的高能发射，有时与雪崩发射有关。

② 第二个分类是涉及化学杂质或物理缺陷的跃迁：a. 导带到受主型缺陷的跃迁；b. 施主型缺陷到价带的跃迁；c. 施主型缺陷到受主型缺陷的跃迁；d. 导带到价带通过深能级缺陷的跃迁。

③ 第三类是涉及热载流子的带内跃迁，有时称为减速发射或俄歇发射。并非所有跃迁都可以在相同材料或相同条件下发生，而且并非所有跃迁都是辐射性的。一种有效的发光材料需要的是这些过程中辐射跃迁优于非辐射跃迁，如俄歇跃迁，尽可能地将跃迁释放的能量有效转化为光子而非转移到带内激发热电子。

可以看出，带间复合①过程是最有效的辐射过程。大部分发光性能优异的发光器件的半导体材料都是①过程的跃迁机制。

2.2 表面能与界面工程

材料的表面与界面对材料整体性能具有决定性的影响。这是因为材料内部原子受到周围原子的相互作用是相同的，而处在材料表面的原子所受到的力场却是不平衡的[3]，因此材料的表面与其内部本体，无论在结构上还是在化学组成上都有明显的差别。对于由不同组分构成的材料，组分与组分之间可形成界面，某一组分也可能富集在材料的表、界面上。即使是单组分的材料，由于内部存在的缺陷（如位错等），或者由于晶态的不同形成晶界，也可能在内部产生界面。从物理学角度讲，对材料表、界面现象的研究具有十分重要的意义。因为除非处于真空状态，否则材料总是通过其表面与不同介质（固、液、气）相接触，因而各种材料的性能和制造过程（如腐蚀、老化、硬化、破坏、印刷、涂膜、黏结、复合等）都要受到表面特性的强烈影响。对于材料表、界面特性的深入了解有利于材料性能的改善及材料应用范围的扩大，本节将介绍材料的表、界面相关的知识。

2.2.1 表面与界面的定义

表面与界面现象通常存在于具有多相性的不均匀体系，即体系中一般存在两个或两个以上不同性能的相[3]。而表面与界面（本书简称为表界面）则是指由一个相到另一个相的过渡区域。相对应于物质的三种状态，表界面通常可以分为以下五类：固-气、液-气、固-液、液-液、固-固。由于气体和气体之间总是均相体系，因此不存在表界面。习惯上把凝聚相和气相之间（固-气、液-气）的分界面称为表面，而把凝聚相之间（固-液、液-液、固-固）的分界面称为界面。有时表面与界面难以区分，但在固体内晶粒的界面可与其表面明确区分开，这些都显示了表面与界面的区别。如前所述，表界面是指相与相之间的过渡区域，因此表界面区的结构、能量、组成等都呈现连续的梯度变化。有时也将界面区当作一个相或层来处理，称作界面相或界面层。

（1）物理学表面

在物理学中，一般将表面定义为三维的规整点阵到体外空间之间的过渡区域，这个过渡区域的厚度随材料的种类不同而异，可以是一个原子层或多个原子层。在此过渡区域内，周期点阵遭到严重扰动，甚至完全变异。由此定义可以看出，物理界面是不同于两相的第三相。

① 理想表面　理想表面是指除了假设确定的一套边界条件外，系统不发生任何变化的表面。以固体为例，理想表面就是指表面的原子位置和电子密度都和体内一样。实际上，由于受垂直方向上原子排列周期性变化的作用，表面附近的电子波函数会发生畸变，动能高的电子能够穿透表面势垒而形成表面过剩电子，并和表面下未补偿的正电荷构成表面偶极层（亦称双电层）。这种偶极层同样也会因表面区原子位置发生的弛豫而形成。例如，在 NaCl 晶体中，半径较大的 Cl^- 形成面心立方堆积，而半径较小的 Na^+ 分布在八面体的空隙中。由于 Cl^- 之间的排斥作用，表面的 Cl^- 被推向体外，而 Na^+ 则被拉向体内，形成表面偶极层。在许多金属氧化物中，也都存在双电层，这对吸附、润湿、腐蚀和烧结都有影响。因此在实际状况中，理想表面是不可能存在的。

② 清洁表面　清洁表面指不存在任何污染的化学纯表面，即不存在吸附、催化反应或杂质扩散等一系列物理、化学效应的表面。清洁表面是相对于受环境气氛污染的表面而言的，其表面的吸附质浓度被定义为单分子覆盖层的百分之几或更低。只有用特殊的方法，如高温热处理、离子轰击加退火、真空解理、真空沉积、场致蒸发等才能得到清洁表面。同时它还必须保持在 1.33×10^{-10} Pa 的超高真空下。

与理想表面相比，在清洁的表面上，可以发生多种与体内不同的结构和成分变化，如弛豫、重构、台阶化、偏析和吸附。所谓弛豫就是表面附近的点阵常数发生明显的变化。重构就是表面原子重新排列，形成不同于体内的晶面。台阶化是指出现一种比较有规律的非完全平面结构的现象。而吸附和偏析则是指化学组分在表固区的变化，前者指气相中的原子或分子在气-固或液-固界面上的聚集，后者指溶液或溶质在相界、晶界或缺陷上的聚集。

③ 吸附表面　吸附有外来原子的表面称为吸附表面。吸附原子可以形成无序的或有序的覆盖层。覆盖层可以具有和基体相同的结构，也可以形成重构表面层。当吸附原子和基体原子之间相互作用很强时，则能形成表面合金或表面化合物。覆盖层结构中也存在缺陷，且会随温度发生变化。

（2）材料学表面

物理表面通常限于表面以下两三个原子层及其以上的吸附层。而材料科学研究的表面包括各种表面作用和过程所涉及的区域，其空间尺度和状态决定于作用影响范围的大小和材料与环境条件的特性。最常见的材料表、界面类型可以按照其形成途径划分为以下几种[4]。

① 机械作用界面　受机械作用而形成的界面称为机械作用界面。常见的机械作用包括切削、研、抛光、喷砂、变形、磨损等。

② 化学作用界面　由于表面反应、黏结、氧化、腐蚀等化学作用而形成的界面称为化学作用界面。

③ 固态结合界面　由两个固体相直接接触，通过真空、加热、界面扩散和反应等途径所形成的界面称为固态结合界面。

④ 液相或气相沉积界面　物质以原子尺寸形态从液相或气相析出而在固体表面形成的膜层或块体称为液相或气相沉积界面。

⑤ 凝固共生界面　两个固相同时从液相中凝固析出，并且共同生长所形成的界面称为凝固共生界面。

⑥ 粉末冶金界面　通过热压、热锻、热等静压、烧结、热喷涂等粉末工艺，将粉末材料转变为块体所形成的界面称为粉末冶金界面。

⑦ 黏结界面　由无机或有机黏结剂使两个固体相结合而形成的界面称为黏结界面。

⑧ 熔焊界面　在固体表面造成熔体相，然后两者在凝固过程中形成冶金结合的界面称为熔焊界面。

材料的界面还可以根据材料的类型进行划分，如金属-金属界面、金属-陶瓷界面、树脂-陶瓷界面等。显然，不同界面上的化学键性质是不相同的。

2.2.2　表面能与表面张力

材料表面的原子与体内的原子分别处于不同的环境中，前者的原子呈现高能、高应力的状态，这种状态决定了材料表面具有表面能和表面张力。

（1）表面自由能

表面能，简而言之，是一个物体表面单位面积所具有的能量，它决定了材料表面一些关键属性（如润湿性、黏附性和表面张力等）。

根据热力学关系，表面能包括表面自由能和表面束缚能，如下式所示：

$$E_S = F_S - TS_S \tag{2.2.1}$$

式中，E_S 为表面总能量，代表表面分子相互作用的总内能；F_S 为表面自由能；S_S 为表面熵；温度 T 与 S_S 的乘积为表面束缚能。在一定温度 T 下，表面束缚能由表面熵 S_S 决定。实验结果已证明，由表面熵决定的表面束缚能 TS_S 远远小于表面自由能 F_S，因此在讨论实际问题时，可以忽略表面束缚能对表面能的贡献。由此可以说，表面能取决于表面自由能。如果固体表面视为是一种连续介质表面膜，则可以利用液体表面膜的表面自由能概念，从宏观上讨论固体表面的一系列表面与界面现象。

（2）表面张力

由实验可知，在液体表面膜中，存在着使液体表面积缩小的张力。这种张力称为表面张力，由下式表示：

$$dW = f_\sigma dl \tag{2.2.2}$$

式中，dW 表示当液体表面发生微小变化时所做的功；f_σ 为表面张力，定义为表面上单位长度的应力，又称表面张力系数，其单位为 mN/m；dl 为微分长度。要使液体的表面积增大，则需要给予一定的作用力，即需克服表面张力而做功。增加表面积所做的功以表面自由能来度量，如下式所示：

$$-dW = \gamma_\sigma dS \tag{2.2.3}$$

式中，γ_σ 为比表面自由能，简称表面能，定义为增加单位面积所做的功，其单位为

mJ/m。它实际上是表面自由能除以该表面的面积 S。比表面自由能在物理意义上更常用于比较不同物质或相同物质在不同条件下的表面能量，因为它消除了面积大小的影响，使得比较更加直接。

对于液体来说，表面张力与表面能在数值上相等同，因为表面张力和表面能描述的是同一个物理现象的不同方面，前者描述的是单位长度上的力，后者描述的是单位面积上的能量。而对于固体表面问题，虽然两者通常不相等，但是由于固体有足够的塑性，因此表面原子可以有不同程度的迁移，尤其是在较高温度（如熔点附近），表面原子首先接近于熔融状态，此时表面某些性质类似于液态。例如，金属丝端部在熔点附近呈圆滑状、玻璃器皿边口圆滑等。所以常借用液体表面理论近似地讨论固体表面现象，以避免复杂的数学计算。

2.2.3　表面吸附

（1）吸附与偏析

吸附作用是固体表面最重要的特征之一。吸附现象普遍存在于固体、液体的表面与界面，表面吸附指的是固-气界面的吸附现象，其基本规律具有普遍意义。

从本质上讲，吸附是组分在热力学体系的各相中偏离热力学平衡组成的非均匀分布现象。通常将被吸附的分子称为吸附质，面体则称为吸附剂。在吸附过程中，一些能量较高的吸附分子可能克服吸附势的束缚而脱离固体表面，这种现象称为"解吸"或"脱附"。当吸附与解吸达到动态平衡时，固体表面保存着一定数量的相对稳定的吸附分子，这种吸附称为平衡吸附。对于吸附的研究，都是从平衡吸附着手的，吸附的基本理论也大多建立在平衡吸附的基础上。

吸附现象又分为吸附和偏析两种，前者是指气相中的原子或分子聚集到气-固或液-固界面上，而又不生成稳定的凝固相，后者则指溶液或固溶体溶质在相界、晶界或缺陷上的聚集。在此必须指出的是，偏析和析出是两种不同的概念，偏析只是提高界面浓度而不生成新相，析出则生成新的第三相。由以上定义可知，吸附一般发生在表面（也包括固-液界面），而偏析发生在界面。然而正如吉布斯所指出的那样，吸附与偏析在本质上是类似的，因此通常将它们放在一起讨论。

吸附和偏析是重要的表面与界面过程，许多重要的界面变化过程都是以吸附和偏析为第一步的，如界面反应和催化、界面成核和生长、黏结、损伤等，可以改变材料表面和界面的成分和结构，从而强烈地影响材料的性能。

（2）吸附类型

根据吸附作用可将吸附定义为物理吸附和化学吸附两类。用以描述和区分这两类吸附的重要物理量是吸附质的吸附作用力（或吸附能），即指气体原子或分子吸附在固体表面时所释放的能量。如果吸附作用由范德瓦耳斯力引起，则该吸附称为物理吸附。如果吸附作用由表面化学键引起，则该吸附称为化学吸附。

① 物理吸附　物理吸附的特点是吸附能低，约为 $4.2kJ/mol$，一般在较低温度下才有可能发生，对于不同物质无选择性。在物理吸附中，几乎不发生吸附原子和基体表面原

子之间的电荷转移，起主要作用的是基体和吸附质之间的范德瓦耳斯力，即由于基体表面原子与吸附原子之间的极化作用而产生的结合力，包括色散力（分子中电子的不断运动和重新分配会导致瞬间偶极的出现，即某一时刻分子的一部分可能会暂时拥有更多的负电荷，而另一部分则拥有相对较多的正电荷。这个瞬间偶极会诱导相邻分子形成自己的瞬间偶极，进而产生吸引力）、诱导力（由一个具有固有偶极矩的分子诱导另一个非极性分子形成瞬间偶极而产生的力）和偶极力（发生在具有固有偶极矩的分子之间，这些分子的正负电荷中心是固定的）等。由于范德瓦耳斯力属于弱结合力，因此物理吸附不易形成稳定的吸附覆盖层，既容易解吸，也易受温度等因素的影响而发生变化，对基体表面结构及性质影响不大。

② 化学吸附　化学吸附则具有较高的吸附能，对不同物质有选择性。化学吸附的作用力是化学键力，即伴随着电子转移的静电库仑力。根据电子转移的方式可将化学吸附分为解离吸附（或称离子吸附）和缔合吸附（或称化学键吸附）两种类型。前者是指吸附质与基体之间完全的电子转移，即吸附质先经过解离，形成不同的离子，然后以离子形式吸附在基体表面，后者则指吸附质与基体之间不完全的电子转移，两者之间只提供局部的共用电子，即吸附质分子不先经过解离，而以分子形式直接与基体表面分子或原子形成局部的如配位键之类的吸附键。这两类化学吸附既可以单独存在，又常常两者兼有。由于化学键力较强，因此化学吸附可以形成比较稳定的吸附层结构，对表面结构和性质影响较大。

③ 物理吸附与化学吸附的关系　若按吸附能区分，一般认为物理吸附与化学吸附的界限约在 0.5eV 处。实际上，由物理吸附到化学吸附是一个渐进的转变过程，两者之间并不存在一个明确的分界。有时物理吸附和化学吸附不但难以截然分开，而且常常相伴而生，在一定条件下甚至还可以互相转化。

2.2.4　表面扩散传质

与表面吸附相类似，表面扩散传质也是一种基本的表面过程，是指在固体表面或界面上，原子、分子、离子或原子团由于热运动而发生的沿表面方向的迁移过程。它包括了沿表面和界面的扩散、穿越界面的扩散和界面移动等多种与界面原子运动有关的物质运输。与体内扩散相比，表面扩散有许多显著的特点，且有数量级上的差异。

（1）扩散机理

扩散系数是表征扩散过程的重要参数。从原子结构的观点看，扩散传质是原子随机运动的结果，因此扩散系数 D_f 可由原子参数来表达。

$$D_f = al^2/\tau_f \tag{2.2.4}$$

式中，a 为常数，对于体扩散，$a=1/6$，对于面扩散，$a=1/4$，对于线扩散，$a=1/2$；l 为原子跃迁平均自由程（或称原子平均跳跃距离）；τ_f 为原子的跃迁平均弛豫时间（原子平均跳跃频率的倒数）。

在固体中，扩散系数 D_f 受到温度的强烈影响，通常遵循下述经验公式：

$$D_f = D_0 \exp[-E_D/(k_B T)] \tag{2.2.5}$$

式中，D_0 为与振动频率有关的常数（又称频率因子），与温度无关；E_D 为扩散激活能；玻尔兹曼常数 k_B 与热力学温度 T 的乘积表示为热能。式（2.2.5）实际上是式（2.2.4）所描述的原子过程的宏观体现。

由于固体中的扩散是通过原子的随机运动进行的，因此扩散的前提是有可供原子运动的空间。以原子空位作为原子运动空间的扩散称为空位扩散，而利用原子间隙来进行的扩散称为间隙扩散。这两种机理已为实验结果所证实。换言之，扩散过程的微观机制就是缺陷（无论是空位、间隙原子还是位错等）的运动。此外，原子的随机运动也有可能通过相邻两原子互换位置或若干个相邻原子依次循环置换来实现，但后两种机制的激活能较大。

（2）表面扩散

从表面原子扩散的微观机制来讨论表面扩散过程，可将其分为自扩散和互扩散（或称异质扩散）两类。前者指基体原子在表面的扩散，后者则指外来原子沿表面的扩散。原子在理想表面上的自扩散是指从热能起伏中获得足够能量的原子离开初始位置而成为相邻势阱中的吸附原子的过程。吸附原子离开其原有位置的概率 v'，取决于它所要克服的势垒高度 ϕ_B，并符合下述关系式：

$$v' = n\nu_0 \exp[-\phi_B/(k_B T)] \tag{2.2.6}$$

式中，n 为原子碰撞次数；ν_0 为固体表面原子的振动频率。在真实表面上，常常存在多种类型的缺陷。如前所述，缺陷是扩散的动力因素。但不同类型的缺陷对应不同类型的原子运动，即具有不同的势垒高度，因而其扩散激活能也不相同。在表面扩散实验中得到的扩散激活能是多种原子运动的平均值，即表面原子脱离正常格点的跃迁，以及邻近缺陷的复合与产生两个过程的综合效果。

表面原子的自扩散机制与晶体体内相同，但扩散情况却不相同。原子在表面有更大的自由度，所以活动能力最高，其次为界面原子，体内原子的活动能力最低。因此扩散激活能 $E_{D表} < E_{D界} < E_{D体}$，扩散系数 $D_表 > D_界 > D_体$。

外来原子在表面的扩散，即表面互扩散（或异质扩散），其机制与自扩散相似，但这些原子受势场的束缚较弱，其迁移速率远大于自扩散，多属于自由度较大的远程扩散（即原子跃迁平均自由程 l 远大于晶格常数）。外来原子在晶体表面存在的方式，可以是填隙式，也可以是置换式，或者化合、吸附等。填隙式杂质的扩散，其迁移速率仅与表面势垒有关，不受缺陷机制的影响。置换式外来原子的扩散方式则基本上与自扩散相同，但扩散系数一般大于自扩散，这是因为外来原子进入表面所引起的点阵弛豫作用，增加了表面缺陷的产生及迁移的概率，多为空位扩散机制。

（3）界面扩散

界面厚度虽小，一般不过几个原子层，但由于界面中原子的跳跃频率比体内约高百万倍，因此其扩散要比体内快得多。从根本上说，这一特点和界面扩散的原子过程有关。

在晶粒间界中存在的大量缺陷以及晶粒间界的点阵畸变和晶界的松散结构，使得晶界成为原子迁移的起始和终结区，即成为扩散源。实验证明，原子沿晶界的扩散速率比晶粒内部高几个数量级，但由于晶界中的位错使扩散改变方向，因此其扩散深度并不比晶粒内部大。

在晶粒间界中的扩散同样有自扩散和异质扩散两种过程。晶界自扩散方程建立在费希尔（Fisher）提出的板片模型上。该模型假设晶界为均匀厚度的板片，在其全部范围内，扩散系数保持不变，并假定扩散物质在晶界内与晶粒内的浓度达到平衡时相等。晶界的异质扩散规律基本上相似于自扩散。由于处于高能区的晶界区是异质原子的富集区，能使界面能降低的溶质原子聚集在界面，加之晶界区的松散结构，因此沿晶界的异质扩散远大于晶粒异质扩散，可达几个数量级之差。不过，由于晶体内部、表面、界面的原子势不同，异质原子在晶界区的扩散激活能相差也较大，因此扩散系数各不相同。异质原子在晶界中的扩散还常伴随一些化学反应（如氧化还原反应、硫化反应及其他化合反应等），并由此在晶界中出现新相，这种扩散属于反应性扩散。反应性扩散是许多固相反应的主要途径。此外，晶界的异质扩散同晶粒的尺寸有关，晶粒大的晶面扩散浓度小于晶粒小的晶面，即小晶粒的晶界扩散比较容易。

晶界迁移是一种重要的界面扩散传质现象，它可由不同的驱动力引起，即当晶界受到的推动力足以引起其运动时，晶界便发生迁移现象。晶界迁移的特点与处于一定能量状态的晶界原子结构特点密切相关，其过程的本质是晶界能量的下降。例如，面相重结晶、晶粒生长、二次再结晶、扩散均相化及不连续析出发生时，晶界均要迁移。

实验研究表明，在多晶体材料中相邻晶粒之间的取向差异、杂质和温度对晶界迁移均有很大的影响。某些取向差具有最大的迁移率，但根据晶体结构的不同，对应于最大迁移率的晶格取向并不相同。杂质对晶界迁移的影响称为溶质效应，其基本观点是将晶界上的杂质原子作为一种阻碍晶界运动的阻力看待，认为这是杂质使晶界迁移率减小的原因。温度对晶界迁移率的影响，通常是随着温度的升高，晶界迁移率相应增大。

2.3　物理化学基础

物理化学是从物质的物理现象和化学现象的联系入手，来探求化学变化中具有普遍性基本规律的一门学科。本节将概述柔性电子领域常涉及的物理化学基础知识，包括电化学原理等内容。

2.3.1　电化学基础

电化学是研究化学能与电能之间相互转化及转化过程中有关规律的科学，它与我们的日常生活、生产实际、电子器件直至科学研究，都有着密切的联系。

（1）原电池和电解池

接下来从电化学装置来逐渐引入相关的基础知识[4]。这种装置可分为两大类：将化学能转化为电能的装置称为原电池，以及将电能转化为化学能的装置称为电解池。无论是原电池还是电解池，都必须包含电解质溶液和电极两部分。

实际上，除了前文所述的电子导体外，还存在着另一类导体——离子导体，它依靠离子的定向移动而导电[5]，例如电解质溶液或熔融的电解质等。将一个外加电源的正、负电极用导线分别与两个电极相连，然后插入电解质溶液中，就构成了一个简单的电解池。

溶液中的正离子向阴极迁移，在阴极上发生还原作用；而负离子向阳极迁移，并在阳极上发生氧化作用，如图 2.3.1 所示。

利用两极的电极反应以产生电流的装置称为原电池。在原电池中阳极发生失去电子的氧化反应，失去的电子由阳极通过外线路流向阴极，而电流则由阴极通过外线路流向阳极。

必须强调的是，借助电化学装置实现电能与化学能的相互转换时，必须既有电解质溶液中的离子定向迁移，又有电极上分别发生的氧化和还原作用[6]。若要保持这种转换，则两者缺一不可。

（2）电极电势

在正式介绍电极电势之前，我们先介绍一下电池电动势的组成，一个电池的总电动势可能由下列几种电势差所构成，即电极与电解质溶液之间的电势差[7]、导线与电极之间的接触电势差以及由于不同的电解质溶液之间或同一电解质溶液但浓度不同而产生的液接电势差[8]等。

① 电极与电解质溶液界面间电势差的形成　以铁片为例，将其插入水中，因表面的电荷分布不均匀，导致正负电荷的分离。紧靠表面形成一层带有正电荷的紧密层，这是因为金属离子在水分子的作用下部分脱离金属表面进入溶液，留下的电子使得金属表面带有负电。与此同时，溶液中的正离子被吸引到金属表面附近，形成正电荷的紧密层。稍远处，负电荷的扩散层逐渐过渡到溶液的中性区域，这样由电极表面上的电荷层与溶液中多余的异号离子层就形成了双电层[9]。溶液层中与金属靠得较紧密的一层称为紧密层，其余扩散到溶液中去的称为扩散层（如图 2.3.2 所示）。紧密层的厚度一般只有 0.1nm 左右，而扩散层的厚度与溶液的浓度、金属的电荷以及温度等有关，其变动范围通常为 $10^{-10} \sim 10^{-6}$ m。金属因失去铁离子而带负电荷，溶液因有铁离子进入而带正电荷，这两种相反的电荷彼此又互相吸引，以致大多数铁离子繁集在铁片附近的水层中而使溶液带正电，对金属离子有排斥作用，阻碍了金属的继续溶解。已溶入水中的铁离子仍可再沉积到金属的表面上。当溶解与沉积的速度相等时，达到一种动态平衡。这样在金属与溶液之间由于电荷不均等便产生了电势差。

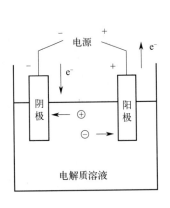

图 2.3.1　电解池示意图

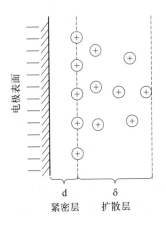

图 2.3.2　双电层结构示意图

② 接触电势 接触电势（contact potential）通常指两种金属相接触时，在界面上产生的电势差。不同金属的电子逸出功不同，当相互接触时，由于相互逸入的电子数目不相等，因此在接触界面上电子分布不均匀，由此产生的电势差称为接触电势。在测定电池的电动势时要用导线（通常是金属铜丝）与两电极相连，因而必然出现不同金属间的接触电势，它也是构成整个电池电动势的一部分。

③ 液体接界电势 在两个含有不同溶质的溶液所形成的界面上，或者两种溶质相同而浓度不同的溶液界面上，存在着微小的电势差，称为液体接界电势。它的大小一般不超过 0.03V。液体接界电势的产生是由于离子迁移速率的不同而引起的。例如，在两种浓度不同的 HCl 溶液的界面上，HCl 将从浓的一边向稀的一边扩散。因为 H^+ 的运动速度比 Cl^- 快，所以在稀的一边将出现过剩的 H^+ 而带正电；在浓的一边由于有过剩的 Cl^- 而带负电，它们之间产生了电势差。电势差的产生使 H^+ 的扩散速度减慢，同时加快了 Cl^- 的扩散速度，最后到达平衡状态。此时，两种离子以恒定的速度扩散，电势差就保持恒定。

因为扩散过程是不可逆的，所以如果电池中包含液体接界电势，实验测定时就难以得到稳定的数值。由于电动势的测定常用于计算各种热力学变量，因此总是尽量避免使用有液体接界的电池。但是在很多情况下，还是不能消除包括不同电解质的接界，只能尽量减小液体接界电势。减小的方法是在两个溶液之间插入一个盐桥。一般是用饱和的 KCl 溶液装在倒置的 U 形管内构成盐桥，放在两个溶液之间，以代替原来的两个溶液直接接触。盐桥内部含有高浓度的电解质，常用氯化钾（KCl）。这些电解质溶解后会产生大量的正负离子。由于盐桥中的正负离子种类和浓度经过精心选择，它们的迁移速率大致相同。因此，当盐桥连接两个半电池时，正负离子可以通过盐桥自由移动，从而在两溶液的交界处维持电荷平衡，减少了因离子扩散不均导致的电荷积累，进而降低了液接电势。

而原电池是由两个相对独立的电极所组成的，每一个电极相当于一个"半电池"，分别进行氧化和还原反应，由不同的半电池可以组成各式各样的原电池。在实际应用中，只要将它们与任意一个选定为标准的电极相比较，得到电极的相对电动势差值，就可以求出这个由相对独立电极所组成的电池的电动势。

按照 1953 年 IUPAC（国际纯粹与应用化学联合会）的建议，采用标准氢电极作为标准电极，这个建议被广泛接受和承认，并于 1958 年作为 IUPAC 的正式规定，根据这个规定，电极的氢标电势就是所给电极与同温下的氢标准电极所组成的电池的电动势。图 2.3.3 左边电极是氢电极的一种形式：把镀铂黑的铂片（用电镀法在铂片表面上镀一层黑色的铂微粒）插入含有氢离子的溶液中，并不断用标准压力（$p^{\ominus} = 101.325\text{kPa}$）的干燥氢气冲打到铂片上。规定在任意温度下标准氢电极的电极电势等于零。在氢电极上所进行的反应为：

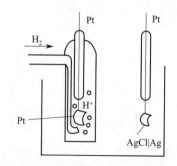

图 2.3.3 氢电极与 $Ag(s)|AgCl(s)$ 电极组成的原电池结构

$$\frac{1}{2}H_2(g, p^\ominus) \longrightarrow H^+(\alpha_{H^+}) + e^- \qquad (2.3.1)$$

对于任意给定的电极，使其与标准氢电极组合为原电池，可以用"标准氢电极 ‖ 给定电极"来表示。

设已消除液体接界电势，则此原电池的电动势就作为该给定电极的氢标电极电势，并用 φ 来表示。本书采用 IUPAC 推荐的惯例：把标准氢电极放在电池表示式的左边，作阳极，发生氧化反应，把任一给定电极放在右边，作阴极（发生还原反应）。这样，组成原电池时，该原电池的电动势就是给定电极的电极电势，称为氢标还原电极电势，简称还原电势。为了防止发生混淆，氢标还原电极电势符号后面需依次注明氧化态与还原态，即 $\varphi(\text{Ox}|\text{Red})$。若该给定电极实际上进行的是还原反应，即组成的电池是自发的，则 $\varphi(\text{Ox}|\text{Red})$ 为正值；反之，若给定电极实际上进行的是氧化反应，与标准氢电极组成的电池是非自发的，则 $\varphi(\text{Ox}|\text{Red})$ 为负值。另外，对于原电池的书写，有必要采用一些大家都能理解的符号和写法，本书采用一般的惯例：

a. 写在左边的电极起氧化作用，为负极；写在右边的电极起还原作用，为正极。

b. 用单垂线"｜"表示不同物相的界面，有界面电势存在。这界面包括电极与溶液的界面、电极与气体的界面、两种固体之间的界面、一种溶液与另一种溶液的界面，或同一种溶液但两种不同浓度之间的界面等。

c. 用双垂线"‖"表示盐桥，表示溶液与溶液之间的接界电势（junction potential）通过盐桥已经降低到可以略而不计。

d. 要注明温度和压力（如不写明，一般指 298.15K 和标准压力 $p^\ominus$）。要标明电极的物态，若是气体要注明压力和依附的不活泼金属，对电解质溶液要注明活度（因为这些都会影响电池的电动势的值）。

e. 整个电池的电动势用右边正极的还原电极电势减去左边负极的还原电极电势。

f. 在书写电极和电池反应时必须遵守物量和电荷量平衡。

以铜电极为例：

$$Pt|H_2(p^\ominus)|H^+(\alpha_{H^+}=1) \| Cu^{2+}(\alpha_{Cu^{2+}})|Cu(s) \qquad (2.3.2)$$

负极氧化

$$H_2(p^\ominus) \longrightarrow 2H^+(\alpha_{H^+}=1) + 2e^- \qquad (2.3.3)$$

正极还原

$$Cu^{2+}(\alpha_{Cu^{2+}}) + 2e^- \longrightarrow Cu(s) \qquad (2.3.4)$$

净反应

$$H_2(p^\ominus) + Cu^{2+}(\alpha_{Cu^{2+}}) =\!\!=\!\!= Cu(s) + 2H^+(\alpha_{H^+}=1) \qquad (2.3.5)$$

电池的电动势

$$V = \varphi_R - \varphi_L \qquad (2.3.6)$$

式中，下标"R"和"L"分别表示"右"和"左"，则电动势 V 为：

$$V = \varphi_{Cu^{2+}|Cu} - \varphi_{H^+|H_2}^\ominus = \varphi_{Cu^{2+}|Cu} \qquad (2.3.7)$$

根据以上规定，该电池的电动势就是铜电极的氢标还原电极电势。当铜电极的 Cu^{2+} 的活度 $\alpha_{Cu^{2+}}=1$ 时，实验测得的电池电动势为 0.337V，所以 $\varphi_{Cu^{2+}|Cu}=0.337V$，用同样的方法，可得到其他电极的标准还原电极电势值，如表 2.3.1 所示。

表 2.3.1　在 298K 和标准压力下，在水溶液中一些电极的标准（氢标还原）电极电势

电极还原反应	$\varphi^{\ominus}/V$	电极还原反应	$\varphi^{\ominus}/V$
$F_2 + 2e^- \longrightarrow 2F^-$	+2.87	$I_2 + 2e^- \longrightarrow 2I^-$	+0.54
$Ag^{2+} + e^- \longrightarrow Ag^+$	+1.98	$2H^+ + 2e^- \longrightarrow H_2$	0
$Au^+ + e^- \longrightarrow Au$	+1.69	$Fe^{3+} + 3e^- \longrightarrow Fe$	−0.04
$Pb^{4+} + 2e^- \longrightarrow Pb^{2+}$	+1.67	$Pb^{2+} + 2e^- \longrightarrow Pb$	−0.13
$Mn^{3+} + e^- \longrightarrow Mn^{2+}$	+1.51	$Cr^{3+} + 3e^- \longrightarrow Cr$	−0.74
$Cl_2 + 2e^- \longrightarrow 2Cl^-$	+1.36	$Zn^{2+} + 2e^- \longrightarrow Zn$	−0.76
$Br_2 + 2e^- \longrightarrow 2Br^-$	+1.09	$Al^{3+} + 3e^- \longrightarrow Al$	−1.66

标准电极电势反映了在电极上进行反应时，在电极上得、失电子的能力。电极电势越负，越容易失去电子；反之，电极电势越正，越容易得到电子。在电极上进行的反应都是氧化还原反应，因此也反映了某一电极相对于另一电极的氧化还原能力大小的次序。电极电势相对较负的金属，是较强的还原剂，电极电势相对较正的金属，则是较强的氧化剂。因此，标准电极电势越负的金属被腐蚀的可能性越大。

（3）电极电势与功函数的关系

我们在 2.1 节内容中提到了金属电极的功函数，与这里的电极电势一起，都能反映电极是否容易失去电子，但两者也有所区别。标准电极电位是指在标准状态下，电极与标准氢电极之间的电势差，其单位为 V。标准氢电极被定义为具有零电位的电极，因此其他电极的电位都是相对于标准氢电极的。标准电极电位可以用来衡量不同电极上的电势差，从而了解电化学反应的进行方向和速率。标准电极电位的大小取决于电极上的物种浓度、温度以及压力等因素。

而功函数是固态物理学中的一个概念，对于金属材料，导带部分被填充，费米能级在导带内，$q\varphi$ 的值通常是几个电子伏特，这取决于许多因素，如原子的堆积方式和晶体取向。功函数与电离能密切相关，对表面电荷不敏感。电离能和功函数都是衡量原子得失电子能力难易程度的，而电极电势则是物质在溶液中得失电子、形成水合离子趋势的量度。

可见，功函数和电极电势的理论基础和实际应用都与电化学领域密切相关。在实际的电化学实验和工程应用中，我们需要综合考虑功函数和标准电极电位等因素，来设计和控制电化学反应过程，以实现特定的电化学目的。

（4）三电极系统

在电化学研究和应用领域，三电极系统是一种基础且至关重要的配置，它为研究电极过程提供了一个准确和可控的实验环境，广泛应用于传感、检测和能源转换等领域。这种系统由工作电极（work electrode，WE）、参比电极（reference electrode，RE）和辅助电极（或对电极）（counter electrode，CE）三部分组成。工作电极是整个测试系统的核心，通常由导电材料制成，是发生电化学反应的地方。参比电极，具有稳定的电位，作为一个参考点，使我们能够准确测量工作电极的电位。辅助电极则是电流的传递媒介，通常是一个大面积的导体，用于完成电路并帮助维持整个系统的电荷平衡。

通过这种配置，三电极系统能够实现对电化学反应的精确控制和测量，使研究者能够准确地研究电极表面的反应动力学和机制。这对于理解和设计更高效的电池、传感器和其他电化学器件至关重要。此外，三电极系统在分析化学、材料科学和环境科学中也有广泛的应用，它的使用极大地推动了这些领域的研究进展。下面将详细介绍三电极系统的主要组成和功能。

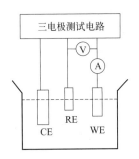

图 2.3.4　三电极测试原理图

工作电极是指在测试过程中可引起试液中待测组分浓度明显变化的电极[10]，也叫研究电极或者实验电极，该电极所发生的电极过程就是我们的研究对象。因此要求工作电极具有重现的表面性质，如电极的表面状态和电极的组成等。常用来研究的工作电极包括金属电极、碳电极以及薄膜电极等。

辅助电极旨在提供电流，以平衡工作电极上的电化学反应。它只用来通过电流实现工作电极的极化。研究阳极过程时，辅助电极作阴极，研究阴极过程时，辅助电极作阳极。辅助电极的面积一般比工作电极大，这样就降低了辅助电极上的电流密度，使其在测量过程中基本不被极化，因此经常使用铂黑电极作为辅助电极。有时为了测量简便，辅助电极也可以用与工作电极相同的材料制作。如图 2.3.4 所示，其中恒定电源 V 为辅助电极提供参考电位，电流不经过参比电极，全部流过辅助电极。测量辅助电极产生的电流，即等效于测量工作电极上反应的电流。

参比电极的作用是提供一个固定的电位，用于测量工作电极的电位。在测量过程中必须具有已知且稳定的电极电势，是测量电极电势的比较标准。利用参比电极和工作电极组成测量电池，只要测出测量电池的电动势便可算出待测电极的电极电势。参比电极是可逆电极，它的电势是平衡电势，符合电极电势公式，一般对参比电极的性能要求比较严格。从原则上讲，参比电极应该是不极化电极，即当有电流流过时，电势的变化很微小。在使用中，要求参比电极的重现性和稳定性要好，也就是说参比电极放置一段时间后其电极电势不应该发生变化，而且每次制作的参比电极的电势也应该相同。参比电极的电势随温度变化要小，而且断电后可以很快地恢复到原先的电极电势值。最后，要求参比电极的制备、使用和维护方便。

在传统的双电极体系中，仅有工作电极（WE）和辅助电极（CE），若辅助电极的电位在测试过程中不发生变化，测量过程就不需要使用参比电极。使用三个电极进行测量比只使用两个电极进行测量具有以下两点好处：

① 使用两个电极的测量体系只包含辅助电极和工作电极两个电极，虽然两个电极之间的电位差可以控制住，但是辅助电极和工作电极的电势都不能够被单独控制住，然而使用三个电极，当测量过程中发生极化时电势可以被参比电极抑制住，因此可以达到提高测量精度的目的，测量的结果更加可靠。

② 在使用三电极体系进行测量时，若想要减小两电极之间的电阻，可以把工作电极和参比电极之间的距离做小一点，但是使用两个电极进行测量时，电极之间的电阻只能依靠减小电极间电流的方式减小。此外，使用两个电极体进行测量时容易发生极化现象，而使用三个电极进行测量可以避免这样的问题。

三电极系统在电化学传感、能源储存等方面均发挥着重要作用，通过测量工作电极与参比电极之间的电位差，可以获得与被测物质浓度相关的信号。另外，三电极系统的结构优势在于其能够适应复杂的形状和变形，甚至可以将这三个电极同时做在一个衬底上以方便应用，极大地拓展了其在医疗、可穿戴电子设备、环境监测等领域的应用。

2.3.2　电化学阻抗谱

电化学阻抗谱[11]（electrochemical impedance spectroscopy，EIS）测量是一种在电化学领域常见的测量方法，已逐渐在生物研究、金属腐蚀、半导体材料、锂离子电池、半导体器件等分析研究中得到广泛应用。下面将介绍阻抗谱的基本原理。

（1）阻抗谱的基本概念

与电路学中测量电路系统的频率响应的方法类似，电化学阻抗谱测量方法为：首先对待测系统施加不同频率的电流激励信号 $I(j\omega)$，然后采集系统的电压响应信号 $V(j\omega)$，最后由响应和激励的比值关系得到系统阻抗 $Z(j\omega)$[12]，其计算式如下：

$$Z(j\omega)=V(j\omega)/I(j\omega) \tag{2.3.8}$$

式中，$Z(j\omega)$ 表示频域阻抗，是一个与测试频率 ω 相关的复数。

阻抗可以分解为实部 Z' 和虚部 Z''，其中实部 Z' 代表电阻成分，而虚部 Z'' 代表电抗成分（包括电感性和电容性）。阻抗 Z 的一般形式可以表示为：

$$Z=Z'+jZ'' \tag{2.3.9}$$

式中，Z' 为实部；Z'' 为虚部；j 是虚数单位。将不同频率点下的复阻抗按照一定的顺序连起来组成一条谱线，即得到系统的阻抗谱。电化学阻抗谱的呈现方式包括奈奎斯特图和伯德图两种，二者所描述的信息相同。奈奎斯特图是从阻抗的实部和虚部的角度进行表示的，伯德图则是从不同频率下的幅值和相角对阻抗进行描述的，通常使用奈奎斯特图来表示电化学阻抗谱。

相位角 θ 描述了电压和电流之间的相位差。对于电路中的电压 $V(t)$ 和电流 $I(t)$，如果它们可以用正弦函数表示，那么相位角 θ 定义为：

$$\theta=\tan^{-1}\left(\frac{Z''}{Z'}\right) \tag{2.3.10}$$

如果 $\theta>0$，表示电压超前电流；如果 $\theta<0$，表示电压滞后电流。

（2）电学元件的阻抗

满足阻抗三个基本条件的电学元件只有三种：电阻、电容、电感。先介绍它们的阻抗计算及阻抗谱图。

① 电阻　通常用 R 表示电阻元件，其阻抗表达式为：

$$Z=R+j0=R \tag{2.3.11}$$

可以看出等效电阻的阻抗只有实部 $Z'=R$，虚部 $Z''=0$，且阻抗值为固定值（元件固有），与施加频率无关。在阻抗复平面图上，其坐标为 $(R，0)$，即为实轴（横坐标轴）上的一个点。由于其阻抗虚部始终为零，所以不论等效电阻的正负值，其相位角的值只有两个：$\theta=0$；$\theta=\pi$。可以看出所有相位角均与频率无关。

② 电容　通常用 C 表示普通电容，且 C 均为正值。其阻抗表达式为：

$$Z=-j\frac{1}{\omega C};Z'=0;Z''=-\frac{1}{\omega C} \tag{2.3.12}$$

可以看出电容的阻抗没有实部值，只有虚部值。在阻抗复平面上，表示为与 $-Z''$ 轴（纵轴）正半轴重合的直线。因为阻抗只有虚部，所以 $\tan\theta=\infty$，故等效电容的相位角 $\theta=\pi/2$，可以看出其值也是与频率无关的。

③ 电感　用 L 作为电感元件的标志。若电化学阻抗谱的等效电路存在电感，则必为正值，因为测量过程中必须满足电极表面发生的反应和系统状态保持相对稳定，即不随时间发生显著变化的稳定性条件，而电感为负值时系统不稳定。可以得出等效电感的阻抗表达式如下：

$$Z=j\omega L;Z'=0;Z''=\omega L \tag{2.3.13}$$

所以电感的阻抗值也只有虚部没有实部，等效电感在阻抗复平面图为与 $-Z''$ 轴（纵轴）负半轴重合的射线。同电容一样，电感的阻抗也只有虚部，得出 $\theta=-\pi/2$，也是与频率无关的。

上面介绍的三种电学元件，实际上各是一个简单的线性体系，都有两个端点，一个输入端，另一个是输出端，复合元件由简单的电学元件通过串联或并联的方式或者串并联方式组成更为复杂的元件，但它必须有两个端点。基本元件是复合元件的基础，下面介绍四种简单的复合元件的阻抗特性。

（3）常见复合原件的阻抗特性

① 电阻与电容的串联　电阻与电容串联复合元件用符号 RC 表示，其阻抗值由下式计算。

$$Z=R-j\frac{1}{\omega C} \tag{2.3.14}$$

在奈奎斯特图上，频响曲线是第 1 象限中与实轴交于 R 且与虚轴平行的一条射线[13]。具体当 $R=10\Omega$，$C=100\mu F$ 时复平面图如图 2.3.5 所示。此复合元件的相位角正切为：

$$\tan\theta=\frac{1}{\omega RC} \tag{2.3.15}$$

此复合元件的模值，可求得：

$$|Z|=\sqrt{R^2+\frac{1}{(\omega C)^2}}=\frac{\sqrt{1+(\omega RC)^2}}{\omega C} \tag{2.3.16}$$

可以看出：

a. 在高频时，由于 ω 数值很大，使 $\omega RC>1$，当 $\omega\to\infty$ 时，有 $|Z|=R$、$\theta=0$，复合元件的频率响应特征恰如电阻 R 一样。

b. 在低频时，由于 ω 数值很小，使 $\omega RC<1$，$|Z|\approx1/(\omega C)$，当 $\omega\to0$ 时，有 $\theta=\pi/2$、$Z\to\infty$，复合元件的频率响应特征恰如电容 C 一样。

在高频与低频之间，必然存在一个特征频率 ω^*，在 ω^* 处复合元件阻抗的实部与虚部等值，可得特征频率 ω^* 的数值为：

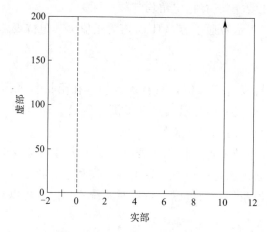

图 2.3.5　RC 阻抗奈奎斯特图

$$\omega^* = \frac{1}{RC} \tag{2.3.17}$$

ω^* 的倒数称为该复合元件的时间常数，即为 RC。此参数用来表示系统在受到扰动后偏离定态值之后取消扰动恢复到原来定态值所用的时间。

② 电阻和电容的并联　与串联复合元件的表示有细微的差别，这个有括号，该复合元件用符号（RC）表示，其阻抗值为：

$$Z = \frac{R}{1+\mathrm{j}\omega RC} = \frac{R}{1+(\omega RC)^2} - \mathrm{j}\,\frac{\omega R^2 C}{1+(\omega RC)^2} \tag{2.3.18}$$

$$Z' = \frac{R}{1+(\omega RC)^2},\ Z'' = -\frac{\omega R^2 C}{1+(\omega RC)^2} \tag{2.3.19}$$

整理可得：

$$Z'^2 - RZ' + Z''^2 = 0 \tag{2.3.20}$$

在等号两侧都加上 $(R/2)^2$，可得：

$$\left(Z'-\frac{R}{2}\right)^2 + Z''^2 = \left(\frac{R}{2}\right)^2 \tag{2.3.21}$$

可以看出此方程表示的是以（$R/2$，0）为圆心、$R/2$ 为半径的圆的方程，但由已知可得 $Z''<0$，$Z'>0$，故在以 Z' 为横轴，以 $-Z''$ 为纵轴的复平面图上阻抗轨迹是第一象限的半圆[14]。当 $R=10\Omega$、$C=100\mu$F 时阻抗复平面图如图 2.3.6 所示。

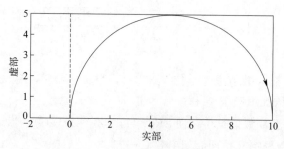

图 2.3.6　阻抗复平面图

复合元件（RC）的相位角正切 $\tan\theta$ 和复数模值 Z 求得：

$$\tan\theta = \omega RC \; ; \; |Z| = \frac{R}{\sqrt{1+(\omega RC)^2}} \tag{2.3.22}$$

③ 电阻和电感的串联　符号 RL 表示电阻和电感串联组成的复合元件，它的阻抗值如式：

$$Z = R + j\omega L \tag{2.3.23}$$

由函数知识可以看出阻抗复平面图上，其阻抗轨迹是第四象限中的一条直线，该直线与实轴相交于 R 且与虚轴平行，当 $R=10\Omega$、$L=10\mathrm{H}$ 时，其频率响应如图 2.3.7 所示。

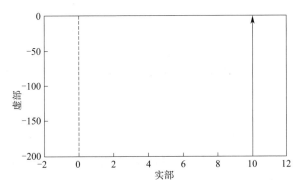

图 2.3.7　RL 阻抗的频率响应

可求得此复合元件的相位角正切值和复数模值为：

$$\tan\theta = -\frac{\omega L}{R}, |Z| = \sqrt{R^2+(\omega L)^2} \tag{2.3.24}$$

④ 电阻和电感的并联　与电阻与电容并联一样，该复合元件用符号（RL）表示，其阻抗值计算如式：

$$\frac{1}{Z} = \frac{1}{R} - j\frac{1}{\omega L} \tag{2.3.25}$$

与之前计算相同，可以令 $1/Z = Z_a$，$1/R = R_a$，$1/L = L_a$，可以看出其表示的轨迹是一个半圆，当 $R=10\Omega$、$L=10\mathrm{H}$ 时，可得到复合元件（RL）的频率响应谱阻抗复平面图如图 2.3.8 所示。

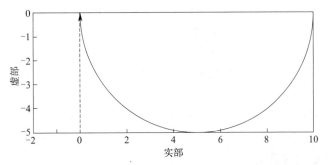

图 2.3.8　（RL）的频率响应谱阻抗复平面图

由以上内容可以看到，电阻 R 分别与电容 C 和电感 L 串联后的频响只是在纯电容或纯电感频响基础上进行了平移，且二者均为直线，只是方向不同；同样的电阻 R 分别与电容 C 和电感 L 并联，其频率响应在阻抗复平面图上均为半圆，只是开口方向不同。这对于阻抗频谱的解析相当重要。

以上内容介绍了构成等效电路的基本元件与复合元件，包括它们的特性和应用。可以看出等效电路在电学中其频响是比较简单的，而且能够比较直观地联系电化学阻抗谱和电极过程动力学模型，测量结果和仿真结果都相当明确，所以迄今等效电路法仍是电化学阻抗谱的主要分析方法。在一些简单的阻抗谱分析中，可以探究出这些等效元件所含的物理意义，这样便可以研究参数变化与系统运动的关系。

但是，任何一种方法都不是完美的，等效电路方法同样不可避免。比如通过电池的电化学阻抗谱有可能同时找到几个不同的等效电路都与其很好匹配，只是不同等效电路的物理意义是不同的[15]。这就是说，等效电路模型并不和某种反应机理有绝对的对应关系，对于同一个反应机理，也会在不同电位时表现出不同的 EIS。所以，我们不能仅依据等效电路的频率响应与电化学阻抗谱是否吻合，还需要在建立等效电路模型时，对电学元件赋予物理意义，对电化学反应进行合理解释。

通过分析等效电路模型的优缺点，我们可以做到最大限度的扬长避短，在建立等效模型之前要系统学习电化学的原理知识，在遵循电化学反应特点和动力学规律的基础上建立等效电路模型，保证研究的正确性和可靠性。

（4） EIS 在半导体器件中的应用

除了电化学以外，交流阻抗谱在器件研究方面也有着广泛的应用[16]。

① 金半接触类型的确定　前文讲述到，由于金属和半导体功函数的差别，它们在结合时会形成欧姆接触或肖特基接触，利用 $I\text{-}V$ 测试可以加以判断金属和半导体接触是何种类型，它们的 $I\text{-}V$ 曲线形状是不同的。肖特基接触的 $I\text{-}V$ 曲线表现出整流特性，单向导通；而欧姆接触，表现出的是线性关系，无论是正向或反向电压，电流均随着电压的增加线性增加。

② 半导体导电类型的确定　半导体的导电类型可以利用 MOS（金属-氧化物-半导体）结构的高频 $C\text{-}V$ 特性曲线来判定[17]。MOS 结构的衬底材料如果是 n 型半导体材料，在加负压时，此时状态处于耗尽态，再加高频信号，电子-空穴的产生和复合跟不上电压信号的变化，所以电容很小；而当偏压为正时，电子在表面层堆积，处于积累区，此时 $C \approx C_0$，C_0 为氧化物层本身的电容，其情况如图 2.3.9 所示。而 p 型半导体材料的情况和 n 型刚好相反，其 $C\text{-}V$ 曲线表现出不同形状。

因此，通过 $C\text{-}V$ 曲线的形状可以简单确定半导体材料的导电类型。

③ 肖特基势垒高度的确定　当金属和半导体形成肖特基接触时，界面附近形成肖特基势垒。利用 $C\text{-}V$ 曲线测量，可以确定其势垒高度，还可以确定半导体材料的载流子浓度和电阻率[18]。

根据电容的原始定义公式：

$$C = \frac{\mathrm{d}Q}{\mathrm{d}V}$$

可以得到：

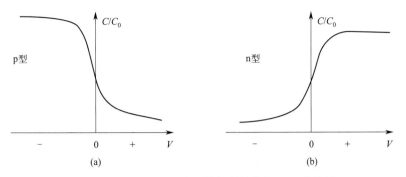

图 2.3.9　p 型和 n 型半导体材料的高频 C-V 曲线图

$$\frac{C}{S}=\sqrt{\frac{\pm q\varepsilon(N_A-N_D)}{2(\pm V_D\pm V-k_BT/q)}} \tag{2.3.26}$$

式中，S 表示 MOS 结构的表面积；$\pm$ 是指在 p 型半导体材料时取正，在 n 型半导体材料时取负。其实这就是 n 型半导体电容表达式的扩展，区别在于分子里的 N_D 变成了 (N_A-N_D)，因为在 n 型半导体 N_A 可忽略不计，在分母里多了 k_BT/q 项，这是考虑了空间电荷区的多数载流子带尾效应，而内建电势差 V_D 与势垒高度 ϕ_{B0} 的关系：

$$\phi_{B0}=V_D+V_0 \tag{2.3.27}$$

其中，$V_0=(k_BT/q)\ln(N_C/N_D)$，N_C 是导带中的有效态密度。通过 C-V 测试，可以得到 $(1/C)^2$ 和电压 V 的关系直线，如图 2.3.10 所示。从图中可以知道此直线在横坐标（电压）上的截距为 $V_i=-V_D+k_BT/q$，则势垒高度可写为：

$$\phi_{B0}=-V_i+V_0+\frac{k_BT}{q} \tag{2.3.28}$$

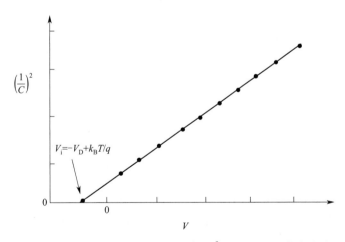

图 2.3.10　硅晶体 C-V 测试的 $(1/C)^2$ 与电压 V 的直线关系

进一步地，图中直线的斜率为 $2/[q\varepsilon(N_A-N_D)]$。通过直线的斜率测量，可以得到掺杂浓度 $N_A(N_D)$，然后代入以上公式即可得到势垒高度 ϕ_{B0}。

由此可知，利用肖特基结的 C-V 曲线，不仅可以测试其势垒的高度，还可以和 MOS 结构的 C-V 测量一样，确定半导体材料的载流子浓度。

总之，EIS 测试技术是测量半导体材料的电学性能的一个重要手段。测试简单方便，是半导体材料和器件研究、开发及生产的必备测试设备之一，被广泛应用。

小结

在本章中，我们深入探讨了器件的物理化学特性及其对电子器件性能的影响。综合了半导体物理、电化学原理与材料科学的相关知识，为理解电子器件的物理化学基础提供了全面的视角，不仅涉及固体物理中的基本概念，还包括电学元件的行为分析、半导体中载流子的输运机制，以及电化学阻抗谱在材料分析中的应用，为后续深入学习与研究电子器件设计与性能优化奠定了基础。

参考文献

[1] 施敏. 半导体器件物理. 北京：电子工业出版社，1987.

[2] 刘恩科，朱秉升，罗晋生. 半导体物理学. 北京：电子工业出版社，1995.

[3] 陈丙义，郑海金. 物理化学. 徐州：中国矿业大学出版社，2010.

[4] 许金煊，刘艳，李晓燕. 物理化学. 北京：北京医科大学出版社，2002.

[5] Ahn C H, Triscone J M, Mannhart J. Electric field effect in correlated oxide systems. Nature, 2003, 424: 1015-1018.

[6] Leighton C. Electrolyte-based ionic control of functional oxides. Nature Materials, 2019, 18: 13-18.

[7] Bisri S Z, Shimizu S, Nakano M, et al. Endeavor of Iontronics: From Fundamentals to Applications of Ion-Controlled Electronics. Advanced Materials, 2017, 29: 1607054.

[8] Choi C, Ashby D S, Butts D M, et al. Achieving high energy density and high power density with pseudocapacitive materials. Nature Reviews Materials, 2020, 1: 5.

[9] Takuya F, Awaga K. Electric-double-layer field-effect transistors with ionic liquids. Physical Chemistry Chemical Physics, 2013, 15: 8983-9006.

[10] Zhou J, Liu N, Zhu L, et al. Energy-Efficient Artificial Synapses Based on Flexible IGZO Electric-Double-Layer Transistors. IEEE Electron Device Letters, 2015, 36: 198-200.

[11] Brabants G, Reichel E, Abdallah A, et al. Electrochemical Impedance Spectroscopy for in Situ Monitoring of Early Zeolite Formation. IEEE Sensors, 2016: 1762-1764.

[12] 冷晓伟，戴作强，郑莉莉，等. 锂离子电池电化学阻抗谱研究综述. 电源技术，2018，42：4.

[13] Soma K, Konings S, Aso R, et al. Detecting dynamic responses of materials and devices under an alternating electric potential by phase-locked transmission electron microscopy. Ultramicroscopy, 2017, 181: 27-41.

[14] Angst U M, Elsener B. Measuring corrosion rates: A novel AC method based on processing and analysing signals recorded in the time domain. Corrosion Science, 2014, 80: 307-317.

[15] Klotz D, Schönleber M, Schmidt J P, et al. New approach for the calculation of impedance spectra out of time domain data. Electrochimica Acta, 2011, 56: 8763-8769.

[16] Takano K, Nozaki K, Saito Y, et al. Impedance Spectroscopy by Voltage-Step Chronoamperometry Using the Laplace Transform Method in a Lithium-Ion Battery. Electrochemical Society, 2000, 147: 922-929.

[17] Fairweather A J, Foster M P, Stone D A. Modelling of VRLA batteries over operational temperature range using Pseudo Random Binary Sequences. Journal of Power Sources, 2012, 207: 56-59.

[18] Fairweather A J, Foster M P, Stone D A. Battery parameter identification with pseudo random binary sequence excitation (prbs). Journal of Power Sources, 2011, 196: 9398-9406.

柔性电子的材料物理

在上一章内容中，我们介绍了传统材料的物理与化学基础知识。随着新型材料包括各种柔性电子材料的出现，柔性电子器件开始不断涌现，而了解相关材料的物理性质是进一步推进柔性电子器件发展的关键。本章将介绍几种代表性的本征柔性电子材料的物理特性，涉及纳米材料、有机材料和有机-无机杂化材料。

3.1 低维材料物理

根据人类认识世界的精度，我们可以将人类文明的发展历程分为几个阶段：工业革命之前，人们对世界的认识还比较模糊，可以称之为模糊时代；从工业革命到 20 世纪初，人类的认知精度达到了毫米级别，这一时期被称为毫米时代；20 世纪 40 年代以后，人类进入了微米和纳米时代，对物质世界的认识更加深入和精细；到了 20 世纪 80 年代初，德国科学家 Gleiter 最早提出了纳米材料的概念，随后采用人工方法制备出了纳米晶体，并对其各种物理性质进行了系统研究。这一进展引起了全球科技界和产业界的高度重视，使低维或纳米材料迅速成为研究热点和发展前沿。

3.1.1 纳米材料的概念与性质

纳米材料通常是指尺寸为纳米级的细小颗粒组成的固体材料。这些颗粒的尺寸介于原子簇和通常微粒之间，通常为 $1 \sim 10^2$ nm。它跟普通的金属、陶瓷以及其他固体材料一样，都是由原子组成的，但这些原子排列成了纳米级别的原子团，成为这些材料的基本组成结构单元。从广义上讲，纳米材料是指三维空间尺寸中至少有一维处于纳米量级的材料。按其结构可以分为零维、一维、二维和三维纳米材料（如图 3.1.1 所示）：在三个空间维度上都是纳米级的材料称为零维（0D）纳米材料；在两个维度上受限在纳米尺寸的（如纤维状、棒状、管状等）结构称为一维（1D）纳米材料；在一个维度上受限在纳米尺度的层状结构材料称为二维（2D）纳米材料；而在三个空间维度上都是宏观的，但其由纳米结构组成的材料称为三维（3D）纳米材料。

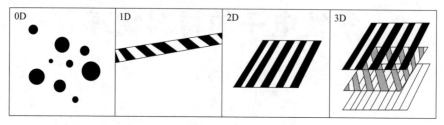

图 3.1.1　四种纳米材料结构示意图

零维纳米材料包括量子点和纳米颗粒，尺寸在 1～100nm 之间的金属、氧化物或磁性颗粒，会产生不同于块体材料的独特物理化学性质。一维纳米材料在一维方向上表现出了特殊的性质，如碳纳米管的电子和热学性能。取决于其内部原子的排列方式，碳纳米管可以是金属性的或者是半导体性的。以石墨烯为代表的二维纳米材料，由单层排列的碳原子构成，具有出色的导电性和机械强度。而三维纳米结构（包括纳米多孔材料），拥有高度可控的孔隙结构，例如金属有机骨架材料（MOFs）和介孔材料，可用于储存、分离和催化等方面。

相对于宏观物质，纳米材料的界面原子占据着更大的比例，而且原子排列互不相同，界面周围的晶格结构互不相关，从而构成与晶态、非晶态均不同的一种新的结构状态。纳米晶粒中的原子排列已不能再像宏观晶体一样看成无限长程有序，通常宏观晶体中由连续能级构成的能带会分裂成接近分子轨道的能级，高浓度的晶界以及晶界原子导致材料的力学性能、电学、光学乃至热力学性能会发生显著的改变。因此，纳米级晶粒、高浓度晶界以及晶界原子邻近状况决定了其具有不同于一般宏观材料（单晶、多晶、非晶）的性能。

由于纳米材料所特有的独特结构以及其处于热力学上不稳定的状态，使其拥有了许多传统固体所不具备的物理化学性质，例如表面效应、小尺寸效应、量子尺寸效应、宏观量子隧道效应等，这些效应对材料的光学、电学、磁学和力学性能产生了非常大的影响，并为其在电子器件、生物医学、催化剂和能源存储等领域的广泛应用打开了大门。

（1）量子尺寸效应

以金属纳米粒子为例，当粒子的尺寸减小到某一尺寸时（激子玻尔半径，即在波尔模型中激子的电子-空穴对基态轨道半径），金属费米能级附近的电子能级由准连续变为离散能级，对于纳米颗粒，由于所含电子数少，能级间距不再趋于零，从而形成分立的能级，这种现象叫作量子尺寸效应[1]。由传统的能带理论可知，金属的体块材料费米能级附近的电子能级是连续或准连续的，即价带顶和导带底是连续的。原因是宏观物质中包含大量的原子，单个原子的能级（电子轨道）由于量子力学中的波函数重叠，开始相互作用，由于电子的数目可以视为趋向无穷大，且原子对外层电子的作用较弱，因此电子不再被束缚在特定的轨道上，可以在金属的整体体材料中自由移动，所以能带间的间距趋近于零。但是在金属粒子的尺寸下降到玻尔半径以下时，其费米能级附近的电子能级则会由准连续变为不连续，即产生量子尺寸效应。

久保理论（Kubo formula）在量子尺寸效应的研究中起着至关重要的作用，尤其在纳米尺度物理学领域。它提供了一套量化材料在外部场作用下响应的框架，这对于理解和预测量子尺寸效应至关重要。久保认为，对于一个超微粒子来说，取走和放入一个电子都是十分困难的，因此他提出了电中性公式：

$$k_B T \ll W \approx \frac{q^2}{d_n} \tag{3.1.1}$$

式中，W 为从一个超微粒子中取出或放入一个电子克服库仑力所做的功；d_n 为超微粒直径；q 为电子电荷。随着 d 值的下降 W 增加，故低温下的热涨落很难改变超微粒子的电中性。在足够的低温条件下，当微粒的尺寸小到 1nm 时，W 比 Δ（能级间隔）小 2 个数量级，使 $k_B T \ll \Delta$，所以 1nm 的小颗粒在低温条件下量子尺寸效应很明显。下面是著名的久保公式：

$$\Delta = \frac{4}{3} \times \frac{E_F}{N} \propto V_n^{-1} \tag{3.1.2}$$

它给出了相邻电子能级间距和颗粒直径的关系。式中，N 为一个超微粒子的总导电电子数；V_n 为超微粒体积；E_F 为费米能级。费米能级的值由下式决定：

$$E_F = \frac{\hbar^2}{2m}(3\pi^2 n_e)^{2/3} \tag{3.1.3}$$

式中，n_e 为电子密度；m 为电子质量；$\hbar$ 为约化普朗克常数，即 $h/2\pi$。当粒子为球形时，$\Delta \propto 1/d^3$，说明了随着粒径 d 的减小，粒子的能级间隔 Δ 增大。通过以上公式我们能对量子尺寸效应有一个清楚的认识。在低温条件下，超微粒子的导电电子的数量要比体块材料少得多。宏观粒子可视为包含无限个原子，所以导电电子数 $N \to \infty$，故 $\Delta \to 0$，也就是说，对于宏观粒子，能级间距几乎为 0。但是对于超微粒子，N 值就很小了，也就导致了能级间距不为零，能级间距发生分裂。

（2）小尺寸效应

纳米材料的小尺寸效应是指当纳米材料的晶体尺寸与光波波长、传导电子的德布罗意波长、超导态的相干长度或透射深度等物理特征尺寸相当或比它们更小时，晶体的周期性边界条件将被破坏；在非晶态纳米微粒的颗粒表面层附近原子密度减小，磁性、内压、光吸收、热阻、化学活性、催化性及熔点等与普通粒子相比都有很大的变化。

纳米材料的声、电、光、磁、热、力学等性质都有可能会呈现出小尺寸效应，其中表现尤为突出的是纳米粒子熔点的变化，即纳米粒子的熔点可以远远低于块状金属。例如 2nm 金颗粒的熔点为 600K，随着粒径的增加，其熔点也迅速上升，一直到块体金的熔点，即 1337K。

相比于量子尺寸效应强调量子力学的规则在微观尺度下对电子性质的影响，小尺寸效应更侧重于物理尺寸减小导致的表面性质和体积性质的变化。两者虽然有交集，但侧重点的表现形式还是存在明显差异的。

（3）表面效应

纳米材料的表面效应是指纳米粒子的表面原子数与总原子数之比随粒径的变小而急剧增大后所引起的性质上的变化。纳米材料的颗粒尺寸小，位于表面的原子所占的体积分数很大，产生相当大的表面能。随着纳米粒子尺寸的减小，比表面积急剧加大，表面原子数及比例迅速增大。由于表面原子数增多，原子配位数不足，存在未饱和键，导致了纳米颗粒表面存在许多缺陷，使这些表面具有很高的活性，特别容易吸附其他原子或与其他原子发生化学反应而趋于稳定。比如超细的铁微粒作为催化剂可以在低温中将二氧化碳分解为碳和水；超细铁粉可以在苯气相热分解中起成核作用，从而生成碳纤维[2,3]。

这种表面原子的活性不但引起纳米粒子表面输运和构型的变化，同时也会引起表面电子自旋、构象、电子能谱的变化，在化学变化、烧结、扩散等过程中，将成为物质传递的巨大驱动力，同时还会影响到纳米相变化、晶体稳定性等平衡状态的性质。

（4）宏观量子隧道效应

量子隧道效应是量子力学中的一个基本现象，描述了粒子穿过一个按经典物理学理论本应不可逾越的能量势垒的行为。在经典物理学中，如果一个粒子的能量小于阻碍它移动的势垒的高度，那么这个粒子就无法穿越这个势垒。然而，在量子力学中，粒子被描述为波函数，这意味着它们不仅具有粒子性，也具有波动性，当一个粒子遇到一个高于其能量的势垒时，其波函数不会突然降为零，而是会以指教衰减的形式进入势垒内部，甚至有可能出现在势垒的另一侧。这就允许了粒子以一定概率"隧穿"势垒，即使其能量低于势垒高度而穿过势垒。近年来，人们发现一些宏观量，特别是在极低温或高能环境下，宏观物体也可以表现出类似的量子效应，例如在超导体中，电子可以通过经典物理学认为是不可能越过的势垒从而导致超导电流的流动，这称为宏观量子隧道效应。在纳米材料中，由于材料的尺寸极小，量子效应变得更加显著，例如微粒的磁化强度和量子相干器件中的磁通量等也具有隧道效应，这些现象在更加大的尺度上通常是不可见的，但是在纳米尺度上却成为可能，宏观量子隧道效应的研究对基础研究及实用（如发展微电子学器件）将具有重要的理论和实践意义[4]。

（5）库仑阻塞

库仑阻塞效应是 20 世纪 80 年代发现的量子领域极其重要的物理现象之一。我们都知道，库仑力是静电力，如果有两个或多个电荷相互靠近，它们就会施加库仑力到彼此，如果两个电荷相同，库仑力就表现为斥力。微观尺度下，当体系进入纳米的量级，体系的电荷分布是离散的，所以充电和放电过程是不连续的，量子点充入一个电子需要能量 $q^2/(2C)$，其中 q 为一个电子的电荷，C 为小体系的电容，在这里电容不像一对平行板之间的电容，而是隔离在空间中的物体可以自行存储的电荷。体系越小，C 越小，能量就越大，这个能量被称为库仑阻塞能量。换一种说法，库仑阻塞就是前一个电子和后一个电子的库仑排斥能，这导致一个体系在充电和放电的过程中，电子的运输不是集体运输的，而是一个接一个的单电子传输，而库仑阻塞效应就是在这种小体系中的单电子运输行为。对于一个大的电容器，可以很容易容纳另一个电子而不需要太多的能量，但是在极小的电容器中（量子点），充电能量是巨大的，也就是说，在这种情况下，小电容可以依靠库仑阻塞来"阻挡"隧穿电子。

3.1.2 量子点

量子点（QDs）属于零维纳米材料，可以由多种不同类型的半导体材料构成，如Ⅱ-Ⅵ族半导体、Ⅲ-Ⅴ族半导体、Ⅳ-Ⅵ族半导体和有机-无机杂化钙钛矿材料等，其尺寸通常在1～10nm之间。它们含有相同数量的电子和原子，因此被称为人造原子。量子点这个词本身表明了它的量子限制和光学特性，与传统的材料不同，量子点的特殊之处在于其尺寸处于纳米尺度，使得它们表现出与大尺寸物体迥然不同的量子效应。

常见的量子点结构示意图如图3.1.2所示，主要由核心、壳层和表面修饰层构成。根据量子点制备的两种主要策略——基于物理真空的方法和湿化学方法，可以将量子点划分为外延量子点（eQD）和胶体量子点（cQD）。胶体量子点是通过化学合成方式在溶液中制备的纳米尺寸半导体颗粒，而外延量子点是通过外延生长技术，如分子束外延（MBE）或金属有机化学气相沉积（MOCVD），在半导体衬底上直接生长纳米结构。

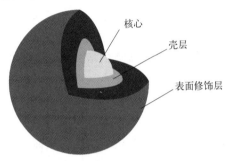

核心
壳层
表面修饰层

图 3.1.2　量子点结构示意图

在量子点中，电子和空穴表现出离散的（量子化的）、类似于原子的态密度。在带隙上方激发的电子与在价带中的空穴会发生强烈的相互作用，即库仑引力和自旋交换耦合会导致产生强束缚的电子-空穴对（即激子），在高水平激励下，量子点甚至会填充多个激子。其独特的电子和光电性质，使得量子点在尺寸相关的带隙可调控性、窄线宽与高光致发光量子产率、可调的表面化学、可调谐的电荷传输、较大的斯托克斯位移和信号清晰度、抗光漂白和稳定性等方面具有独特的性质，从而使其在太阳能电池、光电二极管和场效应晶体管等各个领域的应用都取得了巨大的进展。下面是有关量子点的具体特性及相关应用。

（1）带隙的可调控性

在半导体材料中，它们具有固有的带隙，电子能够通过吸收入射光从价带激发到导带，留下一个空穴，从而形成激子。当该激子重新组合时（即激发的电子返回其基态），通常将发射具有更长波长的光子，这种现象被称为荧光。然而，与块状半导体材料不同，量子点无法产生连续的价带和导带。通常，粒径越小，带隙越大，使发射的波长取决于量子点的大小，因此在合成过程中可以通过改变其大小来轻松控制它们的荧光波长。量子点的带隙（E_g）可以在从紫外线（UV）到红外线（IR）的广泛能量范围内进行调整，其数值的下限由其块体的带隙所决定。

（2）窄线宽与高光致发光量子产率

在高度单分散的cQD样品中，电子态的离散、类似原子的结构导致其在室温下具有20～80meV的窄系线发射线宽［定义为半高峰宽（FWHM）］。这样就可以在发光器件中达到所需的高色彩纯度。最好的cQD样品理论上可以实现100%的光致发光量子产率

（PLQY，即每个吸收光子的发射光子数），这意味着每吸收一个光子就有一个光子被发射出来，然而，在实际中，由于非辐射复合机制（如表面缺陷导致的能量损失），PLQY 很难达到 100%。近年来，随着合成技术的进步和对量子点表面钝化（表面处理以减少非辐射复合中心）技术的改进，一些特定类型的 cQD 已经实现了非常高的 PLQY。一般来说，如果能实现接近或超过 90% 的 PLQY，那么这些量子点就可以被认为是非常高效的发光材料。高 PLQY 也使得这些量子点在光电转换、生物成像、量子点显示技术等领域有着非常高的应用价值，例如，具有窄带和明亮发射的 cQD 已在商用电视和显示器中得到了应用。

（3）可调的表面化学

量子点表面通常被配体分子包裹，这些配体不仅能够稳定量子点，防止其聚集，还能够调整其表面性质。通过配体交换技术，可以替换掉原有的表面配体，引入新的配体分子，从而改变量子点的溶解性、光电性质和生物相容性等。除了配体交换，还可以通过化学修饰的方式在量子点表面引入新的功能基团或材料，包括硅氧烷化、聚合物包裹、金属或金属氧化物镀层等。这样的表面修饰不仅能够改善量子点的稳定性和兼容性，还可以引入额外的功能，如磁性、靶向性或荧光标记等。通过在量子点的晶格中掺杂其他元素，还可以调整其带隙和电子结构，从而改变其发光特性。这种方法虽然不直接改变表面化学，但是通过调整内部结构间接影响到量子点的表面性质和整体性能。此外，量子点的表面态对其光学性质有重要影响，通过优化合成条件，如反应时间、温度、前驱体浓度等，可以在一定程度上减少缺陷态，从而改善量子点的光致发光性能和稳定性。

量子点的可调表面化学使其在多个领域拥有广泛的运用前景。在生物成像和生物标记方面，通过表面修饰，量子点可以被赋予特定的生物识别能力，用于细胞标记和活体成像；在光电器件方面，如量子点发光二极管，通过调控量子点的表面性质，可以改善器件的发光效率和寿命；在太阳能电池方面，通过表面工程，可以提高量子点的光吸收效率和电荷传输性能，从而提高光伏转换效率。

（4）可调谐的电荷传输

cQD 组件通过电流的能力取决于电荷载流子穿过粒子间势垒的能力。与硅或外延 III-V 族半导体 $[10^2 \sim 10^3 \text{cm}^2/(\text{V} \cdot \text{s})]$ 相比，cQD 固体表现出适度的载流子迁移率 [通常低于 $10^{-1} \text{cm}^2/(\text{V} \cdot \text{s})$]。量子点的界面特性，尤其是表面缺陷和表面配体，对电荷传输具有显著影响。表面缺陷通常作为陷阱态存在，可以捕获电子或空穴，从而阻碍电荷的传输。而表面配体不仅可以稳定量子点，避免其聚集，还可以通过调控其长度、刚度和电子特性来优化电荷的传输。而量子点之间的电子耦合是实现有效电荷传输的关键机制之一。电子耦合的强度依赖于量子点间的距离以及它们之间的相互作用。在量子点薄膜或多量子点结构中，通过控制量子点的排列密度和有序性，可以优化电子耦合，从而促进载流子在量子点阵列中的传输。大多数 cQD 固体在载流子约束、界面特性和电子耦合之间表现出复杂的相互作用。比如通过表面工程选择短配体可以促进量子点间的接近，从而增强电子耦合，增强电子隧穿效应，提高载流子迁移率；量子点的表面缺陷或特定的界面态可以作为隧穿助手，在某些情况下促进量子点之间的电子耦合，但同时也可能引入非辐射复合中心，降低器件的效率。

（5）较大的斯托克斯位移

斯托克斯位移（Stokes shift）是指分子或颗粒在吸收或发射光前后的光谱峰值差异。具体而言，斯托克斯位移是发射光谱峰值波长比吸收光谱峰值波长更长的现象。量子点具有较大的斯托克斯位移，因而可以避免发射光谱与激发光谱的重叠，在生物成像和传感应用中，较大的斯托克斯位移可以减少背景信号的干扰，提高信噪比，因此对于设计高灵敏度的生物标记和传感器件非常重要。

（6）抗光漂白和稳定性

光漂白（photobleaching）是指荧光分子连续曝光于光照下，其荧光强度随时间逐渐减弱直至消失的现象。量子点具有强大的抗光漂白能力，远高于有机荧光染料。这意味着量子点在光激发后可以保持荧光的稳定性，而通常的有机染料会快速漂白。

（7）长荧光寿命和高消光系数

荧光寿命指的是激发态电子回到基态时发光的持续时间。量子点具有比传统有机荧光染料更长的荧光寿命，通常在纳秒到微秒范围内。这种长荧光寿命的特性使得量子点在时间分辨成像和光谱分析中非常有用，因为它提供足够长的时间窗口来区分背景信号和目标信号，从而提高成像的信噪比和检测的灵敏度。此外，量子点具有非常高的消光系数（指材料对光的吸收能力），这意味着它们可以非常有效地吸收光。高消光系数的量子点能够在较低的浓度下就产生强烈的荧光信号，使得量子点在太阳能电池中用作光吸收材料时，能够有效地提高光电转换效率。

根据材料的种类，目前量子点材料主要包括以下几种：CdSe 量子点、碳（C）量子点、InP 量子点、钙钛矿量子点等。其中，CdSe 量子点是目前研究最多的量子点之一，相比其他量子点（如 CdS、PbS、InP），CdSe 量子点通过改变尺寸，调节的带隙范围从可见光覆盖到了近红外的波长范围，为光电应用提供了极大的灵活性；同时 CdSe 量子点有着比其他量子点更高的光稳定性，使其在长曝光且强光条件下仍能保持稳定的光学性能，适用于长期光学成像和传感领域。但是 Cd 是一种有毒的重金属，同时大部分硒化物有毒，同时，CdSe 是一种已知的人类致癌物，这使得 CdSe 量子点在制备和应用中有着较大的环境和生物安全风险，因此，需要开发其他无镉或低毒性的量子点替代品。

C 量子点具有从深蓝到近红外可调谐的稳定荧光发射，同时具有低成本、对环境友好等特点，并且 C 量子点材料拥有良好的生物相容性，因此可在各种器件（如电致发光器件）中替代具有一定毒性的 Cd 基量子点。

基于 InP 的胶体量子点由于其宽光谱可调性、高效的光吸收和发光特性、高载流子迁移率，以及满足消费类设备安全标准的优势，在光子技术领域有着极大的应用潜力，如作为增益介质、近红外光源和探测器[5]。

有机-无机杂化钙钛矿材料的量子点（本书在未说明时，钙钛矿一词特指有机-无机杂化钙钛矿材料）具有宽范围的明亮和窄带光致发光，改变其组成或调整其大小，可以很容易将其发光峰从紫外区域调到红外区域。在钙钛矿量子点中，可通过在其表面或界面上引入物理或化学结构增加电子和空穴分离的壁垒，从而阻止电子和空穴的分离，因此，钙钛矿量子点表现出了出色的光致发光量子效率。与 CdSe、CdS、PbS、InP 等其他半导体量子点相比，钙钛矿量子点的发射波长更亮、更尖锐。此外，钙钛矿量子点系统具有更好的缺陷容差系统，出色的光致发光量子产率加上对缺陷的高容忍度，使其非常适合电子和光电器件应用。

3.1.3　一维纳米材料

一维（1D）纳米结构通常定义为直径小于 100nm 的线性结构，主要包括纳米线（或棒）和纳米管。纳米线涵盖了超导、金属、半导体和绝缘纳米线，纳米管则主要包括碳纳米管和金属氧化物纳米管，如图 3.1.3 展现的是由单层石墨烯卷曲形成的中空圆柱形碳纳米管的结构图。碳纳米管因其轻质、高强度和优异的导电性，在材料科学、纳米电子学和能源存储等领域展现出巨大潜力。而金属氧化物纳米管则具有特殊的光学和电化学性质，在催化、传感和光催化等领域具备应用前景。

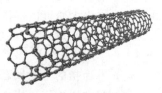

图 3.1.3　碳纳米管结构图

典型的纳米线具有 1000 或更高的纵横比（长宽比）。由于纳米线中的量子尺寸效应，纳米线具有许多有趣的特性，其能级与块状材料中传统的能级或能带不同。在传统物理学中，导线的电导 G 表示为：

$$G = \sigma \frac{S}{l} \tag{3.1.4}$$

式中，σ 是导线材料的电导率，S/m；S 是导线的截面积；l 是导线的长度。因此，体块材料导线的电导取决于材料的电导率和其自身的物理尺寸。但是在微观尺度下，由于横向量子限制，电子在纳米线横向（即纳米线的直径方向）的运动受到限制，根据量子力学的海森伯不确定性原理，粒子的位置与动量不能同时具有任意精确的值。当电子在纳米级尺寸的结构中运动时，由于结构的尺寸接近或小于电子的德布罗意波长，电子的运动受到显著限制，导致其能级量化，即量子限域效应。纳米线中这种量子限制的结果是它们的电导表现出了离散值，通常近似等于电导量子的整数倍：

$$\frac{2q^2}{h} \approx 77.41(\mu S) \tag{3.1.5}$$

该式即为电导量子，h 表示普朗克常数。这种纳米线电导率的离散性，在纳米电子学和量子计算领域非常重要，因为它允许电子态进行精确的控制和操纵，从而实现新型电子设备和计算机控制。

在光学特性方面，当纳米线的直径减小到一定值（通常是玻尔半径-氢原子中电子轨道平均半径以下）时，尺寸效应对其能级的影响变得极为显著，类似于量子点的效应。例如，Si 纳米线的吸收峰相对于体相材料出现明显蓝移，同时具有明显分离的吸收光谱和相对较强的带边光致发光光谱。与量子点不同的是，纳米线所发出的光具有高度向纵轴方向的偏振特性，例如，单根 InP 纳米线在光致发光光谱中，在其长轴的平行和垂直方向上展现出了明显不同的光谱强度。利用这种偏振特性，可以开发出针对偏振敏感的纳米级光电探测器，并将其应用于光学开关、近场成像和高分辨率探测等领域。

纳米管以碳纳米管为例，自其于 1991 年被首次发现后，由于独特的结构及优良的力学、电学和化学等性能，成了国际新材料领域的研究前沿和热点。碳纳米管可看成是由石墨片层绕中心轴按一定的螺旋度卷曲而成的管状物，管子两端一般也是由含五边形的半球面网格封口的。碳纳米管一般由单层或多层组成，相应地称为单壁碳纳米管（SWCNT）和多壁碳纳米管（MWCNT）。单壁碳纳米管的直径在零点几纳米到几纳米之间，长度可达几十微米，多壁碳纳米管直径在几纳米到几十纳米之间，长度却可达几毫米，层与层之间保持固定的间距，与石墨的层间距相当，约为 0.34nm。

碳纳米管可呈现出不同的导电性质，可分为金属性和半导体性碳纳米管，主要取决于石墨烯片的卷绕方向。半导体性碳纳米管在电子设备中尤其具有价值，因为它们的带隙可以通过改变管径、手性角（即卷绕方向）来调整。带隙的存在使得半导体性碳纳米管在一定能量范围内不导电，其带隙一般在几十毫电子伏特（meV）到几电子伏特（eV）之间变化。在机械性能方面，碳纳米管具有性能优越的拉伸强度和弹性模量，单个 CNT 壳层的强度可高达约 100GPa。

在热传导性能方面，所有纳米管都有望成为非常好的热导体，表现出称为"弹道传导"的特性。在介观物理学中，弹道传导是电荷载流子（通常是电子）或携带能量的粒子在材料中相对较长距离的畅通无阻的流动，即在没有散射的情况下通过导体的现象。这种传导机制与传统的欧姆传导截然不同，在欧姆传导中，电子与材料内的原子、缺陷等碰撞会导致能量损失。故弹道传导涉及粒子的平均自由程，其定义为粒子在遭受碰撞改变动量之前可以自由进行的平均长度 l，公式为：

$$l = (\sigma_{\mathrm{s}} n)^{-1} \tag{3.1.6}$$

式中，n 是每单位体积的目标粒子数；σ_{s} 是碰撞的有效横截面积。在纳米管的热传导中，声子沿管长方向的有效截面积极小，即声子在传导的过程中遭受碰撞而改变动量的概率小，声子的平均自由程大，热传导过程中的损失小，从而使得纳米管具有高于其他材料的热导率。

3.1.4　二维材料

不同于一维材料，二维材料是一种电子仅能在两个维度的非纳米尺度上自由运动的材料，通常厚度为单个原子层到几个原子层。由于二维材料具有单层或几层原子结构，因此导致它在垂直于层状方向上产生了特殊的性质，使电子在垂直于二维平面方向上的运动受到限制，表现出尺寸效应，从而产生了独特的电学性质。光学上，许多二维材料表现出色彩丰富的光学特性，这使得它们在光电子学、激光技术和光传感等领域具有广泛的应用。下面介绍二维材料的一些概念和具体性质。

（1）狄拉克锥与狄拉克点

狄拉克点（Dirac point）以著名物理学家保罗·狄拉克的名字命名，它是在某些材料（如石墨烯和拓扑绝缘体）的电子能带结构中发现的独特特征。以石墨烯为例，当碳原子聚集在一起形成石墨烯时，不同碳原子的轨道重叠，从而形成了石墨烯的电子能带结构。狄拉克点出现在石墨烯电子能带结构中的特定动量值处，是两个线性能带相交的地方，即导带底与价带顶相交的点，如图 3.1.4 所示。由于石墨烯是二维晶体，电子可以在两个方向（x 和 y）上具有动量，因此狄拉克点实际上处于两个锥体的交点位置，其中上锥体为导带，下锥体为价带，这些锥体被称为狄拉克锥体。在石墨烯的电子能带结构中，有六个狄拉克点，狄拉克点又分成两类不等价的点，分别命名为 K 和 K'。在讨论石墨烯的电子性质时，通常只需引用这两类非等价的点（K 和 K'）来描述全局的物理行为。

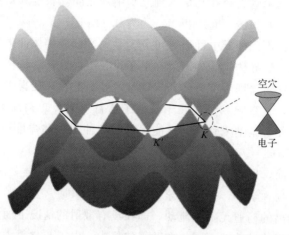

图 3.1.4　石墨烯在布里渊区的能量色散关系

狄拉克点是特殊的，通过缩放 K 点周围的能量色散，可以发现在这些点附近，准粒子的能量色散关系（粒子的能量与动量或者波矢之间的关系）是线性的。通常，在传统金属和半导体中，能量应该与动量的平方成正比。线性的色散关系使得其中的电荷载流子使用狄拉克方程而不是薛定谔方程来描述，这使得电子表现出类似无质量狄拉克费米子的性质，其行为类似于光子[6]。

狄拉克锥和狄拉克点的存在赋予了石墨烯许多新奇的物理现象和电子性质，例如半整数、分数和分形量子霍尔效应、超高的迁移率等[7]。在已经发现的数百种二维材料中，包括 B、C、O、Si、Ge、Mo、V、Pb 等元素的二维材料，具有狄拉克锥的有石墨烯、α-石墨炔、硅烯、锗烯、在 Cu(111) 上的 CO 和 $Pb_2(C_6H_4)_3$ 等。

（2）二维材料中的激子

如前文所述，激子是在半导体材料中形成的电子-空穴对，可通过光的激发，使价带电子被激发到导带，随后被电子和空穴之间的库仑力束缚在一起，从而形成电子-空穴对。激子的形成类似于氢原子，可以用类氢原子里德伯模型描述。需要注意，相较于氢原子，激子中的库仑力会受到介电屏蔽的影响。介电屏蔽是指在半导体中，电子-空穴对之间的库仑力需要考虑介质的介电常数，其值通常大于真空下的常数，从而导致库仑力减小，即介质屏蔽效应。

二维半导体材料中，激子的束缚能（激子的束缚能反映电子-空穴对之间相互吸引的强度，相当于将激子分解为一个自由电子和一个自由空穴所需的能量）尤为显著，如单层 WS_2 约为 0.7eV，单层黑磷更高达 0.9eV。这种大的激子束缚能的产生原因主要有三点：①介电屏蔽的减小，因为二维情况下，电子-空穴对周围仅有半导体存在，而在三维情况下周围是其他介质或空气；②空间限制，使得电子-空穴对在二维平面内作受限运动；

③二维材料中的载流子通常具有较大的有效质量，进一步提高了激子的束缚能。理论分析指出，二维材料的激子束缚能至少是块体材料的十倍。

大的激子束缚能在二维半导体材料中产生了多方面的影响。光学谱主要由激子特性决定，例如，单层 MoS_2 和 WS_2 的激子吸收谱呈现出强烈的 A、B 激子吸收峰（其中 A 激子对应于价带最高能态到导带最低能态的跃迁，B 激子则对应于价带的一个稍高能态到导带中的同一最低能带的跃迁），源自自旋-轨道劈裂，在吸收谱中可以观测到源自带边吸收（即光子被材料吸收，并导致电子从价带顶激发到导带底的过程）的台阶吸收，即吸收强度在带隙能量处急剧增加。荧光光谱获得的是激子发光，而非带隙发光。因此，从荧光光谱获得的能隙（光学带隙）并非二维材料的实际能隙，实际能隙还需再加上激子束缚能。与三维半导体情况不同，由于其激子束缚能较小，光学带隙往往与实际能隙接近，而在二维材料中则需要区分二者。例如，单层 WS_2 的实际带隙约为 2.7eV，而非早期报道的光学带隙 2.0eV。大的激子束缚能还导致可能出现带电激子，即在电子-空穴对的基础上再束缚一个电子或空穴，甚至可能出现两个激子束缚在一起的复杂情况。

（3）典型二维材料

① 石墨烯　石墨烯是由一层碳原子组成的碳同素异形体，由排列成六边形晶格的单层原子组成，如图 3.1.5 所示。根据不同的方式，石墨烯可以包裹成为 0D 的 C_{60}，卷成 1D 的碳纳米管或者堆叠成 3D 石墨。石墨烯片中每个原子的四个外壳电子中的三个占据三个 sp^2 杂化轨道（详见 3.2 节内容）——轨道 s、p_x 和 p_y 的组合，它们与三个最近的原子共享，形成 σ 键。剩余的外壳电子占据垂直于平面定向的 p_z 轨道，这类轨道杂化在一起，形成 π 和 $π^*$ 轨道。因为石墨烯的导带和价带在狄拉克点相遇，因此其电子具有类似于无质量狄拉克费米子的行为和零带隙（E_g），从而导致石墨烯具有高电导率以及高载流子迁移率。但是，如果石墨烯的面内方向不是无限而是受限的，则其电子结构将发生变化。这种结构的石墨烯被称为石墨烯纳米带。当它的边缘形状呈现"锯齿形"时，其带隙仍然为零；但如果呈现"扶手椅"时，则其带隙为非零。

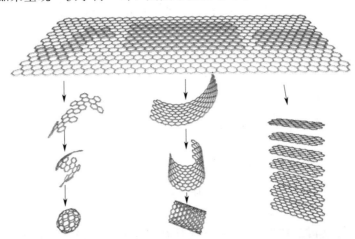

图 3.1.5　石墨烯的蜂巢晶格结构（它可以包裹成 C_{60}，卷成碳纳米管或者堆叠成石墨）

此外，石墨烯还拥有优异的力学性能，具有很强的原子键合性和机械柔性，从而有出色的杨氏模量，可用于各类柔性电子产品。除了其出色的力学性能外，石墨烯还具有良好的光学性能，即在可见光区域的透射率约为 97%，基于此，它可用于柔性透明电子器件的电极或其他功能层，甚至取代目前流行的 ITO 透明电极。石墨烯作为一种二维纳米材料，可以通过 CVD 或通过基于还原氧化石墨烯（rGO）溶液的湿法工艺来大面积生产，并能使用传统的自上而下的制造技术来制造器件[8]。基于这些优势，石墨烯已被广泛研究用于各种电子器件。

② 过渡金属硫族化合物　由于石墨烯的带隙通常为零，导致石墨烯基晶体管的开/关比十分低，在实际运用中仍然存在严峻的挑战。而过渡金属硫族化合物（transition metal dichalcogenides，TMDs）单层可能是一种替代方案，它们结构稳定，具有带隙并能展示出与硅相当的电子迁移率。TMDs 的化学式可以表示为 MX_2，其结构如图 3.1.6 所示，其中 M 可表示第 4 族（Ti、Zr、Hf）、第 5 族（V、Nb、Ta）、第 6 族（Mo、W）、第 7 族（Re）到第 10 族（Pd、Pt）元素，X 表示硫族元素（S、Se 或 Te）。TMDs 具有三明治结构，上层和下层是硫族元素，而过渡金属夹在两个硫族元素层之间[9]。

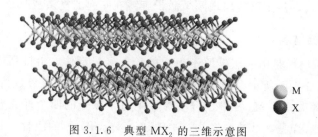

M
X

图 3.1.6　典型 MX_2 的三维示意图

在光学特性方面，在单层形式下，许多 TMDs（如 MoS_2 和 WS_2）表现为直接带隙半导体，而双层及以上的 TMDs 材料的带隙依然是间接的，且 TMDs 单层的发光效率比块状材料高出上百倍。由于直接带隙且带隙范围一般在可见光范围内，因此 TMDs 单层是光电子应用较有前途的材料。例如，MoS_2 的原子层已被研究用于光电晶体管和超灵敏光电探测器。

③ MXene　MXene 是一类由二维导电过渡金属碳化物和/或氮化物组成的材料。这些材料于 2011 年首次被发现，由于它们独特的性质和潜在的应用前景，引起了广泛的关注。MXene 的结构通常可以用公式 $M_{n+1}X_nT_x$ 来表示，如图 3.1.7 所示，其中 M 是过渡金属（如钛 Ti、钒 V、铬 Cr、钼 Mo 等），X 是碳和/或氮，n 可以是 1～3 之间的整数，T_x 代表其表面上的官能团（如—OH、—F、—O 等）。MXene 中 M—X 之间是混合价键，而石墨烯中是单一的 C—C 键，这预示着 MXene 将会比石墨烯具有更加丰富可调的性能[10]。

由于其具有优异的力学、电学、磁学特性，同时表面含有各样官能团，因此，MXene 是制备复合材料较为理想的增强相（添加到基体中以提升或改善材料整体性能的材料）。通常来说，以石墨烯和 TMDs 为代表的二维层状材料是良好的润滑剂，而同为层状材料的 MXene 用于润滑剂较少，但 MXene 具有相对不错的稳定性和表面可调控的官能团，因此在润滑材料领域有较高的应用价值。同时，由于 MXene 良好的导电性和表面官能团可调控，其在储能领域也有极大的应用前景，可以在钠离子和锂离子电池领域用作电极材料，同时也在超级电容器中被证明是可行的电极材料。

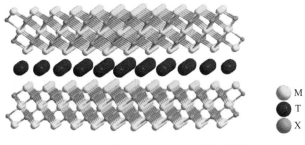

图 3.1.7　典型 MXene 的三维示意图

3.2　有机固体物理

有机固体通常由原子序数较低的元素组成，如碳、氢、氧和氮等。相对于传统的无机固体，有机固体具有独特的结构和性质。本节将逐步介绍有机固体的微观结构、物理特性以及理论模型等相关内容。

3.2.1　分子轨道与杂化概念

有机固体的基本单元是分子，这些分子主要由原子通过共价键结合而成。原子由核外电子和原子核组成。核外电子以一定的电子轨道围绕原子核高速运动。最外层的电子相对于内层电子更为活跃，它们能够与相邻原子的最外层电子相互作用，形成化学键[11]。所以，核外电子，特别是最外层核外电子，是分子内化学键的重要组成部分。

电子轨道是描述电子在原子中运动的概念。它可以描述电子的运动轨迹，即电子云形状，也可以描述电子的能量，即轨道能级。根据量子力学理论，电子不是沿着经典物理学中的轨道围绕原子核运动，而是存在于一系列称为电子轨道或电子壳的特定区域中。这些电子轨道是电子可能存在的位置的概率分布区域。每个电子轨道有一组量子数，包括主量子数、角量子数和磁量子数，这些量子数决定了电子轨道的形状和方向。

电子轨道分为不同的能层，每个能层可以容纳一定数量的电子。这些能层通常用字母（如 K、L、M 等）表示。每个能层中的电子轨道具有不同的形状，如 s 轨道（球形）、p 轨道（双叶片状）、d 轨道（四叶片状）和 f 轨道等。总体而言，电子轨道的概念帮助我们理解原子结构和电子在原子中的分布。需要注意的是，电子轨道不是确切的轨道路径，而是一种描述电子可能位置的概率模型。

以有机固体中必不可少的碳原子为例。碳在元素周期表中处于第六位，共有 6 个核外电子，其排布可以表示为：$1s^2 2s^2 2p^2$。图 3.2.1 表示的是碳原子的最外层 4 个电子的电子云分布。s 轨道的球

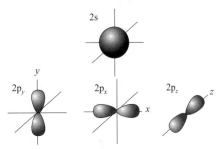

图 3.2.1　碳原子的最外层轨道
及其电子云形状

形对称性使轨道上的电子可以在任何方向与其他原子的最外层电子成键。三个 p 轨道则各自沿 xyz 三个坐标轴的正负方向伸展，呈双叶片状，因此 p 轨道的电子需要有一定的取向才能和邻近的原子成键。

杂化轨道是一种描述分子中原子的电子结构和键合方式的理论。这个理论由美国化学家鲍林提出，并成了量子力学和化学的重要基础。通过杂化轨道的概念可以更好地理解许多分子结构的几何形状，以及化合物中化学键的性质和行为。在分子中，原子核周围的电子不仅存在于原子的电子轨道中，也可能发生一种被称为"杂化"的过程，即不同的轨道中的电子进行重新混合，形成新的等效轨道，称为杂化轨道。

例如，当碳原子与相邻原子通过共享电子形成分子时，它们之间的成键方式呈现为杂化轨道的形式。在杂化前后，碳原子的电子排布如图 3.2.2 所示（图中的箭头表示电子的自旋状态）。在轨道杂化前，碳原子最外层有 4 个电子，其中有 2 个成对电子位于 2s 轨道，另外 2 个未成对电子位于 2p 轨道。在轨道杂化过程中，一个 2s 轨道的电子被激发到一个空置的 2p 轨道上，形成 1 个未成对的 2s 电子和 3 个未成对的 2p 电子。这样，一个 2s 轨道和三个 2p 轨道相结合，形成四个能量相同、等价的 sp^3 杂化轨道（如图 3.2.3 中的甲烷分子）。这些 sp^3 杂化轨道在空间中呈现四面体排列，各轨道之间的夹角约为 $109.5°$。另外，一个 2s 轨道和两个 2p 轨道相结合，形成三个能量相同、等价的 sp^2 杂化轨道（如图 3.2.3 中的乙烯 C_2H_4 分子）。这些 sp^2 杂化轨道在空间中排列成平面三角形状，各轨道之间的夹角约为 $120°$。最后，一个 2s 轨道和一个 2p 轨道相结合，形成两个能量相同、等价的 sp 杂化轨道（如图 3.2.3 中的乙炔 C_2H_2 分子）。这些 sp 杂化轨道在空间中线性排列，形成 $180°$ 的夹角。

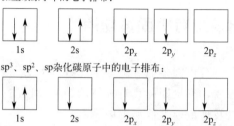

孤立碳原子中的电子排布：

sp^3、sp^2、sp杂化碳原子中的电子排布：

图 3.2.2　碳原子杂化前后的电子排布

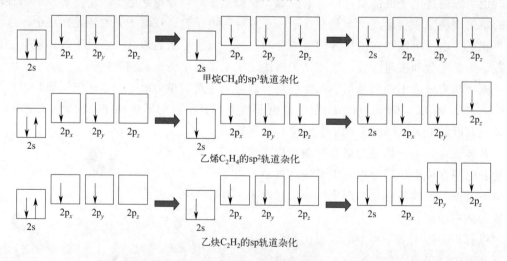

甲烷CH₄的sp³轨道杂化

乙烯C₂H₄的sp²轨道杂化

乙炔C₂H₂的sp轨道杂化

图 3.2.3　甲烷、乙烯、乙炔中碳原子的轨道杂化过程示意图

另外，水分子（H_2O）中氧原子的外层电子也经历了 sp^3 杂化，形成了四个等效的 sp^3 杂化轨道。这些轨道分别与氢原子形成共价键，而剩余的两个轨道则包含孤对电子。

杂化轨道有多种形式，每种形式对应于原子中电子的不同混合方式。最常见的杂化形式是 sp、sp^2 和 sp^3 杂化。此外，还存在一些更复杂的杂化类型，例如 dsp^2 和 d^2sp^3 等。

有机固体材料中的电子在不同能级之间的跃迁、不同分子之间的运动产生了各种物理过程，同时体现了材料的不同性质，下面介绍与有机固体物理相关的几个概念[12]。

（1）电子亲和能、解离能

有机材料属于分子固体，材料的能级结构与前面的半导体材料有所不同，但解离能和电子亲和能的含义类似。对于一个孤立的有机分子，从中性的最高被占据轨道（HOMO）能级中移除一个电子所需要的能量即为解离能。将一个自由电子填充到一个中性分子的最低未被占据轨道（LUMO）能级上所释放的能量称为电子亲和能（electron affinity）。基于能带理论，有机固体材料中的 HOMO 和 LUMO 通常分别对应于价带顶端和导带底端。

（2）价带、导带与能隙

当孤立的分子结合在一起形成晶体时，各个分子中能量较低的、充满电子的且能量相近的能级将发生相互作用产生简并能带，称为价带，其特征是被电子完全充满，电子不存在移动空间，因此不能产生电流。类似地，在价带上方能量较高的位置，由各个分子的空置轨道相互作用，形成简并的导带，导带中的电子可以自由移动形成电流。如果价带中的部分电子被移出就会产生空穴，空穴在价带上的移动可产生空穴电流；如果导带有外来电子进入，它们在导带中移动，形成电子电流。由于有机材料中，分子之间的相互作用力比较弱，所以它们之间的价带和导带的特性与无机半导体中的并不相同。在有机材料中，导带和价带并不像在无机半导体中那样形成真正的能带，而是离散的、不连续的。当一个电子被激发到有机材料的导带中时，在电场的作用下，它只能通过跃迁的方式进行漂移；而在无机半导体中，导带中的电子则以能带输运的方式移动，受到电场的影响。同样，在导带 E_c 和价带 E_v 间是带隙（band gap，也称能隙或禁带宽度），带隙中没有允许的能态，不能在这一能量范围内找到电子。

带隙这一词通常比较容易造成混淆，类似的概念包括光隙、光学带隙（能隙）。所谓的光隙（optical gap）指的是第一允许的光学跃迁，一般指由基态到第一单线态的跃迁。如果没有外加电场或者热运动的辅助，这种跃迁不会产生本征的载流子，电子与空穴形成激子态；而光学带隙（optical band gap，可以简称为带隙，即前文中的 band gap）是指分子在没有热运动等辅助手段的情况下，从基态电子跃迁到 LUMO 态电子所需的光能。它与光隙的不同之处在于：带隙中产生的 LUMO 电子与基态空穴之间没有束缚关系，而光隙中产生的第一激发态电子与基态的空穴之间有很强的库仑力相互作用（束缚能）。

如上所述，在材料吸收光谱中的长波方向，开始对光表现出吸收的波长位置（λ）处的能量（$E = 1240/\lambda$，单位为 eV）应该是材料的光隙，在束缚能较小的情况下，通常我们也将该值泛指材料的带隙。利用带隙宽度和其给（受）电子的能力，可以确定固体材料的导电特性。一般地，半导体的带隙小于 3eV，其导带中电子浓度（或价带中空穴浓度）一般小于 $10^{20}\,cm^{-3}$。在金属中，导带中填充有许多电子，其浓度为 $10^{23}\,cm^{-3}$ 数量级。而绝缘材料的特征是其具有很宽的带隙，通常超过 3eV。因此，在这些材料的导带中的电子浓度和价带中的空穴浓度都非常低，可以被忽略不计。

（3）激子的产生及输运过程

激子是一种准粒子，是由一个电子和一个空穴通过库仑力相互作用而形成的束缚态。在这种束缚态中，电子与空穴之间的相互吸引克服了它们各自的动能，使它们在空间上形成相对稳定的束缚。激子的性质兼具粒子和波的特点，可以在晶格中传播，而不仅仅是单独存在的电子或空穴。激子内部相互关联的电子和空穴之间的平均距离被称为激子半径。根据激子的尺寸和电子与空穴之间的相互作用强度，激子可以分为不同的类型。

① 弗仑克尔激子（Frenkel exciton）：主要在有机分子晶体和某些绝缘体中出现，其中电子和空穴的距离非常小，几乎处于同一个原子或分子上。这类激子的激子半径最小（约为 5Å），具有较高的束缚能（约为 0.3～1.0eV），能够在晶体中通过偶极相互作用高效传输。

② 万尼尔激子（Wannier exciton）：在半导体中更为常见，电子和空穴之间的距离相对较大，可以跨越多个晶格常数。这种激子的激子半径比弗仑克尔激子大一个数量级（约为 40～100Å），束缚能相对弗仑克尔激子也低一个数量级（约为 0.01eV），其性质更受到材料的能带结构和介电常数的影响，通常存在于无机体系中。

③ 电荷转移激子（charge-transfer exciton）：电荷转移态是指在紧靠导带下方的能级称为离子态或电荷转移态。这个位置代表这样一个物理情形：将一个分子中的电子转移到另一个分子，从而形成相互关联的电子-空穴对，称为电荷转移激子。这种电子的接受者可以是相邻的分子，也可以是距离较远的分子。电子-空穴对之间的库仑相互作用导致受体分子上接受电子的能级降低，形成了电荷转移态。电荷转移态能级的位置与温度相关，并且通常比原受体电子能级低，电子-空穴对的距离越大，它们相互关联的程度就越小，电荷转移态与原有能级的差别就越小。在一定的距离时，电子-空穴对之间的库仑作用能与热运动 kT 相等，这时的距离为 r_b。当距离大于 r_b 时，热运动的能量 $k_B T$ 足以抵消电子空穴对的库仑作用能，这时电荷转移态能级（即电子-空穴对中电子所在的能级）将趋近原受体电子能级。继续增加温度会导致电子-空穴对解离，从而使电荷转移态的能级消失。在高温下，电子完全转移到受体上，不再受原来给体中空穴的束缚。电荷转移激子的激子半径介于弗仑克尔激子和万尼尔激子之间，通常存在于有机体系中。

激子主要通过以下几种方式产生：

① 光激发：最常见的产生激子的方法是通过光子激发。当光子的能量与材料的带隙相匹配时，它会激发价带中的电子跃迁到导带中，同时在价带留下一个空穴。由于库仑相互作用，这个电子和空穴对会形成激子。

② 电激发：在半导体器件中，通过电流可以直接在半导体内部产生电子-空穴对，这些电子和空穴也可以通过库仑相互作用形成激子。

③ 化学反应或热激发：在某些情况下，化学反应或热激发也可以在材料中产生电子-空穴对，进而形成激子。这种情况在实验条件下较为常见，例如在高能粒子辐照下。

激子的传输本质是能量在分子之间的传输，在激子的寿命期间发生。在同质分子之间，激子的传输被称为能量迁移；在异质分子之间，被称为能量传递或转移。激发态的分子（激发态给体 D^*）可以通过非辐射跃迁将能量传递给相邻的分子（受体 A），从而实现激发态能量的转移或激子的传输。具体来说，当激发态的给体分子（D^*）与相邻分子发生相互作用时，发生非辐射能量传递，将能量传递给基态的受体分子 A，从而形成基态的给体分子（D）和激发态的受体分子（A^*），可以把此过程简略表示为 $D^* + A \longrightarrow D + A^*$。在有机分子中，激子输运最重要的机制分为两种。

① Förster 能量转移机制（FRET）——激子的共振输运。

Förster 机制又称为诱导偶极机制或库仑机制，这是基于偶极-偶极电磁相互作用而发生的一种共振能量转移，如图 3.2.4 所示。分子间相互作用时，分子可以用一个电偶极子描述，Förster 最早发现偶极-偶极相互作用与偶极间距离有关：

$$K_{ET}(l) = \frac{1}{\tau}\left(\frac{l_0}{l}\right)^6 \tag{3.2.1}$$

式中，l 表示供体和受体之间的距离；l_0 是 Förster 能量转移半径；τ 是给体分子在没有受体分子存在情况下其激子态的平均寿命，对应于 $K_D = 1/\tau$。当两个分子间距离为 l_0 时，激子在给体分子上退激发的概率与转移到受体分子的概率相同（$K_{ET} = K_D$）。Förster 能量转移半径 l_0 可以由下式得到：

$$l_0^6 = \frac{9000(\ln 10)\kappa'^2 \Phi_D}{128\pi^5 N_0 n_r^4}\int_0^\infty \frac{a_A(\nu)F_D(\nu)}{\nu^4}\mathrm{d}\nu \tag{3.2.2}$$

式中，κ' 是与给体分子-受体分子之间方向有关的因子，一般可以取为 1；n_r 是材料的折射率；N_0 为阿伏伽德罗常数；Φ_D 为荧光量子效率；$a_A(\nu)$ 是受体分子的吸收谱；$F_D(\nu)$ 是给体分子发射谱；ν 为频率。Förster 能量转移半径 l_0 与给体分子发射光谱和受体分子吸收光谱的重叠程度相关，重叠越大则 l_0 越大，l_0 越大，说明 Förster 能量转移过程的效率越高。

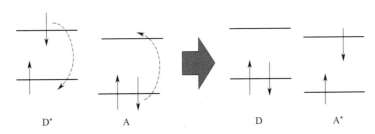

图 3.2.4　分子间 Förster 能量转移机制示意图

简言之，Förster 机制有以下一些特点：

a. 距离依赖性：FRET 效率与供体和受体之间的距离成反比的六次方关系，这意味着能量转移效率会随着距离的增加而迅速下降。有效的 FRET 通常发生在 1～10nm 的范围内。

b. 光谱重叠：FRET 的发生需要供体的发射光谱与受体的吸收光谱有足够的重叠。这种光谱重叠是能量转移效率的一个关键因素，因为它决定了供体能量在受体上的吸收概率。

c. 相对取向：供体与受体之间的偶极矩的相对取向也会影响 FRET 效率。理想情况下，当两个偶极矩彼此平行时，能量转移效率最高。

d. 非辐射转移：在 FRET 过程中，能量的转移是通过非辐射的偶极-偶极相互作用完成的，供体分子不实际发射光子，而是能量直接传递给受体分子。

e. 敏感性高：由于 FRET 效率对供体和受体之间的微小距离变化非常敏感，因此它是一种极其有效的技术，可以用来检测分子间的结合事件、构象变化。

② Dexter 能量转移机制——激子的跳跃输运。

Dexter 机制是一种激发态给体 D^* 和受体 A 分子之间通过轨道重叠和电子交换发生能量转移的机制（图 3.2.5）。其发生条件为 D^* 与 A 相互靠近，分子轨道相互重叠。一般只有当分子间距离小于 1nm 时才能考虑 Dexter 机制的作用。由 Dexter 机制决定的分子间能量转移效率与给体/受体间距离 l 的关系为：

$$K_{ET}(l) = K\varepsilon_{ex}e^{-2l/L} \tag{3.2.3}$$

式中，K 与轨道相互作用有关；L 为给体与受体的范德瓦尔斯半径之和；ε_{ex} 为受体的消光系数归一化了的光谱重叠积分，表示为：

$$\varepsilon_{ex} = (2\pi/h)\int_0^\infty F_D(\nu)\varepsilon_A(\nu)d\nu \tag{3.2.4}$$

式中，$\varepsilon_A(\nu)$ 是受体在频率为 ν 时的摩尔消光系数。

由此可见，Dexter 能量转移机制（也称为 Dexter 电子交换能量转移机制），与 Förster 共振能量转移（FRET）机制不同，它允许在非常短的距离内进行高效的能量转移。Dexter 能量转移涉及的是通过电子的波函数重叠导致的能量转移，这通常发生在供体和受体之间的距离非常近时（通常在几埃的范围内）。这种机制主要在固体材料和高密度的系统中更为常见，尤其是在有机发光二极管（OLED）和有机太阳能电池（OSCs）中。

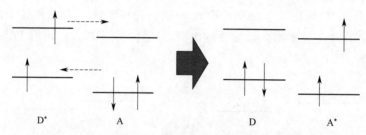

图 3.2.5 分子间 Dexter 能量转移机制示意图

简言之，Dexter 能量转移有以下一些特点：

a. 距离依赖性：Dexter 能量转移高度依赖于供体与受体之间的距离，但与 FRET 不同，它的效率随距离的增加而指数性衰减。有效的 Dexter 转移通常要求分子间距离小于 10Å（1nm）。

b. 电子交换：与 FRET 的偶极-偶极相互作用不同，Dexter 转移通过电子直接交换机制进行，这需要供体和受体之间有电子轨道的重叠。

c. 无须光谱重叠：不同于 FRET，Dexter 能量转移不需要供体的发射光谱与受体的吸收光谱有重叠。这是因为能量转移不是通过光子的吸收和发射实现的，而是通过电子的直接交换。

d. 速率常数：Dexter 能量转移的速率常数与两个分子间的重叠积分有关，这反映了供体和受体之间电子波函数的重叠程度。

3.2.2 π-π 共轭

在绝大多数有机固体中，碳原子与其他相邻原子的成键方式是共价键。共价键是由两个原子共享一对或多对电子而形成的化学键。这种共享有助于每个原子实现更稳定的电子构型，并具有明显的方向性，可以在特定方向上形成，从而导致分子结构具有明确的几何形状。碳原子的外层通常具有 4 个价电子，因此它可以与相邻原子形成最多 4 个共价键。

根据不同的成键方式，又分为 σ 键和 π 键。如图 3.2.6 所示，σ 键形成于两个原子的原子轨道头对头重叠。这种重叠发生在连接两个原子的轴线上，使得电子密度最大地集中在两原子核之间的线上。σ 键通常是分子中最强的一类键，因为它涉及的电子云重叠区域大。σ 键具有很强的方向性，固定在两个原子核之间。π 键通常形成于两个 p 轨道的侧向重叠，这种

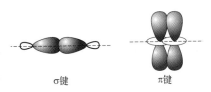

图 3.2.6　两个 p 轨道形成 σ 键及 π 键时的情形

重叠发生在原子核的上下方向，而不是像 σ 键那样直接在原子核之间。其电子云分布在原子核的上下两侧，这使得 π 键没有 σ 键那么强的方向性，也不如 σ 键稳定。

当一个碳原子与相邻原子共享一对电子时，它们之间形成单键，碳原子的轨道为 sp^3 杂化，形成的共价键为 σ 键（如甲烷）；当一个碳原子与相邻原子共享两对电子时，它们之间形成双键，碳原子的轨道为 sp^2 杂化，形成的共价键为一个 σ 键和一个 π 键（如乙烯）；当一个碳原子与相邻原子共享三对电子时，它们之间形成三键，碳原子的轨道为 sp 杂化，形成的共价键为一个 σ 键和两个 π 键（如乙炔）。成键方式的差异会直接导致原子间单键、双键和三键的键长和键能不同。例如，碳碳单键的键长约为 1.54Å，键能约为 3.60eV；碳碳双键的键长约为 1.33Å，键能约为 6.38eV；碳碳三键的键长约为 1.21Å，键能约为 8.42eV。

当有机固体分子中含有单键时，称为饱和键；而含有 π 键时，称为不饱和键，双键和三键都是不饱和键。不饱和原子就是具有不饱和键的原子，这说明原子满足最外层 8 电子稳定结构，但是依然可以与其他原子结合，还有发生化学反应形成单键的潜力，比较活泼。与之相反的是，饱和原子中只有单键，化学活性相对稳定，不易再发生化学反应。

π-π 共轭是指在某些有机分子中，相邻的 π 键之间的交互作用。当 π 键在分子中通过单个 σ 键隔开排列时，即单键和双键交替出现时，就形成了共轭系统，如图 3.2.7 中的 1,3,5-己三烯分子就是经典的有机共轭小分子。以简单的乙烯分子的电子结构为例（图 3.2.7 右侧两图），sp^2 或 sp 杂化碳原子的 σ 键将原子连接在一起，而未杂化的 p_z、p_y 碳原子轨道的 π 键相互重叠形成 π 轨道。该轨道中的电子称为 π 电子，其可以在整个共轭体系中相对自由地移动。由于不饱和键提供了 π 电子，因此 π 电子也被称为不饱和电子。正是由于这些不饱和电子在共轭体系中的自由移动，有机材料表现出各种物理和化学性质，并具有光电特性。

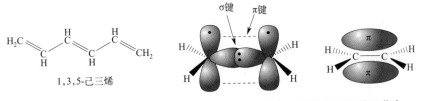

图 3.2.7　有机共轭小分子 1,3,5-己三烯分子结构和乙烯的共轭电子云分布

在大多数情况下，有机共轭材料中的 π 电子活性更高，能量更为活跃，通常会占据能量最高的分子轨道（称为 HOMO，是 π 成键轨道），而最低的空置轨道（LUMO）是 π^* 反键轨道。因此，共轭有机材料的最低光学跃迁通常发生在 π 电子之间，表现为 π-π^* 跃迁。由于 π-π^* 跃迁的能隙介于 $1.5 \sim 3.0 eV$ 之间，因此有机共轭材料的吸收或发射光谱通常位于近紫外、可见和近红外波长区域。随着共轭长度的增加，有机共轭材料的光学能隙会减小，导致吸收和发射光谱发生红移。

有机固体材料通常可以采用多种堆积方式——单晶、多晶和非晶，其中单晶是一种高度有序的完美堆积结构。对单晶材料进行 X 射线衍射分析，可以确定其晶体结构。这种晶体结构的分析方法是研究有机材料内部分子之间的相互作用、分子之间的作用力以及分子在空间中的堆积方式的最直接方法。由于有机分子的晶体结构是由分子内作用力和分子间作用力共同决定的，对于通过短程作用的范德瓦尔斯力形成的有机分子晶体，分子只能通过最大程度的密集堆积来实现晶格能的最小化，从而使晶体得到稳定，因此对晶体结构起决定性作用的因素是分子尺寸和形状的规整性。一方面，分子内作用力在很大程度上决定了分子的有效堆积模式；另一方面，分子间作用力通过力的强弱和各向异性来对分子几何空间允许的堆积模式产生影响，导致分子堆积模式的变化。

一个有机分子可以被看作是一个结构单元，分子与分子之间相对独立，作用力较小。对于极性分子，它们之间的主要相互作用是偶极相互作用。而对于中性非极性分子，则常见的相互作用是诱导力或色散力（即分子间由瞬时偶极矩引起的微弱吸引力，存在于所有分子之间），也就是范德瓦尔斯力，这是晶体形成时的主要结合力。总体而言，有机分子之间存在吸引力（包括偶极力、诱导偶极力和范德瓦尔斯色散力）以及排斥力，这些力共同作用于分子，并在一定程度上影响着有机晶体的堆积模式。根据分子间相互作用的性质，有机分子晶体可分为非极性分子晶体和极性分子晶体。

（1）非极性分子晶体

在这类晶体中，分子间主要的相互作用是范德瓦尔斯色散力和排斥力，比如简单的脂肪族和芳香族碳氢化合物。由于范德瓦尔斯力相对较弱，而排斥力相对较强，因此这类分子会以尽可能最密集且排斥力最小的方式堆积。分子的排列受到原子间的势能影响，而原子间的范德瓦尔斯力越强，晶格能越低。研究指出[2]，非极性分子堆积的密度可以用堆积系数 K 来表示：

$$K = ZV_0'/V' \tag{3.2.5}$$

式中，V' 是晶体单元的体积；V_0' 是每个分子的体积，可以通过已知原子的半径和分子空间构型计算得到；Z 是晶胞中分子的个数。通常芳香碳氢化合物的 K 在 0.68（苯）和 0.80（苊）之间。作为对比，冰的堆积系数 K 为 0.38，由于冰分子依靠偶极作用和氢键相结合，作用力较强，不需要密集的堆积就可以得到晶格能较低、结构稳定的晶体，因此堆积系数较小。

长链饱和碳氢化合物，尤其是含有 n 个碳原子的线性分子，在形成晶体时倾向于平行排列，形成平行层状结构，从而促进分子间极化能力各向异性的最大化，增强分子间的色散力。相比之下，芳香烃化合物通常采用"鱼骨形"堆叠模式。分子的表面结构使得分子间峰位与峰谷相叠排列，提高了分子堆积密度，从而在能量上更为有利。另外，芳香有机分子具有垂直于分子平面的 π 电子体系，导致分子间色散力比饱和碳氢化合物更强，并表现出高度各向异性。采用"鱼骨形"分子堆叠使得晶体中的 π-π 共轭体系能够面-面相对堆积，最大限度地增强分子间色散力。

研究表明，在只有范德瓦尔斯力作用下的晶体中，很容易存在不同结构的几种晶相，它们的晶格能非常接近。晶相之间的变化可以通过温度变化、极微小的压力变化来实现。

（2）极性分子晶体

极性分子晶体是由具有永久电偶极矩的极性分子组成的晶体结构。在这些分子中，由于原子的电负性不同，导致电子分布不均匀，形成了正负电荷中心，从而产生永久的电偶极矩。当这些极性分子以有序的方式排列形成晶体时，就形成了极性分子晶体。在这种晶体中，除了范德瓦尔斯色散力和排斥力外，还存在偶极力和诱导力，因此极性分子的堆积模式较为多样化。极性分子晶体的特点包括：

a. 电偶极矩：由于构成晶体的分子具有永久电偶极矩，因此整个晶体也可能表现出宏观的极性。

b. 各向异性：极性分子晶体的物理和化学性质（如折射率、电导率等）可能沿不同的晶体轴方向不同，这种性质称为各向异性。

c. 相互作用力：极性分子晶体中的分子间主要通过偶极-偶极相互作用、氢键和范德瓦尔斯力等相互作用力维持结构稳定。

极性分子晶体在光电材料、非线性光学、生物医药等领域有着广泛的应用。例如，某些极性分子晶体因其优异的非线性光学特性被用作激光频率转换材料。由于极性分子晶体的结构和性质受到构成分子的极性和分子间相互作用的影响，因此通过设计和合成具有特定极性特征的分子，可以调控晶体的性质，以满足特定的应用需求。

3.2.3　有机半导体材料

（1）有机小分子半导体材料

有机材料具有易于调控性能的特点，通过分子设计可以调整材料的能隙、能级以及载流子传输特性（如 p 型、n 型或双极性）。通常情况下，有机共轭分子可以通过引入强吸电子基团的取代来转变为 n 型半导体；而通过引入强推电子基团的取代则可使分子具备 p 型半导体的性质[13]。

代表性的小分子半导体材料分子结构如图 3.2.8 中所示，其中，噻吩寡聚物和三芳基胺（如 TPD）是典型的 p 型半导体。对噻吩寡聚物导电性质的研究可以追溯到早期有机场效应晶体管的出现，很多噻吩寡聚物的晶体结构以及薄膜堆积情况都得到了深入的研究。三芳基胺衍生物是最著名的空穴传输材料，被广泛应用于静电复印/有机电致发光。ITIC 和 Y6 是优秀的 n 型有机半导体材料，它们及其分子修饰的衍生物被广泛应用于有机太阳能电池的活性层中。线性稠环碳氢化合物是最早被研究和应用于电子器件中的有机半导体材料之一，其中的并五苯和并四苯受到的关注最多。近年来，发现并四苯衍生物红荧烯具有优异的半导体特性。二维盘状分子，如三亚苯衍生物、六苯并蒄衍生物、酞菁衍生物等，可以形成准一维堆积而具有一维载流子传输特性，并表现出优良的导电性。

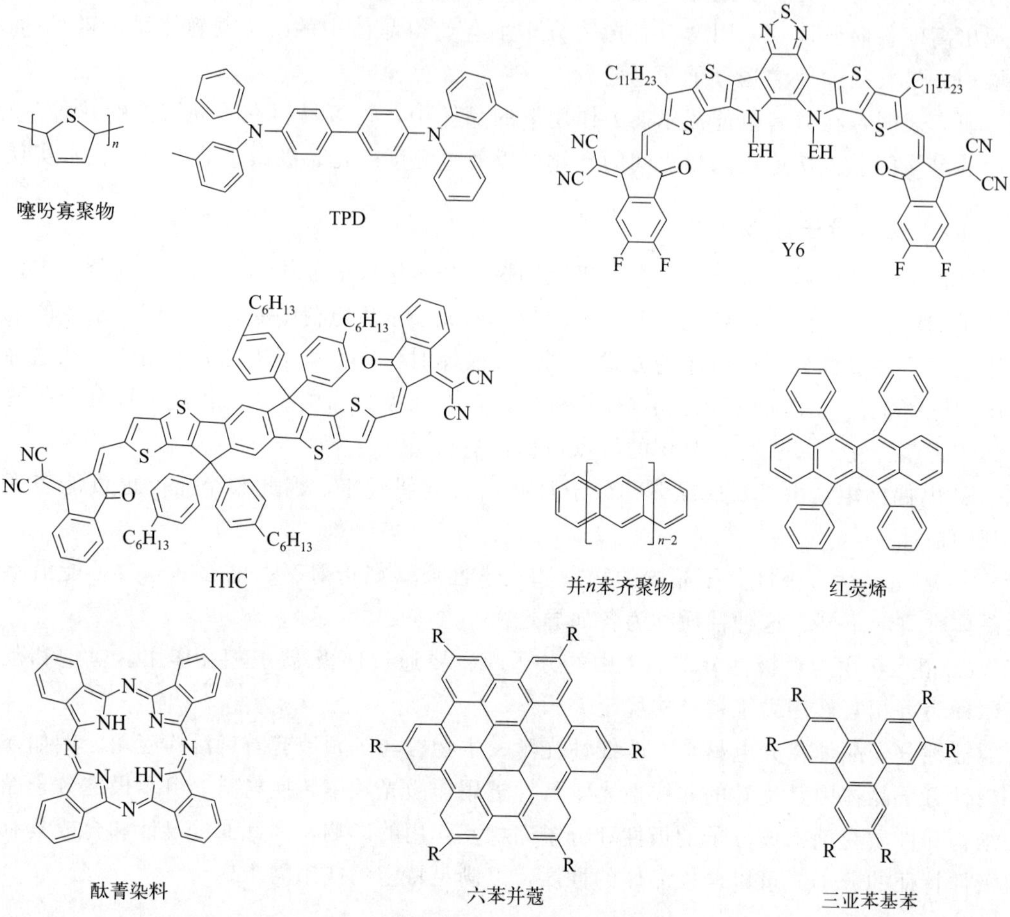

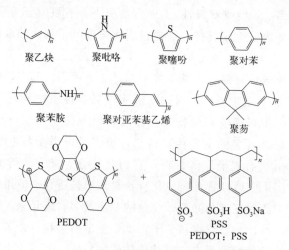

噻吩寡聚物   TPD   Y6

ITIC   并n苯齐聚物   红荧烯

酞菁染料   六苯并蔻   三亚苯基苯

图 3.2.8　典型小分子半导体材料分子结构

（2）导电聚合物

导电聚合物的单体通常包括具有五个或六个碳原子的环状共轭结构（如图 3.2.9 所示），例如吡咯、噻吩、苯乙烯、苯胺、芴、咔唑等，以及它们的衍生物。

聚乙炔   聚吡咯   聚噻吩   聚对苯

聚苯胺   聚对亚苯基乙烯   聚芴

PEDOT   +   PSS
PEDOT：PSS

图 3.2.9　典型导电聚合物分子结构

掺杂可以显著增加聚合物的导电性，如掺杂聚乙炔的电导率可达 $10^3 \sim 10^5 S/cm$，但是掺杂聚乙炔有稳定性较差的缺点。其他聚合物的导电性虽然比聚乙炔低（电导率在 $10^0 \sim 10^3 S/cm$），但是它们有高热稳定性、易加工等优点。聚（3,4-乙烯二氧噻吩）：聚苯乙烯磺酸盐）（PEDOT：PSS）是有机电子器件中最常用的导电聚合物，稳定性很好。它是一种基于噻吩导电的水溶性混合体系，如图 3.2.9 所示。PEDOT：PSS 的电导率通常在 $10 \sim 10^2 S/cm$，可作为阳极 ITO 上面的修饰层，用来增加阳极与有机薄膜材料的附着力，增加阳极的表面平整度，以及减少电极与有机薄膜之间的注入势垒。当然，有机材料的掺杂与无机半导体的不尽相同。主要的区别在于即使进行了掺杂，有机材料中也不存在过剩载流子，载流子的形成依赖于电场注入。在掺杂浓度方面，无机半导体中掺杂浓度很低，在百万分之一量级；而有机物中，掺杂的浓度较高，在 $1\% \sim 5\%$。

（3）电荷转移导电体系

除了小分子和聚合物，第三类主要的导电有机材料是电荷转移体系。电荷转移导电体系（charge transfer conductive systems）是一类特殊的材料或复合体系，其中电荷（电子或空穴）通过分子间或分子内的电荷转移机制进行移动，从而实现导电性。这种电荷转移过程通常发生在具有电子给体（也称电子供体）和电子受体的化合物或分子复合物中。

在这些体系中，电子从给体分子转移到受体分子，形成电荷转移复合物，导致电荷的重新分布，从而在材料中形成导电路径。电荷转移可以是分子间的，即电荷在不同分子之间转移；也可以是分子内的，即电荷在同一分子的不同部位之间转移。

电荷转移导电体系在有机电子学、分子电子学、光伏器件和传感器等领域有着重要应用。例如，本体异质结有机光伏器件中的给体和受体材料就是通过分子间的电荷转移机制来提高光电转换效率的，而单组分有机光伏器件则是通过分子内的电荷转移机制来进行光电转换这个过程的。在这些应用中，通过优化电子给体和电子受体的匹配、堆叠结构和分子间相互作用，可以有效调控电荷的产生、分离和传输过程，从而实现高效的电荷转移和导电性能。

电荷转移导电体系的设计和优化是当前材料科学和电子学研究的热点之一，旨在开发出新型高性能、低成本和环境友好的电子和光电子器件。

（4）碳基导电材料

在碳基材料中，除了具有共轭结构的聚合物和小分子具有导电性外，纯碳原子组成的石墨、富勒烯碳纳米管和石墨烯等也表现出导电性。作为导电活性材料，碳原子的电子结构非常独特且具有高度的灵活性。例如，金刚石由碳原子组成，由于其碳原子以 sp^3 杂化，结构中不存在可以离域的共轭电子，因此金刚石是不导电的绝缘体。而其他纯碳基材料中，含有 sp^2 杂化轨道的碳原子形成了相邻原子之间非常稳定的 σ 键，同时垂直于 σ 键的未杂化 p_z 轨道通过重叠形成了共轭 π 结构，从而产生离域电子，使材料表现出导电性。

与其他的 IV 主族元素不同（如硅、锗），碳原子除了 2 个 1s 电子外，不再含有任何非活性电子，使得最外层的 s 与 p 轨道的杂化非常有效，可以存在不同的杂化形式，如 sp^3、sp^2、sp。而在其他较大的同族元素中，例如，硅（$1s^2 2s^2 2p^6 3s^2 3p^2$），外层电子（$3s^2 3p^2$）的杂化效率因受内层电子（$2s^2 2p^6$）的干扰和影响，活性降低，使得它们可形成有机材料的种类受到极大限制。

3.2.4 载流子输运及导电机理

光生载流子（本征激发）、电极注入载流子、非本征激发载流子和场助形成的载流子是有机材料中重要的载流子产生过程。

本征激发（intrinsic excitation）是一个物理学和材料科学中的概念，通常用于描述原子、分子或固体内部的粒子（如电子、原子核等）因外部因素（如光照、磁场、电场等）作用而从一个能级跃迁到更高能级的现象。在这个过程中，粒子吸收能量而被"激发"。本征激发特别指的是材料内部因其固有性质而不是外来掺杂或缺陷所导致的激发过程。

例如，在半导体物理中，本征激发可以指电子从价带跃迁到导带，留下一个空穴，形成电子-空穴对。这种激发是由半导体材料本身的电子结构决定的，而不是由掺杂材料或其他缺陷引起的。本征激发对于理解材料的光电性质、导电性能以及它们在不同条件下的行为至关重要。

本征激发的效果包括但不限于改变材料的电导率、光学性质（如光吸收和发光）以及磁性质。这些性质的变化是研究固体物理、半导体器件、光电子学和许多其他领域的基础。

光生载流子指的是通过光激发，有机半导体价带中的电子跃迁至导带，从而产生电子或者空穴，这个过程与热激发载流子一样，是本征激发过程。

电极注入载流子指的是通过阴极注入电子以及阳极注入空穴来产生载流子，尤其在双极型晶体管（如 BJT）和二极管等器件中非常关键。

非本征激发包括以下几种情形。①掺杂型。在无机非本征激发（n 型或 p 型）半导体中，掺入杂质的激发对多数载流子的贡献是众所周知的，这种载流子产生方式称为非本征激发。在有机半导体中也存在类似的掺杂型非本征电导。例如，在酞菁或其他有机半导体中掺入杂质会增加载流子的浓度，这是非本征激发的一个有力证明。②杂质/缺陷型。杂质或结构缺陷可形成俘获中心，对载流子有俘获作用，但是从另一个角度，通过热激发或光激发可释放被俘载流子，因而俘获中心可以说是一种载流子源，尽管在没有重新俘获情形下，这个源就会耗尽。③热激发。尽管热激发通常与本征激发相关联，但在某些特殊条件下，例如在高温下，杂质能级的电子也可以被热激发到导带，从而产生非本征的载流子增加。

场助形成载流子指的是这样一些情况：电场可以在载流子因库仑相互作用而成对地复合之前将它们分开（称为 Onsager 效应）；电场也能够改变陷阱的势垒形状，使被俘获的载流子更容易从陷阱中释放出来；在分子固体中，由于载流子的迁移率较低，因此即使在达到击穿电压的高电场下，通常也不会发生雪崩电离，但电导和热导的共同作用可能会迅速增加热生成的载流子数量。

固体材料中，载流子可以通过注入、激发或其他一些方式而产生。以材料为载体的载流子不是静止的，而是运动的。不同材料中，由于能级结构的不同，其载流子的运动规律也不同。对于固体材料，它有两种极限载流子输运模式：能带型输运和跃进型输运。

（1）能带型输运

能带输运模式指的是宽能带体系中具有较大自由程的高离域性的平面波运动。能带输运的条件是，电荷与晶格声子之间的相互作用很小，且能带的宽度（W_B）足够大，满足测不准原理[14]：

$$W_B > \frac{\hbar}{\tau} \tag{3.2.6}$$

式中，τ 是电荷在两次被散射之间的弛豫时间；$\hbar$ 是约化普朗克常数。在以能带输运模式为主导的材料中，载流子迁移率可高达 $1000\text{cm}^2/(\text{V} \cdot \text{s})$，这种运动方式通常见于完美的晶体结构。然而，在实际晶体中，晶格振动和声子发射会导致载流子的散射，从而降低其迁移率。因此，降低温度可以提高载流子的迁移率，即能带型输运中的载流子迁移率 μ 随温度升高而减小，其温度依赖关系可表达为：

$$\mu \propto \frac{1}{T^n} \tag{3.2.7}$$

式中，$n > 1$；T 为温度。能带型输运方式可见于 Ge 中的空穴输运。Ge 的价带宽度很宽，约为 3eV，空穴的散射时间很长（约 10^{-3} s），自由程可达 1000Å（300K），远远大于两个相邻 Ge 原子之间的距离 2.45Å。

（2）跃进型输运

这个模式描述了高度局域化的、从一个点到另一个点的跃进式运动。其特点是电子或空穴在离散的能级之间发生非相干的跃迁，并在每个点都受到散射的影响。在这种模式中，载流子的传输在很大程度上受材料的分子结构和形貌的影响。载流子的迁移率不仅受杂质和缺陷的影响，还受过剩载流子与晶格声子的相互作用影响。声子的发射促进了跃迁过程，为载流子克服势垒提供了必要的激活能，即通过声子激发来实现从一个分子跃迁到另一个分子。因此说，载流子的跃迁输运是热激活方式的。与能带输运不同，跃迁输运的载流子迁移率很低 [$\mu \ll 1\text{cm}^2/(\text{V} \cdot \text{s})$]，且其值随温度的升高而增加，温度的依赖关系为：

$$\mu \propto \exp\left(-\frac{\Delta E_a}{k_B T}\right) \tag{3.2.8}$$

式中，ΔE_a 为活化能。

在非晶态有机固体中，载流子主要以跃迁模式进行传输。这是由于有机材料能级的定域性决定了载流子传输的局域性，即电荷在不同局域态之间跃迁的特性，同时，在每次跃迁中都会发生散射。此外，在有机固体中，晶格结构不规则，存在大量的陷阱，如杂质和晶格缺陷等，这些陷阱限制了载流子的运动，并使其运动变得更加复杂。因此，有机非晶态材料的电荷传输特性受多种因素影响，包括电子结构、温度、运动方向和外加电场，同时也受到杂质、缺陷以及材料本身的无序性等因素的控制。

研究发现，有机晶体中载流子的迁移率通常 $< 1\text{cm}^2/(\text{V} \cdot \text{s})$，其瞬态光电流表现出非离散特征，且对温度的依赖性较小（$\mu \propto T^{-n}$，$0 < n < 2$）。因此，通常认为有机晶体中载流子的输运模式介于能带输运和跃进输运之间，这与无序有机材料中载流子的输运模式很不相同。无序有机材料中，载流子主要以离子自由基的形式存在，其中的空穴对应于分子的阳离子自由基，电子对应于分子的阴离子自由基。广为接受的理论认为，无序有机材料中载流子以跃进方式输运为主，即在无序有机材料中电荷传输表现为分子间的氧化还原。

可形象地解释为电子的输运是从阴离子自由基向中性分子的最低空置轨道（LUMO）转移电子的过程；相应地，空穴的输运是从中性分子的最高占据轨道向阳离子自由基转移电子的过程。在无序有机材料中，载流子的输运通常具有如下特征：

① 瞬态光电流通常是离散型的，迁移率很小，在 $10^{-7} \sim 10^{-3} \mathrm{cm}^2/(\mathrm{V \cdot s})$。但是研究发现，一些迁移率较高的无序有机材料 $[10^{-4} \sim 10^{-2} \mathrm{cm}^2/(\mathrm{V \cdot s})]$ 的瞬态光电流也可以表现出非离散特征。

② 无序有机材料中电荷输运表现为热激活方式，因此载流子迁移率大小依赖于温度。

③ 无序有机材料的载流子迁移率具有很大的场强依赖性。

目前，描述非晶有机材料中载流子迁移率的理论模型主要有以下几种：Poole-Frenkel 表达式、温度依赖模型、活化能模型和高斯无序模型。

（1） Poole-Frenkel 表达式——迁移率与电场强度关系

材料中载流子迁移率 μ 随电场强度 E 的变化可用 Poole-Frenkel 表达式（P-F 模式）来描述：

$$\mu(E, T) = \mu_0 \exp\left(-\frac{\beta_{\mathrm{PF}}}{k_{\mathrm{B}} T} \sqrt{E}\right) \tag{3.2.9}$$

$$= \mu_0 \exp\left(-\sqrt{\frac{E}{E_0}}\right)$$

式中，μ_0、β_{PF} 和 E_0 都是具有不同活化能的温度依赖参数；μ_0 为低电场下的迁移率；β_{PF} 和 E_0 可在温度为常数时以 $\lg\mu$ 对 E 作图获得。P-F 模式描述了在电场形成的库仑势中，载流子激发能的降低情形，并假设电荷的分离全部发生在与电场一致的方向。虽然它可以预测迁移率对场强的依赖关系，但是 P-F 模式与有机材料的实际情形有明显的差异。第一，模式中假设载流子的离域性，这与大多数有机半导体中载流子的定域性不符。第二，模式中要求库仑中心具有较高的电荷密度，在有机材料中没有类似的电离中心。因此，P-F 模式不是十分适合有机材料体系。

（2）迁移率与温度关系——Arrhenius 经验公式

如前所述，温度对迁移率的影响，在能带输运模式和跃进输运模式下很不相同。与能带输运模式下载流子迁移率随温度升高而降低的情形不同，在以跃进模式为主的无序材料体系中，温度的升高可以使载流子克服移动势垒，对载流子输运起活化作用，因此温度的升高通常导致载流子迁移率的提高。迁移率与温度的关系通常被描述为 Arrhenius 经验公式：

$$\mu = \mu_0 \exp\left(-\frac{\Delta E_{\mathrm{a}}}{k_{\mathrm{B}} T}\right) \tag{3.2.10}$$

式中，μ_0 为前置因子。材料体系的无序性越高，所需活化能也就越大。对于同一材料，无序性越大，载流子的迁移率将越小。

与上式不同，在高斯无序模型中，温度对载流子输运的活化作用表达为：

$$\mu = \mu_0 \exp\left[-\left(\frac{T_0}{T}\right)^2\right] \tag{3.2.11}$$

式中，T_0 是描述材料中能量无序性的参量。

式（3.2.10）和式（3.2.11）都能够较好地模拟无序体系中载流子迁移率与温度的关系。

（3）活化能模型

1972 年，W. D. Gill 根据研究认为[14]：①载流子在材料中的迁移需要一个活化过程；②活化能有电场依赖性，电场增加，活化能降低；③迁移率数值在一个有限温度范围，可在式中加上一个截距。据此，活化能模式包括了温度活化和电场活化两种作用，表达式为：

$$\mu = \mu_0 \exp\left(-\frac{\Delta E_a}{k_B T}\right) \exp\left[\beta\sqrt{E}\left(\frac{1}{k_B T} - \frac{1}{k_B T_0}\right)\right] \qquad (3.2.12)$$

式中，μ_0 是迁移率前置参数；β 是场依赖因子；T_0 是场强依赖消失时的温度。

L. B. Schein 等[15] 在研究空穴迁移率时，得出另一种活化能模式表达式：

$$\mu(E, T) = \mu_0 \exp\left[-\left(\frac{T_0}{T}\right)^2\right] \exp\left[-E^{1/2}\left(\frac{\beta}{T} - \gamma\right)\right] \qquad (3.2.13)$$

式中，β 与 Poole-Frenkel 表达式中含义相同；γ 为经验参数。

（4）高斯无序模型（GDM）

高斯无序模式，也称为 Bässler 模式。它假设输运电荷的简并能级分裂为定域态，这些定域态能级服从高斯分布：

$$g(E) = \frac{1}{\sqrt{2\pi\sigma_g^2}} \exp\left(-\frac{E_1^2}{2\sigma_g^2}\right) \qquad (3.2.14)$$

式中，能量 E_1 是态密度的中心位置；σ_g 代表能量的无序性，称为高斯宽度。这意味着所有态都是定域化的，且相互作用力也很弱，态密度的高斯形状没有确定的依据，只是受材料吸收光谱的高斯轮廓，以及极化能的随机分布特性和相互关联性的启发。能量无序性（σ_g）来自晶格极化能的波动，该无序性也称为对角无序性（diagonal disorder），主要反映了定域能态的能量波动。

在高斯无序模式下，跃进可被假设为由态 m 到态 n 的 Miller-Abrahams 型运动，跃进速率为：

$$v_{mn} = \nu_0 \exp(-2\gamma\Delta R_{mn}) \exp\left[-\left(\frac{E_n - E_m}{k_B T}\right)\right], E_n > E_m \qquad (3.2.15)$$

$$v_{mn} = \nu_0 \exp(-2\gamma\Delta R_{mn}), E_n < E_m \qquad (3.2.16)$$

式中，v_{mn} 代表跃进速率；ν_0 是频率参数；$2\gamma\Delta R_{mn}$ 是重叠积分参数，通常假定该重叠积分符合高斯统计分布，其宽度为 σ_g，重叠积分的分布称为非对角无序性（non-diagonal disorder），指的是相邻分子之间相互作用强度的波动；$\Delta R_{mn} = |R_m - R_n|$ 是两点之间的距离；E_m 和 E_n 是 m 和 n 两点的态密度最大时的能量。上式假设当 $E_n < E_m$ 时，玻尔兹曼跃跃概率是 1。由高能级向低能级的跃进由于能级的匹配，而没有阻力。Miller-Abrahams 表达式基于声子近似，并隐含能量降低方向的跃迁不会受到电场的加速。同时极化效应也被忽略，即认为电子-声子的耦合很弱。

但是，在无序有机体系中，态密度的高斯分布阻碍了跃进输运问题的封闭式求解。于是，可用 Monte Carlo 模拟来解决具有不同复杂程度的跃进[16,17]。将具有 σ_g 宽度的高斯分布指定为一个立方晶，几何的无序性被指定为波函数重叠的随机波动参数 $\Gamma_{mn} = 2\gamma\alpha$，$\gamma$ 为经验参数，α 是两点之间的平均距离。基于此，强电场下（$10^6\,V/cm$）及 $T < T_g$ 时（T_g 是玻璃化温度），载流子迁移率公式为：

$$\Sigma \geqslant 1.5\ 时, \mu = \mu_0 \exp\left[-\left(\frac{2\sigma_g}{3k_BT}\right)^2\right] \exp\left\{c\sqrt{E}\left[\left(\frac{\sigma_g}{k_BT}\right)^2 - \Sigma^2\right]\right\} \tag{3.2.17}$$

$$\Sigma < 1.5\ 时, \mu = \mu_0 \exp\left[-\left(\frac{2\sigma_g}{3k_BT}\right)^2\right] \exp\left\{c\sqrt{E}\left[\left(\frac{\sigma_g}{k_BT}\right)^2 - 2.25\right]\right\} \tag{3.2.18}$$

式中，μ_0 是与分子轨道重叠有关的参数，可视为在没有能量无序性条件下或者在无穷大温度下的迁移率；c 是假设两点之间的距离为 0.6nm 时的经验常数，值为 2.9×10^{-4} $(cm \cdot V)^{1/2}$；变量 σ_g 表示高斯态密度的宽度，即能量无序性（对角无序性）；Σ 是描述无序性的参数，对应于相邻分子相互作用强度的波动。

上述公式表达的是载流子在高斯态密度下，电场强度高、电场强度范围较小的情况下（$10^6\,V/cm$），载流子的跃进规律。实验中需要考虑材料中长距离的电荷偶极-偶极相互作用等。S. V. Novikov 等[18] 提出了根据经验得出的相关高斯无序模型（correlated Gaussian disorder model，CDM）：

$$\mu = \mu_0 \exp\left\{-\left(\frac{3\sigma_g}{5k_BT}\right)^2 + 0.78\left[\left(\frac{\sigma_g}{k_BT}\right)^{3/2} - 2\right]\sqrt{\frac{q\bar{\alpha}E}{\sigma_g}}\right\} \tag{3.2.19}$$

式中，$\bar{\alpha}$ 代表两点之间的平均距离。P. W. M. Blom 和 M. Vissenberg 观测到在非均质模式下迁移率对温度的依赖服从 CDM 而不是 GDM[19]。

材料的载流子迁移率是有机电子材料中比较重要的性能指标，它是材料导电性能的微观参数，载流子迁移率通常可以通过多种实验方法测量得到，下面是常用的几种方法。

（1）飞行时间法（time of flight，TOF）

TOF 方法的测量原理是将样品放置在两个电极之间，并通过在一个电极端施加瞬态光照射来产生载流子。在外加电场的作用下，载流子在样品中输运。通过测量载流子从一个电极到达另一个电极所需的时间，结合样品的厚度，可以计算出载流子的迁移率。

例如，一个厚度为 L_d（5~20μm）的样品夹在两个电极之间，上面的电极应为非注入型或者载流子阻挡型的透明电极，以利于光照产生载流子及其在样品中的通过。根据材料产生载流子能力的不同，载流子产生层既可以是材料的一部分，也可以是内嵌于透明电极下方的另外一个载流子产生物质。利用脉冲光源在厚度为 δ_d 的区域产生载流子，其中的 $\delta_d \ll L_d$。脉冲光源的照射时间 t_e 要很短，如 $t_e \ll t_T$，其中 t_T 是载流子的飞行时间（即横穿通过样品的时间）。载流子产生区域 δ_d 小有利于防止在表面附近载流子的被俘以及复合。在外加电压 V 的作用下，δ_d 区域产生的薄层载流子将经过样品厚度距离而到达另一个电极，继而被检测器收集。利用已知的样品厚度 L_d、外加电压 V 和飞行时间 t_T，载流子的迁移率 μ 可表示为：

$$\mu = \frac{L_d^2}{Vt_T} \tag{3.2.20}$$

（2）空间电荷限制电流法

第二种测量载流子迁移率的方法是无陷阱条件下稳态空间电荷限制电流（SCLC）测量，该方法基于在暗态下的电流密度-电压（J-V）曲线[20]。通常地，在低电压时，J-V曲线为欧姆特性，是线性关系；在高电压时，由于电荷由电极注入，J-V曲线变为空间电荷限制特性。如果电极与有机层的接触为欧姆型，同时电流是传输限制型而非注入限制型（传输限制型电流是指当电荷载流子在器件中的输运过程受到限制时发生的现象，这种情况通常是由于电荷载流子的迁移率低，或者电荷输运路径中存在阻碍导致的，如缺陷、不纯物质、界面陷阱等），在这种情况下，即使在电极处有充足的电荷载流子供应，它在器件中的传输效率低下也会限制整体的电流。注入限制型电流是指电流的大小主要受限于电荷载流子从电极到活性层的注入效率。在这种机制中，电极和半导体材料之间的界面存在能障或其他形式的阻碍，限制了电荷载流子的流入。如果载流子难以从电极注入半导体中，那么即便半导体内部具有良好的传输特性，电流仍然会受到限制。空间电荷限制电流可以用下式表达，写为：

$$J = \frac{9}{8}\varepsilon_r\varepsilon_0\mu\Theta\frac{V^2}{d^3} = \frac{9}{8}\varepsilon_r\varepsilon_0\mu\Theta\frac{1}{L_d}E^2 \tag{3.2.21}$$

式中，ε_r 和 ε_0 分别表示半导体介电常数以及真空介电常数；d 为空间电荷区的宽度；L_d 为样品厚度；Θ 是与载流子被俘获相关的因子，即自由载流子占总载流子的比例。当电流符合 SCLC 时，J 应该与电场强度平方（E^2）成正比，且与样品厚度相关。当 Θ 为 1 时，电流呈现无陷阱情形下的空间电荷限制电流。假设电极与有机材料之间为欧姆接触，没有注入势垒，则载流子迁移率可通过上述公式获得。从另一个角度看，如果已知材料载流子迁移率，可根据式（3.2.21）计算出电流。若计算的电流与实验值相同，则认为电极与材料的接触为欧姆接触。

上述公式适用于载流子迁移率不随电场变化的情形。由于有机材料通常处于无序状态，因此其迁移率大小依赖于电场强度，并遵循 Poole-Frenkel 方程。将 Poole-Frenkel 关系引入，上述公式可以修改为：

$$J = \frac{9}{8}\varepsilon_r\mu_0\exp(\beta E^{1/2})\frac{1}{L}E^2\theta \tag{3.2.22}$$

式中，μ_0 为电场为 0 时的载流子迁移率；θ 为电场参数。如果迁移率与电场无关，则 $\beta = 0$。利用式（3.2.21）和式（3.2.22）对实验测量的 I-V 曲线进行拟合，可以获得载流子迁移率。

（3）注入型瞬时暗电流法

第三种迁移率测量方法是通过注入载流子，测量暗态下载流子的空间电荷限制电流的瞬态行为（dark injection transient space charge limited current，DI-TSCLC）。这种方法要求其中的一个电极为欧姆接触，外加阶梯电压，电流随着时间增长而增大，在时间点 t_p 时达到最大值，并逐渐减小至稳态空间电荷限制电流的恒定值。时间 t_p 与时间飞行法中的飞行时间 t_T 的区别在于本方法中载流子注入导致空间电荷的存在；而飞行时间方法中载流子是通过光激发产生的，没有空间电荷。t_p 与飞行时间方法中的 t_T 关系为[20,21]：

$$t_T \sim \frac{1}{0.786}t_p \tag{3.2.23}$$

将 t_T 代入式(3.2.20)即可求得载流子迁移率。

（4）瞬态电致发光法

类似于注入型瞬态暗电流方法，瞬态电致发光方法也利用脉冲波产生瞬态电压（例如在小于 20ns 的时间内产生 $3\sim60V$ 的电压）。但是，该方法是收集瞬态发光信号，而不是电流信号。有机电致发光器件在瞬态电压的作用下发出光，使用高响应的硅基光电倍增管可以检测到并记录在示波器中。通过检测到的瞬态电致发光时间 t_T，可以使用式(3.2.20)来计算载流子迁移率。

（5）场效应晶体管方法

利用场效应晶体管器件可以测量材料的场效应迁移率。这一方法依赖场效应晶体管的基本工作原理，即通过调节栅极电压来控制通道内载流子的密度，从而调节晶体管的导电性能。这里给出场效应晶体管器件中电流-电压表达式：

直线区域

$$I_D = \frac{W}{L} C_{ox} \mu \left[(V_{GS} - V_T) V_D - \frac{1}{2} V_D^2 \right] \tag{3.2.24}$$

饱和区域

$$I_D = \frac{W}{2L} C_{ox} \mu (V_{GS} - V_T)^2 \tag{3.2.25}$$

式中，I_{DS} 是器件漏电流（常写为 I_D）；W 和 L 分别为器件沟道宽度和长度；C_{ox} 是器件绝缘层的电容；μ 是场效应迁移率；V_{GS}（常写为 V_G）、V_T、V_{DS}（常写为 V_D）分别是栅电压、阈值电压和漏电压（具体原理详见 4.1 节内容）。利用式(3.2.25)将 I_D 对 V_{GS} 作图，或者利用式(3.2.25)将 $I_{DS}^{1/2}$ 对 V_{GS} 作图，通过曲线斜率就可求出场效应迁移率。

3.3　有机-无机杂化材料的物理性质

无机材料具有优异的热稳定性，且硬度较大，载流子迁移率较高，但是其无法满足柔性电子器件所要求的柔韧性和拉伸性。而有机材料尽管具备这些特性，但是其载流子迁移率和导电性都比较低。因此，将两者通过化学或者物理方法结合在一起，可以形成一类兼具有机和无机材料优点并用于柔性电子器件的新型杂化材料。

根据有机和无机组分的作用力类型，杂化材料可以分为两类：一类是有机和无机成分通过弱相互作用（如范德瓦尔斯键、氢键和离子键）相结合而形成的复合材料；另一类则是两个相通过强化学键（共价键或离子-共价键以及配位键）完全或部分连接在一起而形成的材料，其特征是强烈的轨道重叠[22]。

对于杂化材料来说，其有机和无机组分的结构可以相互影响。因此，通过融合有机和无机材料的物理机制，杂化材料的物理行为和性能可以超越有机相和无机相的简单叠加[23,24]。同时，通过调整杂化材料中有机相组分和无机相组分的比例，可以实现对材料性能的精细控制。因此，杂化材料的发展为提高柔性电子器件的功能和灵活性提供了可能性。而与纯有机或者纯无机材料相比，有机-无机杂化材料在很多光电应用中，比如太阳能电池、光敏器件、发光二极管等，通常表现出更优秀的性能，其原因主要有以下几点。

① 杂化效应：通过将有机材料与无机材料相结合，可以形成一种新的材料界面，这种界面可以调节材料的光电性能，其中无机材料可以改善有机材料的稳定性和导电性，而有机材料可以让无机材料具有自组装的功能，使之能够吸收或发射特定波长的光，以实现特定的性质。

② 宽光谱吸收和高效载流子分离：无机材料与有机材料通常具有不同的带隙，吸收的光波段具有互补性，这种合并可以实现宽光谱的吸收，同时，有机材料往往具有很高的光吸收系数，有利于杂化材料对光的吸收。而接触面处的异质结构则有助于光生激子的高效分离，有利于提升器件的光电转换效率。

③ 优化电子迁移路径：有机-无机杂化材料的电子/空穴传输路径可以进行设计并优化，以减小载流子复合概率，增大载流子注入电极的概率，从而提高光电器件的转换效率。

④ 调整能级结构：通过选择不同的有机分子和无机材料，可以设计出不同的能级结构，以匹配特定的应用，如发光二极管、太阳能电池等。

⑤ 研究和开发的灵活性：相比纯有机或纯无机材料，有机-无机杂化材料具有更多的化学组成和制备方法，其性能参数可以通过调整有机和无机组分的种类、比例和排列方式进行优化，具有极大的设计灵活性和广阔的研究开发空间。

因此，杂化材料可扩展和增强单一材料的性能，例如，有机-无机杂化钙钛矿材料有效地结合了无机骨架和有机成分的属性，具有高吸收系数、长载流子寿命和扩散长度、双极性载流子输运和浅缺陷水平等特点，使其在薄膜光电子器件的应用上取得了显著的进展[25]。而金属-有机框架（MOFs）是另一种常见的有机-无机杂化材料，其通过金属和有机组分的合理组合，创造了具有多功能性、可调控性和高性能的材料体系，从而在各种应用领域中展现出了卓越的性能[26-28]。本节内容将主要介绍这两种杂化材料。

3.3.1　有机-无机杂化钙钛矿（HOIPs）材料

钙钛矿材料是指一类陶瓷氧化物，该类氧化物最早被发现于钙钛矿石中的钛酸钙（$CaTiO_3$）化合物中，因此而得名，其已在信息技术、航空、军事和日常生活中得到了广泛的应用。1839 年，德国矿物学家 Gustav Rose 在俄罗斯中部境内的 Ural 山脉首次发现了主要成分为钛酸钙（$CaTiO_3$）的天然矿物质，并将此命名为 Perovskite，用于纪念来自俄国的矿物学家 L. A. Perovski。从那时起，"钙钛矿"一词被用来指具有与钛酸钙类似晶体结构的化合物。作为 21 世纪最令人鼓舞的材料之一，钙钛矿引起了化学、物理、材料、电子等多个领域研究人员的极大兴趣，并且取得了很多重要成果，特别是有机-无机杂化钙钛矿 HOIPs 材料，由于其无可比拟的光电和协同性能，使之在能量存储和光电子器件方面取得了巨大的进展[29,30]。

（1）杂化钙钛矿的结构

钙钛矿的通式可写作 ABX_3，以钛酸钙（$CaTiO_3$）为例，其晶体结构由共享的 TiO_6

八面体组成，在每个晶胞单元中，Ca 占据了八面体之间的空腔。对于无机钙钛矿材料（如 $BaTiO_3$、$PbTiO_3$、$CaTiO_3$、$CuTiO_3$、$MgTiO_3$ 等），A 位和 B 位皆为金属阳离子，但是表现出不同的价。在少数情况下，A 位阳离子可能是二价或三价的，而 B 位阳离子可能是四价的，如图 3.3.1 所示，描述该无机钙钛矿材料的形成。对于钙钛矿结构来说，其 A 位、B 位或 X 位的组成差异可影响钙钛矿在电子、磁学或光学方面的性质。例如，通过将一部分 Pb^{2+} 替换为 Sn^{2+} 和 Ge^{2+}，可以制备出带隙更小、吸收范围更广的钙钛矿材料。

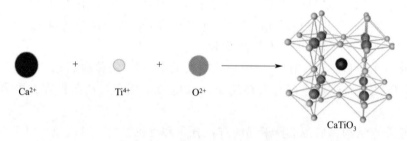

Ca²⁺   Ti⁴⁺   O²⁺   CaTiO₃

图 3.3.1　无机钙钛矿材料的形成

而对于有机-无机杂化钙钛矿（HOIPs）材料，A 为有机阳离子（如甲胺离子 $CH_3NH_3^+$），B 为金属阳离子（如 Pb^{2+}、Sn^{2+}），如图 3.3.2，以 $MAPbI_3$ 的形成为例（$MA^+ = CH_3NH_3^+$）。另外，当 HOIPs 中的 A 位和 X 位分别由有机阳离子和有机阴离子占据时，就构成了金属-有机框架的杂化钙钛矿材料，如 $[MA][Mn(HCOO)_3]$。

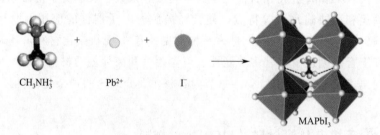

CH₃NH₃⁺   Pb²⁺   I⁻   MAPbI₃

图 3.3.2　杂化钙钛矿材料的形成

（2）不同维度 HOIPs 材料的性能

HOIPs 的不同维度（零维、一维、二维和三维）与其有机和无机组成部分的结合方式密切相关，这些组合决定了材料的物理、化学性质和光电性能。在这些不同维度的杂化钙钛矿材料中，无机组分主要负责形成基本的结构框架，而有机组分则负责材料的光学性能调控与结晶控制，从而影响材料的组装方式和最终的物理化学性质。各种维度的 HOIPs 在光伏电池、发光二极管、激光器和其他光电应用领域均显示出了独特的潜力。

零维钙钛矿材料通常表现为离散的小分子或纳米颗粒，这些材料在三个空间维度上均具有局限性。在零维钙钛矿中，有机部分通常充当配体，与无机金属离子形成稳定的复合体，如配位多面体，这些多面体彼此之间通过范德瓦尔斯力或氢键相互作用，不形成连续网络。而一维钙钛矿结构通常是通过无机部分形成连续的链状结构，这些链条可以是直线或者螺旋状，有机部分则充当连接或间隔物质，其存在对于改变链的形态和改善材料的柔韧性有重要作用。这些一维结构通常具有高度各向异性的电子输运特性。

二维钙钛矿结构表现为层状结构，其中无机层与有机层交替排列。无机层通常由金属卤化物构成，如铅卤化物，而有机层则通过范德瓦尔斯力或氢键与无机层结合。有机分子的尺寸和形状决定了层间距，进而影响光学和电子性能，表达式为 $(R-NH_3)_2MX_4$，分子式中的 R 通常代表有机离子或有机分子的基团。其中 X 是卤素阴离子，如 Cl^-、Br^-、I^-，M 是二价的金属阳离子，如 Ni^{2+}、Co^{2+}、Fe^{2+}、Pb^{2+} 以及 Sn^{2+} 等。其有机组成也可以是双胺阳离子（$NH_3^+-R-NH_3^+$），相关表达式为（$NH_3^+-R-NH_3^+$）MX_4。在 $(R-NH_3)_2MX_4$ 结构中，有机组分的排列是双层的，而在（$NH_3^+-R-NH_3^+$）结构中的排列是单层存在的。在二维 HOIPs 结构中，阳离子需要一定的尺寸与上下两层无机框架形成的间隙相匹配，并且起连接作用的胺阳离子不能够太大，但其长度大小几乎没有限制，因为相邻的无机层是可以分开的。二维 HOIPs 的研究主要集中在将有机部分的柔性和功能性与无机部分的优异光电性能相结合，以期获得具有优异性能和性质可调控性的材料，如图 3.3.3 所示。

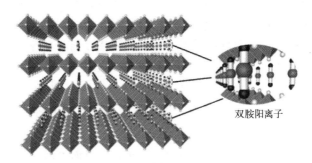

双胺阳离子

图 3.3.3　二维杂化钙钛矿晶体结构

在三维钙钛矿中，B 位于八面体中心，X 位于八面体顶点，A 位于八面体组成的通道中。要形成稳定的钙钛矿结构，需要满足两个条件，即容忍因子（TF）和八面体因子（u）分别需要达到要求[31,32]，也就是 $0.80 < TF < 1.00$，$0.44 < u < 0.90$，其中：

$$TF = \frac{r_A + r_X}{\sqrt{2}(r_B + r_X)} \tag{3.3.1}$$

$$u = \frac{r_B}{r_X} \tag{3.3.2}$$

式中，r_A、r_B 和 r_X 分别是 A、B 和 X 离子的有效半径。TF 的值越接近 1，钙钛矿越接近理想的立方结构，其结构也越稳定。因此，可以通过在不同离子位上混合不同种类的离子，使其 TF 达到理想范围，在提升稳定性的同时，还能拓展钙钛矿的种类多样性与应用场景。

在 ABX_3 的正式化学计量中，电荷平衡（$q_A + q_B + 3q_X = 0$）可以通过多种方式实现。对于氧化物钙钛矿，处于氧化态的两种金属的电荷数之和必须为 6（$q_A + q_B = -3q_O = 6$）；而对于卤化物钙钛矿来说，处于氧化态的两种阳离子的化合价之和必须等于 3（$q_A + q_B = -3q_X = 3$）。其中，q_A、q_B 以及 q_X 分别为卤化物钙钛矿 A 位、B 位以及 X 位的电荷数，q_O 为氧化物钙钛矿中氧离子的电荷数。在杂化钙钛矿材料（如 $CH_3NH_3PbI_3$）中，存在二价无机阳离子，同时，原来的一价金属离子被具有同等电荷的有机阳离子所取代，如图

3.3.4 所示。

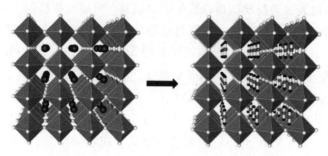

图 3.3.4　三维杂化钙钛矿晶体结构

（3）　HOIPs 材料的分类与性质

在 HOIPs 材料中，由于 A 位、B 位和 X 位点在相变中的协同作用，导致其具备了纯无机钙钛矿不具备的许多功能。特别是，在有机成分和无机成分之间起弱相互作用的氢键，在产生铁电性和多铁性以及调制 HOIPs 的电导率和介电性特性方面具有重要作用。除了与相变相关的重要性质外，HOIPs 还提供了在无机钙钛矿中无法观察到的其他新性质。例如，杂化卤化物钙钛矿展现出了引人瞩目的光伏性能和卓越的发光性能。

根据化学组成的变化，HOIPs 材料主要分为卤化物类 $[X=Cl^-$、Br^-、I^-；$A=MA(CH_3NH_3^+)$、$FA[CH(NH_2)_2^+]$ 等、甲酸盐类（$X=HCOO^-$）、叠氮化物（$X=N_3^-$）以及二氰胺类 $[X=N(CN)_2^-]$ 等。这些材料具有共同的特征，如典型的 ABX_3 钙钛矿构型（A 一般为有机胺），具有很好的光伏、光电、激光、铁电、介电、磁和力学特性。尽管其他的钙钛矿材料也具有不同的物理性能，但目前大部分的研究还是集中于金属卤化物类的 HOIPs。

以卤化物杂化钙钛矿为例，HOIPs 在光电器件上有着重要的应用。与传统无机材料相比，此类材料中的载流子与声子的散射率明显下降，这源于晶格结构对电子性质的影响，使得此类材料表现出良好的输运特性以及光伏特性。特别是 Pb 和 Sn 的卤化物钙钛矿，属于直接带隙半导体，在太阳能电池上有着重要的应用。一般来说，要实现高性能光伏器件，需要高吸收截面来实现高效的光收集、高效的远距离电荷分离以及低损耗的电荷传输和收集，而卤化物杂化钙钛矿的光吸收系数，例如，$MAPbI_3$ 高达 $10^5 cm^{-1}$，这可以将光吸收层的所需厚度降低到数百纳米。

HOIPs 材料由于具备高光致发光量子效率和可调节的宽光谱特性，因此还非常适用于制造低成本、大面积的发光二极管（LED）器件。这些基于 HOIPs 的 LED 可以是简单的多层结构，并且能在室温下发射近红外光、绿光和红光，具体的发光颜色取决于 HOIPs 中卤化物的组成，其电致发光属性来源于注入的电子与空穴的有效辐射复合。部分 HOIPs 也可以表现出铁电性能：铁电特征在于永久性的极化，这意味着在没有外部电场的情况下，材料内部存在着持久的电偶极子。这种电极化与晶体结构的非中心对称性有关，材料中存在宏观的极化秩序（即材料中的电偶极子在宏观尺度上形成了有序的排列），在某个阈值温度（居里温度）上会发生相变，转变为非铁电的对称晶相；而在居里温度以下，铁电材料能够维持内部的极化状态，具有自发极化的特性，即便在外部电场移除后，这些材料仍能保持一定的极化状态（剩余极化）。

同时，HOIPs 具有一定的机械可加工性能，以卤化物钙钛矿 MAPbX$_3$（X＝Cl、Br 或 I）为例，其框架刚度与 Pb—X 键的强度、容忍因子以及卤素原子的电负性呈正相关，即 Cl＞Br＞I，而硬度性能却呈相反趋势，即 I＞Br＞Cl，表明刚性最低的 MAPbI$_3$ 具有最高的抗塑性变形能力。与此相对的是，较低的硬度可能意味着更易于塑性变形。

有机-无机杂化钙钛矿材料这些优异的物理化学特性，使其被广泛研究用于各种柔性电子器件，包括但不限于钙钛矿柔性光电探测器、柔性温度传感器、发光二极管、存储器等。

3.3.2　金属-有机框架（MOFs）

金属-有机框架（MOFs）是一类由有机配体和金属离子（或金属簇）构成的新型多孔晶体材料，其中金属簇（metal clusters）是由两个或更多的金属原子紧密结合形成的集合体，这些金属原子之间通过金属键相连。金属簇可以视为介于单个金属原子（或离子）和更大的金属固体之间的中间状态，以 MOF-5 为例，如图 3.3.5 所示。MOF-5 是一种由锌离子（Zn^{2+}）和对苯二甲酸（BDC）通过配位键连接而成的金属-有机骨架材料，其化学式可表示为 Zn$_4$O(BDC)$_3$。该材料具有独特的三维立体骨架结构，其中锌离子位于中心的八面体内，而对苯二甲酸则作为侧链。MOF-5 以其高比表面积（约 2900m^2/g）、高孔隙率（约 0.61cm^3/g）以及出色的气体吸附和分离性能而闻名。特别是，在氢气存储领域，MOF-5 显示出了卓越的性能[33]，并且在各种溶剂中都表现出优异的热稳定性和化学稳定性。

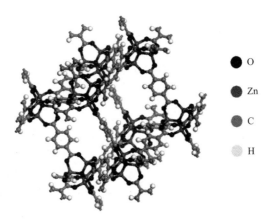

- O
- Zn
- C
- H

图 3.3.5　MOF-5 晶体结构

（1）MOFs 材料的发展

MOFs 材料涉及三个重要的概念：框架结构（framework structure）、金属-有机框架杂化（metal-organic framework hybridization）以及孔隙率（porosity）。

① 框架结构。Hofmann 和 Küspert 在 1897 年首次论证了框架结构的概念，即由金属离子（或金属簇）和有机配体组成的三维晶格结构，其化合物被称为霍夫曼化合物族（Hofmann），具有二维层状结构。完整的三维框架，即所谓的普鲁士蓝（Prussian blue）

复合体，出现于 1936 年，直到 1967 年 Iwamoto 等人才进行了全面的研究。

② 金属-有机框架杂化。MOFs 的杂化是将其与其他材料或化合物结合，以赋予 MOFs 额外的功能或改善其性能。这种杂化策略扩展了 MOFs 的应用领域，并为新型功能材料的设计和合成提供了新的思路。1959 年出现了 $[Cu(adiponitrile)_2] \cdot NO_3$ 金属-有机配位骨架的 X 射线晶体结构，从那时起，这一类的许多化合物被合成并进行了晶体学表征，直到 1995 年才将这些化合物称为"金属-有机杂化框架"，其形成和稳定性依赖于特定的化学作用和空间几何排列，导致其结构种类有限，通常是通过金属离子（如 Ni、Co、Cu 等）与含氮的有机配体（如吡啶或其衍生物）杂化后形成的，其金属中心的大小和电荷决定了它可以与多少配体配位，以及这些配体如何进行空间排列，且配体的大小、形状和电子给予能力也影响其与金属离子的配位方式，从而限制了可能的结构种类。

③ 孔隙率。MOFs 材料因其独特的孔隙结构、高比表面积以及可调节的孔径和化学性质在气体存储、分离、催化、药物释放等领域显示出巨大的应用潜力。其中，孔隙率是评价 MOFs 物理和化学特性的关键参数之一，它指的是 MOFs 结构中空隙占总体积的比例。这个概念对于理解 MOFs 的吸附、储存和分离能力至关重要。孔隙率不仅决定了 MOFs 能够容纳多少客体分子，也影响了物质在 MOFs 内部的传输效率和选择性。

在 MOFs 中，孔隙可以分为微孔（直径小于 2nm）、介孔（直径在 2～50nm 之间）和大孔（直径＞50nm）。孔隙率的高低直接关系到材料的比表面积，通常，孔隙率越高，材料的比表面积也越大。高孔隙率的 MOFs 能提供更多的活性位点，有利于提高气体吸附容量、加速质量传递以及促进催化反应的进行。

（2）MOFs 杂化材料的分类与合成

MOFs 杂化材料通过自组装过程在溶液中生成，允许精确控制其孔隙大小和功能性，其形成过程依赖于金属离子的价态、有机配体的类型以及反应条件等因素。图 3.3.6 为多孔材料 Cr、Mo 和 W 基 MOFs 的合成示意图。

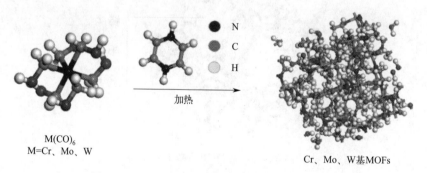

$M(CO)_6$
M=Cr、Mo、W

加热

Cr、Mo、W基MOFs

图 3.3.6　Cr、Mo 和 W 基 MOFs 的合成示意图

根据软硬酸碱理论（即分子和离子之间相互作用的规律，硬酸倾向于与硬碱结合，而软碱更倾向于与软酸形成稳定结构），常见的稳定 MOFs 可以分为两类：一类是高价的金属离子（硬路易斯酸）与羧酸配体（硬路易斯碱）的 MOFs，包括 M^{4+}-羧酸配体 MOFs（$M^{4+}=Ti^{4+}$、Zr^{4+}、Hf^{4+}、Ce^{4+} 等）和 M^{3+}-羧酸配体 MOFs（$M^{3+}=Al^{3+}$、Cr^{3+}、Fe^{3+}、Sc^{3+}、V^{3+}、In^{3+}、Ga^{3+} 等）；另一类则是低价的过渡金属离子（软路易斯酸）和含氮杂环配体（软路易斯碱）的 MOFs，包括 M^{2+}-含氮杂环配体 MOFs（$M^{2+}=$

Zn^{2+}、Co^{2+} 等）以及 M^+-含氮杂环配体 MOFs（$M^+ = Cu^+$、Ag^+ 等）。

① 高价金属离子与羧酸配体的 MOFs。这类 MOFs 通常通过高价金属离子与羧酸配体（如苯二甲酸、叔丁基苯二甲酸等）在一定条件下自组装形成。在合成过程中，金属离子作为连接点，与配体中的羧基通过配位键结合，形成稳定的金属-配体配位多面体，这些多面体进一步通过配体桥联形成三维网络结构。形成的 MOFs 结构依赖于金属离子的几何形态、配体的结构以及反应条件（如溶剂、温度、pH 值等）。M^{4+} 基 MOFs 具有优异的化学稳定性，主要涉及两个原因：首先，高电荷和电荷半径比使它们成为硬酸，这与相对坚硬的羧酸配体相匹配，强的 M^{4+}-羧酸相互作用有助于骨架的化学稳定性；其次，四价金属需要更多的配体来平衡它们的电荷，高度连接的簇，在一定程度上防止了客体物质的攻击，如水分子。

② 低价过渡金属离子与含氮杂环配体的 MOFs。采用低价过渡金属离子与含氮杂环配体（如咪唑、三嗪等）进行自组装。这里，过渡金属离子同样充当连接点，与含氮杂环配体通过配位作用形成金属-配体复合物。由于过渡金属的配位性质和含氮杂环配体的结构特点，这些 MOFs 往往表现出独特的磁性、电化学和催化性质。合成过程中，反应条件如溶剂、温度、配体与金属离子的比例等都会影响最终 MOFs 的孔结构和性能。咪唑（HIM）、吡唑（HPZ）、三唑（HTZ 和 HVTZ）和四唑（HTTZ）是含氮杂环连接体的配位基团。而与羧酸类似，为了与金属阳离子配位，唑通常被去质子化，即配位过程中，一个分子或化合物失去一个质子（带有一个正电荷的氢离子）。

除此之外，也会出现一些不是软硬酸碱理论首选组合的 MOFs 材料，例如在配体多样性受限、环境条件不适合硬酸硬碱配对以及立体效应导致大配体不稳定（大的配体可能由于受到空间位阻而难以有效配位或与硬酸难以形成稳定配合物）时，在这些情况下，硬酸与软碱的结合可能成为次优选择，其受到动力学、化学环境和配体可用性等多方面因素的影响。比如高价金属离子与含氮杂环配体（如图 3.3.7）的 MOFs。这类 MOFs 结合了高价金属离子和含氮杂环配体，这些高价金属离子通常具有更大的配位数和更强的配位能力，通过高价金属离子与含氮杂环配体的自组装，可以形成具有高稳定性和特殊功能的 MOFs。它们通常具有很好的化学稳定性和热稳定性，适合严苛条件下的应用，如催化、气体存储和分离等。但形成这类 MOFs 的条件通常较为苛刻，可能需要较高的温度、特定的 pH 值或特殊的溶剂环境。

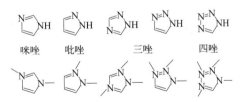

咪唑　　　　吡唑　　　　三唑　　　　四唑

图 3.3.7　偶氮酸盐的结构和典型配位模式

在所有这些 MOFs 的合成过程中，自组装是一个关键步骤，它使金属离子和有机配体能够按照一定的几何方式排列和连接，最终形成具有规则孔隙结构的三维框架。通过调节合成条件，如温度、溶剂、金属离子和配体的种类及其比例等，可以在一定程度上控制 MOFs 的孔径大小、孔隙率以及功能性。合成 MOFs 材料首先需要设计结构与功能，从而选取合适的有机配体和骨架节点，并对配体进行官能团修饰。方法包括扩散法、溶剂热法、电化学法、机械化学法、超声合成法及微波辅助法。其中扩散法适合单晶或纳米晶体，通过缓慢扩散促进晶体生长；溶剂热法常用于快速生长高结晶度晶体；电化学法操作简单、条件温和；机械化学法适用于大规模生产，环境友好；超声合成法与微波辅助法因操作简便、反应快速而受到青睐。可以根据不同的设计需求和目标结构，通过调整合成条件来优化 MOFs 的性能。

（3）MOFs 杂化材料的性能

MOFs 是一种具有特殊多孔结构的材料，它们由金属离子（或团簇）和有机配体交替连接而成，在气体吸附、催化、传感和能源存储等多个方面都呈现出了优异的性能。

① 气体吸附。在气体吸附领域，MOFs 能够高效吸收气体，以 PCN250（Fe_2M，M＝Fe、Co、Ni、Mn 和 Zn）为例[34]，其中 "PCN" 代表 "porous coordination network"，表明它是一种多孔配位网络；"250" 是该材料的编号，用于区分不同的 MOFs 结构。Fe_2M 表示每个单元中含有两个铁离子和一个 M 离子。通过改变 M 的种类，可以调控 PCN250 的性质和应用领域。这种材料不仅化学性质稳定，而且对甲烷（CH_4）的吸收能力特别强。原因在于它有适宜的空间结构和高电荷的金属位点，可以让甲烷分子被有效地吸附和分散。更进一步，这些金属位点能通过电荷诱导作用增强甲烷分子的极化，进而吸附更多的气体分子，实现高效的多层次吸附。

② 催化性能。MOFs 因其在光照下能够响应的独特性能，成为引人瞩目的催化剂材料。特别是，富含光敏性的钛基 MOFs，如 MIL-125[35]，其不仅能够在可见光范围内吸收光能，还显示出对二氧化碳（CO_2）的优异吸附性能，使其成为光催化领域极具前景的研究对象。近期研究发现，经过改性的 MIL-125-NH_2 可以有效促进光催化过程，包括制氢和 CO_2 还原。此外，MOFs 的多功能性质也使它们在多种电化学反应中展现出作为高效催化剂的可能性。

③ 传感性能。MOFs 的杂化构建为设计高性能传感器提供了新的可能性，即 MOFs 的多孔结构可提供大量的吸附位点，这对传感应用至关重要。通过引入其他功能性材料，如纳米颗粒或有机分子，还可以进一步地优化孔道的结构，增强吸附能力，可以更有效地捕获目标分子。在生物传感方面，通过引入生物亲和性分子，如抗体或 DNA，MOFs 杂化材料可以实现对生物分子的高度选择性检测。这种生物亲和性杂化不仅提高了传感器的特异性，还为生物分子的检测提供了新的途径。

④ 能源存储。作为一类新型材料，MOFs 在能源存储领域的应用近年来得到了广泛关注。例如，其较大的表面积可为锂离子电池提供更多的锂离子吸附点，从而增强电池的储能能力。通过与电导率高的材料结合，比如石墨烯，MOFs 的电导性能得以提升，进而优化锂离子电池的电荷传递效率。此外，MOFs 的金属中心可以根据需要选择和调整，这种灵活性使得其电化学属性可以针对锂离子电池的特定需求进行优化。与传统电池材料相比，MOFs 展示了更优异的循环稳定性，其结构中的多孔性和金属中心的精心选择有助于缓解电池使用过程中的结构退化，延长电池寿命。在超级电容器应用方面，MOFs 凭借其高比表面积和多孔结构成为理想之选，为电荷存储提供大量位点，显著提升电容性能。通过不同金属中心和有机配体的组合，MOFs 的电化学性质可通过合成方法进行调整，这种

可控性赋予了其在电荷存储和释放过程中更佳的性能，为满足不同应用需求的超级电容器提供了广泛的选择。

（4）MOFs 杂化材料在柔性电子器件中的应用

MOFs 的导电性很低并且力学性能较脆弱，使得其与柔性电子设备的可穿戴传感集成具有一定的挑战性。因此，导电 MOFs（ECMOFs）应运而生。作为一种新兴的多功能材料，ECMOFs 具有丰富的催化活性位点、高多孔结构和固有导电性，这些都是传感应用中非常需要的。

通常认为 ECMOFs 中的电子输运性质类似于有机-无机杂化半导体，因此，根据有机-无机杂化半导体的导电机制，ECMOFs 的内在导电机制（如图 3.3.8 所示）可分为以下三种：通过空间机制、键机制以及跳跃输运机制[36]。

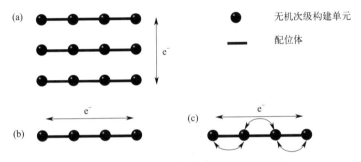

图 3.3.8　ECMOFs 中的电子输运机制

首先，通过空间机制，电荷的传递并不依赖于直接的共价键连接，而是通过相邻原子间的电场或者相互作用力来实现电子的移动，如图 3.3.8（a）。其次，键机制涉及有机配体中的 π 电子或金属中心的电子，这些电子通过相邻原子之间的化学键进行传导，这与传统有机分子中电子传导的方式相似，如图 3.3.8（b）。第三种机制，称为跳跃输运机制，描述的是电子通过跳跃到晶格中不同的局域或离域状态来传递，而不是沿着直线路径。这种方式涉及材料中的电子在不同位置间的跳跃，包括配体或节点间的氧化还原状态变化，如图 3.3.8（c）。在电化学反应过程中，ECMOFs 对于促进电子从反应物向电极的迁移至关重要。因此，这些材料的电导率直接影响到基于 ECMOFs 的柔性电子设备的电化学性能，如充电速率和快速充放电能力。

ECMOFs 具备了未来电子材料的潜力，其能够克服当前有机材料在开发高效 n 型材料方面遇到的挑战，如电子迁移率低、空气稳定性差以及合成困难等，图 3.3.9 是 ECMOFs 的一些典型有机配体。结合了电导性和纳米孔隙结构的 ECMOFs 特别适合于电阻式化学传感器的开发，在这种应用中，目标分子可通过渗透进入 ECMOFs 孔隙而改变其电导率。此外，纳米孔隙结构对于热电材料也非常有用，因为这种结构能降低材料的热导率，同时其丰富的配体和金属中心提供了调节塞贝克系数（即单位温度差下材料中电荷载流子的电压变化率）的可能性。

最后，导电 MOFs 的低密度和高表面积也使其成为光电应用领域理想的候选材料之一，包括但不限于太阳能转换和发光二极管（LED）等领域，且对于开发下一代高性能的可充电电池和超级电容器等能量存储器件尤为重要。

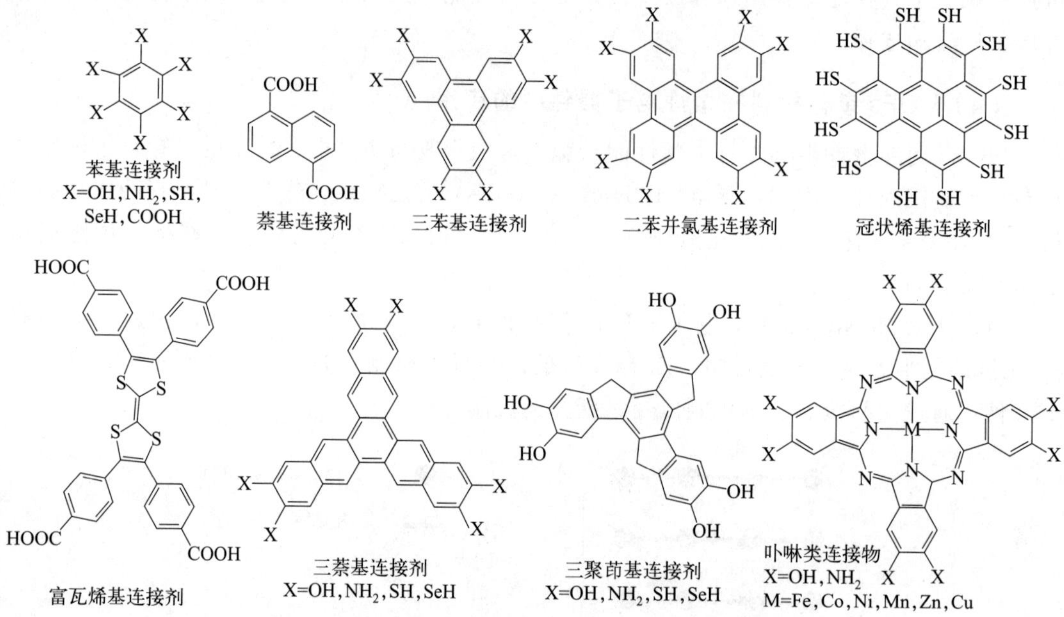

图 3.3.9　ECMOFs 的典型有机配体结构

参考文献

［1］ Roduner E. Size matters：why nanomaterials are different. Chemical Society Reviews, 2006, 35 (7)：583-592.

［2］ Khedr M, Bahgat M, Nasr M, Sedeek E. CO_2 decomposition over freshly reduced nanocrystalline Fe_2O_3. Colloids and Surfaces A：Physicochemical and Engineering Aspects, 2007, 302 (1-3)：517-524.

［3］ Tang N, Zhong W, Gedanken A, et al. High magnetization helical carbon nanofibers produced by nanoparticle catalysis. The Journal of Physical Chemistry B, 2006, 110 (24)：11772-11774.

［4］ Simmons J. G. Generalized formula for the electric tunnel effect between similar electrodes separated by a thin insulating film. Journal of Applied physics, 1963, 34 (6)：1793-1803.

［5］ Almeida G, Ubbink R F, Stam M, et al. InP colloidal quantum dots for visible and near-infrared photonics. Nature Reviews Materials, 2023, 8 (11)：742-758.

［6］ Abergel D, Apalkov V, Berashevich J, et al. Properties of graphene：a theoretical perspective. Advances in Physics, 2010, 59 (4)：261-482.

［7］ Wang J, Deng S, Liu Z, et al. The rare two-dimensional materials with Dirac cones. National Science Review, 2015, 2 (1)：22-39.

［8］ Jang H, Park Y J, Chen X, et al. Graphene-based flexible and stretchable electronics. Advanced Materials, 2016, 28 (22)：4184-4202.

［9］ Wang Q H, Kalantar-Zadeh K, Kis A, et al. Electronics and optoelectronics of two-dimensional transition metal dichalcogenides. Nature Nanotechnology, 2012, 7 (11)：699-712.

［10］ Naguib M, Mochalin V N, Barsoum M W, et al. MXenes：A New Family of Two-Dimensional Materials. Advanced Materials, 2014, 26 (7)：992-1005.

［11］ 解士杰, 尹笋, 高琨. 有机固体物理. 北京：科学出版社, 2012.

［12］ 黄维, 密保秀, 高志强. 有机电子学. 北京：科学出版社, 2011.

［13］ Godlewski J, Obarowska M. Application of organic materials in electronics. The European Physical Journal Special Topics, 2007, 144 (1)：51-66.

[14]　Gill W D. Drift mobilities in amorphous charge-transfer complexes of trinitrofluorenone and poly-n-vinylcarbazole. Journal of Applied Physics, 1972, 43 (12): 5033-5040.

[15]　Schein L B, Rosenberg A, Rice S L. Hole transport in a molecularly doped polymer: p-diethylaminobenzaldehyde-diphenyl hydrazone in polycarbonate. Journal of Applied Physics, 1986, 60 (12): 4287-4292.

[16]　Bässler H. Charge transport in disordered organic photoconductors: A Monte Carlo simulation study. Physica Status Solidi B (Basic Research), 1993, 175 (1): 15-56.

[17]　Schönherr G, Bässler H, Silver M. Dispersive hopping transport via sites having a Gaussian distribution of energies. Philosophical Magazine B, 1981, 44 (1): 47-61.

[18]　Novikov S V, Dunlap D H, Kenkre V M, et al. Essential role of correlations in governing charge transport in disordered organic materials. Physical Review Letters, 1998, 81 (20): 4472.

[19]　Blom P W M, Vissenberg M. Charge transport in poly (p-phenylene vinylene) light-emitting diodes. Materials Science and Engineering, 2000, 27 (3-4): 53-94.

[20]　Shirota Y, Kageyama H. Charge carrier transporting molecular materials and their applications in devices. Chemical reviews, 2007, 107 (4): 953-1010.

[21]　Lampert M A, Mark P. Current Injection in Solids. New York: Academic Press, 1970.

[22]　Lazić V, Nedeljković J M. Organic-Inorganic Hybrid Nanomaterials: Synthesis, Characterization, and Application. Nanomaterials Synthesis, 2019: 419-449.

[23]　Chen C, Zhu H, Li B G, et al. Fabrication of Metal-Organic Framework/Polymer Composites via a One-Pot Solvent Crystal Template Strategy. ACS Applied Polymer Materials, 2021, 3 (4): 2038-2044.

[24]　Kang Y, Wu Q. A review of the relationship between the structure and nonlinear optical properties of organic-inorganic hybrid materials. Coordination Chemistry Reviews, 2024, 498: 215458.

[25]　Chen Q, de Marco N, Yang Y, et al. Under the spotlight: The organic-inorganic hybrid halide perovskite for optoelectronic applications. Nano Today, 2015, 10 (3): 355-396.

[26]　Dincă M, Léonard F. Metal-organic frameworks for electronics and photonics. MRS Bulletin, 2016, 41 (11): 854-857.

[27]　Yuan S, Feng L, Wang K, et al. Stable Metal-Organic Frameworks: Design, Synthesis, and Applications. Advanced Materials, 2018, 30 (37): 1704303.

[28]　Wang K, Li Y, Xie L H, et al. Construction and application of base-stable MOFs: a critical review. Chemical Society Reviews, 2022, 51 (15): 6417-6441.

[29]　Li W, Wang Z, Deschler F, et al. Chemically diverse and multifunctional hybrid organic-inorganic perovskites. Nature Reviews Materials, 2017, 2 (3): 16099.

[30]　Liang X, Ge C, Fang Q, et al. Flexible Perovskite Solar Cells: Progress and Prospects. Frontiers in Materials, 2021, 8: 634353.

[31]　Li C H, Lu X, Ding W Z, et al. Formability of ABX$_3$ (X = F, Cl, Br, I) halide perovskites. Structural science, 2008, 64, 6: 702-707.

[32]　Filip M R, Giustino F. The geometric blueprint of perovskites. Proceedings of the National Academy of Sciences of the United States of America, 2018, 115 (21): 5397-5402.

[33]　Xie X, Shang L, Xiong X, et al. Fe Single-Atom Catalysts on MOF-5 Derived Carbon for Efficient Oxygen Reduction Reaction in Proton Exchange Membrane Fuel Cells. Advanced energy materials, 2022, 12 (3): 2102688.

[34]　Dong C, Yang J J, Xie L H, et al. Catalytic ozone decomposition and adsorptive VOCs removal in bimetallic metal-organic frameworks. Nature Communications, 2022, 13 (1): 4991.

[35]　Sun Y, Ji H, Sun Y, et al. Synergistic Effect of Oxygen Vacancy and High Porosity of Nano MIL-125 (Ti) for Enhanced Photocatalytic Nitrogen Fixation. Angewandte Chemie International Edition, 2023, 63 (3): e202316973.

[36]　Li C, Sun X, Yao Y, et al. Recent advances of electrically conductive metal-organic frameworks in electrochemical applications. Materials Today Nano, 2021, 13: 100105.

第4章

柔性场效应晶体管

1925 年，Lilienfeld 首先提出了场效应晶体管的概念：依靠一个强电场在半导体表面产生一种电流，通过控制电场的强度来控制半导体表面电流的大小[1]。直到 1959 年，贝尔实验室的 Kahng 和 Atalla 成功地展示了第一个硅基的金属-氧化物-半导体场效应晶体管（metal oxide semiconductor FET，MOSFET），实现了一个历史性的突破。此后，基于无机半导体的场效应晶体管的研究逐渐趋于成熟，MOSFET 成了超大规模集成电路的基本单元。随着后摩尔时代的来临，柔性晶体管也开始逐渐崭露头角，本章将介绍柔性场效应晶体管所涉及的工作原理、结构及其发展现状。

4.1 场效应管的结构与原理

场效应晶体管（field effect transistor，FET）是一种利用电场效应来控制电流的三端式器件（称为三极管）。它是用输入电压控制输出电流，且仅由一种载流子参与导电的半导体器件。从参与导电的载流子来划分，包括以电子作为载流子的 n 沟道器件和以空穴作为载流子的 p 沟道器件。从场效应三极管的结构来划分，它有两大类，分别是结型场效应晶体管（junction FET，JFET）和绝缘栅型场效应晶体管（insulated gate FET，IG-FET），IGFET 也称金属-氧化物-半导体场效应晶体管（metal-oxide-semiconductor FET，MOSFET）。目前主流的柔性场效应管的结构与原理基本上都与 MOSFET 相类同。

结型场效应管因有两个 p-n 结而得名，绝缘栅型场效应管则因栅极与其他电极完全绝缘而得名。但按导电方式来划分，场效应管又可分成耗尽型与增强型。本节将先介绍 JFET，接着再重点介绍 MOSFET 所涉及的结构与原理。

4.1.1　结型场效应晶体管（JFET）

（1）结构及其原理

结型场效应管是最简单的场效应晶体管之一，可用作电子控制开关或电阻，或构建放大器。其主要原理是通过外加电场来控制器件内部 p-n 结宽度，进而达到控制器件导电性能的目的，因此而得名。结型场效应管是一种三端半导体器件（如图 4.1.1），以 n 沟道结型场效应管为例，其结构由 n 型半导体材料和在其上形成的两个 p 型高掺杂区域构成，即在 n 型半导体硅片的两侧各制造一个 p-n 结，形成两个 p-n 结夹着一个 n 型沟道的结构。另外，还有一个 p 区为栅极（gate，简称 G），栅极被用来控制结型场效应管，它与 n 沟道组成一个 p-n 二极管。n 型硅的一端是漏极（drain，简称 D），另一端是源极（source，简称 S）。尽管电流是从漏极流到源极，但漏极和源极的名字是从载流子的角度来定义的。n 沟道场效应管中的载流子是电子，从器件的角度来看，电子是从源极源源不断流入，最后从漏极流出。在没有外加电场的情况下，结型场效应管内部会自然形成两个 p-n 结，耗尽区内没有自由载流子，不能导电。

根据结型场效应三极管的结构，因它没有绝缘层，所以只能工作在反偏的条件下，对于 n 沟道结型场效应三极管只能工作在负栅压区，p 沟道的只能工作在正栅压区，否则将会出现栅流。

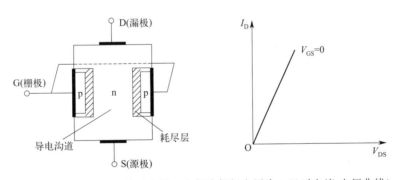

图 4.1.1　结型场效应管示意图（右侧为栅极电压为 0 V 时电流-电压曲线）

当源漏电极间的电压 $V_{DS}=0V$ 时，栅源电极间的电压 V_{GS} 可以用来控制导电沟道的宽度。在栅极没有电压的情况下，结型场效应管是导电的（如图 4.1.1 的左图所示）。此时如果我们在漏极 D 和源极 S 之间施加一个微小正电压 V_{DS}，那么漏极和源极之间会形成电流，其电压和电流关系呈线性，如图 4.1.1 的右图所示。

当 $V_{DS}=0V$ 时，给栅源之间施加一个小的负偏置电压 V_{GS}，则 p-n 结反偏，如图 4.1.2。V_{GS} 越大则耗尽区越宽，导电沟道越窄。由于此时的 p-n 结反偏，从栅极流入的电流极其微小，耗尽区宽度扩大但是有限，仍存在导电沟道，源漏电极间仍呈线性电阻，但导电通道变窄，使表现出来的电阻比之前无栅极偏置电压时大，即电流-电压曲线的斜率变小（如图 4.1.2 右图所示）。

如果继续增加栅极和源极之间的负电压，p-n 结（耗尽区）的宽度也会进一步增加。当 V_{GS} 达到一定值时（夹断电压 V_P，即 $V_{GS}=V_P$），两侧的耗尽区相接触，使源漏电极间的导电通道被夹断，即源极和漏极之间的沟道消失，源漏极之间不再导通，这

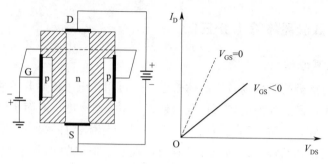

图 4.1.2　栅极电压为较小负值时的情况

时即使 $V_{DS} \neq 0V$，漏极电流 I_D 仍保持为 0。夹断电压由沟道的宽度 W 和掺杂密度 N_D 决定：

$$V_P = \frac{qN_DW^2}{2\varepsilon_r\varepsilon_0} \qquad (4.1.1)$$

此时，我们称沟道处于夹断状态。夹断状态的内部结示意图和电压电流关系如图 4.1.3 所示，左图表示被夹断的器件状态。

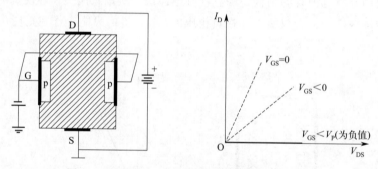

图 4.1.3　栅极电压为较大负值时的情况（夹断）

当 $V_{GS} < V_P$ 且 $V_{DS} > 0$、$V_{GD} < V_P$ 时，V_{DS} 从 0 开始增加，当漏极和源极之间形成电流后，器件内部的 p-n 结的宽度会发生略微变化。由于负偏置 $V_{GD} = V_{GS} - V_{DS}$ 将随正偏置 V_{DS} 增加而增大，根据欧姆定律，沟道中上下各点处的电压会形成梯度，使靠近漏极处的耗尽层加宽，沟道变窄，呈楔形。尽管沟道中仍是电阻特性，但呈现出非线性电阻特性。当 V_{DS} 增加到使 $V_{GD} = V_{GS} - V_{DS} = V_P$ 时，在靠近漏极处出现预夹断。当 V_{DS} 继续增加，漏极处的夹断继续向源极方向生长延长。此时电流 I_D 由未被夹断区域中的载流子形成，基本不随 V_{DS} 的增加而增加，呈恒流特性。图 4.1.4 分别表示了三种情形下的耗尽层分布情况。

JFET 的特性曲线有两种，一种是转移特性曲线，另一种是输出特性曲线，相较于 MOSFET 的栅压可正可负，JFET 的栅压 V_{GS} 只能是 p 沟道时为正，或 n 沟道时为负。JFET 的特性曲线如图 4.1.5 所示。结型场效应晶体管有三个工作区域，分别是欧姆区、截止区（夹断区）、饱和区（放大区）。从图中我们可以看到，当 V_{DS} 为较小值时，V_{DS}-I_D 呈线性关系，表现得像一个普通电阻；而当 V_{DS} 大于夹断电压后，电流 I_D 就达到饱和值，不再继续增加。当 $V_{GS} < 0$ 时，就算不加 V_{DS} 电压，p-n 结也处于反偏状态，沟道宽度比原来窄，沟道电阻比原来大。加上 V_{DS} 后，由于中间的 n 沟道本来就比较窄，因此较小

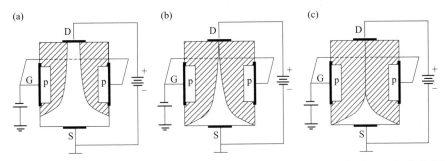

图 4.1.4 （a）欧姆区，电流增大；（b）预夹断，电流趋于饱和；（c）恒流区，电流达到饱和

的 V_{DS} 就能使 I_D 达到饱和，且此时的饱和电流也比 $V_{GS}=0$ 时小。如果 V_{GS} 继续负向增加，n 沟道夹断，此时无论 V_{DS} 增加多少，I_D 都为 0。

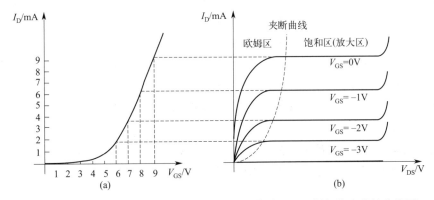

图 4.1.5 （a）n 沟道结型场效应管转移特性曲线；（b）漏极输出特性曲线图

转移特性曲线满足以下公式：

$$I_D = f(V_{GS})|_{V_{DS}=常量} \tag{4.1.2}$$

$V_{DS} < V_{DS(sat)}$ 的区域称为欧姆区（Ohmic region），$V_{DS(sat)}$ 为沟道刚夹断时的 V_{DS}。在此区域内，每个不同的 V_{GS} 对应着一个不同的 V_{DS}-I_D 曲线斜率，此时 JFET 可用作压控可变电阻。V_{GS} 的绝对值越大，曲线斜率就越小，阻值也就越大。

中间的区域称为饱和区（saturation region）或线性放大区（linear amplification region），一般在 JFET 用作放大器电路时，就工作在这个区域。各条 V_{GS} 曲线的间隔是非等距的，对于同样的 V_{GS} 梯度，越靠近上面分得越开，而越靠近底下则越密。当管子工作在饱和区，满足 $V_{GS} > V_P$ 且 $V_{GD} < V_P$，恒流区满足公式：

$$I_D = I_{DSS}(1 - \frac{V_{GS}}{V_P})^2 \tag{4.1.3}$$

上式也称为 JFET 的肖克莱方程（Shockley's equation）。其中，I_{DSS} 为 $V_{GS}=0$ 时的饱和电流；V_{GS} 是自变量；I_D 为在不同 V_{GS} 下的漏极饱和电流。对于不同型号的管子，V_P、I_{DSS} 是不同的。输出特性还包括低频跨导 g_m，用来描述动态的 V_{GS} 对漏极电流 I_D 在恒流区的控制作用，满足公式：

$$g_m = \frac{\Delta I_D}{\Delta V_{GS}}\bigg|_{V_{DS}=常量} \tag{4.1.4}$$

当沟道被完全夹断时，称为截止区。此时 $I_D = 0$，在图 4.1.5 中表现为最下面与横坐标轴相重合的一条曲线。

（2）符号表示

JFET 的电路符号如图 4.1.6 所示。图中的箭头表示了沟道和栅极之间 p-n 结的极性。如同一般的二极管一样，当箭头从 p 区指向 n 区，表示正向偏压下的电流方向。结型场效应管的栅极还可以被画在沟道的中部，这个对称结构表示漏极和源极是可以相互对换的，因此这个符号仅被用在两极的确可以互相对换的结型场效应管上。

由以上的介绍可知，JFET 是一种常通器件，当不施加栅极控制电压时，器件保持常通，此时沟道导电性能最好。当施加负的栅极控制电压后，器件的导电性能变弱。当栅极控制电压超过某个阈值时，器件完全截止。由于外加的栅极控制电压会使原本正常导通的沟道变窄，直至最后耗尽消失，因

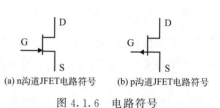

(a) n沟道JFET电路符号　　(b) p沟道JFET电路符号

图 4.1.6　电路符号

此称这种工作模式的 FET 为耗尽型工作模式的 FET。此外，由于栅极和沟道之间的 p-n 结始终处于零偏或反偏状态，因此作为控制极的栅极只需要提供电压，而无电流流入。典型的 JFET 的输入阻抗可达几百兆欧，因此栅极可视为近似绝缘。结型场效应晶体管的缺点在于：①栅源极间的电阻虽然可以达到 $10^7 \Omega$ 以上，但在某些场合仍不够高；②在高温下，p-n 结反向电流增大，栅源极间的电阻会显著下降；③栅源极间的 p-n 结加正向电压时，将出现较大的栅极电流。而绝缘栅极场效应管（MOSFET）可以很好地解决这个问题。

4.1.2　金属-氧化物-半导体场效应晶体管

MOSFET 本质上也是一种压控器件，即通过电压控制器件的工作状态。它的输入电阻可达 $10^9 \Omega$ 以上，可以用于大规模的集成电路。MOSFET 与 JFET 最大的区别在于，它的栅极与沟道之间是完全绝缘的，因此有时也称为 IGFET（绝缘栅场效应晶体管）。

（1）MOSFET 结构及其原理

场效应晶体管是当前所有电子电路和处理器的基础，它是一个三端器件（如图 4.1.7 所示）。衬底由一整块 p 型材料构成，可以通过一金属端单独引出（图中为 B 极）。在 p 型半导体上生成一层 SiO_2 薄膜绝缘层，然后用光刻工艺扩散两个高掺杂的 n 型区。漏极和源极都是 n 型材料，同样由金属端子引出，一个是漏极 D，一个是源极 S。在源极和漏极之间的绝缘层上镀一层金属作为栅极 G。栅极的金属层和整个 MOSFET 之间隔了一层很薄的绝缘材料二氧化硅，这里称为电介质。由于栅极和整个 MOSFET 之间没有电接触，因此 MOSFET 有很高的输入阻抗。MOS 这三个字母中的 M 指栅极的金属端子（metal），O 指二氧化硅绝缘层（oxide），S 指半导体（semiconductor）。现在由于工艺改进，栅极基本上不使用金属而改用导电性良好的多晶硅。

源极和漏极间的电流由施加到第三个端子（称为栅极）的偏置电压所控制。这种栅极

控制可以使晶体管作为开关，在开启时可以传导大电流，即处在导通状态，在关闭时仅存在非常小的电流，即处于关断状态[2]。

MOSFET 也可以分为两大类，n 沟道 MOSFET 和 p 沟道 MOSFET。n 型 MOSFET 由两个 n 型半导体区域组成，分别称为 NMOS 晶体管的漏极和源极，这些区域由 p 型衬底分隔开[3]。不论 n 沟道 MOSFET 还是 p 沟道 MOSFET，均可以分为增强型和耗尽型。当$V_{GS}=0$ 时，源漏间不存在导电沟道称为增强型场效应管。栅极加电压使绝缘层与半导体界处逐步形成沟道，沟道内载流子逐步增加，导电能力逐步增强。当$V_{GS}=0$ 时，源漏间存在导电沟道称为耗尽型场效应管。栅极加电压使沟道逐步耗尽，导电能力逐步减弱。无论是 n 沟道 MOSFET 还是 p 沟道 MOSFET，它们的导通与关断都依赖于栅极（G）、源极（S）和漏极（D）之间的电压差。MOSFET 的电路符号如图 4.1.8。

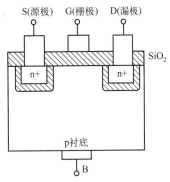

图 4.1.7　MOSFET 结构示意图

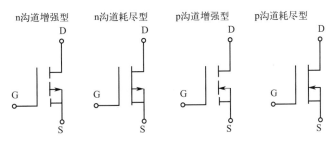

图 4.1.8　电路符号

以增强型晶体管为例，在没有外加电场时，源漏极的 n 区和 p 衬底之间会形成两个耗尽区（即 p-n 结），耗尽区内几乎没有自由载流子，不能导电。即当$V_{GS}=0V$ 时，漏源之间相当两个背靠背的二极管，在 D、S 之间加上电压不会在 D、S 间形成电流。当栅极加有电压且 $0<V_{GS}<V_T$ 时（V_T 称为阈值电压或开启电压），通过栅极和衬底间的电容作用，将靠近栅极下方的 p 型半导体中的空穴向下方排斥，出现了一薄层负离子的耗尽层。耗尽层中的少子将向表层运动，但数量有限，不足以形成沟道，将漏极和源极导通，所以不能形成漏极电流I_D。

进一步增加V_{GS}，当$V_{GS}>V_T$ 时，由于此时的栅极电压已经比较强，在靠近栅极下方的 p 型半导体表层中聚集了较多的电子，因与 p 型半导体的载流子空穴极性相反，故称为反型层（如图 4.1.9 灰色区所示）。当反型层将两个 n 区相接时，可以形成导电通道，将漏极和源极连通。如果此时加有漏源电压，就可以形成漏极电流I_D。随着V_{GS} 的继续增加，I_D 将不断增加。在$V_{GS}=0V$ 时，$I_D=0$，只有当$V_{GS}>V_T$ 后才会出现漏极电流，这种 MOS 管称为增强型 MOS 管。

V_{GS} 对漏极电流的控制关系同样可以表示为式(4.1.2)，得到的电流-电压曲线被称为 MOSFET 的转移特性曲线，见图 4.1.10。转移特性曲线的斜率（即跨导g_m）的大小反映了栅源电压对漏极电流的控制作用。跨导的定义式也与 JFET 的跨导公式一致，即式(4.1.4)，其量纲为 mA/V。

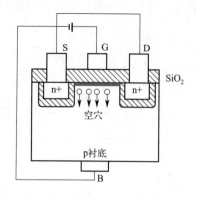

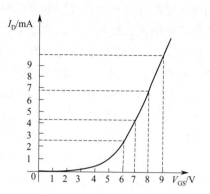

图 4.1.9　增强型 MOSFET 工作示意图　　　　图 4.1.10　转移特性曲线图

下面来分析漏源电压 V_{DS} 对漏极电流 I_D 的影响。当 $V_{GS} > V_T$ 且固定为某一值时，V_{DS} 的不同变化对沟道的影响如图 4.1.11 所示。根据此图可以有如下关系：

$$V_{DS} = V_{DG} + V_{GS} \tag{4.1.5}$$

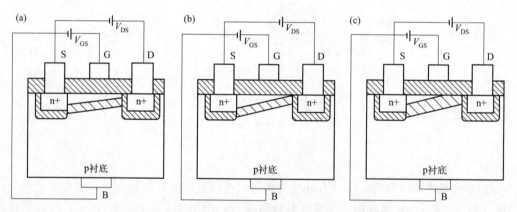

图 4.1.11　V_{DS} 的不同变化对沟道的影响示意图

(a) 欧姆区 I_D 随 V_{DS} 的增大而增大；(b) 预夹断，电流趋于饱和；(c) 饱和区 I_D 仅受控于 V_{DS}

当 V_{DS} 为 0 或较小时，且 $V_{GS} > V_T$，沟道分布如图 4.1.11(a)，此时 V_{DS} 基本均匀降落在沟道中，沟道呈斜线分布。当 V_{DS} 增加到 $V_{DS} = V_{GS} - V_T$ 时，沟道如图 4.1.11(b) 所示。这相当于 V_{DS} 增加使漏极处沟道缩减到刚刚开启的情况，称为预夹断。当 V_{DS} 增加到 $V_{GS} < V_T$ 时，沟道如图 4.1.11(c) 所示。此时预夹断区域加长，伸向 S 极。V_{DS} 增加的部分基本降落在随之加长的夹断沟道上，I_D 基本趋于不变。

当 $V_{GS} > V_T$ 且固定为某一值时，V_{DS} 对 I_D 的影响可以表示为：

$$I_D = f(V_{DS})|_{V_{GS} = 常量} \tag{4.1.6}$$

这一关系曲线如图 4.1.12 所示，称为漏极输出特性曲线。当漏极和源极之间形成导电沟道后，与 JFET 器件中发生的情况类似，在沟道中会产生梯度电压。因此器件内部的耗尽区和沟道宽度也会发生一些变化。与 JFET 中情况类似，随着漏极和源极之间的电压继续增大，最终会使得沟道在靠近漏极处几乎被夹断。最终电流 I_D 会达到一个恒定的极限平衡饱和值，当漏极和源极之间的电压再继续增大时，漏极电流 I_D 不会继续增大，而是维持在这一饱和值不变。最后当 n 沟道被完全阻断时，无论 V_{DS} 加多少，I_D 都为零。

在直线区域：

$$I_D = \frac{W}{L} C_{ox} \mu \left[(V_{GS} - V_T) V_D - \frac{1}{2} V_{DS}^2 \right] \tag{4.1.7}$$

在饱和区域：

$$I_D = \frac{W}{2L} C_{ox} \mu (V_{GS} - V_T)^2 \tag{4.1.8}$$

式中，I_D 为漏电流；W 和 L 分别为器件沟道宽度和长度；C_{ox} 是绝缘层电容；μ 为场效应迁移率。

n 沟道耗尽型 MOSFET 结构与增强型 n 沟道 MOSFET 结构相同，只是其工作方式不同。n 沟道耗尽型 MOSFET 结构如图 4.1.13 所示，其在 $V_{GS}=0$ 时就可导通。

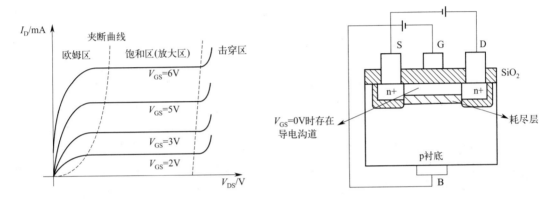

图 4.1.12　漏极输出特性曲线图　　　　　图 4.1.13　n 沟道耗尽型 MOSFET 结构示意图

当在源极和漏极两个端子之间施加电位差时，电流会流过衬底的整个 n 区。当在该 MOSFET 的栅极端施加负电压时，电荷载流子（如电子）将在介电层下方的 n 区域内被排斥并向下移动。因此，在通道内将发生电荷载流子耗尽。因此，整体沟道电导率降低。当负电压进一步增加，它就会达到夹断模式。漏极电流是通过改变沟道内电荷载流子的耗尽来控制的，所以这种晶体管被称为耗尽型 MOSFET。

因此，与 JFET 类似，耗尽型 MOSFET 也是一种常通器件，当不施加栅极控制电压时，器件保持常通；当施加负的栅极控制电压后，器件的导电性能变弱；当栅极控制电压超过某个阈值时，器件完全截止。与 JFET 不同的是，耗尽型 MOSFET 还可以工作于"增强"模式下，当在栅极施加正电压时，器件的导电能力会得到增强。因此耗尽型 MOSFET 既可以工作于耗尽模式下，也可以工作于增强模式下。

由于栅极和沟道之间由氧化层完全绝缘，因此耗尽型 MOSFET 的输入阻抗比 JFET 还要大几个数量级，栅极几乎可视为完全无电流流入。但是由于这个栅极氧化层非常薄，耗尽型 MOSFET 很容易被静电击穿（几十到几百伏）。

（2）MOSFET 的亚阈值性能参数

在晶体管中，沟道反转是指在特定条件下，半导体材料的表面形成一个反型层，从而使得电流能够通过该层进行流动的现象。具体来说，在 n 型 MOSFET 中，当施加在栅极上的电压（称为栅极电压）足够高时，栅极下方的 p 型半导体材料表面会吸引电子，形成一个反型层（n 型沟道），从而允许电流从源极流向漏极。这个过程称为"沟道反转"，p 型材料在高电压下局部表现出 n 型行为。同样地，在 p 型 MOSFET 中，当栅极电压足够低（通常是负电压）时，n 型半导体材料表面会吸引空穴，形成一个 p 型反型层，允许电流从源极流向漏极。

MOSFET 沟道反转之前的工作区域称为亚阈值区域。亚阈值参数是获得所需且可靠的 MOSFET 性能的决定因素。

① 阈值电压　阈值电压是指使栅下方的硅表面开始发生强反型时的栅电压，记为 V_T。阈值电压的值主要取决于表面电势（半导体材料的表面或界面处的电势，在 MOSFET 中表面电势由施加在栅极上的电压所控制）。当硅表面处的少子浓度达到或超过体内的平衡多子的浓度时，称为表面发生了强反型。当 $V_{GS} < V_T$ 时，MOSFET 仍可微弱导电，称为亚阈值区导电。这时的漏极电流称为亚阈值电流，记为 I_{Dsub}。亚阈电流虽然较小，但是它却能很好地受到栅极电压的控制，所以亚阈状态的 MOSFET 在低电压、低功耗应用时很有利。

② 断态电流　在 MOSFET 中，断态电流是指当 MOSFET 处于"关断"状态时（即栅极电压低于阈值电压，且器件不导通），流过漏源之间的漏电流。理想情况下，这个电流应该是非常微小的，但在实际应用中，由于多种因素，它仍然存在并且可能影响器件的性能。断态电流主要包括亚阈值电流、漏端寄生电容泄漏电流、热载流子注入电流、量子隧穿效应电流、漏极和源极之间的表面态漏电流。亚阈值电流是指即使栅极电压低于阈值电压，由于扩散和漂移效应，仍有少量电流流过沟道。漏端寄生电容泄漏电流是指由于漏端与衬底之间存在寄生电容，这部分电容的泄漏电流也会贡献到断态电流中。热载流子注入是指高能电子可能会被注入氧化层中，这些电子会导致漏电流的增加。量子隧穿效应是指在极小尺寸的 MOSFET 中，电子可能通过栅极氧化层或结区隧穿，从而产生漏电流。漏极和源极之间的表面态漏电流是指由于半导体表面状态的影响，也会有一定的漏电流。

③ 通态电流　当栅极电压大于 MOSFET 的阈值电压时，MOSFET 处于导通状态，电子从源极运动到漏极。这种状态下的电流称为导通电流，用 I_{on} 表示。

④ 亚阈值斜率（SS）　亚阈值斜率（subthreshold slope，SS），也称为亚阈值摆幅或亚阈值摆率（subthreshold swing），是描述 MOSFET 在亚阈值区域（即栅极电压接近阈值电压的区域）导电特性的一个参数。它与 MOSFET 的漏电流 I_D 随栅极电压 V_{GS} 变化的速率有关。亚阈值斜率是栅极电压变化 1V 时，漏电流的对数变化量。

亚阈值斜率通常会受到材料特性（半导体材料的迁移率、掺杂浓度）、器件结构（沟道长度、栅极氧化物厚度、沟道材料）和温度的影响。在低功耗电路设计中，低亚阈值斜率意味着在亚阈值区域 MOSFET 的漏电流对栅极电压变化更敏感，这有助于实现更好的电流控制和更低的功耗。

⑤ 开关比　MOSFET 被广泛用于数字和模拟电路中作为开关元件，因此 MOSFET 的开关特性是其最重要的功能之一。当 $V_{GS} \geqslant V_T$ 时，MOSFET 开启，源极和漏极之间形成导电沟道，允许电流流动。当 $V_{GS} < V_T$ 时，MOSFET 关闭，源极和漏极之间的沟道不存在，电流被阻断。开关比是指 MOSFET 在开启状态下的导通电流与关闭状态下的漏电流的比值。高的开关比意味着 MOSFET 在关闭状态下几乎没有电流泄漏，这对于低功耗应用非常重要。开关比表征了器件的开关效率，开关比越大，在开关过程中的动态损耗就

越小，效率越高。

（3）短沟道效应

短沟道效应（short-channel effects，SCE）是指当 MOSFET 的沟道长度缩小到十几纳米甚至几纳米时出现的一些非理想行为。MOSFET 的平面结构不断缩小，可以提高芯片整体的性能。但随着 MOSFET 尺寸的不断缩小，传统的缓变沟道近似不再成立，从而使内部二维电势分布和大电场的影响变得更加突出。当沟道长度与源极和漏极结中耗尽层的宽度相当时，MOSFET 将遭受到严重 SCE。涉及的非理想行为主要包括：

① 漏电流增加　在短沟道 MOSFET 中，由于沟道长度变得很短，漏电流途径缩小，导致了漏电流的明显增加。这是因为电子在沟道中运动时会发生散射，沟道变短导致电子的速度和能量增加，进而引起更多的漏电流。当沟道过短时，甚至可能出现源漏穿通现象，从而导致器件失效。

② 阈值电压偏移　随着器件中沟道长度的减小，源漏结的耗尽区在整个沟道中所占的比重越来越大，栅下面的硅表面形成反型层所需的电荷量减小，从而使阈值电压显著降低。

为了克服短沟道效应带来的问题，工程师和研究人员采取了许多技术手段，比如引入新材料、改进器件结构、优化工艺等。这些措施旨在提高短沟道 MOSFET 的性能、可靠性和抗短沟道效应能力。

4.1.3　新型场效应管

（1）FinFET

随着基于 CMOS 工艺的晶体管尺寸的不断缩小（以提升芯片的性能），其尺寸已开始接近物理极限。为了将这一限制进一步推向纳米尺度，过去三十年中，科学家们提出了大量创新的晶体管架构。不同于栅极氧化物只在一个平面上的常规平面型 MOSFET，出现了多栅极场效应晶体管，可实现栅极的多侧控制。根据侧边数的不同，多栅极场效应晶体管包括双栅、三栅、四栅或环绕栅结构。这些多栅极结构可对导电沟道进行更好的静电控制，从而减小短沟道效应带来的影响。

一种新的互补式金属氧化物-半导体晶体管 FinFET（fin field-effect transistor，鳍式场效应晶体管）出现，形状与鱼鳍相似（如图 4.1.14 所示）。该项技术的发明人是加州大学伯克利分校的胡正明教授。fin 是鱼鳍的意思，FinFET 由于晶体管的形状与鱼鳍相似而得名。

图 4.1.14 展示了 FinFET 的基本结构，从中可以看出 FinFET 结构将传统平面型 MOSFET 的二维沟道变成了三维立体的沟道，沟道的三个侧面（不包括底部）都可以与栅极相互接触，即沟道区域是一个被栅极包裹的鳍状半导体，沿着源极和漏极方向的鳍的长度为沟道长度。

FinFET 与平面型 MOSFET 结构的主要区别在于其沟道由绝缘衬底上凸起的高而薄的鳍构成，源漏两极分别在其两端，栅极紧贴着其侧壁和顶部，当电压施加到栅极时，电流通过沟道从源极流向漏极。栅极与沟道之间的接触面积越宽，效率就越高。鳍式场效应晶体管工艺采用鳍状 3D 结构增加接触面积，即这种鳍形结构增大了栅围绕沟道的面，从而提高了半导体性能并减少电流泄漏，加强了栅极对沟道的控制，可以有效缓解平面器件中出现的短沟道效应，大幅改善电路控制并减少漏电流，也可以大幅缩短晶体管的栅长。一个 FinFET 晶体管通常包含几个鳍片，它们并排排列，并被相同的栅极覆盖。鳍片的数量可以改变，以此来调整驱动强度和性能，驱动强度随着鳍片数量的增加而增加[4]。Fin-FET 工艺最主要流程包括鳍刻蚀、氧化物沉积、氧化物化学机械抛光、氧化物刻蚀、栅氧化层沉积、多晶硅沉积等步骤。

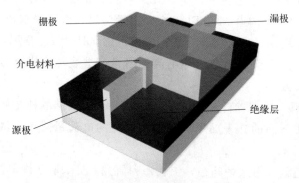

图 4.1.14　FinFET 结构的 3D 视图

FinFET 器件相比传统的平面晶体管来说有明显优势。首先，FinFET 沟道一般是轻掺杂甚至不掺杂的，它避免了离散掺杂原子的散射作用，同重掺杂的平面器件相比，载流子迁移率将会大大提高。另外，FinFET 器件在抑制亚阈值电流和栅极漏电流方面有着绝对的优势[5]。目前，常温下亚阈值摆幅的极限值约为 60mV/dec，且难以随着器件尺寸的缩小而降低。而在 FinFET 中，随着硅鳍厚度的减小，亚阈值斜率也随之减小而趋近于理想值 60mV/dec。这是因为随着硅鳍厚度的减小，栅极对沟道的控制能力会逐渐增大，从而对短沟道效应的抑制作用也会越来越大，从而可以有效抑制短沟道效应，减小亚阈值泄漏电流。由于短沟效应的抑制和栅控能力的增强，FinFET 器件可以使用比传统更厚的栅氧化物，并且由于 FinFET 在工艺上与 CMOS 技术相似，因此技术上比较容易实现。

综合看来，与平面器件相比，FinFET 结构具有更好的沟道控制能力和更好的亚阈值斜率，可以提供更小的泄漏电流和更小的栅极延迟以及更大的电流驱动能力，具有多方面的优势，有着良好的应用前景。

（2）GAAFET

在 FinFET 中，虽然"鳍"的三面均受栅极控制，但仍有一侧是不受控的。而随着栅极长度的进一步缩短，短沟道效应就会更明显，也会有更多电流通过器件底部无接触的部分泄漏。因此，更小尺寸的器件就会无法满足功耗和性能的要求。当 FinFET 中的鳍片宽度接近 5nm，通道宽度变化可能会造成迁移率损失和短沟道效应，导致其对沟道的控制能力不够。于是，人们又开发了环绕式栅极的 FET 结构，以进一步改善栅极与源极、漏极之间相互作用的形式，从而解决上述问题。于是出现了一种环绕式栅极技术晶体管，也叫作 GAAFET（GAA 全称为 gate-all-around），它是一种在通道四边都放置栅极的器件。它基本上是一条硅纳米线或纳米带，周围环绕着栅极。该方法允许垂直堆叠平面通道，从而显著增加有效通道宽度，增加器件驱动电流能力，减少泄漏，降低功耗，提高性能。

GAAFET 是一种经过改良的晶体管结构，其中沟道的所有面都与栅极接触，这样就可以实现连续缩放。早期的 GAAFET 制造使用垂直堆叠纳米薄片的方法，即将水平放置的薄片相互分开地置入栅极之中。相对于 FinFET，这种方法下的沟道更容易控制。而且不同于 FinFET 必须并排多个鳍片才能提高电流，GAAFET 只需多垂直堆叠几个纳米薄片并让栅极包裹沟道就能够获得更强的载流能力。这样，只需要缩放这些纳米薄片就可以获得满足特定性能要求的晶体管尺寸。然而，和鳍片一样，随着技术进步和特征尺寸持续降低，薄片的宽度和间隔也会不断缩减。当薄片宽度达到和厚度几乎相等的程度时，这些纳米薄片看起来会更像"纳米线"。

此外，GAA 架构的晶体管能提供比 FinFET 更好的静电特性，可满足某些栅极宽度的需求。这主要表现在同等尺寸结构下，GAA 的沟道控制能力更强，尺寸进一步微缩更有可能性。相较传统 FinFET 沟道仅 3 面被栅极包覆，GAA 若以纳米线或带沟道设计为例，沟道整个外轮廓都被栅极完全包裹，代表栅极对沟道的控制性更好。从平面晶体管到 FinFET，再到如今的 GAAFET，晶体管的结构变化如图 4.1.15 所示。

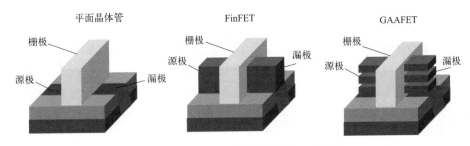

图 4.1.15　不同晶体管结构的 3D 视图

（3）浮栅晶体管

闪存芯片是一种非易失性的存储器，即它可以在断电后保持数据不丢失。闪存芯片的核心部分是浮栅晶体管（floating gate transistor，简称浮栅 MOSFET 或 FGMOS），它是一种特殊的 MOSFET（金属-氧化物-半导体场效应晶体管），它有两个栅极（gate）：一个是控制栅（control gate），如普通场管栅极一样，用导线引出，称为"选择栅"；另一个则处于绝缘层的包围之中不与任何部分相连，称为"浮栅（floating gate）"。浮栅位于控制栅和沟道（channel）之间，可以储存电荷。因此，浮栅晶体管主要用于闪存芯片，是目前闪存芯片的核心部分，其横截面如图 4.1.16 所示。

浮栅晶体管的工作原理是利用热电子注入（hot electron injection）和福勒-诺德海姆隧穿（Fowler-Nordheim tunneling）两种物理效应来实现数据的写入和擦除。以 n 沟道为例，热电子注入是指在给控制栅和源极施加高电压时，沟道中的电子会被加速并获得足够的能量，从而穿透绝缘层并注入浮动栅中，使浮动栅带负电荷；福勒-诺德海姆隧穿是指在给控制栅施加负电压时，浮动栅中的电子会通过量子隧穿效应穿透绝缘层并返回到沟道中，使浮动

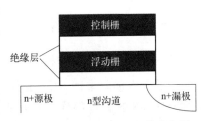

图 4.1.16　浮栅晶体管的横截面图

栅失去电荷。

通常情况下，浮动栅不带电荷，则场效应管处于不导通状态，场效应管的漏极电平为高，则表示数据"1"。编程时，场效应管的漏极和选择栅都加上较高的编程电压，源极则接地。这样大量电子从源极流向漏极，形成相当大的电流，产生大量热电子，由于电子的密度大，有的电子就到达了衬底与浮动栅之间的二氧化硅层，这时由于选择栅加有高电压，在电场作用下，这些电子又通过二氧化硅层到达浮动栅，并在浮动栅上形成电子团。浮动栅上的电子团即使在掉电的情况下，仍然会存留在浮动栅上，所以信息能够长期保存。擦除时，源极加上较高的编程电压，选择栅接地，漏极开路。根据隧道效应和量子力学的原理，浮动栅上的电子将穿过势垒到达源极，浮动栅上没有电子后，就意味着信息被擦除了。由于热电子的速度快，所以编程时间短，并且数据保存的效果好，但是耗电量比较大。

因此，通过控制热电子注入和福勒-诺德海姆隧穿的过程，就可以实现数据的写入和擦除。当浮动栅带负电荷时，它会抵消控制栅施加的正电压，使沟道无法形成导通通道，此时浮动栅晶体管处于关闭状态，表示数据"0"；当浮动栅不带电荷时，它不会影响控制栅施加的正电压，使沟道形成导通通道，此时浮动栅晶体管处于开启状态，表示数据"1"。由于浮动栅被绝缘层包裹，因此即使断电后，它也可以保持其电荷状态不变，从而实现非易失性的存储。而且，因为闪存芯片没有机械运动的部分，只需要通过改变电压来控制数据的读写，所以它具有更高的速度和更低的功耗。

除了上述新型的场效应晶体管之外，随着新材料、新原理的出现，还有许多其他结构与功能的场效应晶体管，例如会发光的 FET、光探测 FET 等，部分器件会在后续对应的章节中有所介绍。

4.2 柔性场效应管

在柔性电子器件（包括柔性场效应晶体管）中，有源层或活性层是影响其性能的关键所在，尽管无机材料薄膜也可具备一定的柔韧性，但其在弯曲、拉伸等形变时很容易断裂。相比于普通的无机材料，很多有机材料、二维材料、量子点、杂化材料展示出了性能优异的柔韧性、可拉伸性及导电性等，制备的器件与柔性衬底更加兼容，是目前柔性电子器件的主流研究对象[6]，下面将介绍柔性的场效应晶体管以及电化学晶体管。

4.2.1 柔性 FET 器件

（1）柔性 FET 的结构特点

目前，大部分柔性 FET 器件与 MOSFET 的基本结构相似，包含有源层、栅介质、柔性衬底和电极四个部分。为了保证器件具备柔性，器件各组分都需要能够承受一定程度的弯曲或拉伸，且这些形变并不会对器件的性能产生影响。

由于多数柔性电子器件有着类似的结构及工艺制造过程，因此这里以有机晶体管为例，介绍柔性 FET 的结构及相关性质。以有机材料作为有源层的器件被称为有机场效应晶体管（organic field effect transistors，OFET），包括平面型和垂直型结构。平面型有机场效应晶体管与传统的晶体管相似，但材料的性质不同。其特点是导电通道（非常薄的有机半导体层）平行于衬底平面。相对应地，垂直型有机场效应晶体管是一种结构更为复杂的晶体管，其电流方向垂直于衬底或器件平面。这种结构相比平面型的 OFET 难制备，并且对材料和工艺方面的要求很高。但垂直型 OFET 可以实现更高的性能和更小尺寸，在一些领域有着广泛的应用前景。

平面 OFET 如图 4.2.1 所示，可根据各组分薄膜的堆叠顺序不同，分为底栅式顶接触结构（bottom gate top contact，BGTC）、底栅式底接触结构（bottom gate bottom contact，BGBC）、顶栅式顶接触结构（top gate top contact，TGTC）和顶栅式底接触结构（top gate bottom contact，TGBC）四种器件结构。在采用相同有机半导体材料的情况下，顶接触可以增大电子的注入面积，减小电极与有机半导体层间的接触电阻。正因为如此，底栅式顶接触结构成为目前报道的主流器件结构，该结构的柔性器件展现出有别于其他三种结构的优异性能[7]。

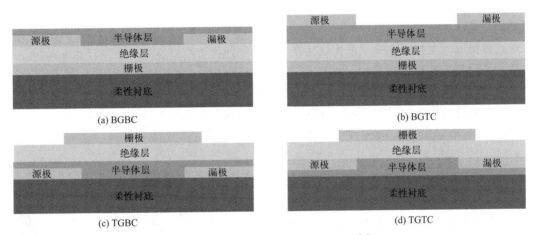

图 4.2.1　平面 OFET 的结构示意图[7]

相比于平面结构的 OFET 而言，垂直器件结构可以通过改变器件的高度，来实现对沟道长度的控制。例如，垂直结构的三维 OFET 截面（如图 4.2.2 所示），其垂直沟道不易变形，当弯曲半径较小时，器件的性能衰减较小。与传统结构相比，垂直结构的 OFET 的器件性能和力学性能都得到了很大提高，在获得较大迁移率的同时，器件的开关比也可得到提升[2]。

此外，一些特殊结构与功能的柔性场效应晶体管也逐渐被报道，如有机浮栅晶体管（organic floating gate transistor）。同上一节内容提到的浮栅晶体管一样，其结构由源极、漏极、控制电极和浮栅组成。除了半导体层、介电层，浮栅也可以是有机薄膜，用来储存电荷。当在控制电极上加上适当的电压时，浮栅上的电荷可以被固定住或释放，以实现数据的存储和擦除。

（2）柔性 FET 的发展

① 无机纳米材料器件　传统无机材料进入纳米尺度后，所形成的纳米材料兼具块状无机材料的优点，且拉伸性能和可弯曲性能得到了大幅度的提升，因此可适用于各种柔性

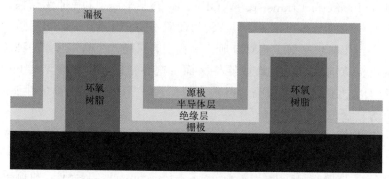

图 4.2.2　垂直结构的三维 OFET 截面图[7]

电子器件，如柔性显示、传感和存储器等。由纳米材料作为有源层制备的柔性 FET 器件，也往往具有较优异的物理和化学性能，呈现出高载流子迁移率、高稳定性、高温度容忍性及导热性好等优点。

维度最小的纳米材料 FET 主要包括量子点晶体管，即采用各种量子点用于沟道材料。就其制造而言，主要涉及两种结构（顶栅和底栅）。在底栅结构中，两个电极源极和漏极，可通过传统的光刻技术进行图案化，硅作为栅极，而量子点可以通过不同的技术沉积，如滴铸和旋涂法。在顶栅结构中，可以使用各种绝缘材料（如 SiO_2、Al_2O_3、聚合物及离子凝胶等）作为量子点上方的介电层。图 4.2.3 是一种基于胶体半导体 CdSe 纳米晶体的短沟道场效应管，其源极和漏极垂直重叠，具有较高的开关比和较大的跨导。

目前，保持量子点场效应管的电性能和稳定性具有较大的挑战性。为了解决这个问题，Chryssikos 等人[9] 制造了一种薄膜场效应管，其中场效应管的沟道被 Si 纳米颗粒填充，并开发了一种通过器件衬底吸收沉积纳米颗粒的技术，该技术通过超声波和退火实现。他们发现，通过增加场效应管沟道中纳米颗粒的剂量，可同时增加电导率和电荷迁移率，有效地提高了电子器件中的电荷迁移率和电导率[9]。

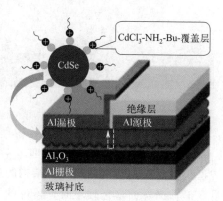

图 4.2.3　基于 CdSe 纳米晶体的短沟道场效应管原理图[8]

在众多纳米材料中，一维（1D）和二维（2D）材料器件是目前研究得最广泛的。一维材料包括纳米管、纳米线（棒）和纳米带等，它们具有许多不同的电学、热学和力学性能，在制备柔性 FET 领域具有突出优势。其中，碳纳米管（CNT）是最常见报道的一维纳米材料，具有显著的机械柔韧性、导电性和固有的载流子迁移率，在纳米电子学领域具有广泛的应用前景。碳纳米管在受到外加应力时产生形变，理论的最大应变可以达到 15%，非常适合用来制备柔性 FET 的沟道材料。最早的碳纳米管 FET 器件是在 1998 年分别由 Delft 大学 Dekker 课题组和 IBM 的 Avouris 课题组独立完成的。他们通过化学气相沉积法生长出碳纳米管，并成功制备出了工作在室温下的碳纳米管 FET，将 CNT 作为场效应晶体管的导电通道[10]。

对于二维材料 FET 器件，通常可将导体沉积在 2D 材料两端形成源极和漏极，把介电材料附着在通道的背面或顶部。其最早可追溯到 2004 年，英国的安德烈·海姆与康奈尔大学的凯文·诺沃斯（Kostya Novoselov）通过机械剥离的方法首次制备出了石墨烯单层。随后将这个石墨烯单层放置在二氧化硅衬底上，并利用金属电极制造了第一个基于石墨烯的 FET。这一报道引起了极大的关注，因为他们发现石墨烯是一种具有独特电子特性的二维材料，具有高载流子迁移率和优异的电子传输性能。实验显示，石墨烯可以作为一个高效的电子传输通道，在 FET 中实现非常高的开关效率。此外，他们还发现石墨烯的载流子迁移率可以超过常规硅材料一个数量级。自此以后，石墨烯和其他二维材料如磷化硼、过渡金属二硫化物等被广泛应用于 FET 及其他电子器件的研究中，不断推动着纳米电子学领域的发展。

② 有机场效应晶体管（OFET）　OFET 利用有机材料作为场效应晶体管的各种功能层，具有轻量化、可弯曲、成本低、可大面积制备及可穿戴的特点，适用于柔性显示、生物医学传感等领域。大部分 OFET 的研究侧重于开发基于有机半导体沟道的新型材料器件，主要涉及有机高分子聚合物和小分子半导体材料。

有机聚合物的网状或线型分子结构赋予了其具有高拉伸性、柔韧性和稳定性，是最理想的柔性材料。由于有机高分子聚合物材料本身的性质、分子的排列方式、分子间和分子内的相互作用都会直接影响载流子的传输特性，因此可以对聚合物材料进行结构和性能的改进，来提高载流子的注入和传输性能。为了进一步提升其拉伸性能，还可利用分子结构工程，通过改变分子量、烷基侧链长度和共聚物设计等方法对聚合物材料进行改进，以此来满足不同的应用场景。此外也可以通过分子设计、共混掺杂和构建纳米纤维的方法来提高其柔性和可拉伸性能。但这些方法在一般情况下也会对聚合物分子的电荷传输性能产生影响，因此，找到兼顾柔性可拉伸性和高导电性能的聚合物半导体材料是未来柔性聚合物电子器件的发展方向。相对于传统硅基晶体管，利用聚合物材料作为沟道的场效应晶体管具有制备成本较低、可塑性强和溶液加工性质等优点。然而，与有机分子晶体管相比，聚合物晶体管的性能仍然有一些限制，如电流开关比相对较小和稳定性问题。

小分子 OFET 是一种以小分子有机半导体为沟道的场效应晶体管。与可溶液制备器件的聚合物不同，小分子半导体器件往往需要通过物理气相沉积工艺制备薄膜，成本相对较高。这类晶体管的性能可通过改变分子结构和晶体排列方式进行优化与调控，从而实现高性能的有机电子器件。它甚至可以用于分子场效应晶体管（molecular field-effect transistor，MFET），即一种利用单个或少数分子作为半导体的场效应晶体管，其尺寸优于现有 MOSFET 集成电路工艺的节点。在 MFET 中，分子通常被吸附或自组装在金属或绝缘体的表面上，形成电荷传输通道。通过调节栅极电压，控制分子内部电荷的位置和移动，从而实现对电流的控制。它具有很高的电子迁移率和电流开关比，使其在分子电子学和纳米尺度电子器件中具有广泛的应用前景。但是，由于分子尺度的特性，制备过程可能更加复杂，需要不断地改进制备工艺，以提高分子半导体晶体管的性能和稳定性。MFET 在分子电子学、分子传感器、分子计算和分子纳米器件等领域展示了巨大的潜力，有望在新兴的纳米电子技术中发挥重要作用。

OFET 象征着有机电子学与光电子学在集成电路中的重要进展。到目前为止，OFET 中的载流子迁移率已经超过 $10 cm^2/(V \cdot s)$，其性能已超过了商用非晶硅 FET，并达到了实际器件应用所需的电学性能。另一方面，使用有机半导体作为沟道层的 OFET 具有一些竞争优势，包括低成本、溶液可加工性和优异的内在特性。因此，与硅晶体管相比，OFET 在柔性和可穿戴电子产品中有非常好的应用前景[11]。

③ 基于有机-无机杂化材料的 FET　在过去的几十年里，有机半导体器件和无机半导体器件各自都取得了重大进展，但它们也都存在着局限性。有机半导体器件具有柔性、低成本和可溶性等优点，但是其载流子迁移率较低，导致器件性能受限。相比之下，传统无机半导体器件具有更高的迁移率和更好的电子传输性能，但刚性且成本较高。通常情况下，有机半导体材料迁移率低、空气稳定性差、寿命短；无机纳米半导体材料在电性能、稳定性和可靠性等方面优势明显，但存在溶液难以制备、不易成膜和存在晶界等问题。因此，结合有机半导体材料和无机纳米半导体材料的优异性能，以提高半导体材料的性能是值得关注的研究方向之一。为了克服这些限制，可将有机半导体和无机纳米半导体材料结合在一起，形成有机-无机杂化材料，这一结合有望克服有机半导体材料迁移率低和无机纳米半导体材料可塑性差的限制，基于该材料的柔性 FET 也应运而生。

通过在柔性衬底上交替堆叠或混合有机和无机半导体层（这种器件充分利用了两种材料的优势），可显著提升柔性 FET 的性能。有机半导体材料赋予了器件柔性和低成本的优点，而无机半导体材料则提供了较高的迁移率和更好的电子传输性能。此外，随着材料制备技术的改进、加工工艺的开发和对界面控制的深入研究，有机-无机杂化柔性 FET 的性能也不断提高。现如今，有机-无机杂化柔性 FET 器件的载流子迁移率已经达到了数十平方厘米每伏秒的水平，足以满足许多实际应用的需求。此外，该器件还具有优良的柔性和弯曲性，可在弯曲的表面上工作而不影响其性能。

对于此类晶体管，其中较为常见的是有机-无机杂化钙钛矿场效应管，图 4.2.4 是钙钛矿材料在薄膜场效应晶体管中的应用统计图，其展示了不同类型的钙钛矿材料，在薄膜场效应晶体管中的不同应用，包括被用于沟道材料、电极和介电层等，其中被用作沟道材料的比例最高。

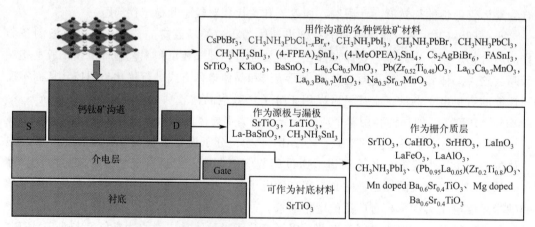

图 4.2.4　钙钛矿材料在薄膜场效应晶体管中的应用[12]

钙钛矿薄膜场效应管的结构和典型的 OFET 类似，它也由源极 S 和漏极 D 两个金属电极组成，栅极 G 靠近沟道层。栅极、电极和半导体可以放置在不同的位置，因此同样有四种不同的结构，即 BGTC、BGBC、TGTC 和 TGBC，结构图见图 4.2.1。

目前，杂化卤化物钙钛矿被广泛应用于薄膜场效应管的研究中。通过对不同有机阳离子锡基和铅基杂化钙钛矿的光电和材料性质的分析，发现 MAPbI$_3$ 是比 MASnI$_3$、HC(NH$_2$)$_2$SnI$_3$ 和 HC(NH$_2$)$_2$PbI$_3$ 更有前途的杂化钙钛矿半导体。2015 年，F. Li、C. Ma、H. Wang 等人[13] 报道了一种基于 MAPbI$_3$ 沟道的双极性光电场效应管，如图 4.2.5 所示，光电导增益在 $10 \sim 10^2$ 之间。该光电场效应管具有优异的双极性，即具有 p 型和 n 型转移特性。该器件在黑暗和光照条件下的转移特性如图 4.2.5(b) 所示。

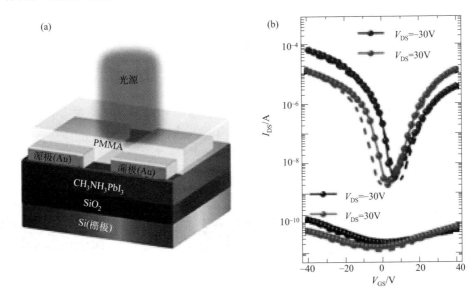

图 4.2.5　CH$_3$NH$_3$PbI$_3$ 光电晶体管及转移特性

（a）CH$_3$NH$_3$PbI$_3$ 光电晶体管器件原理图；（b）暗光（浅色和深色）和光照（深色和浅色）下的转移特性[13]

基于有机-无机杂化材料的 FET 在柔性电子领域有着广泛的应用前景，例如智能穿戴设备、生物传感器、智能标签和柔性显示等。尽管还存在一些挑战，如制备工艺的可扩展性、界面稳定性和大规模生产等，但随着技术的不断进步和研究的不断深入，这些挑战有望逐步得到解决，并进一步推动基于有机-无机杂化材料的柔性 FET 的发展和商业化应用。

4.2.2　柔性电化学晶体管

除了前文提及的场效应晶体管，还有一类特殊结构与原理的晶体管，即电化学晶体管（electrochemical transistor），它是一种基于电化学调控器件电导的晶体管。和传统晶体管类似，电化学晶体管也具有源极、栅极和漏极三个电极，但是控制电导的机制不同，且三种电极可以在同一个衬底面上，因此具有独特的优势和应用场景。其中，源极和漏极之间的电导由电解液调控，栅极通过施加电压来调控电解液中的离子浓度，从而控制电导。

电化学晶体管根据其结构和工作原理不同，可以分为几种不同的类型，包括：有机电化学晶体管，其常用有机聚合物作为导电通道材料，通过电解质溶液来调控通道的离子注入和抽出，从而控制电流；钙钛矿晶体管（perovskite transistors），其利用钙钛矿材料作为主动层，通过钙钛矿层中的离子迁移来调控电流；纳米线电化学晶体管（nanowire electrochemical transistors），其采用纳米线作为导电通道，其表面可以通过电化学反应实现离子的注入和抽出。随着对可穿戴电子设备和生物医学检测技术的需求不断增长，人们需要一种灵敏度高、可调控的电子器件来满足这些需求。由于有机电化学晶体管能够作为一种通过电化学调控实现电流传输的器件，因此受到了广泛关注和研究。这里以有机电化学晶体管为例，介绍柔性电化学晶体管的结构和基本工作原理。

（1）电化学晶体管的结构和基本原理

有机电化学晶体管（organic electrochemical transistors，OECTs）是一种结构类似于有机场效应晶体管的薄膜晶体管，与OFETs的区别在于其使用液体或者固体电解液取代栅介质，器件结构如图4.2.6所示。源电极和漏电极通常采用导电材料制成，用于注入和收集电子或离子。栅极作为控制电极，用于调节有机半导体层中的载流子浓度。有机半导体层作为OECTs的关键组成部分，具有导电性能和离子注入性能。

OECTs的工作原理可分为无化学反应和有化学反应两种情况。在无化学反应情况下，有机电化学晶体管由金属-绝缘体-半导体结构组成。离子在电解液和半导体沟道内的分布可以通过施加在栅极上的电压来控制，当给OECTs的栅极施加一个电压，电解液中的阳离子和阴

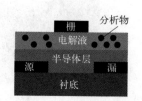

图 4.2.6 OFETs（左）和 OECTs（右）的结构示意图

离子会分别吸附在栅极和沟道的表面，各形成一个电化学双电层，电化学双电层相当于一个电容器，可以储存电荷，实现对器件性能的调控。通过改变栅极电压，电解液可以对半导体层进行电荷的注入或抽取，从而控制电流的流动[14]。

具体工作机理如图4.2.7所示，当在OECTs的栅极施加一个正电压时，阴离子移向栅极，阳离子进入有机半导体沟道中，这些离子可以对沟道进行掺杂和去掺杂，从而改变OECTs沟道内载流子的浓度，进而影响源漏电流的大小。通过调节电解质溶液中的离子浓度、电场强度等，可以实现对有机电化学晶体管沟道电导率的精确控制，从而实现对源漏电流的调制[14,15]。

当有机电化学晶体管与电解质溶液接触并发生化学反应时，器件的工作原理更为复杂。在这种情况下，电解质溶液中的离子在电场作用下在半导体表面发生氧化还原反应，从而改变半导体表面的载流子浓度。这种化学反应会导致半导体表面出现空间电荷区域，进而改变半导体的电导率。

OECTs同样也存在耗尽模式和增强模式两种不同的工作模式，以耗尽型OECTs为例，有机半导体材料一开始已被电掺杂，薄膜中存在大量的自由电荷，在不施加栅极电压的情况下器件处于导通状态。当施加栅极电压后，离子进入有机半导体对沟道进行去掺杂，这导致沟道内载流子浓度下降，进而引起沟道电导率和源漏电流的降低。若栅极电压足够大，源漏电流可以被完全抑制，此时器件处于关断状态。与耗尽型OECTs相比，增强型工作模式下，有机半导体薄膜中最初不存在载流子，器件处于关断状态，当在栅极施加适当的电压后，离子进入有机半导体沟道，这些离子对沟道进行掺杂，提升了沟道的导电性，致使源漏电流增大。

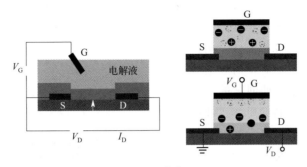

图 4.2.7　一个典型的 OECTs 的工作图[14]（左）和 OECTs 的工作机理[15]

除了外加电压的控制，对于有机电化学晶体管而言电解液材料的选择也至关重要。电解液材料的选择方法是使用不同的电解液添加功能化剂，调节电解液的离子浓度、迁移率和电化学窗口，以优化电解液与沟道的匹配和界面效应。电解液的选择范围很广，可以是水基的水溶液和凝胶，也可以是无水的固体电解液。

水溶液是最常用的 OECTs 电解液材料，其具有高离子电导率、低成本、易于制备和生物相容性等一系列优点。常见的水溶液电解液材料有盐水、磷酸缓冲液（PBS）、生理盐水等，这些水溶液可以使器件的跨导得到提升。水溶液的主要缺点是易挥发、易渗漏和易受环境污染的影响，因此需要特殊的封装技术来保护 OECTs 的稳定性和可靠性。而凝胶是一种具有三维网络结构的半固态物质，它可以吸收大量的水分或其他溶剂，从而形成含有离子的凝胶电解液。凝胶电解液材料具有高离子电导率、高机械强度、高柔性和自我修复能力等特点，很适合用于柔性和可穿戴的 OECTs 应用。常见的凝胶电解液材料有聚乙二醇（PEG）、聚丙烯酸（PAA）、聚乙烯亚胺（PEI）等，聚乙二醇（PEG）的分子结构图如图 4.2.8 所示。凝胶电解液材料的主要挑战是如何提高其稳定性和耐久性，以及如何与沟道材料实现良好的界面匹配。

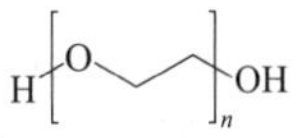

固态电解液材料是指具有固态形态的离子导电材料，它没有普通电解液材料易挥发、渗漏和污染等问题，能够扩展电压操作窗口，这可以提高 OECTs 的稳定性和安全性。固态电解液通常由固态聚合物基质和添加的离子盐组成，例如聚乙烯氧化物（PEO）和锂盐、1-乙基-3-甲基咪唑乙基硫酸盐［E_2mIm］

图 4.2.8　聚乙二醇（PEG）的分子结构示意图

［$EtSO_4$］和（1-乙基-3-甲基咪唑）双(三氟甲基磺酰基)亚胺［EMIM］［TFSI］等。固态电解液的主要优势是可以通过调节聚合物基质和离子盐的种类和比例来实现电解液性能的调控，从而满足不同应用的需求。如何提高固态电解液的离子电导率和离子迁移率，以及如何降低其界面阻抗和电极极化是亟待解决的问题之一[14]。

总而言之，有机电化学晶体管利用电场对半导体表面的载流子浓度进行调控，从而实现对电流的调制。其性能受到功能层材料选择的影响，栅介质层的液态或固态电解液、活性层的有机半导体和生物功能化材料以及源漏电极的金属或导电聚合物都是关键因素。对这些材料进行合理选择和设计，是实现各领域广泛应用的有机电化学晶体管的关键。与传统的晶体管相比，有机电化学晶体管具有更高的工作效率，能够实现超低功耗、超高敏感度和自适应性，这使得它在传感器、生化传感器、生物活性传感器等多个领域具有广泛的应用前景[16]。例如，OECTs 可以用于检测肿瘤细胞的活性，检测血液中的肿瘤标志物，以及测量气体的浓度、温度和湿度等环境参数。未来需要进一步的研究和技术突破，以提高电化学晶体管的性能和稳定性，拓展其在各种应用领域的应用。

以电解液为栅介质的有机薄膜场效应晶体管（图 4.2.9）是一种创新的半导体器件，它结合了有机材料的可加工性和灵活性，以及电解液的高介电常数。这种独特的设计带来了许多优势。这种栅极电解液，通常由离子液体或固态电解液（包括聚合物电解液、离子凝胶等）构成，其高介电常数能够显著增强电场强度，从而提高晶体管的开关比，不仅可以提升 OECTs 的性能，还能大幅降低晶体管的工作电压，有助于节能。此外，使用电解液作栅极电介质的 OECTs 可以采用低成本、大面积制备工艺，如印刷技术，这对于大规模生产和柔性电子设备的发展至关重要。

电解液作栅极电介质的工作机制与传统栅介质不同，取决于有机半导体是否具有渗透性。在没有离子渗透的情况下，当施加正（负）的栅电压时，电解液中的阴离子（阳离子）会向栅极与电解液的界面

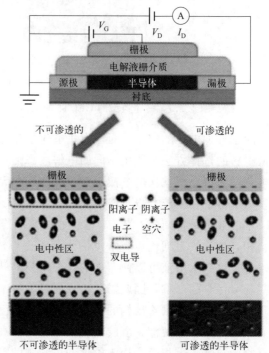

图 4.2.9 以电解液为栅介质的 OECTs
器件结构及工作机理示意图[17]

移动，而阳离子（阴离子）则向电解液和半导体界面移动，随后在半导体层中积聚电子（空穴）。随着离子的渗透，栅极和电解质界面会产生 EDL（electrode-dielectric-liquid interface），但半导体侧的离子会扩散到半导体中并抵消诱导载流子[17]。

（2）电化学晶体管的特性

电化学晶体管的一些关键性能参数包括跨导、开关比、迁移率、动态范围和响应时间，这里以有机电化学晶体管的性能参数表征为例，展开详细介绍。可以用 Bernards 模型来描述 OECTs 的部分参数，该模型依赖于 MOSFET[18]。假设来自电介质的离子进入沟道后可以改变整个器件的电子导电性，从而获得稳态和瞬态响应。Bernards 模型将 OECTs 器件分为离子电路和电子电路两部分，如图 4.2.10 所示，电子电路用来描述电荷在源极-沟道-漏极之间的流动；离子电路用来描述离子在栅极-电解质-沟道之间的流动，由电阻器和描述通道中离子储存的电容器 C_{CH} 以及栅电容 C_G 串联而成。该模型表明了 OECTs 纯粹的电容过程，根据这个过程，注入沟道中的离子不会与有机薄膜交换电荷，而是通过静电补偿存在的相反电荷[15]。因此，在该模型中，电解液和沟道之间没有电化学反应，OECTs 的沟道电流 I_D 可以由以下公式得到：

$$I_D = \begin{cases} \mu C^* \dfrac{Wd}{L} \left(1 - \dfrac{V_{GS} - \frac{1}{2}V_{DS}}{V_T}\right) V_{DS}, V_{DS} > V_{GS} - V_T \\ -\mu C^* \dfrac{Wd}{L} \times \dfrac{(V_{GS} - V_T)^2}{2V_T}, V_{DS} < V_{GS} - V_T \end{cases} \tag{4.2.1}$$

式中，μ 代表迁移率；C^* 表示单位体积电容。

有机电化学晶体管的转移特性曲线如图 4.2.11 所示。左侧是耗尽型 OECTs 的开关特性，在零栅电压下，器件的有源层上存在大量的空穴，晶体管处于导通状态。当施加栅极电压时，空穴被离子取代，沟道去掺杂，晶体管逐渐关断；右侧是增强型 OECTs 的开关特性，在零栅压下，沟道中可移动的空穴很少，晶体管处于关闭状态，当施加栅极电压时，空穴开始积累并补偿注入的离子，晶体管开始导通[14]。

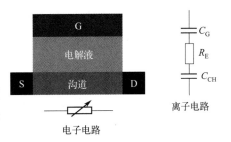

图 4.2.10 OECTs 器件的等效电子电路和离子电路[14]

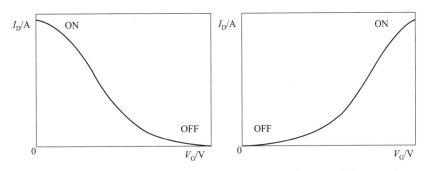

图 4.2.11 耗尽型和增强型 OECTs 的转移特性曲线[14]

Bernards 模型同样可以很好地拟合 OECTs 的输出特性，并对其跨导进行定量预测，从而反映出 OECTs 对栅极电压信号的放大能力。OECTs 的跨导 g_m 定义如下：

$$g_m = \begin{cases} -\mu C^* \dfrac{Wd}{L} V_D, V_D > V_G - V_T \\ \mu C^* \dfrac{Wd}{L} (V_G - V_T), V_D < V_G - V_T \end{cases} \tag{4.2.2}$$

典型的有机电化学晶体管（$W \times L = 10\mu m \times 10\mu m$，$d = 100nm$）表现出毫秒范围内的跨导，但当频率高于 1kHz 时，g_m 开始衰减。可以看到跨导不仅仅和宽长比有关，还和沟道厚度有关，这与传统的 FET 具有本质的区别，主要是因为场效应掺杂只会调制半导体-绝缘体界面处的载流子密度，而电化学掺杂则可以调制整个半导体的载流子密度。

与场效应晶体管相比，OECTs 因沟道内整个体积内离子和电子电荷之间的耦合而具有高的跨导性，其响应时间相对较慢。随着 d（沟道厚度）的增加，OECTs 的响应时间会变慢。实际上，使用液体电解液的 OECTs 可以实现几十微秒的响应时间，从而将应用范围限制在几十千赫兹应用范围内。

（3）电化学晶体管的研究进展

① 纳米材料电化学晶体管　纳米材料电化学晶体管是一种主要利用无机纳米材料构建的晶体管，通过调控纳米材料的结构和性质，实现对器件电导的调控。

早在 20 世纪末和 21 世纪初，人们就已经开始研究纳米材料的电学特性。2004 年，美国加州大学伯克利分校的团队首次报道了基于碳纳米管的电化学晶体管。这是第一代的无机纳米电化学晶体管。碳纳米管具有优异的电子传输性能和化学稳定性，这使得其成为制备纳米电化学晶体管的理想材料之一。随着研究的深入，人们开始尝试利用其他纳米材料构建电化学晶体管，如纳米线、纳米颗粒等，第二代纳米材料电化学晶体管应运而生。此外，金属氧化物、半导体纳米材料等也被广泛应用于电化学晶体管的制备中。

目前科学家们已经合成了许多无机纳米材料，如金属氧化物、二维材料、纳米线、纳米颗粒等，并探索了它们在电化学晶体管中的应用。这些纳米材料具有优异的电导性、化学稳定性和表面活性，为构建高性能的电化学晶体管奠定了基础。除了用于传统的电子器件外，纳米材料电化学晶体管还被拓展到生物传感、化学传感、柔性电子、环境监测等领域。利用其对生物分子的高灵敏度和选择性，纳米材料电化学晶体管被广泛应用于生物传感器的研究和开发。例如，它们可以用于检测生物体内的离子浓度变化，实现对生物体健康状态的监测；还可以用于检测水质、空气质量等环境参数的变化，实现环境监测和污染检测。

无机纳米材料电化学晶体管是一种具有重要应用潜力的新型晶体管器件，随着纳米材料合成技术和器件制备工艺的不断发展，其有望在生物医学、柔性电子学、能源存储等领域发挥更重要的作用，并推动柔性电子技术的进一步发展。

② 有机电化学晶体管　有机电化学晶体管是一类利用有机材料作为活性层的电子器件，通过控制栅电压和/或电解液浓度，可以调节有机材料的导电性质，从而实现对器件电子传输的控制。

对 OECTs 的研究起源于 20 世纪 90 年代初期，当时的研究主要集中在利用有机材料构建场效应晶体管（FET）方面。早期的有机场效应晶体管受到材料特性和器件工艺的限制，器件性能不能令人满意。21 世纪初，有机电化学晶体管由于展现出了在离子传输方面的独特优势，开始受到了越来越多的关注。这一时间，研究人员开始将有机半导体材料与离子传输电解液结合，实现了在水溶液中工作的有机电化学晶体管的制备。随着研究的深入，有机材料的合成方法和器件结构设计方法不断地得到改进，主要围绕着沟道材料的开发、电解液的选择和新器件结构的设计开展工作，以进一步提高 OECTs 的性能。

其中，聚合物是最常用的 OECTs 沟道材料，它们有着良好的可加工性、柔性和生物相容性。自 1984 年在 OECTs 中首次使用聚吡咯（PPy）作为聚合物有机半导体以来，已有超过百种的聚合物沟道材料，如聚(3,4-乙烯二氧噻吩)：聚苯乙烯磺酸盐（PEDOT：PSS）、聚(3-己基噻吩)（P3HT）、聚(3-己氧基噻吩)（P3OT）等。由于 PEDOT：PSS 可加工性强、高导电性等特点，它成为目前最广泛使用的 OECTs 沟道材料。近年来，研究人员还开发了一些新型的聚合物沟道材料，如具有自修复能力的聚合物、具有高迁移率和强荧光的聚合物、具有多功能的聚合物等，以提高 OECTs 的性能和功能[14]。

由于 OECTs 具有高灵敏度、低功耗和生物相容性等优点，它在生物传感领域具有巨大潜力。通过将生物分子与有机半导体材料相互作用，可以实现对生物分子的检测和监测，因此在医学诊断和生物传感器方面有着广泛的应用前景。此外，有机材料还具有良好的柔性和可加工性，因此 OECTs 也被广泛应用于柔性电子学领域。可以通过印刷、喷墨等低成本制备方法将 OECTs 集成到柔性基底上，实现柔性电子器件的制备。随着对有机材料合成、器件工艺和理论机制的深入理解，有机电化学晶体管有望在医学诊断、智能传感、人工神经元、人工智能等领域发挥更大的作用。

OECTs 最主要的应用领域是生物传感器，因为它可以实现对生物信号的放大、转换和调制。OECTs 可以用于检测生物分子、细胞、组织和器官的电学、化学和机械性质，如 pH 值、生物分子浓度、电生理信号、细胞活力、组织形态等。OECTs 也可以作为代谢物传感器用于检测血液、尿液和汗液中的代谢物，如葡萄糖、乳酸、尿素、肌酐等，作为离子传感器用于检测电解质溶液中的离子浓度，如钠、钾、钙、镁等，这些离子与人体的电解质平衡和神经信号传递有关，可以用于疾病的预防和诊断。OECTs 还可以用于实现生物电子界面，如人工视网膜、人工神经元、人工皮肤等，以模拟、刺激和调节生物系统的功能。此外，OECTs 还可以用于其他领域，如能源、存储、显示、逻辑等，以实现OECTs 的多功能化和智能化[10]。

此外，OECTs 可以实现类似于生物神经元的信息处理和存储功能，从而实现类脑硬件的构建。例如，OECTs 可以用于实现基于离子和电子的逻辑门、存储器、振荡器、神经网络等，以模拟生物神经系统的学习、记忆和认知等功能。神经形态系统依赖于显示暂时性或永久性电学特性变化的设备，从而模拟短期或长期记忆。这是因为OECTs 电解液中的离子可以改变沟道的电学特性，通过调整栅极电压可以实现不同的电学特性变化，因此各种基于 OECTs 的记忆和神经形态器件被开发出来。一般来说，神经形态器件的一个吸引人的特点是其每次开关事件的低功耗潜力。这在基于聚合物纳米纤维的装置中得到了证明，其每个突触尖峰的能量低至 1.23fJ。2015 年，第一个基于 PEDOT:PSS OECTs 的神经形态晶体管被报道，器件展示出了对脉冲抑制、自适应和动态滤波等神经形态功能。通过在充电时使用发生构象变化的改性聚合物取代 PE-DOT:PSS，可以进一步将记忆保留时间从几秒增加到几个小时[14]。具体的神经形态器件概念，详见第 7 章内容。

OECTs 具有很大的设计灵活性，可以通过各种制备技术制造。通过设计有机半导体材料、电解液材料和器件结构可以实现低成本、灵活、大面积和可穿戴应用。高跨导性、在水电解液中的稳定性、细胞相容性和易于生物功能化等优点使 OECTs 特别适用于生物电子学和神经形态器件。

③ 基于有机-无机杂化材料的晶体管　有机-无机杂化钙钛矿材料是一种结合了有机分子与无机钙钛矿结构特性的半导体材料，已在各种新型半导体器件中遍地开花，其中也包括了晶体管器件。基于杂化钙钛矿的晶体管也兼具了无机半导体和有机材料的优点，它以有机-无机杂化钙钛矿材料作为半导体沟道层，通过特定的工艺制备而成。在外加电压的作用下，沟道层中的载流子（电子或空穴）被调制，从而实现晶体管的开关和放大功能。

有机-无机杂化钙钛矿材料的晶体管制备方法多样，主要包括以下几种：一步旋涂溶液法（图 4.2.12），即将有机-无机杂化钙钛矿材料的前驱体溶液旋涂在基底上，通过热处理形成薄膜，再进一步加工成晶体管；两步溶液沉积法，先分别沉积有机层和无机层，再通过热处理等工艺使两者结合形成杂化结构；双源共蒸发法，在高温下同时蒸发有机源和无机源材料，使其在基底上共沉积形成杂化薄膜；气相辅助沉积法，利用气相反应原理在基底上沉积有机-无机杂化钙钛矿材料薄膜。

图 4.2.12 是一种用一步溶液法制备的二维有机-无机杂化钙钛矿的薄膜晶体管[19]。首先将 MAI、PbI_2、$PbCl_2$ 按 4：1：1 的物质的量比溶于无水 DMF（N,N-二甲基甲酰胺）溶剂中，常温下搅拌 12h 得到均匀混合的前驱体溶液。取适量钙钛矿前驱体溶液滴加到清洗干净的衬底上，旋涂并退火钙钛矿薄膜。接着采用热蒸发法在压强为 9.0×10^{-4} Pa 的真空腔室中，沉积厚度为 8nm 的 MoO_3 作为缓冲层，在提高电极与有源层界面质量的同时，可对钙钛矿材料进行 p 掺杂。最后同样采用热蒸发法沉积 200nm 厚的金电极，得到底栅顶接触薄膜晶体管器件。

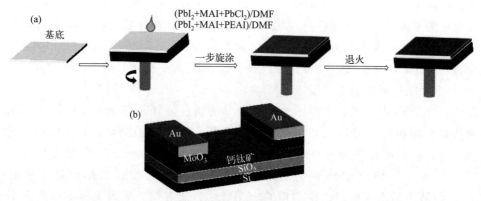

图 4.2.12　不同维度钙钛矿成膜工艺示意和器件结构示意

（a）不同维度钙钛矿成膜工艺示意图；（b）底栅顶接触钙钛矿 TFT 器件结构示意图[19]

研究显示，上述不同维度钙钛矿对应的晶体管均表现出明显的场效应特性并呈现出了双极性偏 p 型的特点，且器件电流开关比均高于 10^4。纯二维钙钛矿 TFT 器件表现出 $7.2\times10^{-2}\text{cm}^2/(\text{V}\cdot\text{s})$ 的低空穴迁移率，远低于相同条件下制备的 3D 钙钛矿器件的空穴迁移率 $[0.3\text{cm}^2/(\text{V}\cdot\text{s})]$。但随着无机层数即 n 值的适当增大，薄膜晶体管器件性能会得到提升，当维度 $n=6$ 时，钙钛矿晶体管的空穴迁移率达到了 $3.9\text{cm}^2/(\text{V}\cdot\text{s})$。但随 n 值继续升高，器件性能降低。根据对不同维度钙钛矿材料性能的分析，一方面，低 n 值准二维钙钛矿薄膜均匀性、粗糙度与覆盖率良好，且晶界不明显，相比于表面粗糙且晶界多而显著的传统三维钙钛矿，准二维钙钛矿薄膜中缺陷态减少，有利于载流子在半导体沟道层的输运。另一方面，纯二维钙钛矿材料大尺寸绝缘阳离子的引入，在垂直于衬底方向上形成的量子阱结构成为载流子输运的势垒，使得载流子的传输被限制在平行于衬底的无机网络中，而无机层数的适当增加可有利于沟道感生层内载流子的纵向输运，提高器件的载流子输运与收集作用而提高器件性能。同时，无机层的适当增加有效地减少了纯二维钙钛矿单层无机层之间极易出现的缺陷态。

有机-无机杂化钙钛矿晶体管前景十分广泛。由于有机-无机杂化钙钛矿材料具有独特的光学、电学和热学性质，以及制备工艺简单、成本低廉等优点，因此基于这类材料的晶体管在太阳能电池、光电器件、传感器等领域具有广阔的应用前景。随着研究的不断深入和技术的不断进步，有机-无机杂化钙钛矿晶体管的性能将不断提升，其应用范围也将进一步扩大。

4.2.3　总结与展望

　　柔性场效应晶体管是一种关键且极具发展前景的柔性电子器件，在柔性 FET 主要的四种结构中，BGTC 结构可以增大电子的注入面积和减小电极与有机半导体层间的接触电阻，展现出最为优异的器件性能，是目前报道的主流柔性 FET 结构，此外，电化学晶体管由于其机制的特殊性，器件结构的自由度更大，栅极可以与源漏极处在同一衬底上。而有源区材料的选择是决定柔性 FET 器件性能的关键，纳米材料、有机材料和有机-无机杂化材料都已广泛应用在柔性 FET 的研究中，每种材料都具有其独特的优势和应用场景，可以根据具体应用场景灵活选用不同的有源区材料。

　　由于柔性场效应管能够在柔性基底上实现电子开关和放大等功能，并具有可折叠、质量轻、低成本等优点，因此在柔性显示、射频标签和柔性集成电路等方面显示了广阔的应用前景，在一定程度上推动了可穿戴技术、生物医学应用和智能物联网等领域的发展。随着对柔性材料和制造工艺的不断改进，柔性场效应管将会得到更多更快的发展。

参考文献

[1]　Horowitz G. Organic Field-Effect Transistors. Advanced Materials, 1998, 10 (5): 365-377.

[2]　Reddy D, Register L F, Carpenter G D, et al. Graphene field-effect transistors. Journal of Physics D: Applied Physics, 2011, 45 (1): 313001.

[3]　Aditya M, Rao K S. Design and Performance Analysis of Advanced MOSFET Structures. Transactions on Electrical and Electronic Materials, 2021, 23 (3): 219-227.

[4]　张茂于. 产业专利分析报告　芯片先进制造工艺. 北京: 知识产权出版社, 2017.

[5]　张骁竣, 季昊, 聂笔剑. 鳍式场效应晶体管结合自热效应的电迁移分析. 电子技术应用, 2019, 45 (08): 53-60.

[6]　Feng X, Lu B W, Wu J, et al. Review on stretchable and flexible inorganic electronics. Acta Physica Sinica, 2014, 63 (1): 014201.

[7]　Dong J, Chai Y H, Zhao Y Z, et al. The progress of flexible organic field-effect transistors. Acta Phys Sin, 2013, 62 (4): 047301.

[8]　Ahmad W, Gong Y, Abbas G, et al. Evolution of low-dimensional material-based field-effect transistors. Nanoscale, 2021, 13 (10): 5162-5186.

[9]　Chryssikos D, Wiesinger M, Bienek O, et al. Assembly, Stability, and Electrical Properties of Sparse Crystalline Silicon Nanoparticle Networks Applied to Solution-Processed Field-Effect Transistors. ACS Applied Electronic Materials, 2020, 2 (3): 692-700.

[10]　Martel R, Schmidt T, Shea H R, et al. Single- and multi-wall carbon nanotube field-effect transistors. Applied Physics Letters, 1998, 73 (17): 2447-2449.

[11]　Ren X, Lu Z, Zhang X, et al. Low-Voltage Organic Field-Effect Transistors: Challenges, Progress, and Prospects. ACS Materials Letters, 2022, 4 (8): 1531-1546.

[12]　Abiram G, Thanihaichelvan M, Ravirajan P, et al. Review on Perovskite Semiconductor Field-Effect Transistors and Their Applications. Nanomaterials (Basel), 2022, 12 (14): 2396.

[13]　Li F, Ma C, Wang H, et al. Ambipolar solution-processed hybrid perovskite phototransistors. Nature Communications, 2015, 6 (1): 8238.

[14]　Rivnay J, Inal S, Salleo A, et al. Organic electrochemical transistors. Nature Reviews Materials, 2018, 3 (2):

1-14.

［15］ Paudel P R, Tropp J, Kaphle V, et al. Organic electrochemical transistors-from device models to a targeted design of materials. Journal of Materials Chemistry C, 2021, 9 (31): 9761-9790.

［16］ Strakosas X, Bongo M, Owens R M. The organic electrochemical transistor for biological applications. Journal of Applied Polymer Science, 2015, 132 (15).

［17］ Kim S H, Hong K, Xie W, et al. Electrolyte-gated transistors for organic and printed electronics. Advanced Materials, 2013, 25 (13): 1822-1846.

［18］ Ratnesh R K, Goel A, Kaushik G, et al. Advancement and challenges in MOSFET scaling. Materials Science in Semiconductor Processing, 2021, 134: 106002.

［19］ Guo N, Zhou Z, Ni J, et al. Thin film transistor based on two-dimensional organic-inorganic hybrid perovskite. Acta Physica Sinica, 2020, 69 (19): 198102.

第 5 章

柔性能源器件

由于人类不断使用化石能源，CO_2 等温室气体过度排放，导致全球气候变暖的趋势越来越快，两极冰川已开始融化，对人类及其他生物的生存与发展造成了严重危害。人类社会的快速发展伴随着日益增长的资源需求，而现阶段化石能源占据主导地位，使得社会发展和环境保护相互对立。为应对这种情况，人类一方面需要提升能源的利用效率，另一方面需要持续开发具有可再生性的清洁能源。而太阳能、生活中的各种机械能、热能等自然而然地成为清洁能源的来源，由于电能是人类社会覆盖程度最广也是使用最便捷的能源，因此催生了各种能源电子器件，其中也包括了新型的柔性能源器件。本章将着重介绍一些代表性的柔性能源电子器件，包括太阳能电池、摩擦电/压电器件、热电/热释电器件等。

5.1 柔性太阳能电池

太阳能电池的发展最早可追溯到 1839 年法国科学家 E. Becquerel 发现液体的光伏现象，即光生伏打现象。根据太阳能电池的发展历程，人们把太阳能电池划分为三代。1954年，D. M. Chapin 等人在贝尔实验室开发了第一代的第一个硅（Si）太阳能电池，仅具有6％的光电转换效率（PCE）。到 2022 年，Si 太阳能电池的最高 PCE 达到了 27.6％，但制造过程需要很高的成本，这些极大地限制了其广泛应用。随后，为了降低成本，人们又提出了第二代太阳能电池，又称薄膜太阳能电池。它主要由非晶 Si 及半导体化合物等材料的单层薄膜或多层膜组成，典型代表有碲化镉（CdTe）、铜铟镓硒（CIGS）、铜锌锡硫（CZTS）等。相比于单晶 Si 电池，薄膜太阳能电池所需的原材料少得多。但不足的是，第二代太阳能电池的 PCE 普遍比第一代的低，且部分电池薄膜材料中含有有毒物质，比如 CdTe。基于此问题，第三代太阳能电池由于具有薄膜化、转换效率高、原料丰富、无毒无害、对环境友好等优点，在近三十年里引起了人们的广泛关注。第三代的典型代表主要包括有机太阳能电池、染料敏化太阳能电池（dye-sensitized solar cells，DSSCs）、量子点太阳能电池和近十年来研究较热的有机-无机杂化钙钛矿太阳能电池，因其具有较好的柔韧性，可用于各种应用场景。

5.1.1 太阳能电池原理

太阳能电池是一种将太阳中的光能转换为电压和电流的光电转换设备。在发生光伏效应的太阳能电池中，通常需具有 p 型与 n 型两种极性相反的半导体，组成 p-n 结，结内因此产生了一个内建电场（built-in electric field），光激发产生的自由电子在内建电场作用下被电极收集，从而进入外电路，形成电压和电流，如图 5.1.1 所示。

当太阳光照射到电池上时，若光子能量 $h\nu$ 超过带隙间的能量差，处于价带中的电子吸收光子能量 $h\nu$ 后，从价带跃迁入导带，在价带中对应的位置留下一个空穴，这样就形成了电子-空穴对。由于 p-n 结中存在内建电场，因此在 n 型或 p 型半导体中生成的光生电子，都会在内建场的作用下进入 n 型半导体从而形成光生电场。光生电场会起到削弱内建电场的作用，当这两种电场达到平衡后会形成稳定的光生电流。n 型半导体中被激发的电子会通过负电极进入电路，通过

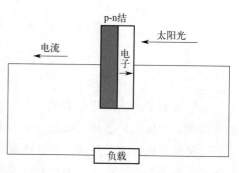

图 5.1.1　光电转换现象

负极时会做功，随后经由正电极回到 p 型半导体中，然后与价带中的空穴发生复合，这就是一个完整的光伏效应过程。

普通电池的电动势（electromotive force）是电源内部的非静电力完成一次将单位正电荷由负极传输到正极的过程中所做的功，实际上电源加在外电路的电压即为电动势。普通电池是一种稳定的电压源，即电压保持不变。而太阳能电池则与之相反，是一种稳定的电流源，如图 5.1.2 所示。保持太阳光照不变，电路中的负载发生变化时，太阳能电池的电流会保持不变，而电压会随之改变。因为在恒定光照条件下，光生电子的数量保持不变，因此电流会保持不变。电路中的负载发生变化后，由欧姆定律可知，电流不变，电压会发生变化。外电路的电压即为光电压。在内建电场强度比光生电场大的情况下，光生电子仍沿负极（n 型半导体）方向漂移，随着外接负载的不断增加，光电压会随之增大，因此光生电场与内建电场之间的电势差会不断减小，当无法驱动电子向负极漂移时，电流会开始减小。此时，电路功率呈现最大值。

太阳能电池的电流和电压的关系由伏安特性（$I\text{-}V$）曲线来体现，由曲线可以得到它的一些重要物理参数，包括开路电压（open circuit voltage，V_{OC}）和短路电流（short circuit current，I_{SC}）。V_{OC} 是太阳能电池处于开路状态时电池两端的电压，即 $I\text{-}V$ 曲线和电压轴的交点，如图 5.1.3 所示。I_{SC} 则是电池处于短路状态时的电路电流。因为电流和电池的受光面积成正比，所以也经常用短路电流密度（J_{SC}）代替 I_{SC}。而单位面积太

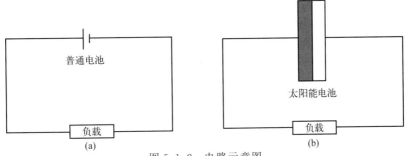

图 5.1.2　电路示意图

（a）普通电池（电压源）电路示意图；（b）太阳能电池（电流源）电路示意图

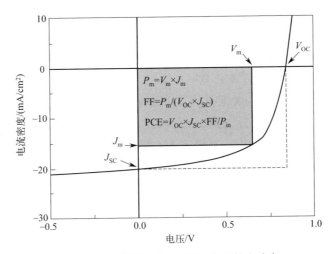

图 5.1.3　伏安特性曲线（P_{in} 为入射光功率）

阳能电池的功率可用功率密度（power density，P'）来表示。

$$P' = JV \tag{5.1.1}$$

短路电流密度可表示为：

$$J_{SC} = q \int b_S(E_{ph}) QE(E_{ph}) dE_{ph} \tag{5.1.2}$$

式中，电子电量 $q = 1.6 \times 10^{-19} C$；光子通量密度 $b_S(E_{ph})$ 表示单位时间内、单位面积上，在 E_{ph} 到 $E_{ph} + dE_{ph}$ 的能量范围内的入射光子数；量子效率 $QE(E_{ph})$（quantum efficiency）反映电池中光生载流子数目与入射光子数目的比值，又被称为外量子效率（EQE）。

材料的 $QE(E_{ph})$ 受以下三个因素的影响：

① 材料对光子的吸收效率，即光子被材料有效吸收的能力；

② 载流子的分离效率，描述了光生载流子（如电子和空穴）在材料内部有效分离的程度；

③ 载流子的输运效率，指的是这些载流子成功传输到外部电路的概率。

根据式（5.1.2），J_{SC} 为 $b_S(E_{ph})$ 和 $QE(E_{ph})$ 的乘积积分。要提高 J_{SC}，需要提升 $b_S(E_{ph})$ 与 $QE(E_{ph})$ 的大小。由于太阳光不同波长的 $b_S(E_{ph})$ 存在差异，因此为了获得最佳转换效率，电池半导体材料的 $QE(E_{ph})$ 应该尽量地匹配太阳光的 $b_S(E_{ph})$。

当 P 达到最大值 P_m 时，此时器件呈现出最佳工作电压（V_m）与最佳电流密度（J_m），即 V_m 接近 V_{OC} 而 J_m 接近 J_{SC}。图 5.1.3 中伏安特性曲线内侧一个小长方形面积，即为 $P_m = J_m V_m$，而曲线外侧大长方形的面积即为 $J_{SC} V_{OC}$，太阳能电池的填充因子（fill factor，FF）等于曲线图中小长方形与大长方形面积的比值：

$$\mathrm{FF} = \frac{V_m J_m}{V_{OC} J_{SC}} \tag{5.1.3}$$

考虑到太阳能电池的转换效率 η 为最大功率密度 P_m 与辐照度 P_{ph} 的比值：

$$\eta = \frac{P_m}{P_{ph}} \tag{5.1.4}$$

因此，η 和 FF 之间存在如下关系：

$$\eta = \frac{V_{OC} J_{SC} \mathrm{FF}}{P_{ph}} \tag{5.1.5}$$

上述 J_{SC}、V_{OC}、η 和 FF 是全面地用来描述太阳能电池的特性的四个重要参数，而转换效率 η 是其中最重要和最直观的表征参数。

从上式不难发现 η 和 P_{ph} 的关系密切，因此规定了一个标准的太阳光照条件用于对比不同电池的 η，对太阳能电池进行性能评价。目前通用的标准测试条件规定：大气质量（air mass）光源强度为 AM 1.5G，其中，AM 即 air mass，代表大气质量；G 即 global。因此，AM 1.5G 即为太阳光与测试平面形成 48.2° 的夹角，经过距离为 1.5 倍大气层厚度后的辐射照度，包含直接辐射与不同角度的散射辐射，辐照度 $P_{ph} = 1000\mathrm{W/m^2}$，温度 25℃±1℃，要求电池背板温度小于 50℃，平均风速保持在 1m/s。

5.1.2　伏安特性曲线

太阳能电池的基本结构是 p-n 结，具有单向导通的特点。在没有光照时，太阳能电池的电性能类同于半导体二极管。暗电流（dark current，I_{dark}）和反向饱和电流 I_0 是半导体二极管的两个基本参数，I_0 比 I_{dark} 小得多。描述 I_0、I_{dark} 和二极管偏压 V 的肖克莱方程（Shockley diode equation）为：

$$I_{dark}(V) = I_0 \left[\exp\left(\frac{qV}{k_B T}\right) - 1 \right] \tag{5.1.6}$$

式中，电子电量 $q = 1.6 \times 10^{-19}\mathrm{C}$；$T$ 为热力学温度，K；玻尔兹曼常数 $k_B = 1.38 \times 10^{-23}\mathrm{J/K}$。

电池表面受到太阳光照射时，在 p-n 结中会有大量电子从价带跃迁到导带，因此产生光生电流（photocurrent，I_{ph}）。光生电流 I_{ph} 正比于入射光强度，由于 p-n 结内部存在载流子的漂移运动，因此 p-n 结内部产生一个方向和光生电流 I_{ph} 相反的暗电流 I_{dark}。这样的电路关系等效于将电流源与半

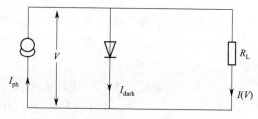

图 5.1.4　不考虑并联电阻的等效电路

导体二极管并联，负载的电压来自二极管，如图 5.1.4 所示，由此可以得到：

$$I(V) = I_{ph} - I_{dark}(V) = I_{ph} - I_0 \left[\exp\left(\frac{qV}{k_B T} \right) - 1 \right] \tag{5.1.7}$$

当 $V = 0$ 时，由式（5.1.7）可以得到：

$$I_{SC} = I_{ph} \tag{5.1.8}$$

由于短路电流 I_{SC} 和光生电流 I_{ph} 有关，因此 I_{SC} 强度会被光强变化所影响，但对温度变化不敏感。

当 $I = 0$ 时，由式(5.1.7)得到开路电压 V_{OC}。

$$V_{OC} = \frac{k_B T}{q} \ln\left(\frac{I_{ph}}{I_0} + 1 \right) \tag{5.1.9}$$

从式(5.1.9)中可知，光生电流 I_{ph} 和开路电压 V_{OC} 呈对数相关，所以当光生电流 I_{ph} 随着光强变化时，开路电压 V_{OC} 变化微弱，而温度对开路电压 V_{OC} 影响较大。

由式(5.1.9)可以得到反向饱和电流 I_0 的表达式。

$$I_0 = \frac{I_{ph}}{\exp\left(\dfrac{qV_{OC}}{k_B T} \right) - 1} \tag{5.1.10}$$

把式(5.1.8)和式(5.1.10)代入式(5.1.7)中，此外将其中参数 I_{ph} 和 I_0 替换成太阳能电池的性能参数短路电流 I_{SC} 和开路电压 V_{OC}，得到伏安特性表达式：

$$I(V) = I_{SC} \left[1 - \frac{\exp\left(\dfrac{qV}{k_B T} \right) - 1}{\exp\left(\dfrac{qV_{OC}}{k_B T} \right) - 1} \right] \tag{5.1.11}$$

得到了伏安特性表达式(5.1.11)后，可以求出最佳工作点。功率和电压存在如下关系：

$$P(V) = VI(V) = VI_{SC} \left[1 - \frac{\exp\left(\dfrac{qV}{k_B T} \right) - 1}{\exp\left(\dfrac{qV_{OC}}{k_B T} \right) - 1} \right] \tag{5.1.12}$$

为了得到 $P(V)$ 的最大值，将式(5.1.12)对 V 求导：

$$\frac{dP(V)}{dV} = I_{SC} \frac{\exp\left(\dfrac{qV_{OC}}{k_B T} \right) - \exp\left(\dfrac{qV}{k_B T} \right)\left(\dfrac{qV}{k_B T} + 1 \right)}{\exp\left(\dfrac{qV_{OC}}{k_B T} \right) - 1} = 0 \tag{5.1.13}$$

由式(5.1.13)得到关于最佳工作电压 V_m 的表达式：

$$V_m + \frac{k_B T}{q} \ln\left(\frac{qV_m}{k_B T} + 1 \right) = V_{OC} \tag{5.1.14}$$

太阳能电池器件中，由于各组件之间的接触界面、电极与引线之间的连接，以及材料本身固有的特性，会引入一定的电阻。这些电阻在电路中的效果可以等效地视为串联电阻（series resistance，R_S）。太阳能电池还会出现漏电现象，这是因为电池边沿漏电或制作金属化电极时产生了微裂纹、划痕，在这些缺陷处会形成金属电桥漏电，漏电会导致部分正常通过负载的电流短路,可在电路中以并联电阻(shunt resistance,R_{sh})来等效。因此,需要对图 5.1.4 的理想模型进行修正,考虑串并联电阻对太阳能电池的影响,得到如图 5.1.5 所示的新等效电路,从图中可知:

$$I_{sh} = \frac{V_{ph}}{R_{sh}} \qquad (5.1.15)$$

$$I_L = I_{ph} - I_{dark} - I_{sh} \qquad (5.1.16)$$

$$V_{ph} = V_L + I_L R_S \qquad (5.1.17)$$

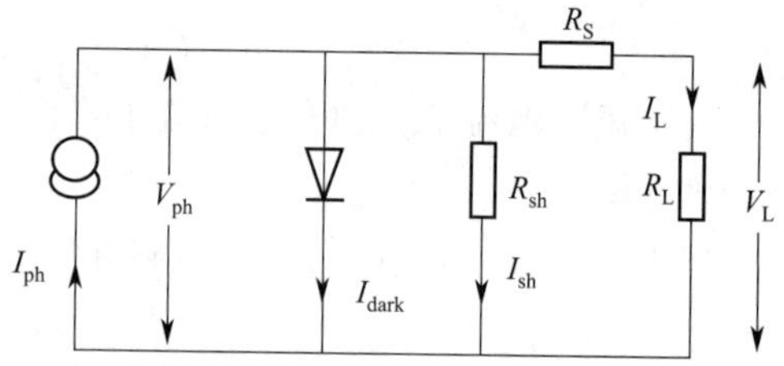

式中,I_{sh} 为通过等效并联电阻的电流;V_L 为负载电压;I_L 为负载电流;V_{ph} 为光电压。

图 5.1.5　考虑并联电阻的等效电路

将式(5.1.6)和式(5.1.15)代入式(5.1.16),可得:

$$I_L = I_{ph} - I_0 \left[\exp\left(\frac{qV_{ph}}{k_B T}\right) - 1 \right] - \frac{V_{ph}}{R_{sh}} \qquad (5.1.18)$$

将式(5.1.17)代入式(5.1.18),可得:

$$I_L(V_L) = I_{ph} - I_0 \left[\exp\left(\frac{q[V_L + I_L(V_L)R_S]}{k_B T}\right) - 1 \right] - \frac{V_L + I_L(V_L)R_S}{R_{sh}} \qquad (5.1.19)$$

从式(5.1.19)中不难看出,如果希望提高填充因子 FF 和转换效率 η,要在尽可能提高并联电阻 R_{sh} 的同时尽量减小串联电阻 R_S。

5.1.3　柔性太阳能电池的发展

虽然目前刚性的太阳能光伏发电已广泛应用于建筑屋顶和外墙,但柔性薄膜电池组件在未来更具有优势,它们可以充分利用掩体、建筑、帐篷等外表面,根据需要做成透光和部分透光,能更好地阻挡外部红外线的进入并发挥隔热功能,有形状适应性强、重量轻、安装布设简便等优势。例如,可以采用柔性太阳能发电篷布,将光伏发电薄膜集成到帐篷上,轻便并且粘连强度好;可以将柔性光伏材料与纺织物或涂层复合,变为各种可穿戴太阳能电源,比如太阳能电池背包、帽子、头盔与服装等。柔性太阳能电池作为一种薄膜太阳能电池,其衬底为塑料或者金属箔片等,其中塑料衬底可选用导电塑料或是镀有透明导电膜的塑料,而金属箔片一般选用满足特定要求的铝箔或不锈钢箔片。由于传统的无机薄膜太阳能电池柔韧性相对较差,本章仅简单介绍,并重点介绍基于本征柔性材料的太阳能电池。

(1)柔性化合物薄膜太阳能电池

目前,高效率单结薄膜的太阳能电池材料包括砷化镓(GaAs)、碲化镉(CdTe)、铜锌锡硫(CZTS)或铜铟镓硒(CIGS)等。这些传统的无机薄膜太阳能电池使用了 Cd、Te、Cu、Zn、In、Ga 和 Se 等新元素取代了原先的硅半导体。

与晶体硅太阳能电池相比,这些无机薄膜太阳能电池具有以下几个优点。①材料消耗少:薄膜太阳能电池只需使用极薄的光电转换材料;②制造能耗低:薄膜太阳能电池更适合大面积沉积，与晶体硅太阳能电池高耗能的晶体拉制、切割工艺相比，制造能耗大大降低；③质量轻：薄膜太阳能电池结构重量轻、转换效率高、可根据用途使用软性基材制造、易折叠携带、应用空间弹性大[1]。但缺点也明显：①含有的碲、铟、镓等元素比较稀缺，储量有限；②含有的镉、硒等元素有毒性，易对环境造成污染；③转化效率有待进一步提高。因此，寻找安全、廉价、无毒的替代材料已成为研究热点之一。

① 柔性铜铟镓硒薄膜太阳电池　自 1974 年首次亮相以来，铜铟镓硒（CIGS）薄膜太阳电池（简称薄膜电池）已取得了显著进展。目前，在玻璃基底上，CIGS 的沉积方法主要包括物理气相沉积、化学气相沉积与溶液法，基于 CIGS 的太阳能电池的转换效率可达 22.9%，这在各种薄膜太阳电池中属于较高水平，因而被认为具有较高的性价比。CIGS 电池的吸收层呈现出独特的黄铜矿相结构，这种结构赋予了它一系列卓越性能。首先，作为直接带隙半导体，CIGS 具有高达 $10^5\,cm^{-1}$ 的吸收系数，意味着仅仅 $1\mu m$ 的薄膜就能够吸收超过 95% 的太阳光谱能量。其次，黄铜矿相结构的 CIGS 电池展现出出色的稳定性，几乎不存在光致衰退现象，因此其电池寿命可超过 20 年。此外，通过 Ga 元素部分替代 In 元素，CIGS 的带隙宽度可以实现可调范围（$1.04\sim1.7\mathrm{eV}$），这为形成与理论最高效率相匹配的合适带隙提供了可能。最后，CIGS 太阳电池在弱光条件下也表现出良好的光电转换效率，并且具有较强的抵抗高能电子和质子等粒子辐射的能力，这使得 CIGS 电池在航空航天领域具有广阔的应用前景。

为了制造柔性 CIGS 电池，我们必须使用柔性衬底来代替刚性玻璃衬底。对于 CIGS 薄膜电池而言，理想的柔性衬底应具备多种特性。首先，它需要拥有出色的热稳定性，能够承受制造高质量功能层所需的高温。其次，合适的热胀系数（CTE）也是必不可少的，以确保与电池的吸收层、缓冲层、窗口层等材料能够良好匹配。除此之外，衬底还应具有化学稳定性和真空稳定性，在 CIGS 沉积过程中不与 Se 发生反应，且在化学水浴法制备缓冲层 CdS 时不发生分解，同时在加热过程中不释放气体。表面平整、湿气阻隔性和轻质等特性也是柔性衬底所必须具备的。在这些特性中，热胀系数、耐温性和密度尤为关键，因为它们对柔性电池的光电转换效率和功率质量比有直接的影响。

柔性 CIGS 电池的衬底主要包括金属箔和聚合物。金属衬底在 CTE 和热稳定性方面具有一定的优势，但其密度较大，这可能会影响到器件的功率质量比。更重要的是，金属衬底的表面较为粗糙，会对电池的效率产生不利影响。另一方面，以 PI（聚酰亚胺）为代表的聚合物衬底在密度和表面平整度方面表现出优势，但在热稳定性和热胀系数方面则存在不足。因此，在选择柔性 CIGS 电池的衬底材料时，需要综合考虑各种因素，以达到最佳的电池性能。

PI 衬底上的柔性 CIGS 电池效率高达 20.4%，相较于玻璃基电池效率低了 2.5%。与不锈钢衬底相比，PI 衬底具有轻质和表面光滑平整的优点。然而，它也存在一些劣势，导致其效率低于玻璃基电池。首要问题是 PI 的热胀系数高于 Mo、CIGS 等，这可能导致 Mo 背电极和 CIGS 薄膜内部出现裂纹，甚至脱落。其次，PI 的热稳定性不佳，加工条件要求保持 450℃ 以下的短时间处理，但为了获取高质量 CIGS 薄膜，通常需要维持 $550\sim600℃$ 的生长温度。在较低温度下沉积 CIGS 薄膜会导致吸附原子获得的能量不足，进而影响薄膜的结晶质量和元素的纵向分布。此外，PI 衬底本身不含 Na 元素，而常规钙钠玻璃中的 Na 掺入对于制备高质量 CIGS 薄膜至关重要。因此，需要通过额外步骤在 CIGS

层中添加 Na 元素。不同的 Na 掺杂方式、掺杂阶段和掺杂量会对器件性能产生不同影响，因此需要仔细选择以获得最佳效果。

不锈钢是另一种常见的柔性衬底选择。与 PI 衬底相比，不锈钢在热稳定性和热胀系数方面具有优势。然而，不锈钢上制造的 CIGS 电池效率略低于 PI 衬底上的电池。这主要是由于不锈钢衬底表面粗糙度较大、衬底内杂质较多以及缺乏 Na 掺杂等因素所致的。首先，不锈钢衬底的表面粗糙度通常在几百到几千纳米之间。这种粗糙表面在 CIGS 薄膜生长过程中提供了更多的成核中心，导致形成较小的晶粒和较多的缺陷，进而增加了载流子的复合概率。此外，粗糙表面还可能促进衬底中的杂质向吸收层扩散，使得薄膜内杂质元素增多。其次，金属衬底上的较大尖峰有可能穿透 Mo 背电极进入 CIGS 吸收层，导致漏电流增大甚至发生短路。不锈钢衬底中含有大量的 Fe、少量的 Cr 和微量的 Ni 等金属元素，这些杂质元素会扩散到电池中并影响器件性能。杂质的扩散程度主要取决于工艺温度，但降低 CIGS 吸收层的制备温度可能会牺牲薄膜质量。研究表明，Cr 元素的扩散对电池转换效率几乎没有负面影响，而 Fe 杂质含量与电池效率关系密切。在 CIGS 薄膜内，Fe 杂质可能占据 Cu 和 In/Ga 两个位置，会引起载流子浓度的变化和缺陷的形成，导致电池性能下降。因此，不锈钢基底上的阻挡层至关重要。同时，由于不锈钢基底与 Mo 背电极的热胀系数存在差异，因此选择合适的阻挡层材料可以在一定程度上改善 Mo 与衬底的结合力。目前，阻挡层材料的选择主要以金属及氮氧化合物为主，如 Ti、Cr 等金属体系和 SiO、Al_2O_3 等氧化物。然而，目前尚未确定哪种阻挡层材料占据绝对优势。最后，在 Na 元素掺入方面，不锈钢衬底的处理方式与 PI 衬底相似。

② 柔性碲化镉薄膜太阳电池　碲化镉（CdTe）薄膜太阳电池是一种备受瞩目的化合物薄膜电池。这种电池的核心结构是由 p 型 CdTe 层与 n 型 CdS 层形成的 p-n 结。多晶 CdTe 作为直接带隙半导体，带隙处于 1.40～1.50eV 之间，其可见光吸收系数高达 $10^5 cm^{-1}$，仅需 1～2μm 的薄膜厚度就能吸收超过 90% 的太阳光。为了制备 CdTe 薄膜，目前已经开发出了多种方法，包括近空间升华法、高真空蒸发法、磁控溅射法、电化学沉积法以及有机金属化学气相沉积法等。这些方法为 CdTe 薄膜太阳电池的制造提供了多种选择。

与柔性 CIGS 薄膜太阳能电池相比，柔性 CdTe 薄膜电池的研究进展相对缓慢。目前，柔性 CdTe 薄膜电池衬底也主要有金属和聚合物两大类。

常用的聚合物衬底是 PI。然而，与柔性 CIGS 薄膜太阳电池面临的问题一样，由于 PI 衬底的热稳定性较差，因此需要研发低温制备工艺以适应 PI 衬底。高真空蒸发法是 PI 衬底上制备高质量 CdTe 薄膜的常用方法，制备温度范围为 300～400℃。除了制备温度外，PI 衬底的高吸收率也是影响 CdTe 薄膜电池光电转换效率的重要因素，它限制了电池的短路电流密度。为了减少光吸收损失，研究人员采用了较薄的 PI 衬底，包括 12.5μm 和 7.5μm。近年来，随着无色耐高温 PI 衬底的研发成功，PI 衬底上 CdTe 电池的效率得到了进一步提升。

金属箔是另一类广泛研究的柔性衬底，主要包括不锈钢、钼、钛等体系。金属 Mo 是常用的金属衬底，首先 Mo 与 CdTe 的热胀系数相近，其次高纯度的 Mo 可以起到阻隔作用，可以减少衬底杂质对光活性层的影响。然而，由于 Mo 金属不透光，因此 Mo 基的柔性电池只能采用底层结构。由于底层结构的 CdTe 电池 CdTe 吸收层质量不佳，且在沉积

CdS 或透明电极的过程中存在金属扩散现象，因此会导致其光电效率较低。

此外，随着技术的进步，越来越多的极薄商业化玻璃正在不断出现，目前已经成功制备出了厚度不足 0.1mm 的超薄玻璃。这种较薄的玻璃也具备一定的柔性，并且玻璃具有优异的耐温性，有利于在柔性玻璃上制备高效的上层结构 CdTe 太阳电池。例如，美国国家可再生实验室的研究团队，在 $100\mu m$ 的玻璃衬底上成功制备出能量转换效率达 16.4% 的柔性 CdTe 电池[2]。

（2）柔性有机太阳能电池

① 有机太阳能电池的发展历史　自 1958 年起，有机光伏器件的发展历程便悄然展开。在这一年，David Kearns 等人利用酞菁镁成功制备出首个有机光伏器件，其开路电压为 0.2V[3]。仅仅一年后，H. Kallmann 等人通过将单晶蒽夹在两电极之间，创制出了一种类似三明治结构的有机光伏器件。尽管当时由于激子解离效率低下，其能量转换效率（PCE）仅为 10^{-6} 数量级，但它作为有机太阳能电池领域的首个肖特基型器件，为整个领域的发展指明了方向[4]。随后的时间里，研究者们尝试了将各种材料作为有机太阳能电池（OSCs）的活性层，但能量转换效率并未取得显著提升。直至 1986 年，邓青云等人采用蒸镀工艺，结合 p 型有机半导体酞菁铜作为给体（donor，D）和 n 型有机半导体苝酰亚胺的一种衍生物苝四甲酸二苯并咪唑（PTCBI）作为受体（acceptor，A），成功制备出具有平面双层异质结结构的有机光伏电池。在 AM 2 光照下，这种器件的 PCE 接近 1%[5]。

1992 年，科研人员首次提出了本体异质结（bulk heterojunction，BHJ）的概念，并采用溶液加工工艺，以苯乙炔衍生物（MEH-PPV）为给体（D），富勒烯 C_{60} 作为受体（A）混合溶解于甲苯中，制备出具有本体异质结结构的有机太阳能电池。研究发现，这种共混薄膜中处于激发态下的电子转移发生时间在皮秒数量级，比激子的辐射和非辐射复合快了至少 2 个数量级，这标志着基于富勒烯的有机太阳能电池研究的开始[6]。1995 年，G. Yu 等人采用 C_{60} 的衍生物 PCBM 取代 C_{60}，同时利用溶液混合加工工艺制备出本体异质结有机太阳能电池。由于实现了高效的激子拆分，这类器件的 PCE 接近 3%。同时，笔者提出，由于活性层具有本体异质结结构，给、受体材料形成连续的互穿网络结构，这种排布方式不仅增加了给受体接触面积有利于激子分离，也为后续的电荷传输提供了稳定的通道[7]。RenéA. J. Janssen 团队设计合成了富勒烯受体 $PC_{71}BM$，该受体在 $400 \sim 700nm$ 波长范围内的吸收得到了增强[8]。次年，李永舫课题组合成了 $IC_{60}BA$ 与 $IC_{70}BA$ 这两种全新受体，与给体聚合物 P3HT 相结合，器件效率达到了 6.48% 与 6.69%[9,10]。2015 年，占肖卫团队公布了一种基于稠环共轭骨架的 A-D-A 型小分子受体，名为 ITIC。其独特之处在于中部稠环电子给体与两端电子受体的交替共轭结构，这种设计促进了分子内的电荷转移。与富勒烯受体相比，ITIC 的吸收光谱得到显著拓宽，极大地提高了器件在近红外波段的能量利用率[11]。这种创新的电子受体迅速崭露头角，其器件效率迅速超越了富勒烯太阳能电池，为有机光伏材料领域开辟了新的方向，为后续研究者提供了多种高性能的非富勒烯受体合成策略。2019 年，邹应萍团队又带来了一种革新性的 A-D-A 结构稠环小分子电子受体 Y6。Y6 的出现不仅将单节有机太阳能电池的 PCE 提升至 15.7%，而且其吸收光谱红移至约 920nm，标志着有机太阳能电池能量转换效率进入了一个崭新的快速发展阶段[12]。之后，丁黎明团队将合成的新型给体聚合物 D18 与 Y6 相结合，所制备的单节本体异质结有机太阳能电池的效率高达 18.22%[13]。至今，以非富勒烯小分子作为电子受体的单节有机太阳能电池 PCE 已突破 19% 的大关[14,15]。这些令人瞩目的成就不仅彰显了科研人员在有机光伏领域的持续创新和卓越贡献，也为该领域的发展注入了强大的动力。

② 有机太阳能电池的工作原理　有机太阳能电池发生光电转化需要经历以下五个过程。a. 光照下活性层/光敏层吸收光子产生空穴/电子对，即激子。b. 激子在材料内部扩散。c. 激子扩散到给/受体界面处拆分成自由电荷。d. 自由电荷传输。e. 自由电荷在阴极（cathode）和阳极（anode）上被收集，产生电流。如图 5.1.6 所示，上述五个过程是太阳能电池实现高性能的必要保障，必须保证每个环节都能高效运行，一旦出现问题，如电子淬灭、激子复合等，都会降低太阳能电池的光电转换效率。

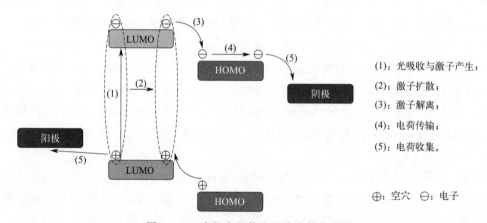

图 5.1.6　有机太阳能电池光电转换过程

有机太阳能电池的光电转换过程是一个复杂而精细的机制，涉及多个关键步骤和要素。以下是对这些步骤和要素的进一步解释和阐述：

a. 光照下的激子产生。当太阳光照射到有机太阳能电池的活性层时，光子与材料中的电子相互作用。如果光子的能量大于材料的带隙能量，电子会从 HOMO 能级跃迁到 LUMO 能级，形成激子。激子的产生效率取决于材料的吸光性能、带隙大小以及光子的能量分布。

b. 激子扩散。激子产生后，在活性层内部进行扩散。这一过程涉及 Dexter 能量转移和 Forster 能量转移两种机制。激子扩散的距离通常受限于有机材料的性质，一般在 20nm 以内。因此，活性层中的给体和受体需要适当分布，以确保激子能扩散到给/受体界面处解离。

c. 激子解离。当激子扩散到给体与受体的界面时，它们在内建电场的作用下拆分为自由电荷（电子和空穴）。激子解离的效率取决于给体和受体之间的能级差（ΔLUMO 或 ΔHOMO）。尽管传统的观点认为 ΔLUMO 或 ΔHOMO 需要大于 0.3eV 才能实现有效解离，但最新的研究表明，某些体系即使在这些能极差较小的情况下也能实现有效的解离。

d. 电荷传输。解离后的电子和空穴分别在受体和给体中传输。内置电场由电极之间的功函差形成，它驱动电子和空穴分别向阴极和阳极移动。电荷传输的效率取决于材料的电导率、载流子的迁移率以及活性层的形貌。

e. 电荷收集。电子和空穴最终到达电极并被收集，从而产生光电流和光电压。电极的设计和选择对于电荷的有效收集至关重要，因为它们需要消除能量势垒从而形成良好的欧姆接触以捕获相应的电荷载流子。

综上所述，有机太阳能电池的光电转换过程涉及多个关键步骤和要素，包括激子的产生、扩散、解离、传输和收集。这些步骤的效率和协同作用直接决定了太阳能电池的性能。因此，在设计和优化有机太阳能电池时，需要综合考虑材料的性质、活性层的形貌、电极的选择以及整个器件的结构等因素。

③ 柔性有机太阳能电池的发展　柔性有机太阳能电池的制备与发展是推动 OSCs 商业化的重要方向之一。其独特的耐折和柔韧特性，使得它可广泛应用于高层建筑的窗户玻璃，既可以随意卷曲也能自由展开。同时，由于其轻便和体积小，这种电池非常适合用于制作便携式智能充电设备，如手电筒和充电宝等。更值得一提的是，其柔韧性质还为可穿戴智能电子设备的制作提供了可能。此外，柔性有机太阳能电池的制备工艺可采用卷对卷生产方式，不仅降低了成本，还简化了生产流程，为大规模生产提供了便利。因此研究人员正致力于提高其能量转换效率，以期与刚性 OSCs 器件的光电性能相媲美甚至超越。

从活性层和界面层的角度来看，有机溶液在旋涂成膜后展现出的耐弯曲性质，为有机太阳能电池赋予了一定程度的柔性。为了全面实现有机太阳能电池的柔性特性，其结构中的基底材料和底电极必须展现出柔性和耐弯折的特点。这一点至关重要，因为只有确保这些关键组件的柔性，才能确保整个电池在弯曲或形变时仍能维持其性能和稳定性。

有研究[16] 显示，在 $25\mu m$ 玻璃纸上沉积 ZnO/超薄 Ag/ZnO，R_S 仅为 $7.2\Omega/sq$（sq 指平方），其在 $400\sim800nm$ 区域的透光率为 81.7%，并具有优异的柔韧性。所得器件的 PCE 为 5.94%，在折叠 35 次后仍保持 92% 的初始效率值。此外，通过微量氧对铜进行一定程度的氧化[17]，可制备出连续、光滑的超薄铜并用于柔性 OSCs。研究发现，在铜生长的早期阶段，由于薄膜润湿性明显提高，弱氧化的 Cu(O) 薄膜中的纳米级团簇迁移可以被有效地抑制。对应的 ZnO/Cu(O)/ZnO 电极的平均透过率达到了 83%（$400\sim800nm$），R_S 为 $9\Omega/sq$。基于 OMO（氧化物-金属-氧化物）电极的柔性 OSCs 实现了 7.5% 的 PCE，优于基于 ITO（铟锡氧化物）电极的柔性 OSCs，即使在半径为 1mm 的弯曲测试后，PCE 也仅降低了约 10%。

还可利用逆胶印工艺在超柔性 PET 基材上印刷均匀超薄 Ag 网（厚度为 100nm）用于 OSCs[18]。通过对网格的空间长度进行微调，得到的 R_S 为 $17\Omega/sq$，可见光区的平均透过率为 93.2%，甚至超过了 ITO 电极的光电性能。基于该电极的柔性 OSCs 也可以达到 8.3% 的 PCE。还通过降低柔性衬底中的光学和电学损耗[18]，成功制备出了大面积柔性 OSCs 器件，并且单结电池（$1cm^2$）的 PCE 为 12.16%，非常接近通过旋涂工艺制造的小面积（$0.04cm^2$）刚性器件的 PCE（12.37%）。通过狭缝涂布工艺，可以进一步将模块面积为 $25cm^2$ 和 $50cm^2$ 的柔性 OSCs 的器件效率提升至 10% 左右。这表明 PET/Ag 网状电极在柔性有机太阳能电池中具有巨大的应用潜力，甚至可以与大面积印刷技术相媲美。

甚至有研究[19] 直接将 PI 集成在石墨烯上（图 5.1.7），以帮助石墨烯生长。PI 辅助石墨烯电极具有超干净的表面，最高透过率超过 92%，R_S 为 $83\Omega/sq$。此外，该电极很好地保持了 PI 薄膜和石墨烯的高柔韧性和热稳定性，制备的高性能柔性 OSCs 的 PCE 达到了 15.2%，并且在半径为 2mm 的 1000 次弯曲循环后保持了超过 90% 的初始 PCE。

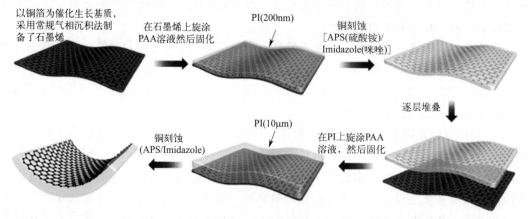

图 5.1.7　PI 集成石墨烯电极的制备工艺[19]

在过去的 20 年中，为了评估器件中各组分，对柔性 OSCs 的研究大多集中在面积小于 0.1cm² 的器件和通过旋涂加工的器件上，但随着 OSCs 研究进展飞速，需要将柔性 OSCs 进一步商用化，即大面积器件的制备。尽管目前大面积柔性 OSCs 的转换效率仍落后于刚性衬底上的 OSCs，但随着柔性透明电极和光活性层的优化，大面积柔性 OSCs 的 PCE 也逐步得到提升，1cm² 的器件也达到了 16.71%[20]，对于 54cm² 的模块，也已达到 13.2%[21]。

尽管柔性 OSCs 取得了重大进展，但在实现商业化之前仍面临许多挑战，主要是效率相对较低，稳定性不理想以及成本需要降低。

a. 效率：实现最大效率始终是任何光伏技术的重点。目前，实验室规模的刚性 OSCs 的效率已经超过 19%，这在之前是不可想象的。然而，OSCs 的性能仍然落后于无机光伏电池，例如硅，也落后于有机-无机杂化钙钛矿太阳能电池。

b. 稳定性：在实际应用中，当暴露于光、热、氧等条件中时，柔性 OSCs 应该具有较长的工作寿命。最近的报道表明，达到刚性 OSCs 器件的长效稳定性非常有希望，具有 10 年或 20 年甚至更长的寿命，这表明 OSCs 在未来的实际应用中可足够稳定。但是，OSCs 特别是高效体系的整体稳定性还不是最优的。给体-受体混合膜的形态稳定性是需要解决的首要问题。通过微调 OSCs 中使用的活性材料的化学结构，可以同时实现高效率和稳定性所需的形态。虽然有一些令人鼓舞的结果，但形态稳定性与材料结构之间仍然没有直接的联系，需要进一步研究。

c. 成本：与效率和稳定性的研究相比，柔性 OSCs 的成本受到的关注很少，实际上其成本仍相对较高。低成本 OSCs 生产的瓶颈主要是原材料成本，特别是活性层材料和电极的成本，而不是加工成本。如果大面积模块能够实现 10% 的效率和 10 年的使用寿命，会使 OSCs 在应用中具有竞争力。目前，一些具有代表性的高效给体和受体材料的合成需要 10 多个步骤，这不可避免地导致很高的生产成本。

尽管挑战依然存在，但柔性 OSCs 作为一种有前途的绿色能源技术，其灵活性、半透明性、材料通用性以及其他特性使其具有广泛的潜在应用前景。此外，OSCs 的研究进展迅速，这必将加速柔性 OSCs 材料创新和性能提升的进程，并将在不久的将来实现柔性 OSCs 的商业化。

（3）柔性染料敏化太阳能电池

受到光合作用的启发，科学家们于 1991 年首次制备了染料敏化太阳能电池（DSSCs），开创了光伏技术的新时代。通过不断的研究，DSSCs 的转换效率已被提高到 13%[22]。其主要优点是制作简单、成本低、不透光和多色。另一方面，根据所使用的基板类型，DSSCs 可以制备成非常轻便且灵活的器件。因此，由于这些优异的特性，该技术可用于许多场景，例如建筑集成光伏、便携式和室内发电机、汽车集成光伏等。

染料敏化太阳能电池的结构为三明治结构，包括导电基板、光阳极、染料敏化剂、电解液和对电极（光阴极）等组分，如图 5.1.8 所示。导电基板通常采用玻璃基氟氧化锡（FTO）材料。光阳极则由 TiO_2、ZnO、SnO、五氧化二铌（Nb_2O_5）等半导体氧化物组成，不仅作为光生载流子的传输通道，还作为吸附染料的支撑体。在这些材料中，TiO_2 因其出色的化学稳定性、相对较低的成本以及广泛的来源，成为制备光阳极纳米半导体多孔膜材料的首选。敏化剂则是那些吸附在纳米半导体薄膜表面的染料分子，它们的主要职责是吸收太阳光。在实际应用中，高效的敏化剂一般采用钌系有机物。电解液位于光阳极和对电极之间，扮演着传输电子和再生染料的关键角色。电解液可根据其形态分为液体、准固体和固体三类。目前，应用最广泛的是 I^-/I_3^- 液态的电解质溶液体系，这得益于其在多孔半导体薄膜中的良好渗透性、与染料分子的快速再生反应，以及与注入光电子之间缓慢的电子复合反应。对电极则通常采用沉积在导电材料上的铂（Pt）电极，它在电池中发挥着催化和导电的双重作用。然而，由于铂金属的价格相对较高，研究人员正在探索替代方案，如碳、硫化物、氮化物、高分子材料以及复合材料等，以降低成本并维持电池性能。

染料敏化太阳能电池的工作原理如图 5.1.9 所示，其核心在于将光吸收与电子传输两个过程独立进行。这一过程细分为六个关键步骤：首先，染料分子在吸收太阳光后，其电子从基态跃迁到激发态；接着，这些不稳定的激发态电子迅速注入能级较低的 TiO_2 导带（CB）中，同时染料分子被氧化；然后，这些注入 TiO_2 导带中的电子通过介孔网络被传输到导电基板（如 FTO）；其次，电子通过外电路传输到对电极（如 Pt），从而产生工作电流；再次，电解液中的氧化还原电对将氧化态染料分子中的空穴还原，使其回到基态，实现染料的再生；最后，氧化态电解质（I_3^-）扩散到对电极得到电子，生成还原态离子（I^-），从而完成整个电路的再生和一个光电化学反应的循环。然而，在电池内部传递光生电子的过程中，可能会发生电荷复合，这主要有两种情况：一是 TiO_2 导带中的电子与氧化态染料发生复合；二是 TiO_2 导带中的电子与电解质中的氧化态离子复合。这两种情况都可能对电池性能产生不利影响，因此需要尽量避免。

柔性衬底上的染料敏化太阳能电池（DSSCs）相较于刚性玻璃衬底上的 DSSCs 具有更高的功率质量比、更好的柔性和更便捷的运输性，因此受到了广泛关注。然而，柔性 DSSCs 的光电转换效率通常低于玻璃衬底的器件，其最高效率仅为 7%～8%。近年来，有机-无机杂化钙钛矿太阳能电池的效率已经攀升到 26% 以上，这使得人们对柔性 DSSCs 的关注度有所降低。尽管如此，柔性 DSSCs 的研究经验仍对柔性钙钛矿电池的研究具有重要的借鉴意义，有助于其效率的不断提升。下面将重点介绍柔性染料敏化太阳能电池光电转换效率的发展，特别是柔性导电衬底、半导体光阳极以及对电极材料及结构的优化等方面。

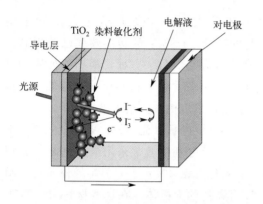

图 5.1.8　染料敏化太阳能电池基本结构

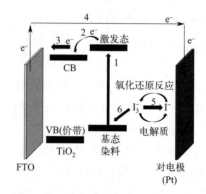

图 5.1.9　染料敏化太阳能电池的工作原理

① 柔性 DSSCs 的导电衬底及对电极　导电衬底是 DSSCs 结构的主体，通常有上下两个衬底，作为光阳极材料和对电极催化剂的支撑物，其余的元件位于它们之间。DSSCs 衬底需要有两个主要特性：a. 具有很高的透明度，以使大量阳光进入电池；b. 具有高导电性，以实现有效的电荷转移和最小化能量损失。因此，FTO 和 ITO 玻璃衬底是 DSSCs 常用的衬底。对于柔性 DSSCs，还需要使用塑料衬底以实现机械柔性。

塑料在高温下（＞150℃）具有热不稳定性，它们在高温下会熔化或变形。因此，需在低温下制备塑料基底的 DSSCs 器件。研究人员发现，聚醚酰亚胺塑料衬底比 PET 和 PEN 具有更高的热稳定性，可以生产更高效的太阳能电池。在 ITO-PEN 衬底上涂覆 TiO$_2$ 光阳极和碳对电极[23] 制备的 DSSCs，其转化效率约为 1.32%～2.54%。一些研究甚至用金属衬底代替塑料衬底来发展柔性 DSSCs。例如，钛金属箔具有抗 I$^-$/I$_3^-$ 电解质腐蚀性的特性，已被用作 DSSCs 的金属衬底，并且可对其进行化学或物理处理以提高光伏性能。柔性 DSSCs 基材的另一种选择是应用纺织或织物材料，与基于塑料的柔性 DSSCs 类似，纺织 DSSCs 也存在一些局限性，主要是无法在 500℃下烧结 TiO$_2$ 层形成多孔结构并将其固定在织物表面。

通过在导电衬底上涂覆催化材料，可以将对电极置于光阳极的对面。对电极收集来自外部电路的电子以使氧化还原对再生。用于对电极的催化剂材料需要具有高催化活性与高电导率，以实现高转换效率。除此之外，最佳的对电极催化剂还应具有成本低、比表面积大、耐化学腐蚀、与导电基材黏合良好等特点。考虑到这些因素，贵金属铂（Pt）一直是 DSSCs 中最常用的对电极催化剂材料，具有很高的效率。研究发现，其他材料与 Pt 结合可提高柔性 DSSCs 的性能[24]。即将 Pt 与硫化镍（NiS）和钛（Ti）箔结合，形成 NiS/Pt/Ti 和 Pt/Ti 作为柔性 DSSCs 的对电极催化剂，其转化效率分别为 7.20% 和 6.07%。利用氢氟酸处理 Ti 箔使 NiS/Pt/Ti 对电极形成了凹凸状表面，对电极与电解质之间的有效接触面积更大，最终提高了电催化活性和效率。

此外，由于碳是地球上最丰富的材料之一，随处可见，因此被认为是替代 Pt 作为对电极的有吸引力的替代品。有研究将 Pt 与碳结合，通过减少所需 Pt 的用量来提高催化活性并降低 DSSCs 的成本，从而形成了一种优秀的对电极催化剂[25]，Pt/C$_{60}$ 复合对电极在小型柔性 DSSCs 中的转换效率高达 9.02%，在大型柔性 DSSCs 中的转换效率也达到了 6.26%，高于使用裸 Pt 和裸碳球对电极的柔性 DSSCs。

② 柔性染料敏化太阳电池的光电阳极　通常在玻璃或塑料衬底上涂覆半导体材料层就可以制备光阳极，其功能是从敏化层捕获光生电子并将其传输到外部电路。理想的光阳极材料具有大表面积和快速电荷传输速率，因为它们可以实现更高的染料负载并用于光收集，以及更高的电子收集效率。除此之外，它们具有良好的结构排列和化学稳定性，同时又具有低成本和环境友好性。宽带隙半导体金属氧化物如氧化锌（ZnO）和二氧化钛（TiO$_2$）是 DSSCs 中最常用的光阳极材料。它们通常以纳米晶的形式用作光阳极，以获得更大的表面积，从而更好地吸收光。其中，TiO$_2$ 具有成本低、容易获得、无毒、表面积大等特点，是许多 DSSCs 研究和开发长期以来的首选材料。在通过射频反应磁控溅射技术制备的 ITO-PEN 塑料上使用 TiO$_2$ 纳米棒阵列光阳极[26]，制备的柔性 DSSCs 具有较高的 PCE（5.3%）。而对于 ZnO，与其他金属氧化物相比，它具有 3.37eV 左右的带隙、高电子迁移率和更好的电子扩散率，因此常被认为是 TiO$_2$ 光阳极的理想替代品。虽然基于 ZnO 光阳极的 DSSCs 不能产生像基于 TiO$_2$ 的 DSSCs 那样高的 PCE，但它们具有更好的电子迁移率和载流子寿命，并且易于合成，这有利于它们在 DSSCs 中的应用。与 TiO$_2$ 类似，大多数制备 ZnO 纳米粒子的传统方法都是在 450~500℃ 的高温下烧结，以获得更好的颗粒间连接。

柔性 DSSCs 作为太阳能器件已显示出许多优点，但该器件仍有一些局限性。例如，基于塑料的柔性 DSSCs 具有较差的热稳定性，这限制了器件通过高温烧结工艺来增强光阳极的颗粒间连接和光阳极与塑料衬底之间的黏附性。另一个挑战是柔性和非柔性 DSSCs 的电解液易泄漏，导致设备在长时间内不稳定，每次操作后性能下降，开发基于固态电解液的 DSSCs 有望解决这一问题。

（4）柔性钙钛矿太阳能电池

经典的有机-无机杂化钙钛矿材料具有八面体晶体结构，通式为 ABX$_3$（图 3.3.1）。其中 A 通常为甲胺离子（CH$_3$NH$_3^+$，MA）、甲脒离子 [CH(NH$_2$)$_2^+$，FA] 或金属离子（Cs$^+$）等，B 代表金属铅离子（Pb^{2+}）或锡离子（Sn^{2+}），X 为卤素阴离子（Cl$^-$、Br$^-$、I$^-$）。一个金属阳离子（B）与八个卤素阴离子（X）共同构成一个正八面体结构，阳离子 A 处于正八面体间隙中。

在 3.3.1 节内容中介绍过，通常依据容忍因子（TF）和八面体因子（u）这两个参数来判断钙钛矿结构的稳定性，即：

$$TF = (r_A + r_X) / [\sqrt{2}(r_B + r_X)]$$
$$u = r_B / r_X$$

研究显示，当 TF 值介于 0.8~1 之间时，最有可能形成理想的立方结构。一旦偏离这个范围，晶格畸变就会增大，形成钙钛矿立方结构的可能性就会降低。然而，钙钛矿的晶型并不仅仅受 TF 值影响，温度、电场、压力等条件也会使其发生转变。因此，虽然容忍因子是一个判断钙钛矿结构稳定性的经验参数，但具体情况仍需根据实际条件来判断。

钙钛矿太阳能电池（PSC）进行光电转化的核心在于钙钛矿作为光活性层具备恰当的

光学带隙。这一特性使得钙钛矿能够有效吸收太阳光中的光子，并激发电子-空穴对的生成，这些电子和空穴对分离后成为载流子。生成的载流子既有可能重新结合，也有可能进行传输。因此，载流子的生成、复合和传输行为共同决定了太阳能电池的最终光伏性能。接下来，对这三种载流子行为进行简要介绍。

① 载流子的生成　以 MAPbI$_3$ 为例，钙钛矿是拥有直接带隙的半导体材料，其中碘离子的 5p 轨道和铅离子的 6s 轨道形成的反键轨道构成价带，铅离子的 6p 轨道构成导带。值得注意的是，有机阳离子甲胺在能带形成过程中不发挥作用。由于铅离子的 s 轨道与碘离子的 p 轨道在 R 点（能带中导带底与价带顶的位置）存在强烈的耦合作用，使得电子从价带跃迁至导带的概率显著增大，从而增强了钙钛矿的光吸收能力。这也是钙钛矿具有较高光吸收系数的重要原因。

当太阳光照射到钙钛矿薄膜上时，部分光子能量大于带隙，这些光子会激发价带中的电子跃迁至导带，价带中便会留下相应的空穴。值得注意的是，由于大部分钙钛矿的激子结合能相对较低〔例如，MAPbI$_3$ 的激子结合能约为 25meV，这与室温下的热动能（7～26meV）相近〕，因此光激发后电子-空穴对可以轻易拆分，形成自由载流子。

影响钙钛矿光生载流子数目的主要有以下关键因素。首先，钙钛矿材料的带隙。因为只有能量高于带隙的太阳光才能激发载流子的生成，而不同波段的太阳光强度有所不同，因此钙钛矿的带隙对载流子生成的数量具有重要影响。根据 Shockley-Queisser 理论极限（S-Q 理论极限：太阳能电池的效率理论极限），半导体材料的最佳带隙为 1.34eV。为了产生更多的光生载流子，研究者通常通过调整钙钛矿的组分来降低其带隙，使其更接近理想值。其次，钙钛矿材料的吸收系数。虽然钙钛矿具有较高的吸收系数，但薄膜质量和组分仍会对吸收系数产生影响。吸收系数越高，光子的利用率也越高，从而产生更多的光生载流子。此外，钙钛矿薄膜的厚度也是一个关键因素。根据朗伯-比尔定律，薄膜越厚，对光的吸收程度越高，从而进一步拓宽钙钛矿的光谱响应并产生更多的光生载流子。最后，光管理策略也起着重要作用。通过在钙钛矿表面设计微纳结构，使其具有粗糙的表面或纹理，可以增强对太阳光的捕获能力，从而增加载流子的数量。

② 载流子的复合　在钙钛矿薄膜中，光生载流子产生后有很大的概率会再次复合，这一过程中伴随着能量的转化和损失。载流子的复合行为主要受到其浓度的影响，根据其浓度的不同，可以分为以下三种复合方式。

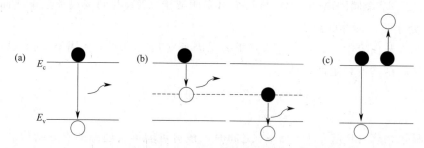

图 5.1.10　载流子复合方式

（a）双分子复合；（b）单分子复合；（c）俄歇复合

首先，载流子浓度较低时，载流子会被薄膜内的缺陷态捕获，并在缺陷位点的协助下进行复合。由于每个缺陷只能捕获一种载流子（电子或空穴），再与另一种载流子复合，因此这一过程被称为单分子复合［也称为 SRH 复合，如图 5.1.10(b) 所示］。

其次，随着载流子浓度的增加，缺陷态被填充后仍存在大量未被捕获的载流子，此时这些未被捕获的电子与空穴会发生直接复合，并释放出光子。这一过程涉及两个载流子的行为，因此被称为双分子复合［如图 5.1.10(a) 所示］。值得注意的是，双分子复合也被称为辐射复合，是直接带隙半导体的主导复合方式，也是发光二极管制备的基础。

最后，当载流子浓度非常高（通常超过 $10^{19} cm^{-3}$）时，激发到导带的电子与价带的空穴复合，这一过程释放的能量会激发其他电子跃迁至能量更高的能级。由于这一过程涉及三个载流子，因此这种载流子复合被称为俄歇复合［如图 5.1.10(c) 所示］，通常在聚光太阳能照射的情况下以及在重掺杂的薄膜内容易发生。由于单分子复合和俄歇复合不辐射光子，因此统称为非辐射复合。

载流子复合的速率遵循以下公式：

$$dn/dt = k_1 n - k_2 n^2 - k_3 n^3 \tag{5.1.20}$$

式中，n 表示载流子浓度；k_1、k_2 和 k_3 则分别代表单分子复合、双分子复合和俄歇复合的速率常数。从式中可以看出载流子浓度与复合方式间的关系，从上文可知只有在极高的载流子浓度条件下才会发生俄歇复合，因此其在钙钛矿薄膜中通常可以忽略不计。相反，陷阱辅助的单分子复合才是钙钛矿中载流子损失的主要原因。

③ 载流子的传输　在半导体材料的研究中，通常以载流子的扩散长度（L_D）作为评价载流子传输能力的一个标准，其定义为：

$$L_D = (D\tau)^{1/2} \tag{5.1.21}$$

式中，D 为扩散系数；τ 为载流子的寿命。若载流子需要从钙钛矿体相内传输到表层，然后被传输层提取，则必须保证载流子的扩散长度高于钙钛矿膜厚。通常借助爱因斯坦关系式确定扩散系数 D：

$$D = \mu k_B T/q \tag{5.1.22}$$

式中，μ 为载流子迁移率；k_B 为玻尔兹曼常数；T 表示温度，从式中可以发现 D 与 μ 正相关。

目前，钙钛矿电池的技术发展已相当可观。在小面积器件（约 $0.1cm^2$）中，已认证的效率超过了 26%。这意味着钙钛矿电池的效率已接近理论极限的 85%，显示出巨大的发展潜力。将钙钛矿与其他几种典型的半导体材料进行比较，不难看出钙钛矿的各类性能参数 V_{OC}、J_{sc} 和 FF 均已经接近其理论极限值，这表明钙钛矿太阳能电池的制备工艺已相当成熟和完善。

最近，由于卤化物钙钛矿的独特性能，如可调整的带隙、易于用低温溶液方法制造和优异的吸收系数等，在单节 PSC 中实现了超过 26.1% 的 PCE[27]。此外，卷对卷加工工艺有效降低了大面积柔性 PSC 的生产成本，并显示出很高的市场前景。

研究人员将 Cu 箔作为导电柔性衬底，并通过碘化引入 CuI 作为空穴传输层，以 AgNWs 作为透明顶部电极成功制备出具有长期稳定性的柔性 PSC，其效率接近 13%[28]。采用直线型垂直等离子弧离子镀方法，可以在 PET 衬底上制备出表面光滑、方阻低（$15.75\Omega/sq$）、透过率 85.88% 的高性能 ITO 薄膜。因此，应用这种离子镀 ITO 薄膜后，柔性 PSC 的效率高达 16.8%[29]。还有研究人员在 AgNWs 薄膜上引入了溶胶-凝胶法制备的 ZnO 阻挡层，并进一步沉积了致密且无孔的 TiO_2 薄膜，以抑制 ZnO/钙钛矿界面处的分解。基于 PET/Ag-NWs/ZnO/TiO_2 电极的柔性 PSCs 的最佳 PCE 为 17.11%，与 ITO/玻璃电极的器件（18.26%）相当[30]。此外，研究人员发现双三氟甲烷磺酰亚胺（TFSA）掺杂的石墨烯具有高导电性、优异的透明性和良好的稳定性。以 3-氨基丙基三乙氧基硅烷（APTES）为中间层，通过在 APTES 耦合的 PDMS 衬底上使用 TFSA 掺杂的石墨烯薄膜作为透明电极，研究人员制备了高效稳定的柔性 PSC，具有良好的柔韧性，在正向和反向扫描方向表现出 17.8% 和 18.3% 的最佳 PCE，并且在弯曲半径为 8mm 的 5000 次弯曲循环后保持了 82.2% 的初始 PCE[31]。纳米印刷策略也是制备高效率柔性 PSC 的有效办法，研究人员基于这种工艺制造了具有密集颗粒堆叠的高分辨率银网格。相应的柔性 PSC 具有 18.49% 的高 PCE[32]。研究人员通过掺杂 $Zn(TFSI)_2$，利用卷对卷工艺在 PET 基片上制备了高导电性的 PEDOT:PSS 网络电极（4100S/cm）。基于该透明电极的柔性 PSC 在 $0.1cm^2$ 和 $25cm^2$ 有效面积下，展现出 19.0% 和 10.9% 的稳定 PCE。相应的器件也表现出优异的稳定性和出色的机械灵活性，在曲率为 3mm 的 5000 次弯曲循环后，保留了 85% 的初始 PCE[33]。随后，他们通过钝化钙钛矿晶界，将基于 PEDOT:PSS 的柔性 PSCs 的效率提高到 20% 以上，有效面积为 $1.01cm^2$[34]。通过使用原位交联有机分子和钙钛矿晶体生长，柔性光伏电池达到了 23.4% 的 PCE[35]。由此产生的柔性钙钛矿薄膜具有低杨氏模量和高结晶质量，在弯曲测试后，柔性 PSC 仍保持了初始 PCE 的 90%。

到目前为止，针对实际应用环境，柔性 PSC 弯曲耐久性和长期运行稳定性仍然是薄弱环节，难以满足需求。钙钛矿晶格固有的脆性使其容易变形，在反复变形过程中导致钙钛矿薄膜出现不利的缺陷和裂纹。为了使这些柔性 PSC 大规模应用，诱导自愈能力和推动其长期运行稳定性是至关重要的，从而使器件具有可恢复的使用寿命。为了提高柔性 PSC 的抗弯性能和力学稳定性，科学家们采用了组分优化、晶界修饰、自愈技术、结晶调控和界面修饰等方法。

提高机械和环境稳定性是 F-PSC（柔性 PSC）开发和大规模生产的关键方面。为了限制氧气和水分的影响，人们采用了各种阻隔材料和先进的封装技术，包括聚合物阻隔材料、薄膜和纳米颗粒聚合物基质。目前，人们已提出了一系列先进的封装技术，以确保柔性 PSCs 的环境稳定性。

5.2　柔性机械能采集器件

在我们的生活中，还存在着大量的自然发生的或是人为产生的机械能，如风能、潮汐能等，本节将要介绍将这种机械能转化成电能的柔性功能性器件及其原理，主要涉及压电和摩擦电器件。

5.2.1　柔性压电器件

（1）压电效应

在介绍压电效应之前，需要先了解关于自发极化的概念。对于电介质而言，由于其内部没有载流子，因此没有导电能力。但是它也是由带电粒子，即电子和原子核组成的。在外电场作用下，带电粒子也要受到电场力的作用，它们的运动会发生一些变化。例如，加上电压后，正电荷平均来讲总是趋向阴极，而负电荷趋向阳极。虽然移动距离很小，但在宏观上使得电介质表面一个带正电，另一表面带负电，这种现象即电极化。压电效应是指某些电介质晶体在沿一定方向上受到力作用时，形变（例如压缩或拉伸）会导致其内部极化状态发生改变，同时在它的两个相对表面上出现正负相反的电荷，即电极化现象。当外力去掉后，它又会恢复到不带电的状态，当作用力的方向改变时，电荷的极性也随之改变，这种现象称为正压电效应。当在电介质的极化方向上施加电场，这些电介质发生变形，电场去掉后，电介质的变形随之消失，这种现象称为逆压电效应。图 5.2.1 展示了压电效应上述的两种情况。

从上面压电效应的基本概念可以知道，压电效应主要描述了力学物理量和电学物理量的转换过程。压电效应中的力学物理量用应力 T（单位为 Pa）和应变 S（无量纲）来描述。物体由于外因，如受力、湿度、温度场等变化而发生形变时，在物体内各部分之间将会产生相互作用的内力以抵抗这种外因的作用，并试图使物体从变形后的位置恢复到变形前的位置，这种力

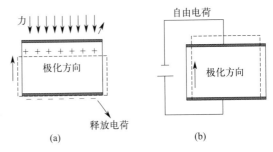

图 5.2.1 （a）正压电效应；（b）逆压电效应

称为应力。通俗来说，应力就是物体在受到外界作用时物体各部分的材料贡献的内力。而弹性固体内的微小质元受到应力作用，自然会发生变形。应变这一概念就是用来衡量单位质元的变形程度的。应变是指物体局部在外力或非均匀温度场等因素作用下的相对形变。通常情况下，应力和应变都为矢量，取决于其所涉及的领域和应用。

压电效应可以通过压电系数来量化，它是压电陶瓷最重要的物理参数，为一个三阶张量，具有多种表达方式，它取决于不同的力学和电学边界的约束条件[36]，应用最广泛的是压电常数 d，反映了材料中机械应力与电学性能之间的耦合行为。

对于力学物理量，其关系根据胡克定律有：

$$T = c'S; S = s'T \tag{5.2.1}$$

也就是说，应力 T 与应变 S 具有线性变换关系。其中 c' 和 s' 均为系数矩阵，且 T 与 S 均为一维列矩阵。

对于电学物理量，电场强度 E（单位为 N/C 或 V/m）和电位移 D（单位为 C/m^2）也存在类似关系，二者的转换关系如下：

$$D = \varepsilon E; E = \beta D \tag{5.2.2}$$

其中，ε 为大小为 3×3 的介电常数值矩阵；β 则为大小为 3×3 的介电隔离率矩阵。需要注意的是，二者为互逆矩阵，且 D 与 E 均为一维列矩阵。

除了描述力学物理量与电学物理量之间的关系的压电系数，压电器件的设计与应用还需要着重考虑共振频率。共振频率描述了压电材料在特定厚度及几何形状之下的机械振动的频率，它在特定应用场景中对于物理模型的理论建模非常重要，比如声波传感器及振动能量收集器等。共振频率和压电材料的长度、杨氏模量以及密度有关。压电陶瓷常用的两

种振动模式为径向振动模式和厚度振动模式。

以压电陶瓷圆片为例,若沿厚度方向极化,外加电场与极化方向平行,振子的振动方向与半径方向平行,与厚度方向垂直,这种振动模式称为径向振动模式[36]。其谐振频率为:

$$\omega_r = \frac{\eta_1}{2\pi r} \sqrt{\frac{1}{\rho_m s_{11}^E (1 - \sigma_p^2)}} \tag{5.2.3}$$

式中,r 是压电片半径;ρ_m 是压电材料密度;s_{11}^E 是短路弹性柔顺系数;σ_p 是压电材料泊松比;η_1 是贝塞尔方程 $(1 + \sigma_p) J_1(\eta) = \eta J_0(\eta)$ 的最低正根。若 $\sigma_p = 0.3$(大部分材料的 $\sigma_p \approx 0.3$),则 $\eta_1 = 2.05$。而短路弹性柔顺系数是指短路条件下测得的弹性柔顺常数,它是材料在外力撤销后形变消除恢复原来形状能力的表征参数,弹性柔顺常数值愈大,材料愈易发生形变。对于压电材料来说,压力施加在材料表面上会导致材料内部产生电荷,从而产生压电效应。研究发现,泊松比的大小与压电效应有着密切的关系。具体来说,泊松比越小,压电效应就越明显。因此,压电陶瓷作为一种重要的压电材料,在研究中常常需要考虑泊松比的影响。

若压电陶瓷圆片沿厚度方向极化,外加电场与极化方向平行,振子的振动方向与半径方向垂直,与厚度方向平行,这种振动模式称为厚度振动模式[36]。谐振频率(基频)为:

$$\omega_r = \frac{1}{2d} \sqrt{\frac{c_{33}^D}{\rho_m}} \tag{5.2.4}$$

式中,d 为压电片厚度;c_{33}^D 为开路弹性刚度系数,即在开路时材料的弹性刚度系数。弹性刚度系数是描述材料或结构在外力作用下产生弹性变形的难易程度的物理量,其反映了在受力时,材料或结构抵抗弹性变形的能力。

(2)压电能量收集器件

压电能量收集器的结构可以根据具体设计和应用要求有所变化,常见的器件结构包括如下四部分:压电材料层、底座层、电极层、上层保护层。压电材料层是器件的核心组成部分,包含无机压电材料、有机压电材料、复合压电材料以及天然压电材料等。

较为经典的无机压电材料为压电陶瓷,它们可以根据化学成分、结构类型和压电性能进行分类。根据化学成分分类,压电陶瓷可以分为锆钛酸系列、铅酸钡系列、铅镁酸锆系列和铅锆酸钠系列。根据结构类型分类,可以分为固溶体型、复合型、双电层型和单晶型。根据压电性能分类又可以分为高压电常数型、高压电输出型、高压电灵敏度型和高压应变型。但是压电陶瓷柔韧性较差,限制了其在柔性电子器件中的应用[37]。

有机压电材料有多种,多为有机聚合物,代表性的有机压电材料有:聚偏二氟乙烯(PVDF)、左旋聚乳酸(PLLA)、聚丙烯腈(PAN)等。尽管有机压电材料具有优良的天然柔韧性、质轻、易于加工的特点,并且在某些应用中表现出色,但它们在压电应变常数方面的表现通常不如无机压电材料,这限制了它们作为有源发射换能器等的应用。

复合压电材料则是将无机压电材料与有机压电材料复合,可以保持优异的柔性同时保持较高的压电性能,例如陶瓷/聚合物复合材料以及纤维/聚合物复合材料。压电复合材料有四种组合形式:压电填料和非压电聚合物、非压电填料和压电聚合物、压电填料和压电聚合物、压电填料与导电材料和压电聚合物。

天然压电材料则顾名思义，材料来自自然界。科学家们在一些天然材料中也发现了压电性，例如多糖（纤维素）、蛋白质和氨基酸等。其中，纤维素是最早被发现具有压电响应的天然高分子材料之一。其分子链上存在大量的羟基，这一特殊结构有助于氢键网络的构建，从而赋予纤维素高度有序的晶体结构，同时，纤维素分子结构不对称，具有极性的羟基以偶极子的形式大量分布于纤维素晶体结构中，从而使纤维素具有一定的压电性。目前较为常见的是将纤维素与人工合成压电材料复合，通过两组分的协同作用获得性能更优异的压电复合材料。在与纤维素复合的人工压电材料中，纳米压电陶瓷占较大比例。天然压电材料具有无毒、可生物降解、生物相容、纤维强韧及可再生等环保特性，在医学等方面具有更为广泛的应用潜力。

器件的底座层用于提供支撑和固定压电材料层。它可以是柔性材料如聚合物薄膜，也可以是刚性材料如硅片；电极层则是在压电材料的两侧涂覆导电层，通常使用金属薄膜如铝或铜作为电极。电极层用于收集并传输由压电材料产生的电荷。而器件的保护层顾名思义就是为了保护压电材料和电极层免受环境因素的损害而设置的，例如聚合物薄膜。

对于柔性压电材料的制备方法，目前主要有以下几种：旋涂法、溶液浇注法和热压法等。其中，旋涂法是在平面基材上获得薄而均匀薄膜的首选方法，具有精准控制薄膜厚度、节能、低污染和操作简单等优势。溶液浇注法（solution casting）则更为简单，薄膜形状可控，但是制备的薄膜厚度不易控制，均匀性差，且压电性能不强。热压法是将填料与聚合物混匀后加热到聚合物熔点，压制成设计的形状，冷却后得到复合材料，其工艺比较简单。研究表明，热压法比冷压法制备的压电材料有着更好的性能。这是因为热压能明显降低填料与聚合物之间的界面缺陷，抑制材料孔隙率。

为了实现压电能量收集器的可持续使用与持续供电，通常还要另外采用独立的储能装置，进行能量储存并通过该储能装置进行持续供电。

（3）柔性压电器件的特征参数

压电材料的主要特性参数有压电常数、弹性常数、介电常数和机械耦合系数等。

压电常数是衡量材料压电效应强弱的参数，是描述压电体的力学量和电学量之间的线性响应关系的比例常数。它直接关系到压电输出的灵敏度，是应用最广泛的压电系数之一，是压电体把机械能转变为电能或把电能转变为机械能的转换系数。它反映压电材料弹性（机械）性能与介电性能之间的耦合关系。

弹性常数可以用来表征材料的固有频率和动态特性。弹性系数是物体所受的应力与应变的比值，是衡量物体在受力时其形状变化程度的物理量，相关内容已在第 1 章中有所介绍。

介电常数是衡量物质在电场中电极化程度或绝缘能力的物理量，其单位一般为法拉每米（F/m）或西门子每米（S/m）。对于一定形状、尺寸的压电元件，其固有电容与介电常数有关；而固有电容又影响着压电传感器的频率下限。介电常数的大小与物质的微观结构和组成密切相关，不同物质间的介电常数差异通常很大。介电常数也可以表示为相对介电常数 ε_r，它是物质介电常数与真空中介电常数（ε_0）的比值。相对介电常数可由式 $\varepsilon_r = C/C_0$ 得到，其中 C 和 C_0 分别是使用该物质和真空作为介质的电容，即 ε_r 可以通过测量物质的电容来确定。在实际应用中，介电常数可能会受到温度、压力等因素的影响，因此可能需要进行相应的修正和校准。

机电耦合系数 K_p 是衡量压电材料机电能量转换效率的一个重要参数，是描述在压电材料中将机械能转变为电能，或将电能转变为机械能的过程中能量相互转换程度的参数。其值等于转换输出能量与输入的能量之比的平方根。它表示电学效应和机械效应之间的相互作用程度。机电耦合系数的一般符号为 K_p，其公式如下：

$$K_p^2 = \frac{输出能量}{输入能量} \tag{5.2.5}$$

（4）柔性压电器件的现状与发展

柔性压电器件具有多功能性、灵活性、稳定性、易加工性和低成本等特点，有很大的应用潜力。目前已经开发了许多类型的压电器件，并具有很多优异的性能，如可渗透性、拉伸性、耐久性、高压电性能、生物相容性、生物降解性等，这也使得柔性压电器件能够在各种领域进行应用，包括运输、智能家居、航空、微流体、生物医学、可穿戴和植入式电子以及组织再生等。

在运输领域，可以用于交通信号灯供电、监测道路结构健康状况、自供电车辆称重系统等。Li 等人[38] 使用轮胎压力跟踪测试来确定道路路面的压电发电能力，实现了 65.2V 的最大电压。一次车轮滚动冲击产生 0.23mJ 的电能，每天可产生 0.8kW·h 的电能，足以为交通信号灯供电。压电能量采集在沥青中的应用已经在市场上实现，一家以色列公司 Innowattech 使用带有压电元件的不同模块可从沥青中获取环境振动能量[39]。

在智能家居领域，柔性压电器件可用于为智能家居提供额外的能源。为此，当人踩在地面瓷砖上时，它可以用来产生足够的能量并传到电气设备。从人走动的过程中获取能量也是一个非常值得关注的研究方向，可以通过将压电发电机插入地面或鞋子中来实现。Puscasu 等人[40] 研究了脚跟撞击能量的收集，并计算出一个人以 2 步/s 的速度行走会产生 67W 的功率，该功率可以使用压电鞋垫来收集，通过使用有源滤波器可以获得步伐的能量。通过这一想法，他们开发了一种 50cm×50cm 的能量收集瓷砖，每步能够产生 2.4mJ 的电能，具有出色的抗疲劳性，可达到 1000 万次压缩循环，性能不会衰减。

最近，在人体运动中获取压电能量引起了人们的广泛关注，因为它可以为自主可穿戴式设备进行供电。Kim 等人[41] 开发了一种基于可穿戴氮化硼纳米片的压电发电机，用于将人体运动的机械能转换为电能。该发电机在 80kg 的周期性机械推力下产生的峰值输出电压和输出功率分别为 22V 和 40μW，功率密度为 106μW/cm³。该发电机连接在人体各部位的皮肤上，在人体不同运动下，脚部、肘部、颈部、手腕和膝盖产生的输出电压分别为 2.5V、1.98V、0.48V、0.75V 和 1.05V。Jung 等人[42] 开发了一种基于 PVDF 的弯曲压电发生器，以从身体运动中获取低频生物力学能量，为可穿戴式电子设备供电。该发生器可以在一个周期内产生约 120V 的峰值输出电压和约 700μA 的峰值输出电流，可以在低至 1Hz 的频率下工作。利用这个发电机，成功点亮了 476 个商用 LED 灯，还通过实验证明了发电机可用于鞋子、手表和衣服作为电源的可能性。

用于生物医学应用的体内能量植入式医疗设备可以作为诊断工具和治疗方法，提高人类生活质量。在这些设备中，心脏起搏器、心律转复器除颤器、心脏监测仪、骨组织刺激器、神经元组织刺激剂、脑深部刺激器、耳蜗植入物和药物输送系统等是少数例子。然而，有限的电池寿命是开发这些设备的主要障碍。因此，开发可持续的自供电植入式生物医学设备是减少患者身体、心理和经济负担的当务之急。在这方面，压电能量采集是为此类医疗设备供电的一种很有前途的替代方案，以消除更换电池的额外手术以及相关的并发症和经济成本。除了通过周期性生物力学运动（如血液循环、心肺运动和肌肉收缩/放松）产生电能外，压电发电机还可以从人体外部激励来源产生能量，如感应功率传输和声能传输。无论器官形状、植入位置和体型如何，外部电源都可以提供充足而稳定的输出功率。Jiang 等人[43]制造了一种基于 PZT/环氧树脂复合材料的柔性压电阵列，用于超声能量采集。所开发的设备在超声波激励下产生连续的功率输出，获得 2.1V 输出电压和 4.2μA 电流。所产生的电力可以存储在电容器中，并用于点亮商用 LED。当放置在弯曲的表面上时，这种设备仍可以保持良好的输出性能。体外测试表明，在模拟植入组织厚度为 14mm 的情况下，输出信号显示出 15% 的弱衰减性能。这些有望在无线供电的植入式医疗设备上实现应用。

目前，压电已被研究用于自供电传感、能量收集以及作为刺激器等各种场景。尽管在研究中已经有了很大进展，但市场上只有少数压电产品已经实现，而其他产品仍处于研发阶段。预计在不久的将来，具有增强性能的新型压电材料将会在各种领域中得到应用。随着对新型压电材料和未开发振动源的探索，对压电能量采集的关注也将继续增长。此外，电子技术的发展趋势包括缩小器件的尺寸、降低功耗、提高器件的可破坏性和集成能力，发展材料和制造工艺，可以改善压电发电机，使其具有更高的集成能力和输出功率密度。因此可以预见，在不久的将来，压电发电机将能够为许多无线电子设备供电。

5.2.2 柔性摩擦电器件

（1）摩擦起电效应

摩擦起电效应是通过摩擦的方式使得物体带上电荷。当两种不同的物体相互摩擦时，它们的最外层电子得到足够的能量后发生转移，使得两物体带有等量异性电荷。这种现象通常出现在有机材料（例如塑料、橡胶、毛发、衣物等）与金属、玻璃或其他材料之间的接触和相对运动过程中。在这种情况下，原本处于电中性的物体由于接触或相对运动而产生了静电荷的分离，其中一个物体获得正电荷，另一个获得负电荷。

举例来说，当我们用塑料梳子梳头发时，梳子与头发之间的摩擦会导致头发带正电，而梳子带负电，就会产生发丝吸附到梳子上的现象，类似的还有用塑料材质的笔摩擦头发后去吸附小纸片，这些都是典型的摩擦起电效应。再例如冬季干燥的时候，当我们脱掉羊毛衣服时，通常可以听到"啪啪"声，这是由于羊毛与人体皮肤之间的摩擦导致衣物和皮肤之间的电荷分离，电荷的分离产生了静电。日常生活中常利用摩擦起电效应产电吸附灰尘的现象达到除尘的目的。

摩擦电荷密度可以用于描述材料在接触带电过程中的摩擦带电能力，可以用于评估多种摩擦纳米发电机（TENG）器件的性能。它是指在材料之间发生摩擦时产生的电荷量除以单位面积。当两种不同的材料因摩擦而接触并分离时，电荷会在它们的表面上产生。由于摩擦产生的电荷量与面积或体积有关，因此可以通过将摩擦产生的总电荷量除以相应的面积或体积来计算摩擦电荷密度。

需要注意的是，实际应用中的摩擦起电效应可能更复杂，因为取决于材料的表面纹理和施加的压力、湿度、表面粗糙度、温度、力或应变以及实验中涉及的材料的其他力学性能等复杂性。

（2）摩擦电器件

摩擦电器件是指利用摩擦效应产生电荷分离或静电效应的装置。常见的摩擦电器件包括：静电发生器、静电除尘装置、静电传感装置和静电（摩擦电）发电装置。

静电发生器就是指通过摩擦或接触而产生静电荷的装置，如静电机、静电吸附设备等；静电除尘装置则是利用静电吸附原理去除空气中的尘埃和颗粒物，例如静电空气净化器、静电除尘器等；静电传感装置是利用静电效应来检测目标物体的存在、距离或其他特性，如静电触摸开关、静电容位移传感器等。静电（摩擦电）发电装置利用摩擦产生的静电效应来收集并转换机械能为电能，例如静电发电机、摩擦式发电装置等。

对于摩擦材料，其选择范围非常广，日常生活中的几乎所有材料都具有摩擦起电效应，例如高分子有机聚合物、金属、丝绸等。材料自身的极性决定了其得失电子的能力，也可以通过微加工等手段对材料的表面进行物理修饰，制备出微纳结构，提高摩擦层间的有效接触面积；或可以通过化学方法引入各种分子、纳米线、纳米管等来修饰材料表面，增强摩擦起电效应。

目前在柔性电子器件领域中代表性的就是摩擦纳米发电机（triboelectric nanogenerator，TENG）与传感器。TENG 的概念由我国王中林院士首先提出，作为一种新型环境能量捕获技术，TENG 越来越受到了人们的广泛关注。它能有效捕获环境中广泛分布的机械能，并将这些能量转换为电能为微小型电子设备及物联网节点供电，例如：电子手表、温湿度计以及信号采集器等。

得益于 TENG 的快速发展，目前在单一机械能捕获 TENG 的基础上已经发展出能够同时捕获多种形式能量的复合纳米发电机，例如：光电/摩擦电复合纳米发电机、压电/摩擦电复合纳米发电机、电磁/摩擦电复合纳米发电机。复合纳米发电机的出现极大地拓展了 TENG 的应用领域。TENG 利用环境机械运动、摩擦起电效应和静电感应之间的耦合，实现机械能与电能之间的转换，具有新颖而独特的机理。与其他已开发的现有技术相比，它具有包括但不限于高功率密度、重量轻、体积小、成本低、灵活性甚至透明性等明显的优势。这些性能特点使得 TENG 在能量收集、可穿戴设备、无线传感器网络等领域具有广泛的应用前景。TENG 可以根据应用场景的需求开发出各种用于微小型电子设备持续供电的发电装置，使 TENG 作为微型电源具有很大的潜在应用价值。

TENG 主要依靠两种电负性相差很大的材料相互摩擦，从而产生电能，接着将其以交流电形式传送，并进一步转化为可以被利用的直流电。此外，TENG 器件还需要有支撑部件，用于支撑或固定摩擦用的两层薄膜，同时，还需要一外壳对其进行保护隔离，或者使用封装进行保护隔离。

如图 5.2.2 是 TENG 工作模式及其结构示意图。当两层电负性不同的材料相互完全重叠时（见中间两图），可通过振动、滑动等机械运动使两个材料界面上发生电荷转移，使其中一层内表面带正电，另一层的内表面带负电。当滑动表面时，为了补偿和屏蔽非接触区域存留的电荷，两电极上会出现异号电荷和电位差，即通过瞬态电流的形式对摩擦产

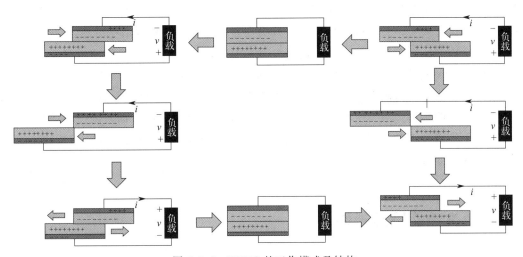

图 5.2.2　TENG 的工作模式及结构

生的电荷进行屏蔽，从而完成对两电极的充电过程，而电极上累积的电荷量取决于位移。当材料之间没有重叠时，电位差和转移的电荷达到最大值；在触点滑动再次重叠的循环的后半段，反向电流开始流动以恢复电极的电荷保持静电平衡；当摩擦材料表面完全重叠时，电极之间的电位差降至零，负载中不会有电流，循环到此结束。

（3）柔性摩擦电器件的现状与发展

随着可穿戴电子设备和其他柔性传感器在日常生活中的广泛应用，TENG 已成为最有潜力的自供电系统基本组件之一。与其他能量采集器相比，TENG 作为一种新的发电技术，具有功率密度高、能量转换效率高、成本低、易于制造等突出优点。为了提升TENG 的性能，研究人员探究了性能与材料、结构、混合能源的关系。在材料方面，不同的材料具有不同的摩擦电荷。由于电势的叠加原理，摩擦电荷的密度会影响输出电压和电流。因此，所选择的材料应该容易产生摩擦电荷，且两种材料的摩擦极性不同。目前，许多材料可用于柔性 TENG，如聚酰胺、聚四氟乙烯（PTFE）、聚偏二氟乙烯（PVDF）和丝绸，甚至是基于纸张的柔性 TENG[44]，这种纸张具有低成本、便携和一次性的特性，它包括一层铜膜、一层纸和一层薄 PTFE 膜。为了提高带宽响应，在纸衬底上制造了微孔阵列可以诱导薄膜以多模式振动，从而产生平面驻波，驻波引起较大的变形，对应了频率上的峰值，具有这种纳米结构的 PTFE 薄膜可以增加摩擦带电，提升器件效率。此外，还有基于纤维的柔性 TENG[45]。这种装置在维持高应变方面具有显著的性能。TENG 具有纤维状结构，由硅橡胶、碳纳米管和铜组成，电流与线圈数量呈正相关，拉伸应变也会影响输出电流。

在结构方面，由于输出电流和功率密度的提高，多层结构已被广泛应用于 TENG 的设计中。杨等人报道了一种纸基 TENG，它被设计成细长和毛毛虫形状的结构。它由纸张、PTFE 薄膜和铝组成，通过拉伸运动产生较大的距离，大大提升了器件的输出性能。这种结构具有多种优点，例如较好的灵活性、重量轻和可回收性，用于获取机械能。

目前，许多研究都集中在提高 TENG 的输出性能和演示应用实例上。为了开发灵活的 TENG，可采用更先进的摩擦电材料，如石墨烯、碳纳米管和纳米银油墨。研究发现，石墨烯上的纳米级粗糙度可以增加表面电荷，从而提高 TENG 的性能。除了材料之外，还可进一步优化和实现新颖的结构设计，以提高器件的耐用性和输出稳定性，包括海绵结构、光栅结构和波形结构。还有构建混合型能量电池，以提高 TENG 的输出性能。

尽管 TENG 已经展现出了众多优点，然而一些潜在的问题仍然需要解决。首先，接触带电的基本机制尚未阐明，还需要进一步分析 TENG 的工作机制。其次，摩擦电材料易受机械磨损的影响。为了实现大规模应用，还需要制造出具有稳定耐用特性的新材料。最后，由于外部环境对 TENG 的输出性能有明显的影响，因此开发有效的封装技术来保护这些器件是非常重要的。

5.3　柔性热能采集器件

近年来，体积小、重量轻、紧贴热源的柔性热电材料成了研究热点，研究人员通过对器件进行不断的改进，来实现高效的能量转换。热电发电器件具有清洁、尺寸小、寿命长、无污染、无运动部件、结构紧凑等优点，使用热电发电器收集和转换体热，理论上可以实现智能可穿戴设备的自供电，被认为是可穿戴设备的理想供电设备。因此，柔性热电发电机具有重要的研究和应用价值。

5.3.1　柔性热电器件

（1）工作原理

热电器件是利用泽贝克效应（Seebeck effect）工作的一类器件。1821 年，德国物理学家泽贝克在实验中发现，当两种不同金属连接处存在温差时，则连接处会有电动势产生，且在回路中产生电流，这种现象即被称为泽贝克效应，又称作第一热电效应。泽贝克效应的成因可以简单解释为在两种不同电导体或半导体之间存在温度差异时，在温度梯度下导体内的载流子从热端向冷端运动，并在冷端堆积，从而在材料内部形成电势差，产生热电流。当热运动的电荷流与内部电场达到动态平衡时，半导体两端形成稳定的温差电动势。半导体的温差电动势较大，可用作温差发电机。

对于回路中的不同导体，其两端形成的电势差为：

$$\Delta V = \alpha_{AB} \Delta T \tag{5.3.1}$$

式中，α_{AB} 为两种导体的相对泽贝克系数，V/K；ΔT 为两导体之间的温差，K。

泽贝克效应的逆过程被称为佩尔捷效应（Peltier effect），即第二热电效应，可以通过电能直接实现热泵的功能。当电流通过由不同导体组成的电路时，在不同导体的连接处会出现吸热、放热现象，这种现象首先由佩尔捷发现于 1834 年。如果施加电流使其中一个导体中的电子流向另一导体，则会在接触面上产生热量的变化。如果电子从低电导率材料流向高电导率材料，则会吸收热量，产生冷却效果；反之，如果电子从高电导率材料流向低电导率材料，则会释放热量，产生加热效果。

实验表明，单位时间释放或吸收的热量与施加的电流强度成正比，因此，单位时间吸收或释放的热量可以用下式表示：

$$\frac{\mathrm{d}Q}{\mathrm{d}t}=\pi_{AB}I \tag{5.3.2}$$

式中，π_{AB} 为电流从导体 A 流向导体 B 的相对珀耳帖系数（V）；t 为时间；I 为导体中通过的电流。佩尔捷效应可以用来制造热电元件，即珀耳帖元件。这种元件可以通过改变电流方向来实现冷却或加热效果，而且没有机械运动，噪声小、维护方便，因此在一些特殊的场合下，如在电子设备的散热方面，或者在太空技术等领域中，都有广泛的应用。

1856 年，威廉·汤姆孙建立了热力学基础理论，全面分析了塞贝克效应和珀耳帖效应，并建立二者之间的联系。他发现当电流通过存在温度差的导体时，除产生由自身电阻引起的焦耳热外，导体还将与周围环境进行热量交换，此现象被称作汤姆孙效应，即第三热电效应。汤姆孙系数 τ_A 的表达式为：

$$\tau_A=\lim_{\Delta T\to 0}\Delta Q/(I\Delta T) \tag{5.3.3}$$

式中，ΔQ 为焦耳热变化量；ΔT 为两导体之间的温差。有了这一系数，汤姆孙根据热力学理论，给出三个热电效应参数之间的关系，即泽贝克系数、佩尔捷系数和温度，如下所示：

$$\pi_{AB}=\alpha_{AB}T \tag{5.3.4}$$

$$\tau_A-\tau_B=T\,\mathrm{d}\alpha_{AB}/\mathrm{d}T \tag{5.3.5}$$

式中，$\tau_A-\tau_B$ 为 A、B 两材料的汤姆孙系数之差。此外，在热电转换过程中，还存在焦耳热效应。焦耳热定义为电流流经导体时电能转化为热能，等于导体电阻和电流平方的乘积，如下所示：

$$Q_J=I^2R=I^2\rho l/S \tag{5.3.6}$$

式中，Q_J 为回路中产生的焦耳热；R 为回路中的阻值；ρ 为回路中热电材料电阻率；l 为热电元件长度；S 为热电元件截面积。

（2）器件结构

热电器件是由热电材料组成并利用塞贝克效应、珀耳帖效应以及汤姆孙效应实现热能和电能相互转换的装置，一般由导电电极、电绝缘基板和 p/n 型热电材料组成。

例如，热电发电器件的基本单元通常是一个 p 型热电单臂和一个 n 型热电单臂通过电极连接组成的 π 型元件，如图 5.3.1 所示。

热电单元两侧存在温差时，在热电材料高温端产生空穴或电子，并由于材料两端空穴或电子的浓度差向低温端移动从而产生电流。热电发电器件将多个 π 型热电单元通过电极以电串联/热并联的模式连接起来形成回路，产生更大的电流以驱动用电器。因此，热电发电器件的电输出特性主要由使用环境的温差大小及热电材料的性能所决定，包括热电优值（ZT）、热导率和电导率。ZT 值可以衡量热电材料热电性能，其中，Z 是材料的热电系数［单位是 $W/(m^2 \cdot K)$］，有量纲，T 是热力学温度，单位是

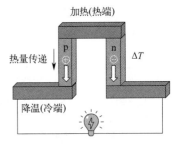

图 5.3.1　热电发电器件原理图

K，ZT 乘积来表示热电性能的高低。在特定温度 T 下，材料的 ZT：

$$ZT=\alpha_s^2\sigma T/\kappa_h \tag{5.3.7}$$

式中，α_s 是塞贝克系数；σ 是电导率；κ_h 是材料的热导率。要想得到优值高的温差电材料，只有提高其泽贝克系数和电导率，降低其热导率。但是泽贝克系数、电导率和热导率都在不同程度上依赖于载流子浓度和迁移率，互相是关联的。

热电制冷器件是基于珀耳帖效应将热能转换为电能的装置，结构如图 5.3.2 所示。当给热电材料通入电流后，电流从 n 型材料流入 p 型材料，由于前述的珀耳帖效应，在 p/n 热电对的上端会由于载流子的跃迁向外界吸收热量，因此称为冷端，在下端会放出热量，因此被称为热端。热电制冷器件通过将多个 π 型单元连接起来，达到一端加热一端制冷的效果。

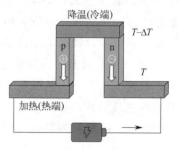

图 5.3.2　热电制冷器件原理图

当温差发电器工作时，为保持热接头和冷接头之间有一定的温度差，应不断地对热接头供热，而从冷接头不断排热。热接头所供给的部分热量被作为珀尔帖效应吸收的热，另一部分则通过热传导传向冷接头。排出的热量应为冷接头放出的珀尔帖热和从热接头传导来的热量之和。对于上述接头的热平衡，还应加上汤姆孙效应吸收的热和被导体释放的焦耳热。设在系统中所产生的焦耳热中有一半传到热端，另一半由冷端放出，热源所消耗的热量由珀尔帖热、由于热传递迁移到冷端的热和交还给热源的焦耳热三部分组成，即温差电单体的热电转换效率是有用功率与热源所消耗的热量之比。

（3）表征参数

热导率 κ_h，又称导热系数，反映物质的热传导能力。其定义为单位温度梯度（在 1m 长度内温度降低 1K）在单位时间内经单位导热面所传递的热量。物体的热导率大，说明其是优良的热导体；而热导率小的是热的不良导体或为热绝缘体。κ_h 值会受温度影响，随温度增高而稍有增加。若物质各部之间温度差不很大时，在实用上对整个物质可视 κ_h 为一常数。

电导率是反映热电器件的重要参数。介质的电导率与电场强度 E 之积等于传导电流密度 J。对于各向同性介质，电导率是标量；对于各向异性介质，电导率是张量。

热电器件的性能评价指标还包括在特定使用温度下的器件内部电阻值 R_{in}、器件开路电压 V_{OC}、器件所能产生的最大输出功率 P_{max} 以及此时的最大输出功率密度。电池的开路电压等于电池在断路时（即没有电流通过两极时）电池的正极电极电势与负极的电极电势之差。最大输出功率是指在特定条件下，设备或系统能够输出的最大功率。而热电器件的输出功率密度是衡量其输出功率的一种重要指标，它表示单位面积上的输出功率，其值越大代表热电器件具有越高的功率输出能力。

（4）柔性热电器件的现状与发展

在过去的十年里，柔性热电器件取得了显著的进步，甚至出现了各种新型柔性有机热电材料，都有着较好的性能，包括发现了具有固有塑性变形能力的无机热电材料。一些研究已经证明它能够为可穿戴设备中的小型电子设备供电，例如，它们可以集成到电子皮肤中以检测环境的热刺激，或者集成到虚拟现实（VR）可穿戴设备中以创造冷热感觉，并为穿戴者带来更好的沉浸式体验。

长期以来，人们认为具有固有塑性变形能力的无机热电材料在室温下不存在，无机热电材料只能以低维薄膜等特殊形式获得一些弹性变形。直到最近，在黑暗中发现的大块 Ag_2S 多晶、InSe 单晶和 ZnS 单晶的异常塑性和变形性颠覆了这一想法。一方面，与脆性无机半导体相比，这些可塑性变形的半导体易于加工成薄片/薄膜来制造柔性器件；另一方面，材料固有的塑性变形能力可以赋予无机半导体制造的柔性器件比由脆性半导体制造的柔性器件更大的柔性。因此，这些可塑性变形的无机半导体为制造柔性热电材料和器件提供了一条新途径。以 Ag_2S 为例，它是一种典型的半导体，在室温下具有 1.03eV 的带隙。Ag_2S 铸锭在压缩试验中表现出约 50% 的工程应变的最大变形，在三点弯曲试验中显示出超过 20% 的工程应变而不开裂。

尽管在过去的十年里对柔性热电进行了广泛的研究，但目前它们离大规模应用还很远，主要是因为柔性热电器件产生的功率密度低。原因主要有两个方面。一方面，用于柔性热电器件的柔性材料通常比传统刚性材料具有较差的 ZT。柔性热电器件中使用的热电材料通常通过沉积或印刷方法制备。与经历长期退火过程和固结过程的块状物相比，沉积或印刷的材料可能具有低密度、较差的结晶度或未优化的载流子浓度，这将导致较差的热电性能，从而导致器件的低功率密度。另一方面，柔性热电器件的功率密度对界面附近的电/热接触电阻更加敏感，非常小的接触电阻率的变化就会引起功率密度的极大恶化，这被认为是大多数柔性有机热电器件功率密度低的原因。

因此，提高柔性热电材料的性能和降低界面处的电/热接触电阻是提高柔性热电器件功率密度的两个最重要的方法。除此之外，柔性热电器件还需要进行理论结构设计。当用于人体自供电设备时，考虑到人体与环境之间的微小温差、皮肤的弯曲表面和复杂的热通量分布，柔性热电装置的结构（例如热电阻尺寸、热电阻数量、填充系数、支腿之间的填充材料和基底厚度）都必须设计好，以充分利用人体产生的热量。由于柔性热电器件在使用过程中可能会经历频繁的弯曲或拉伸过程，因此还应注意其力学性能。

最后，成本也是影响柔性热电大规模应用的关键因素之一。热电材料应该是廉价的，并且制造工艺应该易于以低成本实现大规模生产。有机热电材料和器件通常比无机热电材料和设备具有较差的性能，但成本较低。同样，通过物理方法（例如分子束外延、脉冲激光沉积和磁控溅射）制造的无机热电膜和柔性热电器件通常比通过印刷技术（例如喷墨印刷、分配器印刷和丝网印刷）制造的具有更高的密度和更好的质量，但成本更高。因此，在实际应用中，柔性热电需要在性能和成本之间进行权衡。

5.3.2　柔性热释电器件

热释电材料在红外探测领域有着广泛的应用，例如气体分析、火焰传感、非接触测温以及太赫兹辐射强度测量等。其中使用柔性材料制作的热释电红外探测器具有非制冷、探测波长范围广、制作成本低和柔性可穿戴等特点，成为红外探测领域的研究热点。

（1）工作原理

在了解了自发极化的概念后，我们来了解热释电效应。从电压加上去的瞬间到电极化状态建立起来为止的这一段时间内，电介质内部的电荷适应电压的运动相当于电荷顺着电场力方向的运动，也是一种电流，称为位移电流。一旦极化建成后，电流就停止了。而将外界条件撤去后，能长期保留其极化状态，且不受外电场的影响的一类电介质称为驻极体，它们可以在室温下长期保持极化状态，并且可以通过不同的手段（如光照、辐射）形成。驻极体通常是通过特殊处理（如高温加电场冷却）或通过电晕充电等方式制成的，其制备方法一般有热驻极法、电驻极法、光和磁驻极法等。

驻极体也包括了一类特殊材料，即铁电体。除去外电场后大部分电介质都会失去极化特点，但"铁电体"材料仍可保持极化状态，其电极化规律具有复杂的非线性，并且撤去外场后能保留剩余极化，这种性质叫铁电性。具有铁电性的电介质称为铁电体，如钛酸钡陶瓷、酒石酸钾钠单晶。值得注意的是，铁电体具有电滞现象，温度较高时（高于某个阈值，即居里温度），电极化强度与电场强度成正比；而温度低于居里温度时，电极化强度与电场强度不成正比，而是滞后于电场强度的变化，形成电滞回线。

铁电体的极化强度与温度有关，温度升高，极化强度降低。升高到居里温度以上，自发极化就突然消失，而在居里点以下，极化强度是温度的函数，利用这一关系制造的热敏类探测器称为热释电探测器，从另一个角度看，它是一种自供电的传感器。其原理如图5.3.3所示。

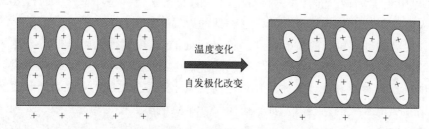

图 5.3.3　自发极化示意图

当红外辐射照射到已经极化的铁电薄片时，引起薄片的温度升高，使表面束缚电荷减少，这就释放了一部分表面的屏蔽电荷。释放的电荷通过放大器转换成了输出电信号。如果红外辐射继续照射，铁薄片的温度升高到新的平衡值，表面电荷也就达到了新的平衡，不再释放电荷，也就没有电信号输出。因此，在稳定状态下，输出信号降到零。只有在薄片温度变化时才有输出信号。所以热释电探测器只能进行动态能量采集或测量。

热释电效应通常借助热释电系数来描述。对于晶体而言，当其温度均匀地改变了一个微小量，那么极化大小 P 的变化可以用下面的公式来表示：

$$\Delta P = p\Delta T \tag{5.3.8}$$

式中，p 是热释电系数。热释电系数的正负通常是根据晶体压电轴的正负来定义的，晶轴的正方向为晶体沿此方向受到张力时产生正电荷的方向。如果在受热时靠近正方向处有正电荷出现，便定义此时热释电系数为正，反之方向为负。铁电体的自发极化一般随温度的升高而逐渐减小，因此热释电系数是负的。但也有一些反常的例子出现，比如罗谢尔盐在略小于居里温度点附近的自发极化随温度升高而增大。一般研究热释电效应时，需要注意机械边界条件以及温度变化的方式，因为具有热释电效应的晶体一定具有压电效应，因此温度发生变化时，形变也会略微产生变化，这一变化也会造成极化的改变，这同样是对热释电响应的贡献。

（2）器件结构

热释电探测器主要依靠探测器中探测单元的热释电效应，将温度变化转化为电荷的积累。相对于光子探测器来说，热释电红外探测器响应时间较长。光子型探测器敏感单元受到红外辐射后，直接产生电学性能的变化，几乎没有延迟时间，而热释电红外探测器受到红外辐射后先产生温度变化，再由温度变化产生热释电材料的电学性能的变化，这是由敏感单元响应机理决定的。其延迟受制于热传导速率，因此热释电材料的敏感单元都尽量追求轻薄，以提高其响应速率。

热释电探测器由滤光片、热释电探测元和前置放大器组成，补偿型热释电探测器还带有温度补偿元件。为防止外部环境对探测器输出信号的干扰，上述元件被真空封装在一个金属罩内。

热释电红外探测器有下述优点。首先，热释电探测器对红外光谱的波长响应范围很广。与其他类型红外探测器相比，热释电红外探测器对各个红外辐射光的波长都有响应，通过改变探测器敏感元对不同波段光源的吸收能力，红外辐射探测器也可以用作紫外光探测器，以及太赫兹波探测器。这使得热释电红外探测器具备很高的灵活性以及通用性。其次，热释电探测器可以在室温下工作，对环境温度的要求不高，不需要独立的制冷设备。这一特性使得热释电探测器轻便、结构紧凑、体积小巧，利于探测器的微型化，也减少了器件制备所需的成本。此外，热释电敏感单元是一个纯电容输出阻抗，功耗较小，可以有效控制器件的噪声带宽并且作为一个无源器件。

（3）表征参数

对于热释电器件，由于非中心对称的晶体结构，导致其展现出了极性特征，在没有施加电场的情况下可表现出自发极化。自发极化可以由于温度波动而改变，相应地，引起极化强度变化。在恒定应力和电场下，可定义热释电系数如下：

$$p = \frac{\mathrm{d}P}{\mathrm{d}T} \tag{5.3.9}$$

其在热释电材料中是均匀的。考虑到在短路条件下的电流定义，其中电极垂直于极性方向取向，电流是电荷的变化率（$\mathrm{d}Q/\mathrm{d}t$），Q 为热释电电荷，热释电电流 i 可表示为：

$$i = pS(\mathrm{d}T/\mathrm{d}t) \tag{5.3.10}$$

式中，t 是时间；S 是电极的表面积；$\mathrm{d}T/\mathrm{d}t$ 是指温度变化率。在短路条件下，产生的热释电电流取决于表面积、热释电系数和温度变化率。因此，大的热释电电流要求热释电体应具有大的表面积、大的热释电系数和高的温度变化率。基于上式，热释电系数可以给出为：

$$p = \frac{i}{S(\mathrm{d}T/\mathrm{d}t)} \tag{5.3.11}$$

可见，热释电系数与热释电电流成正比，并与电极的表面积和温度变化率成反比。

基于热释电的光探测器正是基于材料吸收光后，将光能转为热能，从而改变热释电材料中的自发极化，在外电路中产生瞬时的光电流。热释电光响应可应用于多种波段的光探测，特别是红外探测。因此，作为探测器时，其表征还包括光电传感器通用的一些参数，包括器件响应率、噪声等效功率（NEP）、探测率等，具体可参见本书8.2.2节内容。

（4）柔性热释电器件的现状与发展

近几十年来，具有优异化学和物理性能的热释电材料得到了长足的发展，但热释电材料的研究仍然面临着许多挑战。首先，对热释电材料的合成机理、结构和性能进行定性甚至定量分析的研究还不够，热释电效应的微观机理目前尚不完善，亟须加大研究力度。其次，与二维光电材料、钙钛矿太阳能电池、锂离子电池等热门研究领域相比，热释电作为一种小众研究领域没有得到科研人员的足够重视。但可以肯定地说，热释电对社会许多领域的发展至关重要，如热成像和光检测等。最后，对于热能的收集和转换，由于输出功率低，作为电源的热电器件很难驱动大规模应用的电子器件，因此，有必要通过合理的材料设计和结构优化，大幅提高热电材料和器件的输出性能。在实现热释电器件在各个领域的商业化之前，热释电的研究还有很长的路要走。

5.4 柔性能量存储器件

5.4.1 柔性电池

随着科技的不断进步和人们需求的不断增长，发展制造更小、更轻、更薄的电池显得尤为重要。这里的柔性电池，是指可以承受弯曲、扭曲、拉伸甚至折叠等形变的化学电池（不包括前面所介绍的太阳能电池）。目前，许多公司提出了柔性电子产品的概念，并生产了相关产品，值得注意的是，这些柔性电子产品的发展离不开与之匹配的柔性电源的发展。为了满足可弯曲、可植入、可穿戴的电子产品的需要，柔性储能装置和电源亟待发展。

（1）电池的原理及概述

电池是一种将化学能转化为电能的电化学装置。电池主要有两种类型：一次电池（不可充电）和二次电池（可充电）。电池有四个主要成分，即阳极（负极）、阴极（正极）、电解质和隔膜。目前，锂离子和铅酸电池因其优越性能在市场上处于领先地位。其中，锂离子电池主要用于手机和笔记本电脑等便携式电子产品，而铅酸电池用于车辆和固定存储用途。如今，锂离子电池因其独特的性能如循环寿命、高能量密度和重量轻而受到越来越多的关注，但铅酸电池由于其低成本仍在市场上持续使用。以锂电池为例，电池的基本结构如图5.4.1所示。

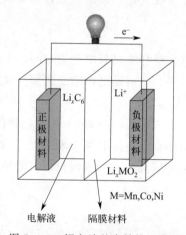

图 5.4.1 锂电池基本结构示意图

通常，电池由两个电极（阳极和阴极）和一个电解质溶液组成。电解质溶液与电极接触，两个电极必须用一种通常称为隔膜的膜层隔开。隔膜通常由聚合物膜制成，其基本工作是允许离子在电解质溶液中从阳极移动到阴极，但阻止电子在电解质溶液中移动。通常，电池遵循氧化还原反应机制来储存电荷，这种机制被称为离子的嵌入和脱嵌入。在放电过程中，电子通过外部电路移动，而离子通过电解质从阳极移动到阴极。而在充电的情况下，整个过程是相反的，并且电子向阳极迁移。通过这种方式，电能以化学能的形式储存在电池中，因此称其为电化学电池。

一次电池在 19 世纪就已经存在了，在最开始，锌碳电池是一次电池的代表。到了 1940 年，锌碳电池已经具有了足够高的容量，并且电极材料也取得了重大进展，因此开始被广泛使用。在早期，锌碳电池的能量密度低于 50Wh/kg，电池寿命为 1 年，经过不断改进，现在锂和锌/空气等新型一次电池的能量密度已经提高到了 500Wh/kg，寿命延长到 2～5 年。一次电池主要用于照明、便携式电子产品、玩具、通信设备和手表等众多领域。

自从 1859 年出现了第一个可充电铅酸电池，二次电池已经存在了 150 多年。二次电池在照明、汽车启动点火、应急和备用电源等市场上均有应用。小型可充电电池已广泛用于笔记本电脑、玩具、手机、收音机和照相机等。

铅酸蓄电池是一种典型的二次电池，被广泛应用于各种机动车辆、备用电源、电站负荷调整以及各种电动工具的电源等领域。在各类电池中，铅酸蓄电池是用途最广、用量最大的一种。目前，铅酸蓄电池主要分为开放式、密封式和免维护式三种类型。其结构可以表示为：

$$Pb \,|\, H_2SO_4 \,|\, PbO_2, Pb \tag{5.4.1}$$

铅酸蓄电池由 PbO_2 作为正极，负极的主要成分为铅，硫酸溶液作为电解液，正、负极极板之间加有隔板以防短路。放电和充电时电池反应为：

$$Pb + 2H_2SO_4 + PbO_2 \longrightarrow 2PbSO_4 + 2H_2O \tag{5.4.2}$$

$$2PbSO_4 + 2H_2O \longrightarrow Pb + 2H_2SO_4 + PbO_2 \tag{5.4.3}$$

从上述的电池反应式中可以看出硫酸全程参与铅酸蓄电池的充放电反应，因此电池中硫酸的量必须充足。

此外，镍/氢电池也在不断发展和演化。由于其更高的特定能量密度，被专门开发用于太空应用。镍金属氢化物电池的研究始于 20 世纪 50 年代，并在 20 世纪 80 年代开始商业化。镍氢电池的充电和放电机制是：它们以金属氢化物的形式可逆地储存氢气，最终形成电池的负极，而氧化镍变成了正极。

在过去 20 年中，锂离子电池已成为能量密度和功率密度最好的电池。其负极由石墨组成，正极由锂化金属氧化物构成，电解质由锂盐和有机碳酸盐制成。其整体反应机理如下（从左向右为放电，从右向左为充电）：

$$LiC_6 + CoO_2 \Longrightarrow C_6 + LiCoO_2 \tag{5.4.4}$$

目前，锂离子电池在市场上占据主导地位，自 2000 年以来，可充电电池在市场中的应用显著增长，进一步提高特定的能量密度、循环寿命和降低成本是电网储能应用的要求。

（2）电池的性能表征

在柔性电池的研究中，主要有以下性能表征参数：容量和比容量、电压、能量和比能量、功率和比功率。

电池的容量是指在特定放电条件下能够从电池中获得的电量，通常以安培小时（Ah）

或库仑（C）表示。电池的理论容量由电池中活性材料的数量决定，表示为库仑容量，其公式为：

$$C_0 = \frac{26.8nM_0}{M} \tag{5.4.5}$$

令

$$K_q = \frac{M}{26.8n} \tag{5.4.6}$$

则有

$$C_0 = \frac{M_0}{K_q} \tag{5.4.7}$$

式中，M_0 是活性物质的质量；M 是活性物质的摩尔质量；n 为电极反应的电子数；K_q 为活性物质的电化当量。

标称容量是指在一定的放电条件电池实际放出的电量。放电制度不同（放电制度是指对电池进行放电时需要遵循的规定与措施），容量不同。电池的放电制度包括电池的放电电流强度、温度和终止电压。额定容量是指设计和制造电池时，规定电池在一定的放电条件下（如一定温度、放电速度）放电到一定终止电压的容量。通常情况下，实际的容量比厂家保证的最低限度的容量高出 5％～15％。

为了对不同的电池进行比较，常引入比容量这个概念。比容量是指单位质量或单位体积的电池（或活性材料）所给出的容量，分别称为质量比容量 Ah/kg 或体积比容量 Ah/m^3。

一个电池的容量就是其中正极（或负极）的容量，而不是正极容量与负极容量之和，因为电池在工作时，通过正极和负极的电量总是相等的。实际电池的容量取决于容量较小的那一个电极。

电池的电压包括理论电压、开路电压、额定电压和工作电压。理论电压由电池的电极材料的标准电极电势差决定。当电化学反应发生时，系统的自由能减少，这一变化可以通过以下公式表示：

$$\Delta G^0 = -nF'\varphi_0 \tag{5.4.8}$$

式中，F' 是法拉第常数，约为 96485C/mol 或 26.8Ah/mol，即 1mol 电子所拥有的电量；n 是化学计量反应中参与的电子数；φ_0 是标准电极电势。在电化学反应中，系统的自由能变化直接与反应中的电子转移数标准电极电势相关。法拉第常数是每摩尔电子的电荷量，反映了通过电化学反应可产生的电能。

开路电压是在无负载条件下测得的电压，接近理论电压；额定电压是电池在实际操作中典型的工作电压；工作电压是在负载下的实际操作电压，通常低于开路电压。

电池的理论能量是指电池在恒温恒压下所能释放的最大能量，单位为瓦时（Wh），其公式为：

$$\text{Wh} = \text{V} \times \text{Ah} \tag{5.4.9}$$

即电池的能量取决于电池能够提供的电压和电池储存的电量。其中，瓦时（Wh）是电池能量的单位，表示电池可以提供的总能量；Ah 表示电池在 1h 内可以提供的电流量。

电池的比能量则是在实际使用条件下，单位质量或体积的电池所能输出的能量。实际比能量受到电解质及非反应性组件的影响，并且电池不会完全放电到零电压，因此实际比能量通常低于理论比能量。

电池的功率是单位时间内电池输出的能量，单位为瓦（W），公式为：

$$P_0 = \frac{W_0}{t} = I\varphi \tag{5.4.10}$$

式中，W_0 是电池的理论能量；t 是放电时间；I 是恒定的电流。

而电池的实际功率可以表示为：

$$P' = IV = I(\varphi - IR_0) = I\varphi - I^2R_0 \tag{5.4.11}$$

式中，R_0 是电池的全内阻；I^2R_0 是消耗于电池全内阻上的功率，这部分功率对负载是无用的。在最大功率输出条件下，电池的内阻等于外阻。

（3）柔性电池的现状与发展

由于柔性电子市场和物联网的兴起，各种柔性电池已开始商用，柔性设备原型正在不断涌现。大多数柔性电池都是基于锂离子聚合物电池的，具有高电压、大能量密度、长循环寿命和足够的灵活性，因此可用于对能量输出有需求的柔性智能手机和计算机中。

近年来，石墨烯等碳基材料[46] 具有热稳定性、高电气性能和突出的力学性能，在提高现代电池的电极性能方面展示了非常大的潜力。石墨烯是一种具有高导电性和高机械强度的可降解复合材料，是一种显著的电极基材，具有更强的电化学性能和更长的循环寿命。例如，目前已经研发出的一种石墨烯电极材料，其具有 1500mA/g 的高电流密度，成为非常有前景的电极材料。

此外，与具有相同表面积的传统集电器，诸如铜和铝相比，碳布和碳纳米材料涂覆的电极材料具有更轻质、价格更便宜的优点。目前对于纳米碳以及纳米金属氧化物复合材料的结构的研究已经在如火如荼地进行中。现在采用过滤和热还原法、水热法、真空过滤法、溶液沉淀法和静电纺丝法等多种方法，成功合成了金属基可磁化电极，并且已经合成了用于锂离子电池和钠离子电池的可燃烧电极。

尽管近年来柔性电池取得了巨大进步，但在制造技术、测试标准和成本竞争力方面，它们不如刚性的锂离子电池成熟。对于柔性电池的未来发展，主要包括以下几个方面。

首先是改善电池特性。考虑到传统锂离子电池的水平，能量密度、功率密度和循环寿命仍然不令人满意，能量和功率密度仍受到活性材料负载和电极孔隙率的限制。尽管目前已经报道了具有超过 1000 次循环的柔性电池，但在动态形状变化下，厚而致密的电极不可避免地会导致产生裂纹和电阻积累，从而导致电池性能下降。可以通过采用轻质柔软的电极材料以及新型电池结构来减少电池中的非活性材料部分，从而释放由弯曲引起的应力。

此外，由于柔性电池在电化学环境和机械力下工作，因此对于电化学和机械兼容性提出了一定要求。对于电化学兼容性，电解质需要同时承受阴极和阳极的氧化和还原。因此，具有宽电化学窗口和稳定界面成膜能力的电解质被视为保持电池良好工作的关键特性。还应抑制电解质/集电器、集电器/活性材料之间的其他副反应。机械兼容性决定了电池是否可以按预期弯曲。由不同材料制成的电池组件表现出杨氏模量和屈服应变的广泛变化。由于电池的柔性水平是由最脆弱的组件决定的，因此柔性较低的部件必须在电池制造中特别设计。

总而言之，柔性电池在智能能源设备中的成功需要电池组件和结构的合理设计，以及相关领域科学家和工程师的合作。信息时代的到来将有利于实现智能储能，实现多样化的设备功能，甚至创造新的需求，推动绿色能源的发展。

5.4.2 柔性超级电容器

超级电容器是一种通过极化电解质来储能的电化学元件，也被称作电化学电容器、双电层电容器、法拉第电容等。与传统的化学电源相比，超级电容器具有自身独特的性能，是介于传统电容器与电池之间的电源。由于其在便携设备、电动汽车和各类储能系统中的多种应用，因此被认为是储能器件中最有前途的一种。

超级电容器具有高能量密度和高功率密度的特点，这是由于其特殊的储能机制所决定的。其电荷存储和电容通常与所使用的电极材料密切相关。在过去的十余年中，各种功能材料已被广泛应用于超级电容器，包括碳材料、导电聚合物和金属氧化物等。

（1）超级电容器的工作原理

与电池以化学形式进行储能的形式不同，电容器是一种通过静电场的方式储存能量的器件。它由电介质分开的两个平行电极组成，需要在两极之间施加一个电势差或电压来进行充电，这个电势差能够使正负电荷分别向两个电极表面进行迁移。电容是指在给定电位差下自由电荷的储藏量，电容器的电容 C（单位用法拉 F 表示）定义为每个电极上带的电荷 Q 与两极之间的电势差 V 之比，即：

$$C = \frac{Q}{V} \tag{5.4.12}$$

对于典型的平板电容器，C 正比于每个电极的面积 S 和电介质的介电常数 $\varepsilon = \varepsilon_0 \varepsilon_r$（$\varepsilon_0$ 和 ε_r 代表真空与相对介电常数），与两个电极之间的距离 d 成反比，即：

$$C = \frac{\varepsilon_0 \varepsilon_r S}{d} \tag{5.4.13}$$

因此，决定电容器电容的三个因素为：两极板共有的面积、距离及电介质的性质。

超级电容器是利用双电层原理的电容器，原理如图 5.4.2 所示。当外加电压加到超级电容器的两个极板上时，与普通电容器一样，正极板存储正电荷，负极板存储负电荷，在超级电容器两极板上电荷产生的电场作用下，在电解液与电极间的界面上形成相反的电荷，以平衡电解液的内电场，这时正电荷与负电荷在两个不同相之间的接触面上，以正负电荷之间极短间隙排列在相反的位置上，这个电荷分布层即双电层，因此电容量非常大。当两极板间电势低于电解液的氧化还原电极电位时，电解液界面上电荷不会脱离电解液，超级电容器为正常工作状态，如电容器两端电压超过电解液的氧化还原电极电位时，电解液将分解，为非正常状态。随着超级电容器放电，正、负极板上的电荷被外电路释放，电解液界面上的电荷响应随之减少。

根据电荷储存机制的不同，柔性超级电容器主要可以分为三种，分别为双电层电容器、赝电容电容器和混合型超级电容器。

双电层电容器是一种通过可逆的静电吸附将电解质中的离子吸附在电极表面，从而达到积累电荷的目的的电容器。双电层电容器也是用途最为广泛且最早大规模商业应用的电容器装置。双电层电容器的充电过程如下：通过外加电压将电解液中的离子释放出来，阳离子和阴离子分别向负极和正极移动并吸附于电极的表面，与此同时，电极表面会出现与离子相反的电荷并储存在电极表面，形成两个带电层（双电层），放电过程是电极表面已储存的电荷发生迁移，进而形成对外释放的电流，电容器中的离子重新迁移到电解质内部。由于双电层电容器中的电荷是通过静电吸附储存在电极的表面，电极与电解质溶液的接触面积和电极自身的导电能力成为影响其性能的主要因素。因此，双电层电容器通常采用大比表面积和高电导率的材料作为电极，从而提高电容器的比容量和能量密度。

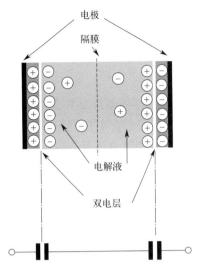

图 5.4.2　超级电容器的原理示意图

与双电层电容器通过物理反应吸附、脱附电荷进行充放电机理不同，赝电容电容器主要基于电极表面或体相中的电活性物质发生的化学吸附、脱附或氧化还原反应进行充放电。赝电容电容器的储能机理主要与电极表面的活性物质有关，是通过电极表面或近表面发生快速且可逆的氧化还原反应来进行电荷的储存和释放的。充电时，电解液在外加电压的作用下，离子向具有氧化还原活性的电极材料发生迁移，从而实现电荷储存。放电时，离子从电极表面迁移回电解质中，从而实现电荷的释放。与双电层电容器相比，赝电容电容器具有更高的比电容和能量密度，但可逆的氧化还原反应会导致活性物质被持续降解，导致其循环稳定性远不如双电层电容器。

混合型超级电容器是通过对结构的改变，解决双电层电容器和赝电容电容器在实际应用中各自所遇到的电化学问题的。混合型超级电容器的机理是将具有双电层机制的电极和具有赝电容机制的电极同时构建在装置中，即两种不同的电化学过程发生在同一器件中。赝电容电极作为能量输出源，但其速率能力和循环寿命较差。双电层电极没有法拉第电荷转移，电荷储存只能以双电层的形式出现在表面，但对电位变化响应迅速，从而负责功率输出。在充放电的过程中，两极的优势得到了互补，为超级电容器带来更高的工作电势，并且其具有远大于双电层电容器的能量密度。

（2）超级电容器的表征参数

与蓄电池和传统物理电容器相比，超级电容器具有功率密度高、循环寿命长、无记忆问题、工作温限宽、免维护、绿色环保等特点。这主要体现在：功率密度远高于蓄电池，可达 $10^2 \sim 10^4 \mathrm{kW/kg}$；循环寿命长，在 50 万次至 100 万次的充放电循环后性能变化很小，容量和内阻仅降低 $10\% \sim 20\%$；工作温限宽，可达 $-40 \sim 80℃$；免维护，对过充电和过放电的承受能力强，可稳定地反复充放电，理论上不需要进行维护；绿色环保，整个生产过程中不使用重金属和其他有害的化学物质，且自身寿命较长，是一种新型的绿色环保电源。

超级电容器的两个主要属性是能量密度和功率密度：

$$W' = \frac{1}{2}CV^2 \qquad (5.4.14)$$

$$P_a = \frac{W}{t} \qquad (5.4.15)$$

式中，W' 是能量密度，Wh/kg；C 是电极电容，F/g；P_a 是平均功率密度，W/kg；V 是电压；t 是时间。储存在电容器中的能量 W 与每个界面电荷 Q 以及电势差 V 有关，因此，其能量直接与电容器的电容成比例，当电压达到最大值时，能量也达到最大，器件的最大能量通常受电介质的击穿强度限制。确定一个特定电容器的功率大小时，需要考虑电容器内部组件的电阻。这些组件的电阻值为器件的等效串联电阻（R_s）。R_s 决定了电容器在放电过程中的最大电压，从而限制了电容器的最大能量和功率。

此外，柔性超级电容器的主要参数还有：额定电压、尺寸、额定能量、容量范围、内阻、标准充电电流、标准放电电流、最大充电电流、最大放电电流、循环寿命等。

（3）柔性超级电容器的现状与发展

超级电容器以其价格低廉、结构简单、稳定性强、功率密度高等优点成为当前的研究热点之一。如今，许多应用设备都有可形变的需求，例如可穿戴电子设备、可弯曲智能手机和生物医学设备等。因此，电子器件及其储能机制需要在反复拉伸变形下仍能保持良好的性能。目前，对于超级电容器的研究主要在于电解质溶液、电极材料和结构改性方面，从而提高超级电容器的能量密度，特别是固态电解质的开发与实现，有望为超级电容器在便携式和可穿戴电子领域的广泛应用铺平道路。

电极材料是决定超级电容器性能的关键因素。常见的电极材料主要包括碳材料、金属化合物材料和导电聚合物材料。当它们单独用作超级电容器电极材料时，碳材料表现出高功率密度和优异的循环稳定性，但其电容较低。金属化合物和导电聚合物材料具有高的特定电容，但其较差的导电性导致较低的循环稳定性和倍率性能。目前，超级电容器电极材料的研究重点是由碳材料和其他材料组成的复合材料，从而制备出性能优异的超级电容器电极材料。例如，GFSC（石墨烯-银导电环氧石墨烯泡沫），其具有高导电性的电极分层结构，可显示出非常好的电化学超级电容性能[47]。

电解液包括液态电解液和固体电解液。液态电解液构成的超级电容器（SC）易泄漏，且质量大、安全性差，限制了它们在新一代电子器件中的应用。以聚合物凝胶为电解液的全固态超级电容器可以很好地解决传统超级电容器的缺点，极大地满足对轻量化、耐用、高安全性电子产品的需求。因此，开发一种高性能、自阻燃的绿色可再生凝胶聚合物电解质具有重要意义。

除了传统结构的超级电容器，目前还出现了许多新颖的器件。在智能可穿戴设备中，智能电子纺织品为可穿戴电子产品的制造提供了一种新的思路，并开始得到广泛的关注。例如，结合直接编织电极的技术，可以把超级电容器制成织物，其具有制造可扩展性、形状设计的任意性、优异的耐磨性和良好的机械稳定性。其中，纱线超级电容器因其体积小、耐用和可穿戴性，被广泛研究应用于可穿戴电子设备，但其低能量密度仍需进一步改进，代表性的织物超级电容器微观结构如图5.4.3所示。但具有高腐蚀性的电解质溶液通常不能与织物共存，这是织物超级电容器研究目前需要克服的问题之一。

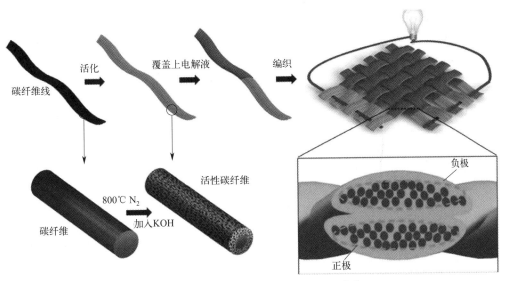

图 5.4.3　纱线超级电容器微观结构图[48]

而纸基超级电容器（SC）作为一种新的、有趣的可修复储能装置，也越来越受到工业界和学术界的关注。纸张具有成本低、环保和制造技术简单的优势，使纸基超级电容器成为未来绿色和一次性电子产品的候选者之一。

尽管目前在柔性/可修复/可穿戴超级电容器方面已取得了很大的进展，但仍面临许多问题，比如提高可固化超级电容器在弯曲和折叠过程中介质性能的稳定性，需要寻找与电极材料相容性好的固体电解质；提高电解质的导电性，进一步提升电容器的安全性能；还需要开发无毒超级电容器的低成本制造工艺，例如，采用 3D 打印、丝网印刷、喷墨打印和激光雕刻等技术，有望为低成本制备超级电容器提供更多的可行方案。

参考文献

[1]　张中俊，王婷婷，曾和平. 薄膜太阳能电池的研究进展. 电子元件与材料，2010，29（11）：75-78.

[2]　Mahabaduge H P, Rance W L, Burst J M, et al. High-efficiency, flexible CdTe solar cells on ultra-thin glass substrates. Applied Physics Letters, 2015, 106（13）：133501.

[3]　Kearns D, Calvin M. Photovoltaic Effect and Photoconductivity in Laminated Organic Systems. The Journal of Chemical Physics, 1958, 29（4）：950-951.

[4]　Kallmann H, Pope M. Photovoltaic Effect in Organic Crystals. The Journal of Chemical Physics, 1959, 30（2）：585-586.

[5]　Tang C W. Two-layer organic photovoltaic cell. Applied Physics Letters, 1986, 48（2）：183-185.

[6]　Sariciftci N S, Smilowitz L, Heeger A J, et al. Photoinduced electron transfer from a conducting polymer to buckminsterfullerene. Science, 1992, 258（5087）：1474-1476.

[7]　Yu G, Gao J, Hummelen J C, et al. Polymer photovoltaic cells：enhanced efficiencies via a network of internal donor-acceptor heterojunctions. Science, 1995, 270（5243）：1789-1791.

[8]　Wienk M M, Kroon J M, Verhees W J, et al. Efficient methano［70］fullerene/MDMO-PPV bulk heterojunction photovoltaic cells. Angewandte Chemie International Edition, 2003, 42（29）：3371-3375.

[9]　He Y, Chen H Y, Hou J, et al. Indene-C_{60} bisadduct：a new acceptor for high-performance polymer solar cells. Journal of the American Chemical Society, 2010, 132（4）：1377-1382.

[10] He Y, Zhao G, Peng B, et al. High-yield synthesis and electrochemical and photovoltaic properties of indene-C_{70} bisadduct. Advanced Functional Materials, 2010, 20 (19): 3383-3389.

[11] Lin Y, Wang J, Zhang Z G, et al. An Electron Acceptor Challenging Fullerenes for Efficient Polymer Solar Cells. Advanced Materials, 2015, 27 (7): 1170-1174.

[12] Yuan J, Zhang Y, Zhou L, et al. Single-Junction organic solar cell with over 15% efficiency using fused-ring acceptor with electron-deficient core. Joule, 2019, 3 (4): 1140-1151.

[13] Liu Q, Jiang Y, Jin K, et al. 18% Efficiency organic solar cells. Science Bulletin, 2020, 65 (4): 272-275.

[14] Zhu L, Zhang M, Xu J, et al. Single-Junction organic solar cells with over 19% efficiency enabled by a refined double-fibril network morphology. Nat Mater, 2022, 21 (6): 656-663.

[15] Sun R, Wu Y, Yang X, et al. Single-Junction Organic Solar Cells with 19.17% Efficiency Enabled by Introducing One Asymmetric Guest Acceptor. Adv Mater, 2022, 34 (26): 2110147.

[16] Li H, Liu X, Wang W, et al. Realization of Foldable Polymer Solar Cells Using Ultrathin Cellophane Substrates and ZnO/Ag/ZnO Transparent Electrodes. Solar RRL, 2018, 2 (10): 1800123.

[17] Zhao G, Wang W, Bae T S, et al. Stable ultrathin partially oxidized copper film electrode for highly efficient flexible solar cells. Nat Commun, 2015, 6: 8830.

[18] Wang G, Zhang J, Yang C, et al. Synergistic Optimization Enables Large-Area Flexible Organic Solar Cells to Maintain over 98% PCE of the Small-Area Rigid Devices. Advanced Materials, 2020, 32 (49): 2005153.

[19] Koo D, Jung S, Seo J, et al. Flexible Organic Solar Cells Over 15% Efficiency with Polyimide-Integrated Graphene Electrodes. Joule, 2020, 4 (5): 1021-1034.

[20] Liu X, Zheng Z, Wang J, et al. Fluidic Manipulating of Printable Zinc Oxide for Flexible Organic Solar Cells. Advanced Materials, 2022, 34 (3): 2106453.

[21] Qin F, Sun L, Chen H, et al. 54 cm^2 Large-Area Flexible Organic Solar Modules with Efficiency Above 13%. Advanced Materials, 2021, 33 (39): 2103017.

[22] Mathew S, Yella A, Gao P, et al. Dye-sensitized solar cells with 13% efficiency achieved through the molecular engineering of porphyrin sensitizers. Nature Chemistry, 2014, 6 (3): 242-247.

[23] Chuang W C, Lee C Y, Wu T L, et al. Fabrication of Integrated Device Comprising Flexible Dye-sensitized Solar Cell and Graphene-doped Supercapacitor. Sensors and Materials, 2020, 32 (6): 2077.

[24] Yue G, Ma X, Zhang W, et al. A highly efficient flexible dye-sensitized solar cell based on nickel sulfide/platinum/titanium counter electrode. Nanoscale Research Letters, 2015, 10 (1): 1.

[25] Zhu Y, Gao C, Han Q, et al. Large-scale high-efficiency dye-sensitized solar cells based on a Pt/carbon spheres composite catalyst as a flexible counter electrode. Journal of Catalysis, 2017, 346: 62-69.

[26] Lu J, Xu S, Du Y, et al. Well-aligned TiO_2 nanorod arrays prepared by dc reactive magnetron sputtering for flexible dye-sensitized solar cells. Materials Letters, 2017, 188: 323-326.

[27] Green M A, Dunlop E D, Yoshita M, et al. Solar cell efficiency tables (Version 63). Progress in Photovoltaics: Research and Applications, 2024, 32 (1): 3-13.

[28] Abdollahi Nejand B, Nazari P, Gharibzadeh S, et al. All-inorganic large-area low-cost and durable flexible perovskite solar cells using copper foil as a substrate. Chemical Communications, 2017, 53 (4): 747-750.

[29] Kim J H, Seok H J, Seo H J, et al. Flexible ITO films with atomically flat surfaces for high performance flexible perovskite solar cells. Nanoscale, 2018, 10 (44): 20587-20598.

[30] Jin T Y, Li W, Li Y Q, et al. High-Performance Flexible Perovskite Solar Cells Enabled by Low-Temperature ALD-Assisted Surface Passivation. Advanced Optical Materials, 2018, 6 (24): 1801153.

[31] Heo J H, Shin D H, Song D H, et al. Super-flexible bis (trifluoromethanesulfonyl)-amide doped graphene transparent conductive electrodes for photo-stable perovskite solar cells. Journal of Materials Chemistry A, 2018, 6 (18): 8251-8258.

[32] Yang Y, Min F, Qiao Y, et al. Embossed transparent electrodes assembled by bubble templates for efficient flexible perovskite solar cells. Nano Energy, 2021, 89: 106384.

[33]　Hu X, Meng X, Zhang L, et al. A Mechanically Robust Conducting Polymer Network Electrode for Efficient Flexible Perovskite Solar Cells. Joule, 2019, 3 (9): 2205-2218.

[34]　Hu X, Meng X, Yang X, et al. Cementitious grain-boundary passivation for flexible perovskite solar cells with superior environmental stability and mechanical robustness. Science Bulletin, 2021, 66 (6): 527-535.

[35]　Wu Y, Xu G, Xi J, et al. In situ crosslinking-assisted perovskite grain growth for mechanically robust flexible perovskite solar cells with 23.4% efficiency. Joule, 2023, 7 (2): 398-415.

[36]　王春雷, 李吉超, 赵明磊. 压电铁电物理. 北京: 科学出版社, 2009.

[37]　Qu M, Chen X, Yang D, et al. Monitoring of physiological sounds with wearable device based on piezoelectric MEMS acoustic sensor. Journal of Micromechanics and Microengineering, 2022, 32 (1): 014001.

[38]　Li R, Yu Y, Zhou B, et al. Harvesting energy from pavement based on piezoelectric effects: fabrication and electric properties of piezoelectric vibrator, J Renew Sustain Energy, 2018, 10: 1-11.

[39]　Moure A, Izquierdo Rodríguez M. A, Rueda S. H, et al. Feasible integration in asphalt of piezoelectric cymbals for vibration energy harvesting, Energy Convers. Manag. 2016, 112: 246-253.

[40]　Puscasu O, Counsell N, Herfatmanesh M R, et al. Powering lights with piezoelectric energy-harvesting floors. Energy Technol, 2018, 6: 1-12.

[41]　Kim K B, Cho J Y, Jabbar H, et al. Optimized composite piezoelectric energy harvesting floor tile for smart home energy management, Energy Convers Manag, 2018, 171: 31-37.

[42]　Jung W S, Lee M J, Kang M G, et al. Powerful curved piezoelectric generator for wearable applications. Nano Energy, 2015, 13: 174-181.

[43]　Jiang L, Yang Y, Chen R, et al. Flexible piezoelectric ultrasonic energy harvester array for bioimplantablewireless generator. Nano Energy 2019, 56: 216-224.

[44]　Fan F R, Tian Z Q, Wang Z L. Flexible triboelectric generator. Nano Energy 2012, 1: 328-334.

[45]　He X, Zi Y, Guo H, et al. A Highly stretchable fiber-based triboelectric nanogenerator for self-powered wearable electronics. Adv Funct Mater, 2017, 27: 1604378-86.

[46]　Lyu Y, Wu X, Wang K, et al. An Overview on the Advances of LiCoO$_2$ Cathodes for Lithium-Ion Batteries. Adv Energy Mater 2021, 11 (2): 2000982.

[47]　Kumar S, Saeed G, Zhu L, et al. 0D to 3D carbon-based networks combined with pseudocapacitive electrode material for high energy density supercapacitor: A review. Chem Eng J 2021, 403: 126352.

[48]　Ji X, Lee K T, Nazar L F. A highly ordered nanostructured carbon-sulphur cathode for lithium-sulphur batteries. Nat Mater, 2009, 8: 500.

第 6 章

柔性电致发光器件

电致发光（electroluminescence，EL）是指某些活性物质在一定的电场作用下被一定的电能所激发产生光辐射，从而将电能直接转化为光能的过程。电致发光现象最早在1936 年被 G. Destriau 观察到[1]，他把 ZnS 粉末夹在涂有蓖麻油的两块玻璃之间，加上电压发出明亮的绿光，该工作引起了全世界对电致发光的关注。目前电致发光在我们的生活中得到广泛应用，对该现象的研究也逐渐发展成为一门学科。随着材料科学的不断发展，各种具有柔性和可塑性的材料逐渐被引入电致发光器件中，例如有机材料、有机-无机杂化钙钛矿材料、纳米材料等。这些材料不仅能够适应各种形状和曲面，而且具有较好的电学和光学性能，推动了柔性发光器件及技术的蓬勃发展。本章先详细介绍柔性电致发光器件的工作原理、器件结构、性能参数等。再分别介绍三类柔性电致发光器件：柔性发光二极管、柔性激光器和柔性发光晶体管。

6.1 电致发光器件基础

6.1.1 器件的工作原理

柔性电致发光器件是将柔性发光材料作为活性物质，在电场作用下产生光辐射的一类器件。器件的工作原理可以简单地归纳为以下过程：载流子的注入、传输、复合产生激子及发光过程。

（1）载流子的注入与传输

载流子的注入是指电子和空穴分别从阴极和阳极向两电极之间的发光层注入。当载流子从电极注入所需克服的势垒很小时，形成欧姆接触。当接触势垒较大时，载流子由电极注入受到限制，关于载流子注入机制，目前有两种理论：热电子发射和隧穿理论。通过调节发光层和电极之间的势垒，可以调控载流子的注入，从而改变柔性电致发光器件的光电特性，如发光效率和驱动电压等。柔性电致发光器件的发光效率不仅取决于载流子的注入效率，同时也取决于注入的电子和空穴数量是否平衡，图 6.1.1 给出了载流子注入平衡与非平衡的示意图。为了实现载流子注入的平衡性，要求电子和空穴以相同的速率进行注入，即要求发光层和阴阳电极之间形成的能带势垒高度相等。如果不满足这一要求，就会导致一种载流子注入的数量多，而另一种载流子注入的数量少。在这种情况下，有一部分多余的载流子不能进行有效的复合，从而会降低载流子的复合概率。此外，还要求电子和空穴的运动速度接近。如果电子和空穴的运动速度相差较大，就会导致载流子的复合不是发生在发光中心区域，而是偏向电极的一侧。然而，很难同时使低功函数的阴极和高功函数的阳极与发光材料的导带和价带相匹配，因此难以实现电子和空穴从两电极的等速率注入。一般来说，空穴注入相对容易，而电子注入却较困难。此外，电子和空穴的迁移率也不一样。为了解决载流子注入的不平衡问题，通常在阴极和发光层之间引入电子传输层，而在阳极和发光层之间引入空穴传输层。

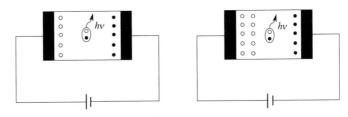

图 6.1.1　载流子注入平衡（左）与非平衡（右）示意图

载流子的传输是指在外加电场作用下，从阴极注入的电子向阳极以及从阳极注入的空穴向阴极输运的过程。在载流子的输运过程中，可能存在三种情况：两种载流子相遇、两种载流子不相遇、载流子被杂质或缺陷俘获而失活。其中只有第一种情况才能使两种载流子复合而发光。载流子的传输会形成器件中的电流。根据电接触类型的不同，电致发光器件中的电流既可能是注入控制型的，也可能是受发光层内部空间电荷的限制的，因此用于器件电流分析的电流表达式会涉及注入限制电流和空间电荷限制电流。其中注入限制电流又包括热电子注入限制电流与隧穿注入限制电流。热电子注入是指电子通过吸收热声子获得能量后，通过克服界面势垒注入发光层，其电流密度关系式表达如下：

$$J = A_0 T^2 \exp\left(-\frac{\phi_B - \beta_{RS}\sqrt{E}}{k_B T}\right) \tag{6.1.1}$$

式中，$A_0 = 4\pi q m^* k_B^2 / h^3$（$q$ 是单位电荷，m^* 是电子的有效质量，h 是普朗克常数）；$\beta_{RS} = [q^3/(4\pi\epsilon_0\epsilon_r)]^{1/2}$；$\phi_B$、$E$ 分别表示没有外加电场时的注入势垒高度和电场强度；T 是温度。隧穿注入是指电子在外加电场作用下，在不需要克服界面势垒的情况下，以一定的概率隧穿注入发光层，其电流密度关系式表达如下：

$$J = \frac{A_0}{\phi_B}\left(\frac{qE}{\alpha' k_B}\right)^2 \exp\left(-\frac{2\alpha'\phi_B^{3/2}}{3qE}\right) \tag{6.1.2}$$

式中，$\alpha' = (4\pi/h)(2m_0)^{1/2}$，$m_0$ 表示自由电子的质量。一般认为，在电场强度较小且注入势垒高度较低的情况下，以热电子注入为主。而在电场强度较大且注入势垒高度较高的情况下，以隧穿注入为主。

器件中的另一种电流形式为空间电荷限制电流（SCLC）。空间电荷通常是由于载流子注入的不平衡性，导致其中一种电荷在电极/发光层界面处堆积而产生的。空间电荷产生的内电场与外加电场方向相反，限制了载流子的进一步注入。如果不考虑体材料的陷阱限制效应，即式(3.2.21)中的参数$\Theta=1$时，空间电荷限制电流的表达式如下：

$$J = \frac{9}{8}\varepsilon\varepsilon_0\mu\frac{V^2}{d^3} \tag{6.1.3}$$

式中，μ、V、d分别表示迁移率、外加电压和材料厚度。如果考虑体材料的陷阱限制效应，则空间电荷限制电流的表达式如下：

$$J = \frac{9}{8}\varepsilon\varepsilon_0\mu\Theta\frac{V^2}{d^3} \tag{6.1.4}$$

式中，Θ是一个与温度有关的参数，一般小于1。

柔性电致发光器件的电流是非常重要的一个性能指标，对于发光材料量子效率相同、器件结构相似的器件，电流大通常意味着获得固定亮度所需要的驱动电压低。因此，设计及优化柔性电致发光器件的目标之一就是提高器件的电流。

（2）激子与发光

在外加电场作用下，从阴极注入的电子和从阳极注入的空穴在发光层中相遇后，由于库仑相互作用，会束缚在一起形成电中性的激子。激子有多种存在形式，比如受激分子、不同分子间的电荷转移复合物、相同分子间形成的基激二聚物/缔合物（当一个分子受到激发后，在其寿命内，与另一个基态的分子相遇结合而成）等。在柔性电致发光器件中，载流子复合形成激子的区域与器件中电子和空穴的迁移率密切相关，同时也受器件结构的影响。根据器件结构的不同，激子形成的区域分为五种情形：①靠近阴极；②在电子传输层内；③在中间发光层内；④既在电子传输层内，又在空穴传输层内；⑤在空穴传输层内。激子的辐射跃迁过程会产生光。

根据激子的多重性，可以分为荧光和磷光。由于激子处于不稳定状态，通常会很快以发光等形式耗散能量回到基态。激子的轨道有单重态和三重态，态的多重性由$2S+1$来定义，S为态的总自旋数。当$S=0$时，$2S+1=1$，是单重态，体系中较高能级和较低能级的电子是成对的，体系的总自旋角动量$S=0$；当$S=1$时，$2S+1=3$，为三重态，系统中较高和较低能级的电子自旋态是自旋平行的，体系的总自旋角动量$S=1$。根据泡利不相容原理，当不同轨道的电子自旋状态相同时，体系是最稳定的，能量最小。因此，三重态激子能量低于单重态激子能量。通常认为单重态激子产生的光是荧光，三重态激子产生的光是磷光。根据量子统计，注入的载流子复合后产生单重态和三重态激子的比例大约为1:3。因此，基于荧光材料和磷光材料的电致发光器件最大内量子效率分别为25%和100%。基于磷光材料的电致发光器件的内量子效率之所以能达到100%，是因为除了载流子复合会直接产生75%的三重态激子以外，产生的25%单重态激子也可以通过系间窜越过程转变为三重态激子。处于激发态的激子通常有三种方式回到基态：辐射跃迁、非辐射跃迁和能量转移。当激子以辐射跃迁方式回到基态时，该过程会伴随着发光。当激子以非辐射跃迁方式回到基态时，该过程不发光，能量主要以振动的方式进行转化。

根据激子的化学结构特点，可以分为分子发光和基激二聚物/缔合物发光。正常情况下，光发射一般来自分子激子，但基于基激二聚物/缔合物的发光也时有报道。基激二聚物/缔合物的形成通常会导致材料分子荧光的减弱。此外，基激二聚物/缔合物的发光性能一般很差，峰很宽，不利于器件色纯度的控制。但是，也有研究显示基激二聚物/缔合物可以产生很强的电致发光，并且由于光谱覆盖范围宽，可以应用于白光照明。

6.1.2　器件结构

电致发光器件的结构对其性能有非常重要的影响，目前研究人员已提出了多种器件结构。根据器件中功能层的数量可以将器件简单地分为单层器件、双层器件、三层器件、多层器件等；根据发光材料存在形式的不同，可以将器件分为主体发光和掺杂发光两类；根据器件中各功能层的沉积先后顺序，可以将器件分为正置器件和倒置器件；根据器件的出光方向，可以将器件分为底发射器件、顶发射器件和穿透式发射器件。这里以最常见的柔性电致发光器件，即有机电致发光器件为例来介绍器件结构，其他柔性电致发光器件具有相似的结构。

单层器件是最简单的器件结构，由一层发光材料夹在一对电极之间构成，如图6.1.2所示。在单层器件中，发光材料既作发光层，又兼作电子传输层和空穴传输层。除了单层器件的结构外，图6.1.2中也示意性地展示出了单层器件的能级图。其中阴/阳极以功函数表示，发光层以LUMO能级和HOMO能级表示。阴极功函数与发光层LUMO能级之差是电子的注入势垒。阳极功函数与发光层HOMO能级之差是空穴的注入势垒。在施加正向电压时，发光层的LUMO能级和HOMO能级会发生倾斜，阴极处的电子和阳极处的空穴分别克服各自的注入势垒后注入发光层，经过相向输运后复合，最终发射出光。

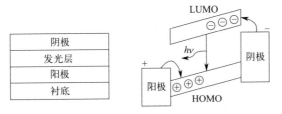

图6.1.2　单层器件结构及其能级关系示意图

基于一种功能材料的单层器件，通常性能都较差。因为在发光材料中，载流子的传输特性一般是单一的，发光材料一般不同时具有传输空穴和电子的双极性输运能力，且在多数发光材料中，电子和空穴的输运速度并不一样。因此，由阴极注入的电子和由阳极注入的空穴经过发光层的传输后，将会在靠近电极的区域复合，导致激子在电极表面发生静电相互作用而猝灭，从而大大降低器件的量子效率。另一方面，正负载流子传输的不平衡，使得它们的数量存在差异，这导致大部分多余的载流子没有机会形成激子，进而降低载流子复合概率，最终降低了器件的量子效率。为了防止激子被电极猝灭，至少要将载流子复合区域远离电极20～30nm以上，这个数值相当于激子的扩散长度。利用电子和空穴迁移率相当的材料作为发光层，或者将发光层厚度增加，可以使载流子复合区域远离正负电极。但是，对于很厚的器件，载流子不易输运，导致器件功率效率极低。因此单层器件结构不易达到低电压、高效率的性能。在这类器件中，一层材料也可以包含几种功能材料，包括正负载流子注入/传输材料、发光材料等，这些功能材料可以通过共同蒸发或者混合旋涂等方式合理地组合形成一个单层薄膜；但是要有效地防止各种不利于发光的过程，如非辐射能量转移、电荷转移态的形成、陷阱对载流子的捕获以及其他电子和空穴传输材料间的相互影响。目前，单层器件结构主要用于测量发光材料的电学和光学性质。

在单层器件中，电子和空穴传输的不平衡问题严重影响了器件的效率，为了解决这一问题，提出了具有双层功能材料的器件。双层器件是在单层器件的基础上，在发光层和阳/阴极之间插入一层空穴传输层/电子传输层。其中，双层器件的主要形式是在发光层和阳极之间插入一层空穴传输层，发光层同时也作为电子传输层。这种双层器件的结构和能级图如图 6.1.3(a) 所示。在该器件结构中，在阳极之后是能级匹配的空穴传输层，可有效降低空穴的注入势垒，而在阴极之前为能级较匹配的传输电子的发光层。由于空穴传输材料中空穴的迁移率大于传输电子的发光层中电子的迁移率，因此空穴传输通常要比电子传输快。此外，由于传输电子的发光层的 HOMO 能级通常比空穴传输层的 HOMO 能级低，因此空穴由空穴传输层到传输电子的发光层的输运受到阻挡。因此，较快到达空穴传输层/传输电子的发光层界面的空穴大部分聚集在界面附近的空穴传输层内，使得空穴传输层/传输电子的发光层界面处空穴浓度较高，容易向传输电子的发光层扩散，当电子传输到界面附近时，可与此处空穴复合，并可能导致光发射，结果使双层器件的最终电致发光来自传输电子的发光层。

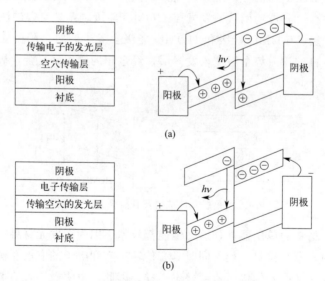

图 6.1.3　双层器件结构及其能级关系示意图

在双层器件中插入的空穴传输层需要满足一些要求：①具有良好的空穴传输特性，即空穴迁移率高；②具有较低的电子亲和能，有利于空穴注入；③激发能量高于发光层的激发能量；④不能与发光层形成激基复合物（两个处于激发态的分子作用较强而形成的聚集体）；⑤具有良好的成膜性和较高的玻璃化温度，热稳定性好。

在实际情况中，也存在少数双层器件的发光层是空穴传输层的例子。在这种情况下，双层器件的结构为在单层器件的基础上，在发光层和阴极之间插入一层电子传输层。这种双层器件的结构和能级图如图 6.1.3（b）所示。在双层器件中插入的电子传输层也需要满足一些要求：①具有良好的电子传输特性，即电子迁移率高；②具有较高的电子亲和能，易于由阴极注入电子；③相对较高的电离能，有利于阻挡空穴；④不能与发光层形成激基复合物。

与单层器件相比，双层器件有很大的优势，主要体现在两个方面：解决了正负电极与发光材料能级的双向匹配问题，使器件中电子和空穴容易达成注入和传输平衡的条件，提高了载流子的复合效率，使器件的驱动电压显著降低；载流子的复合区域被限制在发光材料的内部，远离两个电极，从而防止了由于电子和空穴传输不平衡而导致的激子猝灭，提高了光辐射的概率。

为了进一步提高器件的性能，又出现了三层的器件结构，该结构类型的器件是目前为止使用最为广泛的。三层器件结构主要包括两种形式。第一种三层器件由阳极、空穴传输层、发光层、电子传输层和阴极依次构成，其器件结构和能级图如图 6.1.4（a）所示。在该器件结构中，中间是发光层，其特点是空穴传输层较高的 LUMO 能级可以对电子由发光层进一步向空穴传输层方向的输运起到阻挡作用，而电子传输层较低的 HOMO 能级可以对空穴由发光层进一步向电子传输层方向的输运起到阻挡作用。对于这种三层器件，其优点是可以将载流子复合区域较好地限制在器件中间的发光层内，从而提高了载流子的复合效率，并且防止了电极对激子的猝灭。该三层器件的另一个优点是，由于每层分别起到一种作用，因此可选择材料的范围比较宽泛，使器件的优化也较为容易。另一种三层器件由阳极、发光的空穴传输层、载流子限制层、发光的电子传输层和阴极依次构成，其器件结构和能级图如图 6.1.4（b）所示。在该器件结构中，中间是载流子限制层，它对正负两种载流子的输运都起到部分的限制作用，即限制空穴由发光的空穴传输层进入发光的电子传输层，限制电子由发光的电子传输层进入发光的空穴传输层。结果使发光的空穴传输层和发光的电子传输层都发生载流子复合，并产生光发射。对于这种三层器件，它除了具有双层器件的优点以外，还通过中间载流子限制层的作用，使器件产生两个发光区域，这两个区域发出的光可以有不一样的颜色，因此该结构可以用来制作发射白光的器件。由于载流子限制层需要同时具有限制空穴向阴极方向和限制电子向阳极方向迁移的作用，因此它必须具有较低的 HOMO 能级和较高的 LUMO 能级。

虽然三层结构的器件应用已经非常广泛，但是仍然存在一些问题，比如器件的开启电压过高、漏电流过大等。为了解决这些问题，研究人员提出了多层器件结构。多层器件的性能是最佳的，其能够很好地发挥各层的作用。多层器件是在三层器件的基础上在发光层和电子/空穴传输层之间引入阻挡层，阻挡层可以对载流子起到限制作用，既保证了载流子在发光层复合，又提高了载流子的复合效率。多层器件的结构和能级图如图 6.1.5 所示。为了使阻挡层对载流子起到有效的阻挡作用，在发光层和电子传输层之间插入的阻挡层，其 HOMO 能级要比电子传输层的 HOMO 能级更低，从而阻挡空穴进一步向电子传输层移动。类似地，在发光层和空穴传输层之间插入的阻挡层的 LUMO 能级要比空穴传输层的 LUMO 能级更高，从而阻挡电子进一步向空穴传输层移动。

有机电致发光器件的另一种分类方式是根据发光材料存在形式不同，将器件分为主体

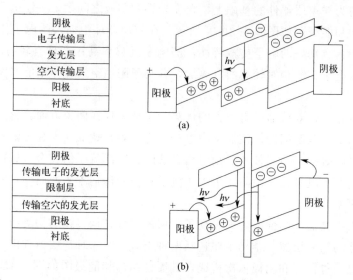

图 6.1.4　三层器件结构及其能级关系示意图

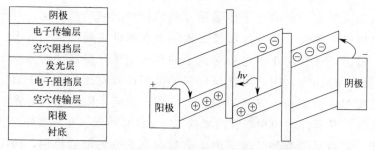

图 6.1.5　多层器件结构及其能级关系示意图

发光和掺杂发光两类。以三层器件结构为例，主体发光和掺杂发光的器件结构如图 6.1.6 所示。在主体发光的器件中，发光材料以聚集方式存在。这类器件具有结构简单、发光中心较多的优点。但是对于一些发光材料，会表现出聚集发光猝灭的特性，不能用于主体发光的器件中。对于这类材料，需要将其分散在主体材料中，制备掺杂发光的器件。掺杂发光的器件发光过程相比主体发光的器件更为复杂，除了掺杂材料直接俘获载流子外，激子的形成还包括从主体材料向掺杂材料的能量转移过程。与主体发光器件相比，掺杂发光器件有很多优势，主要体现在：掺杂发光器件避免了主体发光器件中的聚集发光猝灭问题，从而提高了器件的发光效率，同时可以减缓器件的老化过程；掺杂发光的器件结构增加了器件设计的灵活性，对功能材料的分子设计要求也有所降低。对于掺杂发光的器件，在考虑材料时可以将材料的电学特性和光学特性分开来考虑。在考虑器件的电学特性时，即发光层与相邻两层的载流子注入势垒和发光层的载流子输运能力等，只需要通过选择合适的主体材料来调节，而不需要考虑掺杂材料。在考虑器件的光学特性时，则只需要选择合适的掺杂材料，而不需要考虑主体材料。

　　根据器件中各功能层的沉积先后顺序，可以将柔性电致发光器件分为正置器件和倒置器件。其中，正置器件的结构为衬底/阳极/空穴传输层/发光层/电子传输层/阴极。即在衬底上先沉积空穴传输层一侧，再沉积电子传输层一侧。倒置器件的结构与正置器件正好

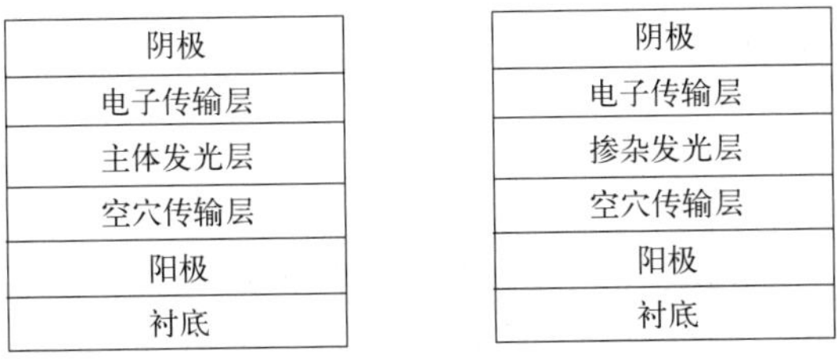

| 阴极 |
| 电子传输层 |
| 主体发光层 |
| 空穴传输层 |
| 阳极 |
| 衬底 |

| 阴极 |
| 电子传输层 |
| 掺杂发光层 |
| 空穴传输层 |
| 阳极 |
| 衬底 |

图 6.1.6　主体发光和掺杂发光的器件结构示意图

相反，其器件结构为衬底/阴极/电子传输层/发光层/空穴传输层/阳极。即在衬底上先沉积电子传输层一侧，再沉积空穴传输层一侧。正置器件和倒置器件的结构示意图如图6.1.7 所示。

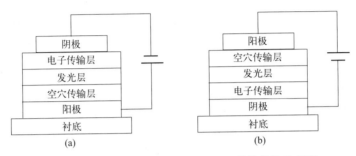

图 6.1.7　(a) 正置器件和 (b) 倒置器件结构示意图

根据器件的出光方向，可以将电致发光器件分为底发射器件、顶发射器件和穿透式发射器件。其中底发射器件指的是器件发出的光由衬底一侧射出，这就要求衬底以及与衬底相邻的底部电极具有高透过率，而远离衬底的顶部电极具有高反射率。顶发射器件与底发射器件相反，指的是器件发出的光由远离衬底的顶部电极射出，这就要求顶部电极具有高透过率，而底部电极具有高反射率。对于穿透式发射器件，其顶部电极和底部电极均具有高透过率，上下两侧均能出光。底发射器件、顶发射器件和穿透式发射器件的结构示意图如图 6.1.8 所示。对于高透过率电极，常用的有氧化铟锡（ITO）和半透明的金属薄层等。对于高反射率电极，常用的有厚度较大的银、铝以及由不同金属形成的合金等。此外，如果采用具有高透过率的中间连接层将两个或多个发光单元连接，则可以形成叠层器件。相比于由一个发光单元构成的器件，叠层器件更具优势。叠层器件在达到相同的发光亮度时，所需的电流密度显著减小。此外，叠层器件可以实现多种颜色光发射。因此，叠层器件不仅提高了器件的效率，同时也为白光的实现提供了一种可选方案。

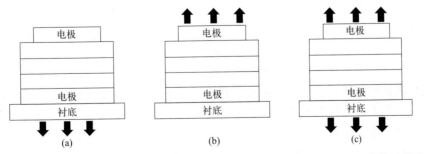

图 6.1.8　底发射器件（a）、顶发射器件（b）和穿透式发射器件（c）的结构示意图

6.1.3 器件的性能参数

电致发光器件的性能参数是衡量器件性能好坏程度的标准，用于器件发光性能的参数主要有四个：开启电压、发光效率、色度坐标和器件寿命。

开启电压通常指的是当电致发光器件的亮度为 $1\mathrm{cd/m^2}$ 时所需要施加的外部电压。当施加的外部电压小于开启电压时，器件处于关断状态；反之，当施加的外部电压超过开启电压时，器件会进入工作状态。器件的开启电压低，说明器件的两个电极与活性层之间的接触特性较好，载流子不需要克服太高的势垒便可以注入。但是，器件的开启电压不会小于发光材料的能带间隙，这也是最小需要克服的本征势垒。

电致发光器件是一类将电转换为光的器件，其电光转换能力用发光效率来衡量。发光效率有三种表示方法：量子效率、功率效率和电流效率。量子效率指的是发射光子数占注入载流子数的百分比，单位是%。量子效率又分为内量子效率（IQE）和外量子效率（EQE）两种。内量子效率指的是器件产生的总光子数占注入载流子数的百分比，而外量子效率指的是从器件发射出来的总光子数占注入载流子数的百分比。由于器件在出射光子过程中会发生反射、折射和吸收等过程，所以量子效率主要由外量子效率决定。功率效率指的是输出光功率占输入功率的百分比，单位是 lm/W（lm 是描述光通量的物理单位，光通量指人眼所能感觉到的辐射功率）。电流效率指的是器件发射亮度占注入电流密度的百分比，单位是 cd/A（cd 是描述发光强度的物理单位，发光强度指光源在一个特定方向上辐射的光通量）。

器件的发光颜色可用色度坐标来表示，目前国际上普遍使用的色度坐标是 1931 年国际照明委员会制定的标准，称为 CIE 1931 色度坐标，以 (x,y,z) 表示。三个坐标值满足关系式：$x+y+z=1$。图 6.1.9 展示了只含有 x 和 y 两个坐标值的马蹄形色度坐标图。该马蹄形色度坐标图分为不同的颜色区域，其中围成马蹄形区域的曲线上的点代表色度饱和的单色光（色饱和度是指色彩的鲜艳程度，也称色彩的纯度，单色光的色饱和度为 100%），离开曲线仍然在某个颜色区域的点颜色不饱和。在色度图中，中心点坐标（0.333，0.333）是标准白色的坐标。由于显示器是由红、绿、蓝三种基本颜色组成的，因此国际显示委员会制定了标准的红、绿、蓝三基色坐标，分别为（0.67，0.33）、（0.21，0.71）和（0.14，0.08）。

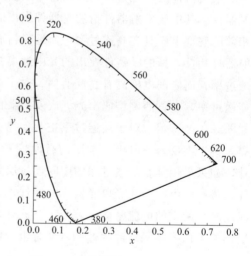

图 6.1.9　只含有 x 和 y 两个坐标值的马蹄形色度坐标图

显示器颜色质量的好坏由色彩饱和度来评判，而色彩饱和度又由色域决定。由 RGB 三基色点围成的三角形区域称为色域，该色域面积与国际显示委员会制定的标准色域面积（由标准的红、绿、蓝三基色点围成的三角形区域面积）之比即为色彩饱和度。

器件寿命则是指在恒定电压或电流的驱动下，器件亮度下降至初始亮度一半时所持续的时间。柔性电致发光器件的寿命是产业化的基本指标之一，也是走向产业化必须面临和解决的问题之一。由于发光材料容易受到水和氧气的侵蚀，从而对其功能造成破坏，导致器件寿命缩短。因此，延长器件寿命的方法之一就是对器件进行封装以隔绝水和氧气。此外，器件寿命还与电极/功能层界面以及功能层/功能层界面的注入势垒有关，降低各层之间的注入势垒也可以延长器件的寿命。

6.2 柔性发光二极管

6.2.1 有机发光二极管

（1）有机发光二极管的特征与制备

有机发光二极管（OLED）是将有机材料作为活性物质，在电场作用下产生光辐射的一类电致发光器件。OLED与传统的无机半导体LED在很多方面存在差异，主要体现在以下四个方面：①无机LED中存在p-n结，并且可以通过掺杂得到p型和n型半导体来形成稳定的p-n结；②无机LED在加电场前就已存在自由的载流子，对于OLED，载流子全部是由电场注入的；③在无机LED中，载流子以能带模式输运，电子和空穴在p-n结处复合产生能带间的光辐射，而在OLED中，由于有机薄膜的无序性，载流子只能以跳跃方式进行输运，载流子的复合先产生激子，激子再通过辐射跃迁产生光，因此OLED的光辐射是激子型的；④相对于无机半导体材料来说，有机半导体材料中载流子的迁移率较低，一般在 $10^{-8} \sim 10^{-2} \mathrm{cm}^2/(\mathrm{V} \cdot \mathrm{s})$ 量级，较低的载流子迁移率不利于载流子在有机材料内有效传输；但是，由于在OLED器件中采用的是薄膜结构，因此在低电压下就可以在发光层内产生 $10^4 \sim 10^6 \mathrm{V/cm}$ 的强电场，在强电场的作用下，保证了载流子在有机材料中的有效传输。

OLED器件的制备过程与成本相对较低，主要包括ITO衬底的清洗和预处理、有机功能层（空穴传输层、发光层、电子传输层等）薄膜的制备、蒸镀金属电极和封装。OLED器件对ITO有着较高要求：表面干净、表面平整度高、功函数较高。因为发光性能受到有机层与ITO之间界面的影响，所以使用前需要对ITO玻璃仔细清理。具体清洗方法有化学清洗法、超声波清洗法、真空烘烤法及紫外光清洗法。化学清洗法是利用乙醇、丙酮、氯仿等去除油污、脂肪以及其他有机物。超声波清洗法通过超声波技术，使得水和溶剂发生振动，在不损伤ITO基片的基础上达到表面净化的作用。真空烘烤法是在真空室中，加热基片至一定温度，去除附着的气体和杂质。紫外光清洗法利用紫外光对有机物的光敏氧化作用来清洗黏附在物体表面上的有机化合物。ITO表面预处理可以增强ITO表面平整度，降低短路的产生概率，从而提高OLED稳定性。常见的ITO表面预处理方法有化学方法（酸碱处理）和物理方法（O_2 等离子体处理、惰性气体溅射）。

有机功能层是OLED中最核心的部分，直接决定OLED的性能。有机功能层薄膜的制备方法通常有三种：真空热蒸镀、旋涂和喷墨打印。真空热蒸镀是小分子OLED的标准淀积工艺，是一种将固体有机材料加热到高温，然后通过蒸发的方式将其沉积在基板上的方法。基本步骤：放置材料于束源→抽取真空→通电加热蒸发→成膜。其中具有三个重要过程：加热蒸发过程、气化原子或分子在蒸发源与基片之间的输送、蒸发原子或分子在基片表面上的沉积过程。在进行薄膜沉积时，保持薄膜厚度均匀和蒸发速率恒定非常关键。然而，由于真空腔体尺寸的限制，无法制备大面积的OLED。旋涂工艺在薄膜制备工艺中使用最早，在半导体工业和光存储领域有着广泛的应用，在实验室中旋涂工艺也广泛应用于薄膜制备。旋涂工艺有三个基本步骤：配料、高速旋转、溶剂挥发成膜。配料的具体方法分为静态和动态两种。该步骤具体操作时间为几分钟，最终薄膜的厚度是由转速和旋转时间决定的。旋涂之后，为了除去表面的溶剂，采用烘干技术。相比热蒸镀法，旋涂法成本更低。喷墨打印是一种低成本、高效率的制造方法。它使用类似于普通喷墨打印机的设备，在基板上逐层打印有机材料来制造OLED。相较于真空热蒸镀，喷墨打印法对材料利用率高达100%。同时，喷墨打印法的优势在于能够缩短工艺循环耗时。针对尺寸更大的基板，喷墨打印法依旧可以直接采用。

此外，为了提高OLED器件的稳定性，延长其使用寿命，还需要对OLED进行封装。封装技术主要分为三种：金属盖封装、玻璃基片封装和薄膜封装。在封装过程中，对水氧浓度有相应要求，水氧浓度过高会对OLED造成一定影响，利用N_2循环精制设备可以控制水氧浓度。

（2）有机发光二极管的发展历程

有机电致发光的研究始于1953年，Bernanose等人在蒽单晶两侧施加电压观察到了发光现象[2]。1963年，Pope等人以蒽单晶为功能层，在外加偏压下实现了器件的发光，但由于材料厚度大，所以即使在400V的高电压下也只能观测到微弱的蓝光。1966年，Helfrich等人对Pope的工作进行了改进，将材料厚度减小至$1\mu m$，但驱动电压仍然过大，因此缺乏实用的价值。1982年，Vincett等以半透明的金做阳极，通过真空蒸镀法制备了厚度为600nm的非晶蒽薄膜器件，该器件在30V的直流驱动下产生较亮的电致发光[3]。但由于制备的薄膜质量较差，存在电子注入效率低和易击穿等问题。这些对电致发光的早期研究由于受到驱动电压大、材料生长困难、器件寿命短等因素的限制，没有得到进一步的发展和应用，但是为后续的研究工作奠定了基础。

国际上对有机电致发光器件的大规模研究始于1987年，美国柯达公司的邓青云博士等首次报道了三明治型有机双层薄膜的电致发光器件，他们采用真空蒸镀法制备了结构为玻璃/ITO/芳香二胺（Diamine）/8-羟基喹啉铝（Alq_3）/Mg：Ag的有机发光二极管（OLED）[4]。在该器件结构中，芳香二胺是空穴传输层，8-羟基喹啉铝是电子传输层和发光层。由于引入了空穴传输层和电子传输层，因此提高了载流子的复合效率，从而使驱动电压大大降低，最终在10V以下被成功点亮，且发出的绿光亮度达到$1000cd/m^2$。这项工作是有机电致发光器件研究历史上的一个重要转折点，为后续的研究工作开辟出一条新的道路。1990年英国剑桥大学Bradley和Friend等人报道了高分子材料的电致发光现象，并首次研发出聚合物OLED[5]。1992年，G. Gustafsson等人在此基础上进一步实现了柔性聚合物OLED[6]。然而，这些电致发光器件中使用的发光材料均为荧光材料，使得内量子效率无法突破25%的理论极限。1998年，S. R. Forrest等发现重金属在有机物中可形成强的自旋轨道耦合，有望使电子从三重态回到基态产生光辐射，理论上可将电致发光的内量子效率提升至 100％，从而开启了磷光材料发展的道路[7]。2009 年，Adachi 等首次提出热激活延迟荧光材料（TADF）[8]。TADF 兼具荧光材料和磷光材料的优势，可以在不含重金属的情况下，通过降低三重态和单重态的能级差值来实现电子从三重态到单重态的跨越，而后回到基态发出荧光，这种材料大大提高了内量子效率，最高可达 100％。除了仅从单重态或三重态发射的荧光、磷光和 TADF 这些单模辐射材料外，可以从单重态以及三重态发光的双发射材料也被设计并合成出来，这种材料中通常含有重金属离子以确保材料可以实现有效的磷光和延迟荧光过程，因此通常被称为金属辅助延迟荧光（MADF）。MADF 发光材料可以俘获单重态和三重态激子，即使单重态和三重态之间存在较大的能量差。2016 年，Zhang 等报道了具有平衡双发光的三膦配位铜（I）配合物的黄光 OLED，能够实现 16.3％的最大外量子效率（EQE）[9]。

OLED 在近年来得到了快速的发展，目前 OLED 在实际应用中的亮度和效率已大大增加，能够实现几百至数千流明/瓦的高亮度和 60％以上的电致发光效率。在尺寸和柔性显示方面，目前 OLED 显示技术已经成功应用于显示屏、照明、军事武器和生物医学等领域，同时也逐渐拓展到了可穿戴设备等新兴市场。其在智能手机、平板电脑、电视等设备中的应用非常成熟，具有高对比度、高色彩鲜明度和快速响应的特点。此外，OLED技术在生物医学领域也得到了广泛应用。例如，OLED 用于光动力疗法，通过特定波长的光照射来杀灭肿瘤细胞或治疗皮肤病等。这些应用展示了 OLED 技术的多样化和潜力，未来随着技术的不断进步，OLED 将在更多领域发挥重要作用。

6.2.2 有机-无机杂化钙钛矿发光二极管

（1）有机-无机杂化钙钛矿发光二极管（PLED）的制备

钙钛矿发光层的薄膜质量是影响 PLED 电致发光性能的关键因素之一。目前钙钛矿薄膜的常见制备工艺主要有四种：旋涂法、气相沉积法、刮涂法和喷墨打印法。由于钙钛矿薄膜对缺陷的容忍度很高，旋涂法足以得到很高性能的钙钛矿薄膜，而且旋涂法操作简单，成本较低，因此大部分科研人员在制备钙钛矿薄膜时通常采用旋涂法。

为了制备高质量、大面积的钙钛矿薄膜，使其进一步商业化，人们已经陆续开发了旋涂法和喷墨打印法等技术。旋涂法是将所有溶质（如 $PbBr_2$、FABr 等）按照比例溶解在极性非质子溶剂（如二甲基亚砜 DMSO）中，制备钙钛矿前驱体溶液。然后，将前驱体溶液旋涂到玻璃衬底上，并在退火过程中通过蒸发溶剂使得溶液达到饱和状态形成钙钛矿薄膜。然而，由于无法精确控制时间和钙钛矿的生长过程，而且不同物质在溶剂中的溶解度不同，当溶液达到过饱和状态时，两种物质的析出量会不同，因此导致结晶偏析现象的发生。研究人员发现可以利用反溶剂法来解决此问题。反溶剂法的工作原理是通过滴加不溶解钙钛矿的溶剂（例如氯苯、乙醚等），缩短溶液过饱和时间，快速提取出前驱体溶液中的极性溶剂，从而促使钙钛矿快速成核，形成致密均匀的钙钛矿薄膜。

相较于旋涂法，气相沉积法制得的钙钛矿薄膜的厚度更加均匀，具体步骤如下：首先加热钙钛矿前驱体溶液，使其蒸发或分解生成钙钛矿气体；然后，使钙钛矿气体通过气流输送到基底表面，沉积形成薄膜；在沉积完成后，逐渐降低反应室温度，使薄膜冷却并固化。Snaith 研究团队在 2013 年首次提出这种方法，在真空环境下采用 MAI 和 $PbCl_2$ 双源蒸发的方法制备钙钛矿薄膜，获得厚度更加均匀的钙钛矿薄膜。

刮涂法因其工艺简单、设备成本低以及兼容碳工艺等优点而广泛应用于制备大面积钙钛矿薄膜。

刮涂法的具体步骤如下：首先，配制钙钛矿前驱体溶液，然后将刮涂刀放在基底上，倾斜角度一般在 $10°\sim30°$ 之间；将钙钛矿前驱体溶液倒在刮涂刀的上方，并迅速用均匀的速度将刮涂刀拉过基底表面；确保刮涂刀与基底保持适当的接触，以获得均匀的涂层；刮涂完成后，将基底放置在适当的环境下进行烘干处理，得到钙钛矿薄膜。通过改变刮涂速度、调整溶液浓度以及调整刮刀与基底之间的距离可以调节钙钛矿薄膜的厚度。

在商业化生产过程中，如何实现大面积钙钛矿薄膜的制备是重点，而喷墨打印法也是一种制备大面积薄膜的工艺。喷墨打印法的具体步骤如下：首先，根据打印机的要求和实验条件，设置喷墨打印参数，如喷头温度、喷头速度、打印分辨率等；其次，将钙钛矿前驱体溶液加载到喷墨打印机的喷墨盒中；使用打印机控制软件，设计并打印所需的图案或结构在基底上；最后，打印完成后，将基底放置在适当的环境下进行烘干处理，以去除溶剂并促进钙钛矿的形成。相较于其他制备工艺，喷墨打印技术不仅适用于验证实验，也适用于大规模工业生产。该工艺不需要使用掩膜，可以通过精确控制墨滴的分布来实现图形化。

（2） PLED 的发展历程

有机-无机杂化钙钛矿材料结合了有机材料和无机材料的各自优势，具有制备成本低、载流子迁移率高、色纯度高、光致发光效率高、光色可调和可溶液加工等优异特性，特别是它可以采用有机电子器件同样的低成本加工手段，已成为电致发光领域最有前途的材料之一。钙钛矿根据不同维度可以分为四种类型，包括零维钙钛矿量子点、一维钙钛矿纳米线、二维钙钛矿纳米片和三维钙钛矿。

1994 年，M. Era 等人首次使用二维钙钛矿材料 $(C_6H_5C_2H_4NH_3)_2PbI_4$ 作为发光层制备了钙钛矿电致发光器件[10]，但是由于当时钙钛矿晶体加工工艺不成熟和器件结构不合理，导致器件只有在液氮温度下才能观测到电致发光现象，且光致发光效率极低。在这之后，研究者们尝试了很多方法来实现室温下的钙钛矿电致发光器件，但都以失败告终。直到 2014 年，剑桥大学卡文迪许实验室的 Friend 课题组利用三维钙钛矿 $CH_3NH_3PbI_{3-x}Cl_x$ 和 $CH_3NH_3PbBr_3$ 首次实现了室温条件下的近红外和绿光钙钛矿电致发光器件[11]。与钙钛矿太阳能电池中使用的几百纳米厚的活性层薄膜不同，该器件使用了非常薄（$15\sim20nm$）的钙钛矿发光层。较薄的钙钛矿发光层可以在空间上限制注入的电荷载流子，有利于增强辐射复合。但是由于该钙钛矿薄膜中晶粒尺寸较大且薄膜表面覆盖率低，导致器件性能较差。制备的近红外和绿光钙钛矿电致发光器件的外量子效率分别为 0.76% 和 0.1%。虽然该器件效率偏低，远远落后于同时期的有机电致发光器件和无机量子点电致发光器件，但是该工作大大提升了学术界对钙钛矿能够应用在电致发光领域的信心，从此开启了钙钛矿电致发光器件的研究热潮。随后，为了改善钙钛矿的表面形貌，聚异戊二烯和聚氧化乙烯等绝缘聚合物被加入钙钛矿前驱体溶液中来实现无针孔的高质量钙钛矿薄膜并抑制器件中的漏电流。但是，这些聚合物的绝缘特性阻碍了电荷注入，从而限制了器件性能的进一步提高。

2015年，研究人员首次通过使用"纳米晶钉扎"反溶剂技术制备了以 $MAPbBr_3$ 为发光层的绿光钙钛矿电致发光器件，实现了8.53％的外量子效率[12]。之后，反溶剂技术被广泛应用于钙钛矿电致发光领域。随着研究的深入，有机配体分子也被引入钙钛矿前驱体中限制晶体生长。2016年，Barry P. Rand 等人通过在 $MAPbX_3$（X＝Br，Cl）前驱体溶液中引入适量的正丁基胺盐成功制备了钙钛矿纳米晶，其薄膜粗糙度小于1nm。制备的近红外和绿光钙钛矿电致发光器件的外量子效率分别为10.4％和9.3％。与纯二维钙钛矿相比，准二维钙钛矿具有能量漏斗效应，可以将载流子集中到最小带隙的钙钛矿相。因此，在低电流密度下双分子辐射复合可以有效地与缺陷复合竞争，从而实现高的光致发光效率和器件效率。2016年，E. H. Sargent 等人首次报道了基于 $PEA_2MA_{n-1}Pb_nI_{3n+1}$ 发光层的准二维近红外钙钛矿电致发光器件，通过调节苯乙基碘化铵（PEAI）和碘甲胺（MAI）的比例，器件的最大外量子效率达到8.8％[13]。

2018年是钙钛矿电致发光领域的一个重要的里程碑。该年，游经碧等人对 $PEA_2(FAPbBr_3)_{n-1}PbBr_4$ 准二维钙钛矿进行精确的组分和相调控，并利用三辛基氧磷对准二维钙钛矿进行钝化（利用相关的分子间相互作用消除表面的悬空键），进一步提高了器件效率，相应的绿光钙钛矿电致发光器件最大外量子效率为14.36％[14]；曾海波等人通过采用金属溴配体和有机配体连用的方法实现了钙钛矿量子点器件中载流子注入和缺陷钝化的平衡，实现了亮度超过 $100000cd/m^2$、外量子效率为16.48％的绿光量子点钙钛矿器件[15]；高峰等人通过在准二维钙钛矿前驱体溶液中加入5-氨基戊酸盐，制备了亚微米尺寸的无针孔钙钛矿薄膜，成功实现了20.7％的近红外器件效率[16]；Richard H. Friend 和狄大卫等人通过把聚甲基丙烯酸-2-羟乙酯与准二维钙钛矿前驱体溶液共混，实现了光致激发激子的超快转移过程。这种超快激子转移过程成功避免了各种非辐射复合通道，实现了接近100％的光致发光效率，相应钙钛矿电致发光器件的外量子效率为20.1％[17]。

2019年，高峰和黄维等人指出有机钝化分子中的胺基和钙钛矿八面体之间具有强氢键作用，减弱了对缺陷的钝化效果，通过引入含有氧原子的2,2′-[氧二（乙醚）]二乙基胺，提高了对缺陷的钝化效果并减少了非辐射损失，成功实现了外量子效率高达21.6％的近红外钙钛矿电致发光器件制备[18]。

近年来，钙钛矿电致发光器件的光电转换效率不断提升，特别是绿光和红外区域，其最大发光效率已经超过了20％。这使得钙钛矿电致发光器件逐渐接近甚至超越了传统的无机 LED，在商业化应用方面具有巨大潜力。通过调整钙钛矿材料的成分和结构，已经成功实现了钙钛矿电致发光器件在绿光、红光和近红外光谱区域的发光。同时，针对发光色纯度的改进也为钙钛矿电致发光器件在显示和照明领域的应用创造了新的可能性。然而，钙钛矿电致发光器件仍有一些问题亟待解决，主要体现在两个方面。①钙钛矿电致发光器件的稳定性不足，通过旋涂制备的有机-无机钙钛矿薄膜在空气中易分解，这是因为钙钛矿对水、氧气、湿度等因素非常敏感。②目前制造的钙钛矿电致发光器件中含有铅等重金属，对人们的身体健康造成威胁，而且还会对环境造成污染。针对第一个问题，研究人员正在积极寻求各种方法来提高其稳定性，包括材料选择、器件结构优化以及封装技术的改进等方面。在制备工艺方面，除了溶液法，还在探索其他的工艺路线，例如真空沉积、喷墨打印等，以寻求更高效、更稳定的制备方法。针对第二个问题，后续工作中将采用严格的封装或者改用其他金属。总体而言，有机-无机杂化钙钛矿电致发光器件作为一种新型发光器件，在光电转换效率、发光波长调控、器件稳定性和制备工艺等方面都取得了长足的进展，展现出广阔的应用前景。

6.2.3 基于纳米材料的 LED

由于纳米材料具有独特的光学性质，因此被广泛地应用在电致发光器件中。根据纳米材料类型的不同，纳米材料电致发光器件主要分为三类：量子点电致发光器件、纳米线电致发光器件和量子阱电致发光器件。

（1）量子点 LED

2023 年 10 月，诺贝尔化学奖授予了美国麻省理工学院的教授 Moungi Bawendi、美国哥伦比亚大学的教授 Louis Brus 和美国纳米晶体科技公司的科学家 Alexei Ekimov，以表彰他们在量子点的发现与合成方面所作出的贡献。量子点材料自首次被发现以来，便以其独特的光电特性迅速成为新一代照明及显示领域的重要研究对象。在实际应用中，量子点被广泛用于制备电致发光器件。

在量子点发光二极管（QLED）发展前期，认为其发光机理和 OLED 类似，也是在外加电压的驱动下，载流子经过注入和传输到达发光层中形成激子，随后激子辐射复合发光。但是量子点和有机材料在能级结构、迁移率方面差别巨大。QLED 由于结构的无序性，有机、无机传输层材料及发光层材料的多样性，载流子的注入更为复杂。在 QLED 中，载流子的输运方式主要分为漂移和扩散两种，而载流子的复合过程主要分为双分子复合、间接复合和俄歇复合。其中，俄歇复合是一个非辐射过程，其存在会影响 QLED 的性能。对于 QLED，一方面可以从优化量子点材料本身性质的角度出发，抑制俄歇复合过程；另一方面，可以通过优化器件结构，调控载流子的注入，改善载流子的注入平衡以降低器件中俄歇复合的影响。

根据器件结构中有无电荷传输层以及电荷传输层的类型，可以将 QLED 分成四种类型。其中，类型Ⅰ是无电荷传输层的单层 QLED。类型Ⅱ是发光层两侧均为有机电荷传输层的 QLED，采用的有机电荷传输层可以是小分子，也可以是聚合物。类型Ⅲ是在类型Ⅱ的基础上，将其中一层有机电荷传输层替换为无机材料，如无机金属氧化物。类型Ⅳ是发光层两侧均为无机电荷传输层的 QLED，该器件为全无机器件，因此理论上可以实现更好的稳定性。四种类型 QLED 的结构示意图如图 6.2.1 所示。

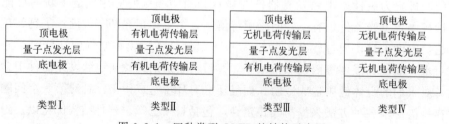

图 6.2.1 四种类型 QLED 的结构示意图

目前，尽管 QLED 器件的性能在不断进步，但 QLED 的制造技术仍然是一个关键问题，为了满足大规模生产的要求，需要发展与工业技术兼容的制造方法。目前广泛应用的一种制备 QLED 的方法是旋涂法，但这种方法存在材料浪费的问题，在旋转涂层的过程中有超过 90％ 的材料被浪费，此外，通过这种旋转涂层处理不足以实现 RGB 像素图案和大面积沉积。为了克服这些问题，还开发了浸涂法、电泳沉积法和喷墨印刷等技术，以获得大面积沉积和节省材料。此外，喷墨印刷技术已经被应用于工业生产中，是目前主流的实现量子点薄膜 RGB 图形化的技术。

量子点材料的种类繁多，主要包括 ⅣA 族（碳、硅、锗等）、ⅡB-ⅥA 族（硫化镉、硒化镉、碲化镉等），ⅣA-ⅥA 族（硫化铅、硒化铅等）、ⅢA-ⅤA 族（磷化铟、砷化铟等）、钙钛矿量子点等。其中 CdSe 量子点的研究较为成熟，相对于其他量子点，基于 CdSe 的核壳结构量子点具有窄发射线宽、几乎 100％ 的发光量子产率和良好的稳定性，因此 CdSe 成了量子点发光二极管的主要材料，然而重金属 Cd 元素的毒性阻碍了该类材料的进一步实际应用。在发展绿色环保的发光显示技术的背景下，离子成分无毒性的量子点，如 InP 量子点、ZnSe 量子点、碳量子点和 $AgInS_2$ 量子点等无 Cd 量子点，则受到了广泛的关注。其中，ZnSe 和 InP 量子点具有发射光谱窄的特性，且稳定性较高，可以作为 Cd 基量子点的替代。但 ZnSe 的发光波长通常小于 445nm，InP 量子点则由于表面缺陷和陷阱导致的非辐射复合，表现出较差的光学特性。另一方面，钙钛矿量子点由于其发射峰可通过调整卤化物成分来进行调谐的性质，成了另一个有力的候选，然而其稳定性有待提升。因此，目前为止尚没有一种无毒、高效、稳定的量子点材料可以完全满足量子点发光的应用需求，还有许多问题亟待解决。

1994 年，Colvin 等人首次以量子点为发光层制备电致发光器件，器件的结构为氧化铟锡(ITO)/聚苯乙烯（PPV）/CdSe/Mg[19]。在该器件结构中，载流子的传输层只有由 PPV 构成的空穴传输层，由于缺少电子传输层，且 CdSe 量子点的量子产率很低，导致该器件的性能较差，外量子效率小于 0.01％。1997 年，Schlamp 等人在 Colvin 研究工作的基础上进行了改进，首次引入核壳结构量子点[20]。与单一材料的纳米晶体相比，核-壳型结构的量子点具有较高的量子产率。但由于仍然缺少电子传输层，器件中的载流子注入效率很低，其 EQE 仅为 0.22％。

2002 年，Coe 等人首次将有机材料用作电子传输层，以单层量子点作为发光层，制备了结构为 $ITO/N,N'$-二苯基-N,N'-双(3-甲基苯基)-(1,1'-联苯)-4,4'-二胺(TPD)/$CdSe/CdS$ QDs/Alq_3/Mg:Ag/Al 的器件[21]。在该结构中，CdS QDs 只作为激子形成和复合发光的载体，Alq_3 作为电子传输层，有效地阻止了电极对 QDs 发光的猝灭，使器件中载流子注入平衡性大大提升，从而提高了器件的性能，其外量子效率超过了 0.4％。2004 年，Zhao 等人采用水溶性溶液聚(3,4-乙烯二氧噻吩)-聚苯乙烯磺酸（PEDOT:PSS）修饰阳极表面，提高阳极的功函数以降低空穴的注入势垒[22]，并且把核壳结构的量子点 CdSe/ZnS 分散在空穴传输层 TPD 中，使得空穴传输层和量子点层直接接触，促进了空穴在量子点层的注入。利用这些方法制备的器件具有较高的电致发光强度。

在早期报道的 QLED 结构中，传输层大多采用有机材料 TPD 和 Alq_3，与有机材料相比，无机材料具有以下优势：导电性强、迁移率高、在空气中具有良好的稳定性、透光率高等。因此更适合作为电荷传输层应用在 QLED 中。2005 年，Mueller 等人将无机半导体材料应用于 QLED，分别以 p 型和 n 型 GaN 作为空穴和电子传输层，制备了全无机QLED[23]。2011 年，QLED 有了突破性的进展，Qian 等人使用溶液法合成了无机 ZnO纳米晶并以 ZnO 作为器件中的电子传输层，制备了有机空穴传输层与无机电子传输层的正置 QLED，器件结构为 ITO/PEDOT：PSS/聚［双（4-苯基）（4-丁基苯基）胺］（poly-TPD）/CdSe/ZnS QDs/ZnO/Al[24]。该结构极大地提高了 QLED 的效率和亮度，同时也为后续 QLED 的发展提供了新的思路。紧随其后，2012 年，Kwak 等人同样以 ZnO 作为器件中的电子传输层，制备了结构为氧化铟锡（ITO）/ZnO/QDs/4,4-二（9-咔唑）联苯（CBP）/MoO₃/Al 的倒置 QLED，采用该结构制备的器件性能是当时最佳的，制备的红、绿、蓝三基色器件最大亮度分别为 23040cd/m²、218800cd/m² 和 2250cd/m²，器件的最大 EQE 分别为 7.3%、5.8% 和 1.7%[25]。

2016 年，具有叠层结构的 QLED 被首次报道[26]，叠层 QLED 是通过中间连接层连接两个或多个发光单元，与单层器件相比，在相同电流密度的驱动下，叠层 QLED 中的多个发光单元会同时发光。因此，叠层 QLED 理论上具有更高的亮度和电流效率。2017年，有研究报道了全溶液倒置绿光叠层 QLED，该器件的最大电流效率超过 100cd/A，EQE 超过 23%[27]。2021 年，报道了红、绿、蓝三色叠层 QLED，器件的最大 EQE 分别为 40%、50% 和 24%[28]。

在 QLED 器件的大部分研究中都使用了核壳结构的量子点，该结构被证明具有优异的性能，壳层能够很好地保护量子点，减少表面缺陷并提高量子产率，同时抑制非辐射跃迁。此外，壳层还被证明能够减少在量子点薄膜中的 Foster 能量转移过程，通过增加壳层厚度减少了偶极共振，从而提高了量子点薄膜的量子产率。纯闪锌矿相的硒化镉/硫化镉量子点制作的有机发光半导体器件已经被证明在红光部分具有优异的性能，但是由于硒化镉和硫化镉在电子结构上的相似性，这种结构只有在橙色到红色的长波长部分具有优异的性能；硫化锌由于和硒化镉的电子结构相差较多，被广泛用于调节量子点的荧光性质，且其发光通常是由硒化镉的尺寸决定的。但由于硒化镉和硫化锌的晶格失配约为 12%，造成了界面处的应力集中，因此形成了内在的缺陷能级，量子产率低于硒化镉/硫化镉量子点。为了解决这些问题，研究者通过在核与壳之间引入合金的界面来释放晶格应力，同时能够减少非辐射跃迁，提高量子产率。在这个结构中，能尽量减少具有毒性的镉元素，电子和空穴被限域在核/合金内部，提供了更多可调谐的颜色；合金的界面还能提供一个渐变的势垒，从而提高电子/空穴的注入，进而提高 QLED 器件的效率。

近年来，基于量子点的电致发光器件被广泛应用于显示和照明。其中无 Cd 量子点，如 InP 量子点、ZnSe 量子点、Cu-In-S 量子点和 Ag-In-S 量子点备受关注，基于无 Cd 量子点的量子点发光二极管得到了迅速的发展。目前已发表的最先进的 QLED，特别是红色和绿色 QLED，其外量子效率高达 20%，工作寿命超过 100 万小时，可达到与有机发光二极管相媲美的水平，这激发了人们生产用于显示和照明领域的 QLED 的热情。然而，QLED 的稳定性，特别是蓝光器件的稳定性，仍然是 QLED 实际应用的一大难点。

（2）基于其他纳米材料的 LED

除了量子点，其他纳米材料或结构也被发现可用于 LED 的活性层，如纳米线和量子阱。纳米线材料具有高质量的晶体结构、稳定的化学性能和光学性能，以及天然的光学腔结构，成为微尺度光源的最佳候选材料。在纳米线材料的电致发光研究方面，Harvard 大学 C. M. Lieber 教授领导的研究小组做了许多工作。2003 年，他们在硅衬底上组装 CdS 纳米线并制备出世界上首个基于单根 CdS 纳米线的电致发光器件[29]。此外，该研究小组还制备出多种半导体纳米线与硅的异质结电致发光器件以及纳米线同质结电致发光器件。2005 年，该研究小组将单根 n 型 GaN、CdS 和 CdSe 纳米线组装在同一根 p 型 Si 纳米线上，制备出发光光谱范围覆盖从紫外到近红外的纳米光电二极管[30]。除了 GaN、CdS 和 CdSe 纳米线之外，ZnO 纳米线的电致发光器件也有所报道。ZnO 是一种直接跃迁的宽禁带半导体材料，在紫外波段具有强的激子发光，是紫外电致发光器件的候选材料。2004 年，W. I. Park 等人报道了 n 型 ZnO 纳米线阵列和 p 型 GaN 衬底异质结的电致发光器件[31]。次年，R. Konenkamp 等人报道了 n 型 ZnO 纳米线阵列和 p 型聚合物的电致发光器件[32]。

胶体量子阱（CQW）由于具有高色纯度、高光致发光量子效率、光色可调等优异的光电性能，近年来成为一种新型的光电材料，广泛用于制备电致发光器件。其中，基于 CQW 的发光二极管（CQW-LED）因为具备极窄的光谱、极佳的色纯度、高效率、可溶液加工、可柔性化等优点，在显示和照明等领域展现出重要应用前景。与零维结构的胶体量子点或一维结构的纳米棒不同，胶体量子阱是通过形状管理来调节电荷约束和态密度的二维材料，也时常被称为半导体纳米片，其厚度可以实现原子级精度控制，并且具有厚度可调的发光特性。

2006 年，Joo 等人通过低温液相合成法，首次报道了纤锌矿结构的 CdSe 纳米带[33]，从此开启了对 CQW 的广泛研究。对于采用 CQW 作为发光层的 LED 器件，它们在发光效率和柔性化上具备许多优异的特性，具有巨大的应用前景。CQW 在 LED 中的应用研究起步较晚，但在有机 LED 和钙钛矿 LED 等发展较为成熟的背景下，通过借鉴其他类型的发光器件的设计思想与制备法，CQW-LED 的性能研究与制备都取得了迅速的发展。2014 年，Dubertret 等人发表了首个红光 CQW-LED，为 CQW-LED 的发展带来了突破性的成果。2020 年，有研究证实了 CQW-LED 的发光性能与效率可以与其他类型的 LED 相媲美，为 CQW-LED 的发展奠定了坚实的理论基础。此后，随着生产技术不断成熟，基于 CQW 的白光 LED 器件以及柔性 LED 也相继被报道，展示了 CQW-LED 的良好应用前景。

CQW-LED 器件根据材料种类可以分为单核型、核/冠型、核/壳型、核/冠/壳型以及杂质掺杂型，不同种类的 CQW 如图 6.2.2 所示。常见的单核型 CQW 主要为 ⅡB-ⅥA 族化合物 CdSe、CdTe 等，ⅣA-ⅥA 族化合物 PbSe、PbS 等，单核型 CQW 虽然合成简单，但是其表面缺陷与非辐射复合中心过多，导致其光致发光量子效率往往较低。因此，在制备高效率的光电器件时，通常不会采用单核型 CQW。为了抑制表面缺陷以及降低非辐射复合，科学家们进一步设计了具有异质结结构的 CQW，异质结结构的 CQW 包括核/冠型、核/壳型和其他复杂的异质结型。对于具有异质结结构的 CQW，主要采用胶体原子层沉积法和热注入法来进行制备。

CQW-LED 的器件结构与 OLED 和 QLED 类似。根据器件出光面来分，CQW-LED 可分为底发射型、顶发射型以及双端发射型。根据电极与衬底的位置关系，也可以将 CQW-LED 器件结构分为正置结构和倒置结构。

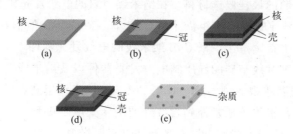

图 6.2.2　不同种类的 CQW

（a）单核型；（b）核/冠型；（c）核/壳型；（d）核/冠/壳型；（e）杂质掺杂型

目前 CQW 作为一种新兴的光电材料，表现出许多优点，在过去不到十年的时间里，CQW-LED 的性能也逐步得到了提升，但是目前 CQW-LED 还面临着很多挑战，在效率、寿命和发光颜色上还存在很多问题，因此其应用也受到较多限制。

6.3　柔性激光器

6.3.1　半导体激光器的工作原理

激光的理论基础起源于物理学家爱因斯坦，1917 年，爱因斯坦提出了一套全新的技术理论"光与物质相互作用"。这一理论是指在组成物质的原子中，有不同数量的粒子（电子）分布在不同的能级上，在高能级上的粒子受到某种光子的激发，会从高能级跳到（跃迁）到低能级上，这时将会辐射出与它性质相同的光，而且在某种状态下，能产生弱光激发出强光的现象，简称激光。1960 年，美国加利福尼亚休斯实验室的科学家梅曼获得了波长为 $0.6943\mu m$ 的激光，是人类史上的第一束激光。在 1962 年 7 月召开的固体器件研究国际会议上，美国麻省理工学院的两名学者 Keyes 和 Quist 报告了砷化镓材料的光发射现象，工程师哈尔在参加这次会议之后成功研制出了半导体激光器，与晶体管一样，半导体激光器也以半导体 p-n 结为基础，且外观也与晶体管类似，所以半导体激光器也被称为二极管激光器或者激光二极管（LD）。1970 年，实现了波长为 $0.9\mu m$、室温连续工作的双异质结 GaAs-GaAlAs 激光器。双异质结激光器的诞生使 LD 的可用波段不断拓宽，线宽和调谐性能逐步提高。随着异质结激光器的研究开展，再加上分子束外延（MBE）、金属有机化学气相沉积（MOCVD）等技术的出现，人们开始将具有量子效应的半导体超薄膜（<20nm）应用于激光器。于是，在 1978 年出现了世界上第一只半导体量子阱激光器，它大幅度地提高了半导体激光器的各种性能。

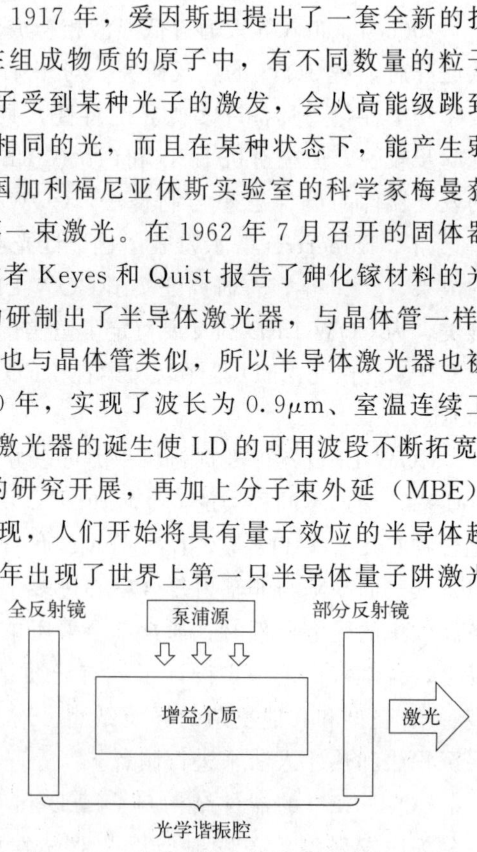

半导体激光器通常由三部分构成：泵浦源、增益介质和光学谐振腔。图 6.3.1 是半导体激光器的基本结构示意图。其中泵浦源起到注入能量的作用，常见的泵浦源有四种：光泵浦、电泵浦、化学泵浦和放射源泵浦。增益介

图 6.3.1　半导体激光器的基本结构示意图

质即激光材料，其作用在于释放光子，半导体激光器的增益介质为半导体材料。谐振腔的作用在于将增益介质释放的光子进行振荡放大。半导体激光器产生激光需要同时具备三项基本条件：载流子分布反转（在产生光辐射跃迁的两个能级之间，较高能级上的电子数大于较低能级上的空穴数）、光学谐振腔和满足阈值条件。

半导体激光器中的激光作用是通过正向偏置重掺杂 p-n 结来实现的。E_{Fe} 和 E_{Fp} 分别是电子和空穴的准费米能级。当施加正向电压时，结上的内置电场减小，并且允许载流子注入。结附近的电子和空穴可以辐射复合并发射光子。发射光子的频率由方程式（6.3.1）给出：

$$h\nu = E_g \tag{6.3.1}$$

式中，h 是普朗克常数；ν 为光的频率；E_g 是半导体材料的带隙。当施加的偏压超过一定值时，高密度的电子和空穴被注入相对侧，并在结附近的狭窄区域（称为有源区）实现载流子分布反转。图 6.3.2 为半导体 p-n 结激光器的能带图，图中标出了载流子分布反转的有源区。在该区域中，光子发射速率超过吸收速率。自发发射的光子可以刺激电子向下跃迁，从而发射与原始光子相同相位和频率的光子。如果这种受激发射的速率足够高，材料就会表现出增益。发射光子的频率满足以下条件：

$$E_g \leqslant h\nu < (E_{Fe} - E_{Fp}) \tag{6.3.2}$$

式中，E_{Fe} 和 E_{Fp} 分别是电子和空穴的准费米能级，它们的值分别取决于通过泵浦过程跃迁到导带/价带的电子/空穴的等效费米能级。

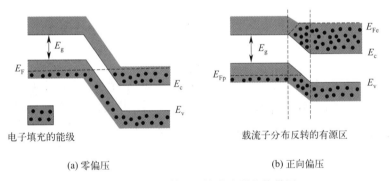

(a) 零偏压　　　　　　　　　　　　　　(b) 正向偏压

图 6.3.2　半导体 p-n 结激光器的能带图

产生激光的必要条件可以用准费米能级来获得，即准费米能级的间隔至少应等于能带隙。为了实现激光发射，需要有一个光学谐振腔来提供必要的反馈。半导体激光器具有利用自然解理面形成光学谐振腔的巨大优势，自然解理面是原子键合最弱的晶面，因此很容易断裂。通过切割形成完全光滑、相对平行的谐振腔，即法布里-珀罗（FP）谐振腔（图 6.3.3）。有源区发射的光子将沿着波导传播，并在从前端面部分发射出去之前，在每个端面之间来回反射几次。当光波穿过腔体时，它不仅会因受激发射而被放大，还会因自由载流子吸收、缺陷和不均匀性散射、其他非辐射跃迁和端面损耗而损失。最后，如果增益

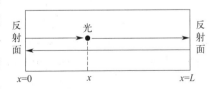

图 6.3.3　法布里-珀罗谐振腔内的光传播过程

大于损失，就会实现激光发射。

图 6.3.3 为法布里-珀罗谐振腔内的光传播过程示意图。其中 R_1 和 R_2 是两个反射面的反射率，L 是腔的长度。结合图 6.3.3，产生激光的阈值条件推导如下：光强为 I_1 的光沿 x 方向传播，经过距离 $\mathrm{d}x$ 后因增益引起的光强增量 $\mathrm{d}I_g$ 与增益系数 g（光在谐振腔内通过单位距离时所增加的光强）、光强 I_1 和 $\mathrm{d}x$ 均成正比，有以下表达式：

$$\mathrm{d}I_g = gI_1\mathrm{d}x \tag{6.3.3}$$

此外，还存在因内部损耗而引起的光强减小，光的内部损耗用吸收系数 α 来表示，光强减小量 $\mathrm{d}I_\alpha$ 表达式如下：

$$\mathrm{d}I_\alpha = \alpha I_1\mathrm{d}x \tag{6.3.4}$$

结合式(6.3.3)和式(6.3.4)，可以得出光强的总变化 $\mathrm{d}I_1$ 的表示式如下：

$$\mathrm{d}I_1 = \mathrm{d}I_g - \mathrm{d}I_\alpha = (g-\alpha)I_1\mathrm{d}x \tag{6.3.5}$$

假设增益系数 g 和吸收系数 α 不随位置变化，对式(6.3.5)积分可以得到光强 I_1 的表达式如下：

$$I_1 = I_o \mathrm{e}^{(g-\alpha)x} \tag{6.3.6}$$

式中，I_o 为 $x=0$ 处的光强。光从 $x=0$ 处出发，到达 $x=L$ 处时光强为 $I_o\mathrm{e}^{(g-\alpha)L}$，经过反射后光强变为 $R_2I_o\mathrm{e}^{(g-\alpha)L}$，当光从 $x=L$ 处回到 $x=0$ 处时光强为 $R_2I_o\mathrm{e}^{2(g-\alpha)L}$，经过反射后光强变为 $R_1R_2I_o\mathrm{e}^{2(g-\alpha)L}$。为了使激光能够维持住，光从 $x=0$ 处出发经两次反射再回到 $x=0$ 处时的光强至少应等于初始光强，即：

$$R_1R_2I_o\mathrm{e}^{2(g-\alpha)L} = I_o \tag{6.3.7}$$

解方程式(6.3.7)，可以得到激光器的阈值条件如下：

$$g = \alpha + \frac{1}{2L}\ln\frac{1}{R_1R_2} \tag{6.3.8}$$

根据式(6.3.8)可以得出，激光器的增益系数 g 必须达到一定数值才能发射激光。为了使激光器出射激光，需要加正向电流，当电流增大到使增益系数 g 满足阈值条件时，此时的正向电流称为阈值电流。阈值电流 J_{TH} 的表达式如下：

$$J_{\mathrm{TH}} = J_{\mathrm{nom}}\frac{d}{\eta_{\mathrm{i}}} \tag{6.3.9}$$

式中，d 是激光器的有源区厚度；η_{i} 是内量子效率；J_{nom} 是有源区厚度为 $1\mu\mathrm{m}$ 且内量子效率为 1 时的注入电流密度，称为名义电流。激光器的增益系数与名义电流有以下关系式：

$$g = \beta_1(J_{\mathrm{nom}} - J_0)^2 \qquad 0 < g < 50\mathrm{cm}^{-1} \tag{6.3.10}$$

$$g = \beta_2(J_{\mathrm{nom}} - J_0) \qquad 50\mathrm{cm}^{-1} \leqslant g < 300\mathrm{cm}^{-1} \tag{6.3.11}$$

式中，J_0 是 $g=0$ 时的名义电流；β_1、β_2 是增益因子。将阈值时的增益系数表达式(6.3.8)（取 $R_1 = R_2$）以及阈值电流表达式(6.3.9)分别代入式(6.3.10)和式(6.3.11)，可以得到阈值电流的详细表达式如下：

$$J_{\mathrm{TH}} = \frac{d}{\eta_{\mathrm{i}}}\left\{J_0 + \left[\frac{1}{\beta_1}\left(\frac{1}{L}\ln\frac{1}{R} + \alpha\right)\right]^{1/2}\right\} \qquad 0 < g < 50\mathrm{cm}^{-1} \tag{6.3.12}$$

$$J_{\mathrm{TH}} = \frac{d}{\eta_{\mathrm{i}}}\left[J_0 + \frac{1}{\beta_2}\left(\frac{1}{L}\ln\frac{1}{R} + \alpha\right)\right] \qquad 50\mathrm{cm}^{-1} \leqslant g < 300\mathrm{cm}^{-1} \tag{6.3.13}$$

6.3.2　柔性激光器简介

（1）有机激光器

与无机材料相比，有机材料具有许多优势，比如制备简单、价格低廉、结构可调、吸收和发射光谱宽等，科学家们一直在尝试将其用于激光器领域。1992 年，Moses 等人发明了第一台有机激光器，该有机激光器使用共轭聚合物作为增益介质[34]。到目前为止，已经发明了许多不同结构和形式的有机激光器。与其他激光器一样，有机激光器由三个基本部分组成：泵浦源、增益介质和光反馈结构。在有机激光器中，增益介质多半都具有 π 共轭结构，这是有机激光器的最主要特征。经过长期发展，已经形成了丰富的有机增益介质，包括有机染料和有机半导体材料。

实际上，有机染料作为增益介质，早在数十年前就已应用在激光器中，即染料激光器，有机染料通常都是直接溶解在溶剂中的，也有的以蒸气状态工作。这里介绍的有机激光器是指以固体形式存在的有机固体激光器。由于有机染料通常不具有导电性，因此只能采用光泵浦的方式来产生激光，而不存在电泵浦的可能性。而有机半导体材料具有化学结构可调、激光阈值更低和半导体电学性能，因此更适合用于固体激光器。

迄今为止，已经有很多有机半导体材料作为增益介质应用于有机激光器的研究报道。应用于有机激光器的有机半导体材料主要分为三种类型：有机晶体、有机小分子和共轭聚合物。其中，关于有机晶体的激光研究可以追溯到 20 世纪 70 年代。早在 1972 年就报道了将有机晶体蒽作为增益介质实现了激光发射[35]，自此，促进了有机晶体在激光领域的研究。有机晶体适用于激光器的研究主要源于以下三点特征：①分子排列紧凑有序，可形成小型反射腔；②具有优良的载流子传输性能；③具有较好的热稳定性和化学稳定性。

目前，能够实现激光发射的有机晶体主要包括寡聚噻吩、寡聚苯、共寡聚噻吩-苯、寡聚苯亚乙烯和芴-苯共寡聚芴等。应用于有机激光器的有机小分子通常采用热蒸镀法来制备薄膜，它们具有明确的分子结构，且可以通过引入吸电子基团或是增大共轭面来实现宽范围的激光发射。目前，能够作为有机激光器中增益介质的有机小分子有芴衍生物、苯基咔唑类衍生物、苝酰亚胺类衍生物和噻吩类化合物等。共轭聚合物材料是有机半导体材料中极为重要的分支，它们即使在固态下也有很高的光致发光量子产率。常见的用作增益介质的有机聚合物有聚芴类、梯形类聚合物、含苯并噻二唑类衍生物和聚对亚苯基乙烯衍生物（聚对苯撑乙烯衍生物）等。

由于有机半导体材料具有一定的导电性，因此存在电泵浦的可能性。实现电泵浦有机半导体激光主要存在两大挑战：①实现电泵浦激光的电流密度较高，由于有机半导体材料的不稳定性，在高的电流密度下很可能损坏有机材料，导致器件失效；②在电泵浦结构中，有机半导体材料需要夹在一对正负电极之间，该结构会产生很大的光损耗。关于电泵浦有机半导体激光器的研究，已有一些报道。例如，利用场效应晶体管、有机电致发光以及无机半导体激光器作为有机半导体激光器的间接电泵浦源。除了间接电泵浦外，直接电泵浦的有机激光器近期也有所突破，例如，中科院长春光机所通过调控有机半导体材料的自发和受激发射特性、设计高品质的平面光学微腔结构实现了在低阈值电流密度下工作的电泵浦有机半导体激光器[36]。

（2）有机-无机杂化钙钛矿激光器

近年来，钙钛矿材料由于具有较高的光吸收系数、高的发光转换效率、低的缺陷态密度、高的载流子迁移率、较长的载流子扩散长度以及可调的半导体带隙等特点而受到研究人员的广泛关注。一开始，人们对其研究主要集中在光伏应用上，这些应用在电力转换效率方面取得了非常显著的结果。由于钙钛矿材料具有优异的光学和电学特性，其在激光领域也引起了广泛的关注，并制备出大量具有低阈值和高品质因子（在激光谐振腔内，储存的总能量与腔内单位时间损耗的能量之比称为品质因子）的激光器。到目前为止，钙钛矿激光器的制备方法主要有两种，一种是化学气相沉积法，另一种是液相法。

化学气相沉积法是制备钙钛矿激光器的一种非常普遍的方法。从 2014 年起，研究人员利用化学气相沉积法制备出大量具有低阈值、高品质因子的钙钛矿激光器。2014 年，Zhang 等人通过化学气相沉积法制备出基于回音壁模式的甲胺铅钙钛矿微盘激光器，该激光器实现了 $37\mu J/cm^2$ 的低阈值及 900 的品质因子[37]。2015 年，有研究利用化学气相沉积法制备出长度约为 $10\mu m$、直径约为 200nm 的 $MAPbI_3$ 纳米线激光器，该激光器发射波长为 777nm、阈值为 $11\mu J/cm^2$、半高宽为 1.9nm、品质因数为 405[38]。2016 年，Kidong Park 等人利用化学气相传输法合成了长度为 $2\sim15\mu m$ 的 $CsPbX_3$ 纳米线，并实现了阈值分别为 $6\mu J/cm^2$、$3\mu J/cm^2$ 和 $7\mu J/cm^2$，品质因数分别为 1200、1300 和 1400 的 $CsPbI_3$、$CsPbBr_3$ 和 $CsPbCl_3$ 激光器[39]。2017 年，有研究报道使用化学气相沉积的方法实现了阈值低至 $0.42\mu J/cm^2$、品质因子高达 6100、波长为 $425\sim715nm$ 的可调谐单模激光发射[40]。2018 年，Zhang 等通过气相生长法获得了长度为 $10\sim20\mu m$ 的 $CsPbX_3$ 大面积纳米线激光器阵列[41]。

从 2015 年起，液相法也被广泛地应用于钙钛矿激光器的制备。2015 年，Zhu 等人将含铅元素的前驱体放置在高浓度的有机卤化物溶液中，反应后制得甲胺钙钛矿纳米线，通过组分调制实现了波长为 $500\sim782nm$、阈值低至 $220nJ/cm^2$、品质因子高达 3600 的激光器[42]。2016 年，研究人员将铅前驱体置于卤化铯的溶液中，首次实现了全无机钙钛矿纳米线激光器，该激光器在恒定的脉冲激励下，激光可以保持超过 1h，相比有机-无机杂化钙钛矿激光器具有更好的稳定性[43]。2017 年，Liu 等人使用矩形凹槽模板诱导钙钛矿纳米线阵列的定向生长，并实现阈值为 $12.3\mu J/cm^2$、品质因子为 500 的激光器[44]。2018 年，有研究者使用低温溶液法成功制备出单个 $CsPbBr_3$ 钙钛矿纳米立方体，并实现了在 400nm 和 800nm 激发下阈值分别为 $40.2\mu J/cm^2$ 和 $374\mu J/cm^2$、品质因子分别为 2075 和 1859 的激光器[45]。

近年来，尽管钙钛矿激光器的研究已经取得了很大的进展，但仍然具有阈值高、线宽大、稳定性偏差等缺点，并且实现电泵浦的激光器及片上集成仍然是一个很大的挑战。

（3）基于纳米材料的激光器

纳米材料优异的光学性质使其也非常适合应用于激光器。对于纳米材料构成的半导体激光器，根据有源区结构的不同，可分为量子点激光器、纳米线激光器、量子阱激光器和二维材料激光器。

量子点激光器是一种自组装生长的新型纳米结构激光器，它的有源层由一些分离的量子点构成，电子和空穴在三个维度上被限制在几十纳米尺度的半导体晶体中。由于载流子的三维量子限制，量子点激光器具有分立的能级、态密度以及有限的带内弛豫时间，进而能够在不同的能级下受激辐射。量子点激光器由于独特的量子点结构表现出低的阈值电流密度、低相位噪声、弱的光反馈敏感性、高光束质量、高温度稳定性等优点。自 1994 年 N. Kirstaedter 等人研制第一台量子点激光器以来，经过二十多年的发展，量子点激光器在各方面的性能均得到极大改善，使用寿命大大延长，阈值电流密度大大降低，高温下工作稳定性也大大提高。

纳米线因其优异的光电性能，可以同时作为谐振腔和增益介质应用在激光器中。2001 年，Johnson 等人首次实现了氧化锌纳米线的激光发射[46]。随后，研究人员开展了大量的无机和有机半导体纳米线的激光研究。2003 年，Duan 等人实现了硫化镉纳米线的电泵浦激光[29]。目前，典型的纳米线激光器包括氧化锌、氮化镓以及卤化铅钙钛矿纳米线激光器等。通过改变材料的组分，纳米线激光器的发射波长范围可以覆盖整个紫外到红外波段。

而量子阱激光器是一种异质结半导体激光器，其有源层非常薄，因此具有量子尺寸效应。根据有源区内阱的数目不同，量子阱激光器分为单量子阱激光器和多量子阱激光器。量子阱激光器作为一种特殊的半导体激光器，其工作原理与普通的激光器一样，但由于二维系统状态密度的特性，导致其电子某一能量分布更加尖锐，这使得粒子数分布反转变得容易，从而降低了达到阈值增益的条件。对于单量子阱激光器来说，很薄的有源层对于光子限定不稳定，为了解决这一问题，通常采用多量子阱结构。相比于一般的半导体激光器，量子阱激光器有如下的优点：低阈值电流密度、谱线宽度窄、输出波长范围宽、波长可谐调性、调制频率高和易实现大功率化等。

此外，二维材料例如石墨烯、过渡金属硫化物、黑磷、拓扑绝缘体、MXene 等也可以作为可饱和吸收体（一种具有非线性光学特性的半导体材料，光强较低时表现出线性吸收特性，光强较高时产生非线性吸收效应）。这些二维材料都具有各自独特的优点，但也存在一定的局限性。为了发挥二维材料各自的优势，弥补其局限性，可以将两种或两种以上二维材料组成的异质结作为可饱和吸收体应用于激光器中。通过改变可饱和吸收体的吸收特性可以实现对脉冲激光的调制，从而提高激光器的性能。

6.4　柔性发光晶体管

6.4.1　发光晶体管的工作原理

发光晶体管（light-emitting transistor，LET）是一种新型的多功能发光器件，它在单个器件中集成了发光二极管和薄膜晶体管两种器件的功能，既具有发光二极管的自发光特性，又具有薄膜晶体管的开关控制特性。与其他柔性电致发光器件不同，发光晶体管是一种三端有源器件，其器件结构与薄膜晶体管相似。发光晶体管的工作原理基于薄膜晶体管的载流子注入输运过程以及发光二极管的发光机理，主要是通过施加不同的源（S）、漏（D）和栅（G）极电压对载流子的注入和传输过程进行有效控制，从而影响激子的复合和器件最终的光输出性能。具体过程包括：①电子和空穴分别从器件的源极和漏极注入有源层中，并在源、漏电场和栅极电场的共同作用下在有源层中相向传输；②注入有源层中的电子和空穴相遇后形成激子；③激子复合发光。在发光晶体管中，源、漏电压可以用来调控载流子注入的多少和快慢，而栅极电压可以有效地调控沟道内载流子的类型和比例并影响载流子在沟道内的输运过程，甚至是使沟道关断。

根据有源层材料的不同，可以将发光晶体管器件划分为单极型发光晶体管和双极型发光晶体管两种类型，这两种类型的器件在工作原理上有所区别，下面分别进行介绍。

对于单极型发光晶体管，在器件的有源层沟道中主要传输一种载流子（电子或空穴），根据传输载流子类型的不同，分为 n 型发光晶体管和 p 型发光晶体管。在 n 型发光晶体管中，有源层材料为 n 型半导体，只具有电子传输能力。器件的工作过程可以分为两种情况。当施加的栅极电压 V_{GS} 大于器件的阈值电压时，有源层材料中会感应并积累大量的电子，这些电子在正的 V_{DS} 作用下，克服界面势垒从源极注入有源层沟道，并在沟道中传输，当传输到漏极附近时与从漏极注入的空穴相遇形成激子并复合发光。由于空穴在 n 型有源层材料中的迁移率很低，因此激子复合发光只能发生在漏极下方。相反，当施加的栅极电压 V_{GS} 小于器件的阈值电压时，此时有源层处于耗尽状态。当施加正的 V_{DS} 时，源极注入的电子无法通过有源层沟道到达漏极，同时漏极注入的空穴也无法通过有源层沟道到达源极，源、漏电极间几乎没有电流流过，此时器件处于关断状态，不发光。对于 p 型发光晶体管，其工作原理以此类推。n 型发光晶体管和 p 型发光晶体管的器件结构如图6.4.1 所示。

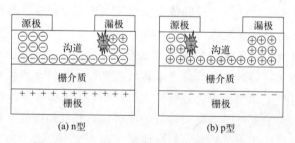

(a) n型   (b) p型

图 6.4.1　n 型和 p 型发光晶体管的器件结构

对于双极型发光晶体管，在器件的有源层沟道中可以同时传输电子和空穴两种载流子。此时，器件的工作过程可以分为三种情况。当给器件施加一个大的正栅极电压 V_{GS} 时，此时有源层主要表现出 n 型特性，有源层沟道中主要传输的载流子为电子，而空穴聚集在空穴注入电极附近。此时，施加一个正的 V_{DS} 时，电子和空穴复合发光的区域为漏极附近。随着栅极电压 V_{GS} 增大，沟道中积累的电子增多，源、漏电极间电流增大，器件的发光亮度也增大。但是，由于沟道中的电子和空穴浓度不平衡，导致器件的发光效率较低。当器件施加的栅极电压 V_{GS} 较小（接近阈值电压）时，有源层沟道中积累的电子减少，不再遍布整个沟道，空穴也更加容易注入并在沟道中积累，此时电子与空穴复合发光的区域向沟道中心移动。由于电子和空穴的浓度相对平衡，器件的发光效率将会提高。在理想情况下，可以使电子和空穴复合发光的区域刚好位于沟道中间，从而实现最大的发光效率。当给器件施加一个大的负栅极电压 V_{GS} 时，此时有源层主要表现出 p 型特性，有源层沟道中主要传输的载流子为空穴，而电子聚集在电子注入电极附近。此时，施加一

个正的 V_{DS} 时，电子和空穴复合发光的区域为源极附近。由于此时载流子浓度仍然是不平衡的，导致器件的发光效率较低。双极型发光晶体管的器件结构如图 6.4.2 所示。

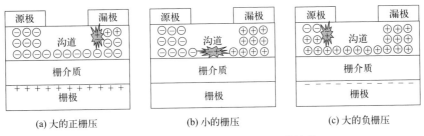

| (a) 大的正栅压 | (b) 小的栅压 | (c) 大的负栅压 |

图 6.4.2　双极型发光晶体管的器件结构

6.4.2　柔性发光晶体管简介

在柔性发光晶体管中，研究较多的是有机发光晶体管（OLET）。将有机薄膜晶体管（OTFT）与有机发光二极管（OLED）结合在一个器件中，利用有机薄膜晶体管的整流特性来驱动有机发光二极管的结构称为有机发光晶体管。最初，研究人员设计将两种器件制作在同一个衬底上，利用有机薄膜晶体管来驱动有机发光二极管。但是，这种分别制作两种器件的集成方式使得整体结构复杂，同时也增加了制作成本。于是，研究人员开始尝试将有机薄膜晶体管和有机发光二极管结合在一个器件结构中，形成有机发光晶体管，利用栅极电压控制源、漏电极间的电流，进而控制电致发光过程。将发光和控制两种功能集成到一个有机器件中，不仅简化了制作过程，更提高了能量的利用效率。与传统的有机发光二极管相比，有机发光晶体管可以更好地控制载流子的注入，从而提高器件的发光强度及发光效率。

关于有机发光晶体管的早期研究主要集中在单层沟道器件上。在单层沟道的有机发光晶体管中，载流子的传输和激子的发光过程发生在同一有源层中。2003 年，Hepp 等人报道了第一个有机发光晶体管[47]，该有机发光晶体管采用并四苯作为有源层，并四苯起着载流子传输以及发光的双重作用。但由于并四苯的载流子传输性能和发光性能都不佳，因此该器件需要施加很大的栅极电压才能驱动。2006 年，Sirringhaus 等人报道了有源层为共轭聚合物 OC1C10-PPV 和 F8BT 的有机发光晶体管[48]，OC1C10-PPV 和 F8BT 兼具好的载流子传输能力以及发光性能，使器件的驱动电压大大降低。然而研究表明，有机半导体材料很难同时具备高的载流子迁移率和好的发光性能，因为高的载流子迁移率意味着有机半导体材料中需要有大量的 π-π 共轭结构，而这些结构会导致激子猝灭，从而降低发光效率。为了解决这一矛盾，将载流子的传输和复合发光过程分开，形成多层沟道器件。2008 年，Heeger 等人报道了一种两层沟道有机发光晶体管，该器件采用 PBTTT-C14 [poly(2,5-bis(3-tetradecylthiophen-2-yl)thieno[3,2-b]thiophene)] 和 SY（super yellow）分别作为空穴传输层和发光层[49]。2010 年，Capelli 等人报道了一种三层沟道有机发光晶体管，该器件采用 DFH-4T、Alq_3：DCM、DH-4T 分别作为电子传输层、发光层和空穴传输层[50]。在器件工作时，电子和空穴分别通过 DFH-4T 和 DH-4T 在沟道中传输，并注入发光层中形成激子并复合发光。由于选取了高迁移率的半导体传输材料和高发光效率的半导体发光材料，器件的性能得到大幅度提升。

　　除了有机发光晶体管外，其他柔性发光晶体管也有所报道。2005 年，研究人员首次将硅量子点应用在发光晶体管中[51]。2015 年，Julia Schornbaum 等报道了基于 PbS 量子点的发光晶体管[52]，该工作研究了量子点中载流子传输与复合的动力学过程。同年，Chin 等利用溶液法制备了钙钛矿发光晶体管[53]，在平衡电荷注入下，晶体管通道内由于辐射复合而产生了明亮的电致发光。

参考文献

［1］ Destriau G. Recherches sur les scintillations des sulfures de zinc aux rayons α. Journal de Chimie Physique, 1936, 33: 587-625.

［2］ Bernanose A, Comte M, Vouaux P. Surun nouveau mode d'émission lumineuse chez certains composés organiques. Journal de Chimie Physique, 1953, 50: 64-68.

［3］ Vincett P S, Barlow W A, Hann R A, et al. Electrical conduction and low voltage blue electroluminescence in vacuum-deposited organic films. Thin solid films, 1982, 94 (2): 171-183.

［4］ Tang C W, Vanslyke S A. Organic electroluminescent diodes. Applied Physics Letters, 1987, 51 (12): 913-915.

［5］ Burroughes J H, Bradley D D C, Brown A R, et al. Light-emitting diodes based on conjugated polymers. Nature, 1990, 347 (6293): 539-541.

［6］ Gustafsson G, Cao Y, Treacy G M, et al. Flexible light-emitting diodes made from soluble conducting polymers. Nature, 1992, 357 (6378): 477-479.

［7］ Baldo M A, O'brien D F, You Y, et al. Highly efficient phosphorescent emission from organic electroluminescent devices. Nature, 1998, 395 (6698): 151-154.

［8］ Endo A, Ogasawara M, Takahashi A, et al. Thermally activated delayed fluorescence from Sn^{4+}-porphyrin complexes and their application to organic light emitting diodes-a novel mechanism for electroluminescence. Advanced Materials, 2009, 21 (47): 4802-4806.

［9］ Zhang J, Duan C, Han C, et al. Balanced dual emissions from tridentate phosphine-coordinate copper (I) complexes toward highly efficient yellow OLEDs. Advanced Materials, 2016, 28 (28): 5975-5979.

［10］ Era M, Morimoto S, Tsutsui T, et al. Organic-inorganic heterostructure electroluminescent device using a layered perovskite semiconductor $(C_6H_5C_2H_4NH_3)_2PbI_4$. Applied Physics Letters, 1994, 65 (6): 676-678.

［11］ Tan Z K, Moghaddam R S, Lai M L, et al. Bright light-emitting diodes based on organometal halide perovskite. Nature Nanotechnology, 2014, 9 (9): 687-692.

［12］ Cho H, Jeong S H, Park M H, et al. Overcoming the electroluminescence efficiency limitations of perovskite light-emitting diodes. Science, 2015, 350 (6265): 1222-1225.

［13］ Yuan M, Quan L N, Comin R, et al. Perovskite energy funnels for efficient light-emitting diodes. Nature nanotechnology, 2016, 11 (10): 872-877.

［14］ Yang X, Zhang X, Deng J, et al. Efficient green light-emitting diodes based on quasi-two-dimensional composition and phase engineered perovskite with surface passivation. Nature Communications, 2018, 9 (1): 1-8.

［15］ Song J, Fang T, Li J, et al. Organic-Inorganic Hybrid Passivation Enables Perovskite QLEDs with an EQE of 16. 48%. Advanced Materials, 2018, 30 (50): 1805409.

［16］ Cao Y, Wang N, Tian H, et al. Perovskite light-emitting diodes based on spontaneously formed submicrometre-scale structures. Nature, 2018, 562 (7726): 249-253.

［17］ Zhao B, Bai S, Kim V, et al. High-efficiency perovskite-polymer bulk heterostructure light-emitting diodes. Nature Photonics, 2018, 12 (12): 783-789.

［18］ Xu W, Hu Q, Bai S, et al. Rational molecular passivation for high-performance perovskite light-emitting diodes. Nature Photonics, 2019, 13 (6): 418-424.

［19］ Colvin V L, Schlamp M C, Alivisatos A P. Light-emitting diodes made from cadmium selenide nanocrystals and a semiconducting polymer. Nature, 1994, 370 (6488): 354-357.

［20］ Schlamp M C, Peng X, Alivisatos A P. Improved efficiencies in light emitting diodes made with CdSe (CdS) core/shell type nanocrystals and a semiconducting polymer. Journal of Applied Physics, 1997, 82 (11): 5837-5842.

［21］ Coe S, Woo W K, Bawendi M, et al. Electroluminescence from single monolayers of nanocrystals in molecular organic devices. Nature, 2002, 420 (6917): 800-803.

［22］ Zhao J, Zhang J, Jiang C, et al. Electroluminescence from isolated CdSe/ ZnS quantum dots in multilayered light-emitting diodes. Journal of Applied Physics, 2004, 96 (6): 3206-3210.

［23］ Mueller A H, Petruska M A, Achermann M, et al. Multicolor light-emitting diodes based on semiconductor nanocrystals encapsulated in GaN charge injection layers. Nano Letters, 2005, 5 (6): 1039-1044.

［24］ Qian L, Zheng Y, Xue J, et al. Stable and efficient quantum-dot light-emitting diodes based on solution-processed multilayer structures. Nature Photonics, 2011, 5 (9): 543-548.

［25］ Kwak J, Bae W K, Lee D, et al. Bright and efficient full-color colloidal quantum dot light-emitting diodes using an inverted device structure. Nano Letters, 2012, 12 (5): 2362-2366.

［26］ Kim H M, Lee J, Hwang E, et al. Inverted TandemArchitecture of QuantumDot Light Emitting Diodes with Solution Processed Charge Generation Layers. SID Symposium Digest of Technical Papers, 2016, 47 (1): 1480-1483.

［27］ Zhang H, Sun X, Chen S. Over 100 cd A^{-1} efficient quantum dot light-emitting diodes with inverted tandem structure. Advanced Functional Materials, 2017, 27 (21): 1700610.

［28］ Wu Q, Gong X, Zhao D, et al. Efficient Tandem Quantum-Dot LEDs Enabled by An Inorganic Semiconductor-Metal-Dielectric Interconnecting Layer Stack. Advanced Materials, 2022, 34 (4): 2108150.

［29］ Duan X, Huang Y, Agarwal R, et al. Single-nanowire electrically driven lasers. Nature, 2003, 421 (6920): 241-245.

［30］ Huang Y, Duan X, Lieber C M. Nanowires for integrated multicolor nanophotonics. Small, 2005, 1 (1): 142-147.

［31］ Park W I, Yi G C. Electroluminescence in n-ZnO nanorod arrays vertically grown on p-GaN. Advanced Materials, 2004, 16 (1): 87-90.

［32］ Konenkamp R, Word R C, Godinez M. Ultraviolet electroluminescence from ZnO/polymer heterojunction light-emitting diodes. Nano Letters, 2005, 5 (10): 2005-2008.

［33］ Joo J, Son J S, Kwon S G, et al. Low-temperature solution-phase synthesis of quantum well structured CdSe na-noribbons. Journal of the American Chemical Society, 2006, 128 (17): 5632-5633.

［34］ Moses D. High quantum efficiency luminescence from a conducting polymer in solution: A novel polymer laser dye. Applied Physics Letters, 1992, 60 (26): 3215-3216.

［35］ Karl N. Laser emission from an organic molecular crystal. physica status solidi (a), 1972, 13 (2): 651-655.

［36］ Lin J, Hu Y, Lv Y, et al. Light gain amplification in microcavity organic semiconductor laser diodes under electrical pumping. Science Bulletin, 2017, 62 (24): 1637-1638.

［37］ Zhang Q, Ha S T, Liu X, et al. Room-temperature near-infrared high-Q perovskite whispering-gallery planar nanolasers. Nano letters, 2014, 14 (10): 5995-6001.

［38］ Xing J, Liu X F, Zhang Q, et al. Vapor phase synthesis of organometal halide perovskite nanowires for tunable room-temperature nanolasers. Nano letters, 2015, 15 (7): 4571-4577.

［39］ Park K, Lee J W, Kim J D, et al. Light-matter interactions in cesium lead halide perovskite nanowire lasers. The journal of physical chemistry letters, 2016, 7 (18): 3703-3710.

［40］ Tang B, Dong H, Sun L, et al. Single-mode lasers based on cesium lead halide perovskite submicron spheres. ACS Nano, 2017, 11 (11): 10681-10688.

［41］ Zhang S, Shang Q, Du W, et al. Strong exciton-photon coupling in hybrid inorganic-organic perovskite micro/nanowires. Advanced Optical Materials, 2018, 6 (2): 1701032.

［42］ Zhu H, Fu Y, Meng F, et al. Lead halide perovskite nanowire lasers with low lasing thresholds and high quality factors. Nature Materials, 2015, 14 (6): 636-642.

［43］ Eaton S W, Lai M, Gibson N A, et al. Lasing in robust cesium lead halide perovskite nanowires. Proceedings of the National Academy of Sciences, 2016, 113 (8): 1993-1998.

［44］ Liu P, He X, Ren J, et al. Organic-inorganic hybrid perovskite nanowire laser arrays. ACS Nano, 2017, 11 (6): 5766-5773.

［45］ Liu Z, Yang J, Du J, et al. Robust subwavelength single-mode perovskite nanocuboid laser. ACS Nano, 2018, 12 (6): 5923-5931.

［46］ Johnson J C, Yan H, Schaller R D, et al. Single nanowire lasers. The Journal of Physical Chemistry B, 2001, 105 (46): 11387-11390.

［47］ Hepp A, Heil H, Weise W, et al. Light-emitting field-effect transistor based on a tetracene thin film. Physical review Letters, 2003, 91 (15): 157406.

［48］ Zaumseil J, Donley C L, Kim J S, et al. Efficient top-gate, ambipolar, light-emitting field-effect transistors based on a green-light-emitting polyfluorene. Advanced Materials, 2006, 18 (20): 2708-2712.

［49］ Namdas E B, Ledochowitsch P, Yuen J D, et al. High performance light emitting transistors. Applied Physics Letters, 2008, 92 (18): 183304.

［50］ Capelli R, Toffanin S, Generali G, et al. Organic light-emitting transistors with an efficiency that outperforms the equivalent light-emitting diodes. Nature Materials, 2010, 9 (6): 496-503.

［51］ Walters R J, Bourianoff G I, Atwater H A. Field-effect electroluminescence in silicon nanocrystals. Nature Materials, 2005, 4 (2): 143-146.

［52］ Schornbaum J, Zakharko Y, Held M, et al. Light-emitting quantum dot transistors: emission at high charge carrier densities. Nano Letters, 2015, 15 (3): 1822-1828.

［53］ Chin X Y, Cortecchia D, Yin J, et al. Lead iodide perovskite light-emitting field-effect transistor. Nature Communications, 2015, 6 (1): 7383.

第 7 章

柔性存储器件

作为人类文明传承和信息技术发展的关键载体之一，易失性和非易失性存储器是电子系统中不可或缺的组成部分。目前，主导数据存储设备市场的硅基闪存由于其物理和技术的限制，具有高工作电压、高功耗和低保持能力等缺点，难以满足数据存储设备未来发展的需求。在电子设备小型化的趋势下，存储器正朝着具有更小尺寸、更低功耗和更多功能的方向发展。本章将主要介绍目前的新型存储器原理与特点，特别是可具备柔性特征的存储技术。

另外，传统的计算机体系结构往往基于冯·诺依曼体系结构，其中存储器和处理器是分离的。而柔性存储器的发展赋予了存储器更多的功能，不仅仅是数据存储，还可以与处理器功能融合，实现存算一体及感存算一体的概念。这意味着存储器不再仅限于存储数据，还能够进行数据处理和计算，为计算机体系结构带来了全新的可能性。

7.1 存储器结构与原理

计算机存储器按照不同的特性和用途可以分为多种不同类型。如按易失性进行分类，即存储的数据信息是否容易丢失，可将存储器件分为易失性存储器（volatile memory）和非易失性存储器（non-volatile memory）。其中易失性存储器在断电时会丢失存储的数据。主要代表是 DRAM（dynamic random access memory），其主要用作与中央处理器（CPU）直接交换数据的内部存储器。它可以随时读写（刷新时除外，见下文），而且速度很快，通常作为操作系统或其他正在运行中程序的临时数据存储媒介。而非易失性存储器在断电时不会丢失存储的数据。主要代表包括 ROM（read-only memory）、Flash 存储器、硬盘驱动器、固态硬盘（SSD）等。

按访问方式进行分类，存储器一般可以分为随机存取存储器（random access memory，RAM）和串行存储器（serial access memory）。其中，随机存取存储器允许计算机随机访问存储器中的任何位置，用于临时存储正在运行的程序和数据，而串行存储器数据只能按顺序访问，不能直接跳转到特定位置，其典型的例子是磁带存储器。

按用途分，涉及计算机系统采用的多级存储（如图 7.1.1 所示），主要是基于容量、速度、成本这三个因素考虑。为了解决存储器要求容量大、速度快和成本低三者之间的矛盾，目前通常采用多级存储器体系结构，即使用主存储器（main memory）、外存储器（external memory）、高速缓存（cache memory）和寄存器（register）。多级存储结构从上到下，容量越来越大，速度越来越慢，成本越来越低。这种多级存储的模式有利于计算机 CPU 发挥其性能，还解决了数据存储的问题；外存虽然容量大、成本低，但它的运行频率、工作频率、数据的传送情况都是比较慢的；而寄存器虽然速度很快，但是成本高且容量小。

图 7.1.1　多级存储结构

主存储器（内存）用于存放活动的程序和数据，其速度高、容量较小、每位价位高。而辅助存储器（外存储器）主要用于存放当前不活跃的程序和数据，其速度慢、容量大。而高速缓存是计算机存储器中的一种，本质上和硬盘是一样的，都是用来存储数据和指令的。它们最大的区别在于读取速度的不同。程序一般是放在内存中的，当 CPU 执行程序的时候，执行完一条指令需要从内存中读取下一条指令，读取内存中的指令要花费约 100000 个时钟周期（缓存读取速度约为 200 个时钟周期，相差 500 倍），如果每次都从内存中取指令，CPU 运行时将花费大量的时间在读取指令上。这显然是一种资源浪费。于是，有人就提出了这样一种方法，在 CPU 和内存之间添加一个高速内存，这个高速内存容量小，只用来存储 CPU 执行时常用的指令，既保证了硬件成本，又提高了 CPU 的访问速度。这个高速内存就是缓存（高速缓存）。而寄存器是 CPU（中央处理器）的组成部分，是一种直接整合到 CPU 中的有限的高访问速度的存储器，它是由一些与非门组合组成的，分为通用寄存器和特殊寄存器。CPU 访问寄存器的速度是最快的。那为什么我们不把数据都存储到寄存器中呢？因为寄存器是一种容量有限的存储器，并且非常小。因此只把一些计算机的指令等一些计算机频繁用到的数据存储在其中，来提高计算机的运行速度。按与 CPU 远近来分，离得最近的是寄存器，然后缓存，最后内存。所以，寄存器是最贴近 CPU 的，而且 CPU 只在寄存器中进行存取。寄存器从内存中读取数据，但由于寄存器和内存读取速度相差太大，所以有了缓存。

此外，还可以按存储介质分为半导体存储器和机械存储器。前者是基于半导体技术的存储器，包括 DRAM、SRAM（static random access memory）、Flash 存储器等，而后者使用机械部件（如磁头和盘片）来存储数据，包括硬盘驱动器（HDD）和磁带存储器等。

7.1.1 RAM 和 ROM

RAM 和 ROM 是计算机领域中两种重要的存储设备，它们在计算机系统中扮演着不可或缺的角色。RAM 代表随机存取存储器（random access memory），而 ROM 代表只读存储器（read-only memory）。

（1）RAM 概述

RAM 是计算机内存的一种类型，它用于临时存储计算机正在运行的程序和数据。RAM 是一种易失性存储设备，这意味着它在断电后会丢失存储的数据。它是计算机中的主要工作内存，决定了计算机的运行速度和多任务处理能力。

RAM 之所以被称为随机存取存储器，是因为它可以以随机的方式访问存储在其中的数据，计算机可以根据需要快速访问 RAM 中的任何位置，而不必按照顺序进行读取。RAM 的容量可以根据计算机系统的需求进行扩展。现代计算机通常具有数吉字节（GB）到数十吉字节（GB）的 RAM 容量，但高性能服务器和工作站可能具有更多的 RAM。RAM 的读写速度非常快，远远超过了硬盘驱动器和固态硬盘的速度。这使得计算机能够迅速加载程序和数据，提高了系统的响应速度。RAM 是由一组存储单元组成的，每个存储单元可以存储一个数据位（0 或 1）。这些存储单元通常是由电容器和晶体管组成的。当计算机需要读取 RAM 中的数据时，它通过发送电流来改变电容器的状态，从而读取存储的数据。写入数据时，电流的变化会导致电容器状态的改变，从而将数据写入 RAM 中。

RAM 分为静态 RAM（SRAM）和动态 RAM（DRAM）两种类型。SRAM 速度更快，但相对较昂贵，适用于高性能应用。DRAM 则更便宜，但速度较慢，适用于大容量的内存。

DRAM 的工作原理基于电容器的充电和放电过程。每个存储单元由一个电容器和一个相关的晶体管组成。当读取存储的数据时，晶体管允许电流流经电容器，这会改变电容器的电荷状态，从而读取存储的位（0 或 1）。为了保持数据的稳定性，DRAM 需要定期刷新。这是通过读取并重新写入存储的数据来完成的。因为 DRAM 的电容器会逐渐失去电荷，所以必须不断地刷新以防止数据丢失。

SRAM 的工作原理与 DRAM 不同，它是基于触发器电路（flip-flop）构建的，而不涉及电容器和刷新过程。每个 SRAM 存储单元由多个触发器电路组成，通常是 6 个晶体管。在 SRAM 中，存储的位（0 或 1）是通过触发器电路的状态来表示的，这些状态保持不变直到写入新的数据。由于不需要刷新过程，SRAM 的访问速度非常快，适用于需要低延迟存取的应用。

DRAM 和 SRAM 是计算机内存中的两种不同类型的存储器，它们各自具有独特的特性和应用领域。DRAM 是一种大容量、相对低成本的存储器，用于主内存和虚拟内存等需要大容量存储的应用。它需要定期刷新以保持数据稳定性。SRAM 则是一种高速存储器，适用于需要低延迟存取的应用，如高速缓存和寄存器文件。它的成本较高，存储密度较低，但不需要刷新。在计算机系统中，DRAM 和 SRAM 通常一起使用，以提供平衡的内存层次结构，同时兼顾容量和速度的需求。这两种存储器类型在各种电子设备中都发挥着重要的作用，支持了现代计算和通信的发展。

（2）ROM 概述

ROM 是只读存储器，与 RAM 不同，它的数据是在制造时被写入的，用户无法在正常操作中更改 ROM 中的数据。ROM 用于存储计算机系统的固件和永久性数据，即使断电也不会丢失，非常适合存储计算机的引导程序和操作系统固件等重要数据，通常用于存储计算机系统的固件，如 BIOS（基本输入/输出系统）和 UEFI（统一扩展固件接口）。这些固件可在计算机启动时执行重要的初始化任务。

ROM 中的数据是通过将电流通入特定存储单元的方式来读取的，但这些存储单元不会随时间而改变其状态。ROM 的数据是在制造过程中使用专门的设备写入的，通常是一个称为"烧录"的过程。ROM 有多种类型，包括传统 ROM（Mask ROM）、只读存储器（ROM）、可编程只读存储器（PROM）、可擦除可编程只读存储器（EPROM）和闪存（Flash）。这些类型的 ROM 在数据的写入和擦除方面有不同的特性和限制，适用于不同的应用场景。

闪存已在本书 4.1.3 节中简单提及，它是一种基于半导体技术的存储设备，它使用晶体管和电容器来存储数据。与传统的机械硬盘驱动器不同，闪存没有旋转部件，因此更耐用、更能抵抗震动，并且能够提供更快的数据访问速度。另外，它是一种非易失性存储器，这意味着即使在断电时也不会丢失存储的数据。

闪存的工作原理基于两种主要类型的存储单元：单层单元（single-level cell，SLC）和多层单元（multi-level cell，MLC）。对于前者，它的基本存储单元是浮栅式晶体管。数据存储是通过在浮动栅中注入或释放电子来实现的。而对 MLC 闪存而言，可以在每个存储单元中存储多个位，通常是 2 位或更多。这是通过改变浮动栅中的电子数来实现的，从而可以将每个存储单元表示为多个状态。例如，一个 MLC 存储单元可以表示 00、01、10 或 11 四种不同的状态。当需要读取存储的数据时，闪存通过检测浮动栅中的电子状态来确定每个存储单元的位值。这个过程是非常快速的，因此闪存具有快速的读取速度。当需要写入新的数据时，电子被注入或释放，以改变存储单元的状态。

7.1.2 新型存储器件

（1）离子迁移型阻变存储器

离子迁移型阻变存储器，也叫导电丝型阻变存储器，是最典型的阻变存储器件（resistive random access memory，RRAM 或 ReRAM，以下 RRAM 特指离子迁移型阻变存储器），它是一种新兴的非易失性存储技术，基于电阻变化原理进行数据存储。它通过材料的电阻变化来实现数据的存储，即在高电阻状态（HRS）和低电阻状态（LRS）之间切换来表示二进制数据的"0"和"1"。RRAM 的这种工作原理不仅提供了比传统闪存更高的速度和耐久性，而且还拥有更低的功耗和更小的尺寸，使其成为下一代存储技术的有力竞争者。

RRAM 的结构通常为金属-绝缘体-金属（MIM）型，其中绝缘体材料包括过渡金属氧化物，如 TiO_2、HfO_2 等。在电压作用下，绝缘体中由于金属离子迁移或氧空位扩散会形成导电通道（即导电细丝，离子来源于电极或者绝缘材料），如图7.1.2，导致电阻发生显著变化，从而实现数据的存储。这种电阻变化是可逆的，通过改变施加的电压极性，可以将材料从HRS切换到LRS（即导电丝断裂），从而实现数据的写入、擦除和读取。其I-V曲线如图7.1.2的右图所示，SET过程（即置"1"操作）使电导增大，内部形成导电丝，而RESET过程（置"0"操作）使电导减小，导电细丝断裂。

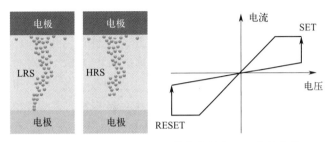

图7.1.2　RRAM原理图及其代表性的I-V特性曲线

RRAM技术具有多种潜在优势。首先，RRAM的数据写入和读取速度非常快，可以达到纳秒级别，这比传统的闪存快得多。其次，功耗相对较低，这对于移动设备和穿戴式设备等电池供电的设备尤其重要。再次，RRAM具有高密度存储的潜力，通过进一步的技术发展，有可能实现远超过现有存储技术的存储密度。此外，它的耐久性也非常高，可以承受上亿次的写入和擦除循环，远超过传统闪存的耐用性。随着各种柔性材料的出现，各种柔性RRAM不断被展示出来，包括有机RRAM。例如，天津大学的研究团队利用1,3,5-三(四氨基苯基)苯(TAPB)与邻位具有不同长度烷氧基链的对苯二甲醛通过Langmuir-Blodgett技术合成了高度结晶且具有优异自支撑特性的单层二维聚合物薄膜[1]，所构建的RRAM器件呈现出了优异的柔性、稳定性、耐久性以及均一性（如图7.1.3所示）。不同于图7.1.2中I-V特性曲线，图7.1.3的I-V采用了单对数坐标，以更好地呈现存储器的高低阻态。

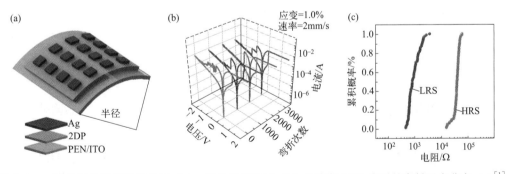

图7.1.3　柔性随机存储器示意图（a），柔性弯折测试（b）和弯折1000次后的高低阻态分布（c）[1]

尽管RRAM拥有诸多优势，理论上具有高密度和低功耗的优点，但当前制造RRAM的成本相对较高，这在很大程度上限制了其大规模商业应用的可能性。另一个挑战是器件的一致性和可靠性问题。由于RRAM设备的工作依赖于绝缘层中微小导电通道的形成和断裂，因此器件性能在不同制造批次之间可能存在较大差异，且长期可靠性仍需进一步提升。

为了克服这些挑战，科学家们正在探索新的材料、制造工艺和设备结构。例如，通过优化绝缘体材料的组成和结构，提高 RRAM 设备的开关速度和耐久性，同时降低功耗。此外，通过采用先进的纳米制造技术，可以实现更小的器件尺寸，进而提高存储密度和降低成本。

（2）相变存储器

相变存储器（phase-change memory，PCM）是新型非易失性存储技术之一，它利用特定材料（相变材料）的物理状态变化来存储信息。这种存储技术的关键在于相变材料，如锗锑碲（$Ge_2Sb_2Te_5$，GST）合金，可以在晶体态和非晶态之间进行可逆的相变，而这两种状态具有显著不同的电阻特性，分别对应于二进制数据的"1"和"0"。相变存储器因其独特的工作机制和潜在优势，被认为是下一代存储技术的有力竞争者。

相变存储技术的起源可以追溯到 20 世纪 60 年代，但直到最近几十年，随着材料科学、微电子制造技术的进步，它才逐步走向实用化。相变存储器的工作原理基于相变材料的电阻变化。在晶体态（低电阻态）时，材料的原子排列有序，电子能较容易通过，表示一个逻辑状态。而在非晶态（高电阻态）时，原子排列无序，电子移动受阻，表示另一个逻辑状态。通过加热，可以将相变材料从一种状态转变为另一种状态，从而实现数据的写入。读取数据时，通过测量材料的电阻值来确定它是在晶体态还是非晶态。

相变存储器具有多种潜在优势，包括高速读写、良好的耐久性以及较高的数据存储密度。与传统的闪存相比，PCM 的写入速度更快，耐用性更高，因为闪存的写入操作会逐渐降低存储单元的可靠性。此外，相变存储器能够实现更小的存储单元尺寸，这意味着在相同的物理空间内可以存储更多的数据。

PCM 技术也面临着挑战，其制造成本相对较高，尽管写入速度快于传统存储技术，但其写入能耗相对较高。此外，在反复相变过程中的可靠性，尤其是在极端条件下的稳定性，仍需进一步研究和优化。尽管存在挑战，但相变存储器在多个领域仍显示出巨大的应用潜力。在消费电子产品中，PCM 可以用作高速、高密度的存储解决方案，提升智能手机、平板电脑等设备的性能。在数据中心和高性能计算应用中，相变存储器的快速读写特性可大幅提升系统的响应速度和处理能力。此外，PCM 还被研究用于下一代非易失性随机存取存储器（non-volatile random access memory，NVRAM）和神经形态计算系统，后者模仿人脑的工作方式，可用于高效处理复杂的数据分析和机器学习任务。

（3）磁性存储器

磁性存储器，作为计算机和各类电子设备中数据存储的核心技术之一，其发展历程几乎与现代计算技术的历史同步。它利用磁性材料的磁化状态来存储数据，这种存储方式的基本原理是磁性材料在被磁化后会保持其磁化状态，直到被外力改变。这使得磁性存储器能够长时间保持数据不变，即便在断电的情况下也能保持数据的完整性，这是磁性存储技术的一个显著优点。

自 20 世纪初磁性存储技术诞生以来，从早期的磁带和磁鼓存储器，到后来的硬盘驱动器（HDD）和磁性随机存取存储器（MRAM），磁性存储器经历了长足的发展。硬盘驱动器，作为最常见的磁性存储设备，使用旋转的磁性盘片和移动的读写头来存取数据。数据被编码为盘片表面的磁性区域的方向，而读写头在读取数据时会检测这些区域的磁化方向变化，从而恢复出存储的信息，如图 7.1.4 为磁性存储器示意图。

磁性存储器的发展与材料科学的进步密切相关。磁性材料的选择、磁头的设计以及磁盘的制造工艺都对存储设备的性能有着重要影响。例如，采用更高密度的磁性材料可以提升存储容量，而采用更精密的制造技术则可以提高数据读写速度和可靠性。随着技术的进步，硬盘的存储密度、读写速度和耐用性都得到了显著提升。

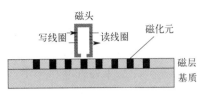

图 7.1.4　磁性存储器示意图

除了传统的硬盘技术，磁性存储器的另一个重要发展方向是固态磁性存储技术，如 MRAM。它利用磁性隧道结（MTJ）作为存储单元，通过改变 MTJ 中的磁化方向来存储数据。与传统硬盘相比，MRAM 具有更快的读写速度和更高的耐用性，且不需要移动部件，这使得 MRAM 非常适合于需要高速、高可靠性存储的应用场景。

因为外部磁场会对 MRAM 内部器件存在影响，因此 MRAM 在研发和实际应用中会存在一些束缚。磁性存储单元有电流经过时，距离非常近的两个存储单元可能会受到电流产生的磁场的影响，从而导致数据的读写错误。反铁磁自由层是近年来研发的一种新型的磁存储结构，可以极大改善上述存在的问题。

磁性存储器的应用领域非常广泛，从个人计算机、服务器和大型数据中心，到移动设备和嵌入式系统，都离不开磁性存储技术。在大数据和云计算时代，磁性存储器在数据中心中的角色尤为重要，它不仅需要提供足够的存储容量来存储海量数据，还需要具备高速的数据访问能力来满足数据分析和处理的需求。

然而，磁性存储器也面临着挑战。随着固态存储器（如固态硬盘 SSD）的发展，传统磁性存储器在读写速度、耗电量和抗震性等方面的劣势逐渐显现。此外，随着存储密度的不断提高，磁性存储器的物理极限也成了制约其发展的一个因素。为了克服这些挑战，磁性存储技术需要不断创新，包括开发新型磁性材料、改进数据编码和错误纠正技术，以及探索新的存储架构等。在提升存储性能和容量的同时，如何平衡成本和能效，如何提高数据安全性和可靠性，也将是磁性存储技术面临的重要课题。

（4）铁电存储器

铁电存储器（ferroelectric memory）作为一种新兴的非易失性存储技术，近年来引起了广泛的关注。其独特之处在于利用铁电材料的性质，通过改变材料的极化方向来实现信息的存储。这一技术不仅在存储密度、读写速度和功耗等方面具有潜在的优势，而且在嵌入式系统、无线传感器网络以及高性能计算等领域都展现出广泛的应用前景。

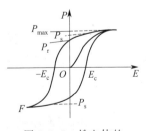

铁电材料是在一定范围内可以发生自发极化，且极化方向会由于外加电场的反向而反向的材料。图 7.1.5 为铁电体的电滞回线，它是判定材料具有铁电性的重要依据之一。通过电滞回线可得到一些重要的特性参数，例如自发极化强度（P_s）、剩余极化强度（P_r）和矫顽场（E_c），如图所示，其中 P_{max} 为最大极化强度，E 为电场，P 为极化强度。通过电滞回线，可

图 7.1.5　铁电体的
电滞回线示意图

以清晰地看出当外部电场在矫顽场附近时，极化强度变化剧烈，在大于矫顽场强度的外部电场作用下大多数的畴极化方向会发生反转或转换。影响电滞回线形状的因素有很多，比如样品厚度、材料组成、热处理、带电缺陷的存在、机械应力、测量条件等。一般来说，剩余极化值越大，材料的铁电性越好。

通常一个铁电体并非在一个方向上单一地发生极化，为了满足能量最小的要求，铁电晶体中总是会分裂成很多小的区域，这些小区域就被称为电畴，同一电畴内的自发极化方向是相同的，但是不同电畴间的极化方向却不尽相同，电滞回线的出现正是由于电畴的存在。铁电体存在居里温度点，当温度低于居里温度时可发生自发极化，温度高于居里温度时失去自发极化能力，即变为顺电相。在铁电存储器中，常见的铁电材料包括氧化铅锆钛（PZT）以及钛酸锶钡（BST）。这些材料具有良好的铁电性能，可在不同的应用场景中发挥重要作用。

铁电存储器作为一种利用铁电材料的电极化特性来存储信息的存储器，主要包括铁电电容（FeCap）、铁电场效应管（FeFET）、铁电电阻切换存储器（FeRAM）、铁电隧道结存储器（FeTRAM）、铁电自旋电子存储器（FeSpin）等。

铁电电容利用铁电材料的极化特性来存储信息。其基本结构包括两个电极，中间夹有一层铁电材料。当外加电场施加在电容两端时，铁电材料的极化方向会改变，从而表示不同的逻辑状态（0 或 1）。这种存储器件结构简单，制造成本较低，并且能够快速改变极化状态，此外，铁电电容的能耗也较低，通常用于需要快速存取的嵌入式系统和高速缓存中。然而，与其他高密度存储技术相比，铁电电容的存储密度有限，并且某些铁电材料在高温或长时间使用后可能会失去极化特性，同时，铁电电容器的信息读取是一种破坏性读取，读取极化状态依靠的是利用大于矫顽场的电场使其发生极化反转，读取所释放的电荷，因此破坏了原有的信息存储状态，需要重新加电场进行再次写入，以保存原有的数据。

铁电场效应管结合了铁电材料和场效应晶体管技术。其基本结构包括一个铁电层夹在栅极与栅氧化层之间，再加上源极和漏极。通过改变铁电层的极化状态，可以影响晶体管的阈值电压，从而实现信息存储。FeFET 的主要优势包括其非易失性，断电后依然能够保持数据；读写速度接近于传统的 MOSFET，且具有较低的操作电压和能耗。然而，FeFET 的制造工艺较为复杂，成本较高，并且在高温或高压下可能出现可靠性问题。FeFET 适用于高速存储需求的场景，如计算加速器和机器学习、人工智能计算的硬件加速。中国科学院深圳先进技术研究院医工所基于白云母衬底和外延 $Pb(Zr_{0.1}Ti_{0.9})O_3/ZnO$ 异质结[2]，研发出了一种全无机的柔性 FeFET，如图 7.1.6 所示。该柔性 FeFET 不仅具有操作电压小（±6V）、功耗低、开关比高、保持性好等优点，还兼具柔性耐弯折的特点，在反复弯折和高温条件下仍能保持良好的 FeFET 电学性能。这项工作为柔性 FeFET 在下一代低功耗、耐高温柔性电子产品中的应用提供了新的选择。

铁电电阻切换存储器结合了铁电材料和电阻切换材料，通过铁电层的极化状态影响电阻切换层的电阻状态，从而实现信息存储。其基本结构包括一个铁电层和一个电阻切换层，夹在两个电极之间。FeRAM 的优势包括其非易失性，断电后数据依然能够保持；读写速度快；能够承受大量的读写操作，并且具备多态存储能力，从而提高存储密度。然

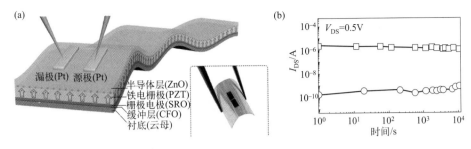

图 7.1.6 柔性 FeFET

(a) 柔性铁电场效应晶体管示意图；(b) 器件高低阻态切换[2]

而，FeRAM 的制造工艺较为复杂，成本较高，并且在特定条件下可能出现可靠性问题。FeRAM 适用于需要高存储密度的大数据存储中心和边缘计算设备。

铁电隧道结存储器使用铁电隧道结作为基本存储单元，通过电场改变铁电材料的极化状态，影响隧道势垒的高度，从而实现数据存储。其基本结构包括一个铁电层夹在两个电极之间，形成一个隧道结。FeTRAM 的优势包括其非易失性，断电后数据依然能够保持；读写速度快；适用于高密度存储应用，且操作能耗低。然而，FeTRAM 的制造工艺复杂，成本较高，并且在长期使用过程中可能出现性能下降。FeTRAM 适用于大规模数据存储中心和智能手机、平板电脑等需要高密度存储的设备。

铁电自旋电子存储器结合了铁电材料和自旋电子学技术。其基本结构包括一个铁电层与一个磁性层耦合，再加上一个自旋阀或磁性隧道结。通过电场改变铁电层的极化状态，从而影响自旋阀或磁性隧道结的磁性状态和电阻，实现信息存储。铁电自旋电子存储器的优势在于其非易失性，数据在断电后依然能够保持；读取速度快；适用于高密度存储应用。然而，其制造工艺复杂，成本较高，并且在特定条件下可能出现稳定性问题。

相较于传统存储技术，铁电存储器具有几个显著的优势。首先，它具有较高的存储密度，因为信息存储是通过改变材料的极性状态而实现的，从而允许更小的存储单元。其次，铁电存储器具有较快的读写速度，这是因为信息的读写是通过改变电场来实现的，甚至可以不涉及传导电流。此外，铁电存储器具有低功耗的特点，因为在读写过程中不需要消耗大量的电流。

在应用方面，铁电存储器的潜在用途非常广泛。首先，它适用于嵌入式系统，如智能手机和平板电脑，可以提供更快的启动速度和更高的存储容量。其次，铁电存储器在无线传感器网络中也有重要应用，由于其低功耗和非易失性，可以延长传感器节点的寿命。此外，铁电存储器还可在高性能计算领域崭露头角，因为其较快的读写速度可以提高计算机的整体性能。

但铁电存储器也面临一些挑战。其中之一是铁电材料的寿命问题，因为在长时间的使用中，铁电材料可能会发生极化疲劳。此外，目前制造铁电存储器的成本相对较高，这在一定程度上限制了其广泛应用。

除了这四种主要的存储器之外，基于其他机制的新型存储器也逐渐崭露头角，如基于界面缺陷型的存储器、DNA 存储器、量子存储器等，发挥着越来越大的作用。

7.1.3　忆阻器概念

随着人工智能时代的来临，信息的存储和处理变得越来越重要，迅速增长的数据量以及对更快速、更节能、更可靠的计算能力的需求正在推动着新一代存储与计算技术的发展。其中，忆阻器（memristor）作为一种革命性的电子元件概念，在解决这些挑战方面表现出了巨大的潜力。本小节将深入介绍忆阻器的基本原理、历史、应用领域和未来前景。

1971 年，当时任教于美国加州大学伯克利分校的华裔科学家蔡少棠教授最早提出忆阻器概念[3]。他在研究电荷、电流、电压和磁通量之间的关系时，推断在电阻、电容和电感器之外，应该还有一种组件，代表着电荷与磁通量之间的关系（如图 7.1.7 所示）。这种组件的电阻会随着通过的电流量而改变，而且就算电流为零，它的电阻仍然会停留在之前的值，直到流过反向的电流它才会被返回去。因为这样的组件会"记住"之前的电流量，因此被称为忆阻器。为了证明可行性，他还用一堆电阻、电容、电感和放大器做出了一个模拟忆阻器效果的电路。

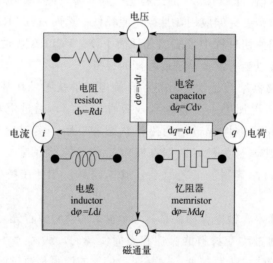

图 7.1.7　忆阻器示意图[4]

R 为电阻，C 为电容，L 为电感，M 为忆阻值

忆阻器概念在 20 世纪 70 年代提出时只是理论上的存在，直到 2008 年惠普（HP）公司的团队才首次在物理意义上提出了以无机材料二氧化钛为中间功能层的纳米固态忆阻器[4]，如图 7.1.8 所示。他们发现夹在两个电极中间极薄的 TiO_2（一半是正常的 TiO_2，另一半进行了"掺杂"），因为少了几个氧原子形成了氧空位，"掺杂"的那一半由于带正电，电流通过时电阻比较小，并且在电场的影响之下氧空位会逐渐往正常的一侧偏移，使得整个薄膜"掺杂"的部分占比会逐渐变高，因而薄膜的电阻也就会随之降低，反之电阻就会增加。氧空位迁移导致器件电阻可以在高阻态和低阻态区间连续变化，因此器件具有阻值可调的性质，进而能够被用于人工突触器件。因此，惠普实验室首次把这一已经存在的电阻转变特性（包括前面一节内容中的 RRAM）与忆阻理论联系起来，从而推动"忆阻器"从概念走向物理实现。

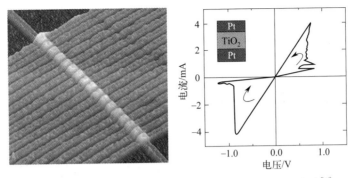

图 7.1.8　TiO_2 忆阻器的扫描透射显微镜照片和 I-V 曲线[4]

下面是该器件模型，其公式如下：

$$V(t) = \left[R_{on} \frac{X(t)}{L} + R_{off} \frac{L - X(t)}{L} \right] I(t) \tag{7.1.1}$$

$$\frac{dX(t)}{dt} = \mu_v \frac{R_{on}}{D} I(t) \tag{7.1.2}$$

式中，$V(t)$ 为器件两端的电压；$I(t)$ 为通过器件的电流；μ_v 为平均离子迁移率；R_{on} 和 R_{off} 分别为器件最小和最大的阻值；D 为扩散系数；$X(t)$ 代表当前界面的位置，其值不能超过器件长度 L，其结构如图 7.1.9 所示。

基于导电细丝形成/断裂原理的器件主要分为电化学金属型和价态变化型，两种类型最大的区别是形成导电细丝的材料不同。

电化学金属型的器件的结构主要包括活性金属电极、固体电解液、惰性金属电极三层，其活性金属电极对电压比较敏感，一般为 Ag 或 Cu。这些活性金属电极在驱动电压下会发生电化学溶解形成离子，这些离子会穿过固体电解质层，到达惰性金属

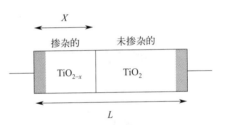

图 7.1.9　惠普忆阻器结构图[5]

电极，实现阻抗转变。电化学金属型器件的优点是具有相当大的开关比，最高可达 10^9，但可擦写次数较低，在 10^4 左右。

价态变化型的器件也采用金属-介电层-金属的 MIM 结构，但是两个金属电极均为惰性电极，其导电通道的形成基于氧空位的移动。这类器件的氧化物层的氧缺陷在外界电压的驱动下会发生电化学反应，形成可移动的氧离子，并最终形成一条由氧空穴构成的导电通道，其形成过程可以参考图 7.1.10。价态变化型器件的开关比比较低，只有 $10 \sim 10^3$ 量级，但可以达到 10^{12} 的可擦写次数，10 年以上的保持特性，85ps 的开关速度，在存储器方面有很大的应用潜力。

基于相变原理的忆阻器也有广泛的应用。相变器件指受到外部刺激后，局部结构会发生物理结构或电子结构层面的转变，从而导致阻抗变化的器件，主要包括金属绝缘体转换器件和相变随机存储器。

金属绝缘体转换器件的介电层材料通常为 Mott 材料，这种材料在外界的光、热、电压、应力等因素的作用并超过一定界限值后，其内部的电子库仑相互作用减弱或电子迁移能增大，使其从绝缘体转变为金属。这种转变具有迟滞效应。目前主流的 Mott 材料为

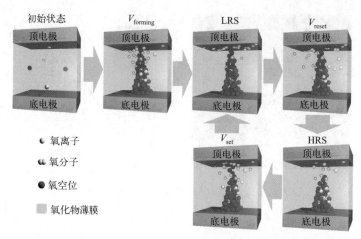

图 7.1.10　氧空穴导电细丝的形成过程[6]

NbO_x、VO_2、V_2O_3。

相变随机存储器的结构是两层金属电极和一个相变材料夹层。其中相变材料并不稳定，在外界干扰下会发生晶态-非晶态之间的转变，从而产生电阻和折射率方面的改变。电学领域，研究者通过给器件输入短时高电压（长时低电压）可以诱发器件的非晶态（晶态）转变，如图 7.1.11 所示。

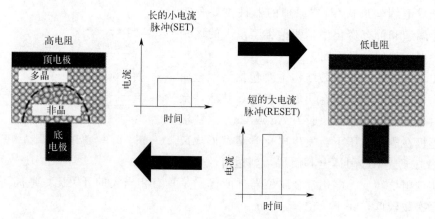

图 7.1.11　脉冲驱动下的相变过程[7]

由于晶态和非晶态下相变存储器的阻抗变换很大，因此其功耗较低，同时也具有高达 10 年的存储时间性能和多达 10^6 次的擦写性能。然而非晶态的相变存储器的高电阻值会因为弛豫效应而向低电阻漂移，劣化其保持性能，这个问题还需进一步解决。

另外在忆阻器领域有广泛应用的是铁电型的器件，其一般采用 MIM 结构，使用铁电材料作为介电层材料。然而早期的铁电材料的厚度通常太大（约 100nm），大部分铁电材料为绝缘材料，电阻率都相对较高。随着技术的进步，铁电层厚度的降低以及新型铁电体、铁电半导体的出现，铁电器件的优越性质才在数字信息存储、热释电能量转换和神经形态计算等领域引发了研究热潮。

铁电隧穿结（FTJ）是铁电器件的一种典型结构，其中介质层的铁电材料厚度在 3～4nm，既可以使电子以隧穿的形式通过，又可以保持铁电特性。在外部电压的作用下，铁电隧道势垒会发生极化逆转，结合由不同金属组成的两个电极的不同电荷筛选特性，改变了整个 FTJ 的内部电场分布，从而改变器件电阻率，这种效应称为隧道电阻效应，过程如图 7.1.12 所示，其中，E_F 为费米能级，Φ 为功函数，$\boldsymbol{P}$ 为极化强度。

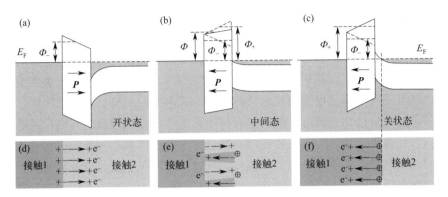

图 7.1.12　铁电隧穿结的开状态（a）、中间状态（b）、关状态（c）的能带图；
对应的开状态（d）、中间状态（e）和关状态（f）电荷与电场分布示意图[8]

此外，一些新型忆阻器件也备受人们的广泛关注，如光电忆阻器件。光电忆阻器是一种基于光电效应和电阻变化的新型器件。在光照射下，器件内部的材料（通常是一些特殊的半导体材料）会发生光电效应，产生电子-空穴对。这些电子-空穴对的产生和运动会导致材料内部的电阻发生变化。当光照强度改变时，电子-空穴对的数量和运动方式也会改变，从而引起电阻值的变化。这种器件的发展在信息存储、光学传感和人工智能等领域具有潜在的重大应用价值。

将忆阻器件与柔性电子结合是一个非常有价值且得到广泛关注的研究方向，原因在于其在未来电子设备中的潜在应用前景。柔性忆阻器的性能和稳定性高度依赖于所选材料的特性。为了实现柔性、透明和高效的器件，需要在材料选择上做大量的工作。常见的柔性基底包括 PET、PI 和 PEN 等。这些材料不仅具有良好的机械柔性，还能够在高温下保持稳定，这对于制造和操作过程中维持器件的性能至关重要。而功能层包括氧化物材料，如二氧化钛（TiO_2）、氧化锌（ZnO）和二氧化钒（VO_2）等，还包括导电聚合物和有机半导体材料。

为了实现实际应用，柔性忆阻器需要在柔性和高性能之间找到平衡。研究人员通过材料改性、结构设计和界面工程等策略优化其性能。材料改性可以通过掺杂或复合材料来提升功能层的电阻变化特性，例如掺杂金属或金属氧化物可改善离子迁移速度和稳定性。结构设计上，采用纳米线、纳米片等微纳结构可提高功能层的表面积和离子迁移路径，从而提升器件性能。界面工程则通过改善电极与功能层之间的界面特性，降低界面电阻，提高器件的开关比和稳定性。

柔性忆阻器在诸多领域有着广泛的应用潜力。首先，在可穿戴电子方面，柔性忆阻器可以集成在智能手表、智能手环、健康监测设备等中，提供高效的数据存储和处理能力。其次，在柔性显示和柔性传感器领域，它可以与柔性显示屏及传感器相结合，实现更加灵活和多功能的电子设备。此外，在神经形态计算和人工智能领域，柔性忆阻器由于其可模拟生物突触的能力，被视为下一代计算架构的关键元件。因此，忆阻器的研究和开发为未来电子设备的发展提供了新的可能性，具有重要的科学意义和应用前景。

7.2　神经形态器件

随着对忆阻器特性的深入研究，科学家们开始将其应用于更广泛的人工智能硬件设计之中，特别是在神经形态计算领域。神经形态计算是一种旨在模拟人脑神经系统架构和运作原理的计算方式，它试图通过硬件实现来复制大脑的高效、并行和自适应处理能力。在这一背景下，忆阻器不仅因其模拟突触可塑性的能力而被视为构建神经形态系统的核心元件，还因为其低能耗、高密度和快速响应的特性，成为开发高效、紧凑且能效优化的神经形态器件的关键。借助忆阻器等前沿技术，神经形态器件可在硬件层面模拟神经元和突触的动态行为，实现类脑计算。这类器件的研发目标不仅包括模拟人脑的信息处理机制，以执行复杂的认知任务，如学习、记忆和感知，还包括致力于克服传统计算架构在处理这类任务时的能效瓶颈。通过神经形态器件，可以期待未来的人工智能系统将更加高效、自适应，并能够以更接近生物大脑的方式处理信息，从而开启人工智能新纪元的大门。

7.2.1　神经元与神经突触

在人类身体最神秘的器官之一——大脑中，神经元和神经突触扮演着关键的角色，它们构建了复杂而精密的神经网络，使得思维、学习和记忆等高级认知功能成为可能。下文将介绍这些微小但强大的生物结构。

神经元是大脑的基本结构单位，其外形复杂，通常包含细胞体、轴突和树突。细胞体包含细胞核，负责维持神经元的生命活动。树突是从细胞体伸出的短而分枝状的结构，负责接收来自其他神经元的信号。而轴突是一种长而细的结构，负责将神经信号传递给其他神经元，如图 7.2.1 所示。当神经元受到足够的刺激时，会发生电兴奋，导致电信号沿着轴突传递。这种电信号的传递是通过离子通道的开关机制实现的，形成了神经冲动，也称为动作电位。这一过程是神经元信息传递的基础。

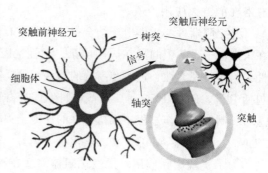

图 7.2.1　神经元和神经突触示意图[9]

神经突触是神经元之间的连接点，负责将一个神经元的信号传递给另一个神经元。神经突触通常分为两部分：突触前端和突触后端。神经冲动通过神经元的轴突传递到突触前端，然后释放神经递质，这些化学物质通过突触间隙传递到接收神经元的树突。神经突触的独特之处在于其可塑性，即突触强度和连接的可调节性。通过长期增强或减弱突触的传递效果，神经元之间的连接可以在学习和记忆过程中发生变化。这种现象被称为突触可塑性，是大脑适应环境和经验的重要机制。一般地，突触分为化学突触和电突触，突触前细胞借助化学信号，即神经递质，将信息转送到突触后细胞者，称化学突触，借助于电信号传递信息者，称为电突触。

神经元和神经突触的巧妙组织形成了庞大而错综复杂的神经网络，这些网络负责执行各种认知和行为功能。通过数以亿计的神经元和数以万亿计的神经突触之间的协同工作，人类大脑实现了思维、情感和行为的复杂表现。

譬如，人脑的视觉处理就是一个极其复杂且精细的机制，涉及从光线进入眼睛开始到大脑解释这些信息为我们认识世界的完整过程。首先，当光线通过眼睛的角膜和晶状体，聚焦到视网膜上时，它会被视网膜上的感光细胞——视杆细胞和视锥细胞转换为电信号，如图 7.2.2。这些电信号随后通过视神经传输到大脑。在大脑中，这些信号首先到达初级视觉皮层，这里是视觉处理的起点。该区的神经元对图像的基本特征，如边缘、线条方向和运动特别敏感，能够编码图像的初步视觉信息。这些初步处理后的信息接着被传递到大脑的其他视觉处理区域。这些区域负责处理更复杂的视觉属性，比如形状、颜色、纹理。每个区域的神经元专门响应这些更细致的视觉特征，通过复杂的神经网络和神经突触之间的交互，进一步加工和解释视觉信息。随着视觉信息的深入处理，大脑的高级区域，包括额叶和颞叶，开始整合来自各个视觉处理区的信息，实现对物体、人脸和场景的识别和分类。这不仅涉及视觉信息的直观解释，还包括将视觉输入与大脑的记忆、语言和情绪中心相连接，使用过往的经验来预测、解释和填补视觉信息中的缺失部分。此外，人脑的视觉处理不是一个孤立的系统。大脑会将视觉信息与来自听觉、触觉等其他感官的信息结合起来，通过这种多感官整合，形成对我们周围世界的全面理解和认识。这一整合过程强调了神经元和神经突触在连接各种感官输入中的重要性，使我们能够在复杂多变的环境中有效地导航、识别和理解。总的来说，人脑的视觉处理机制展示了大脑如何利用复杂的神经元网络和神经突触相互作用，高效灵活地处理视觉信息，让我们不仅能"看到"世界，而且能"理解"我们所看到的一切。

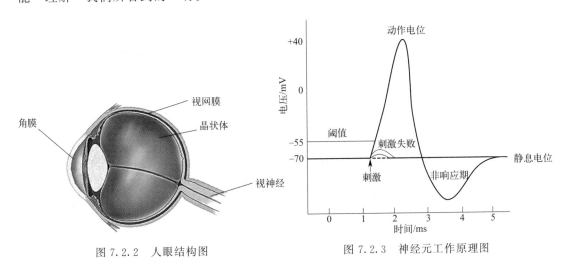

图 7.2.2　人眼结构图　　　　　图 7.2.3　神经元工作原理图

（1）神经元的运行机制

神经元的运行机制是生物学和神经科学研究的核心内容，它详细说明了神经元如何接收、处理和传递信息。

神经元的通信过程始于静息电位状态，这是神经元未被激活时的状态，如图 7.2.3 的第一个阶段。在这个状态下，神经元的内部相对于外部是负电压的，通常为 $-70\mathrm{mV}$。这种电压差是由细胞内外的钾离子（K^+）和钠离子（Na^+）浓度梯度以及细胞膜上特定的离子泵和通道的作用共同维持的。细胞内钾离子的浓度高于外部，而钠离子的浓度则相反。

当神经元接收到外界刺激或来自其他神经元的信号时，如果这些信号足够强以至于总和达到一定的阈值，神经元的细胞膜将发生一系列的电化学变化，引发动作电位的产生。动作电位的启动首先是由于电压敏感的钠通道的打开，导致钠离子急速流入细胞内，使得细胞内部电压从负值快速上升至正值（去极化）。随后，当内部电压达到大约$+30mV$时，钠通道关闭，钾通道开启，钾离子流出细胞，细胞内电压随之下降（超极化）。最后，通过细胞膜上的离子泵恢复离子的原始分布，神经元返回到静息电位状态（复极化），准备接收下一个信号。

动作电位沿着神经元的轴突传播，直到到达轴突的末端。在轴突末端，动作电位触发神经递质的释放。神经递质是一种化学物质，它从轴突末端的突触前膜释放出来，跨过突触间隙，与突触后膜上的受体结合。这个过程将电信号转化为化学信号，再由化学信号转换回电信号，传递给下一个神经元或效应器细胞（传递神经冲动，使肌肉和腺体产生反应的器官，如肌肉细胞）。

这一系列复杂而精确的电化学事件使得神经系统能够快速而有效地处理和传递信息，支持着生物体的感知、运动、认知和情感等多种功能。

鉴于神经元的复杂特性，要想模拟其性质，对其进行建模是必不可少的，目前神经元的模型主要有四个：霍奇金-赫胥黎模型（Hodgkin-Huxley）、整合发放模型（Integrate-and-Fire）、菲茨休-南云模型（FitzHugh-Nagumo）以及伊科维奇模型（Izhikevich）。

① 霍奇金-赫胥黎模型 霍奇金-赫胥黎模型基于对乌贼巨大轴突的实验观察，由 Alan Hodgkin 和 Andrew Huxley 于 1952 年提出。该模型揭示了动作电位（神经信号的基本单位）产生和传播的分子机制，特别关注钠离子（Na^+）和钾离子（K^+）在动作电位发生时通过特定离子通道的流动。霍奇金-赫胥黎模型由四个微分方程组成，分别描述了膜电位的变化以及钠离子通道和钾离子通道的开启和关闭动态。这些方程考虑了离子通道的电导率如何随膜电位而变化，以及这些变化如何影响神经元的电位。

而各离子的电流都可以用 $I_{ion}=g_{ion}(V_m-E_{ion})$ 表示，显然求出电流的关键就在于得出离子通道的开放程度（即电导 g_{ion}），其中，V_m 为膜电位，E_{ion} 为离子电位。因为离子通道的开放与电压大小、时间有关，我们可以将离子的电导写作 $g_{ion}=F(V_m,t)\bar{g}_{ion}$，其中 $\bar{g}_{ion}$ 为该种离子的最大电导值，$F(V_m,t)$ 为通道函数。经过实验和分析，Hodgkin 和 Huxley 得出了以下微分方程组，注意 α_n、β_n、α_m、β_m、α_h、β_h 为仅与 V_m 有关的参数，根据 V_m 确定。

$$I_m=C_m\frac{dV_m}{dt}+\bar{g}_K n'^4(V_m-V_K)+\bar{g}_{Na}m'^3h'(V_m-V_{Na})+\bar{g}_1(V_m-V_1)$$

$$\frac{dn'}{dt}=\alpha_n(V_m)(1-n')-\beta_n(V_m)n'$$

$$\frac{dm'}{dt}=\alpha_m(V_m)(1-m')-\beta_m(V_m)m' \tag{7.2.1}$$

$$\frac{dh'}{dt}=\alpha_h(V_m)(1-h')-\beta_h(V_m)h'$$

式中，I_m 为单位面积的总膜电流；C_m 为单位面积的膜电容；$\bar{g}_K$ 和 $\bar{g}_{Na}$ 分别为单位面积的钾和钠的电导；V_K 和 V_{Na} 分别为钾和钠的反转电位；$\bar{g}_l$ 和 V_l 分别为单位面积的漏电导和漏反转电位；n'、m'、h' 是 0 和 1 之间的无量纲量，分别与钾通道激活、钠通道激活和钠通道失活有关。该模型对于理解神经元如何响应不同的刺激至关重要，解释了如何从离子层面上调控神经信号的产生和传递。尽管霍奇金-赫胥黎模型在数学上较为复杂，需要通过数值方法求解其方程，但它仍是神经科学领域的一个基石，为后续的神经元模型和理论提供了基础。

② 整合发放模型　整合发放模型是一个相对简化的神经元模型，由 Louis Lapicque 在 1907 年初次提出，目的是捕捉神经元的积分触发特性。在此模型中，神经元被视作一个电容器，它积累来自其他神经元的输入信号（通过树突接收），直到膜电位达到一个特定阈值。一旦达到这个阈值，神经元发放一个动作电位，并且电位会重置，之后神经元可以开始积累下一轮的输入信号。

积分阶段：

$$\tau_m \dot{V}(t) = -\left| V(t) - V_{rest} \right| + R_m I(t) \tag{7.2.2}$$

发放阶段：

当 $V(t) \geqslant V_{th}$，神经元发放动作电位，并立即重置膜电位：$V(t) \leftarrow V_{rest}$。

其中，$V(t)$ 为膜电位；τ_m 为时间常数，决定了膜电位对输入电流的响应速度；V_{rest} 为静息电位，通常为神经元没有输入时的稳态电位；R_m 为膜电阻，界定了输入电流对膜电位的影响程度；$I(t)$ 为输入电流；V_{th} 为发放阈值。

整合发放模型凭借其简单性，为深入理解神经网络中的信息传递机制提供了一个强有力的理论框架。尽管它忽略了许多生物学细节，比如离子通道的具体行为，但该模型对于研究神经网络的动态性和信息编码策略非常有用。与霍奇金-赫胥黎模型相比，整合发放模型简化了数学描述，适合大规模神经网络模拟和理论研究，计算复杂度低但生物学真实性相对较低。

③ 菲茨休-南云模型　菲茨休-南云模型是由 Richard FitzHugh 和日本科学家 Nagumo 于 20 世纪 60 年代提出的，旨在简化霍奇金-赫胥黎模型，使之更易于分析和理解。通过将霍奇金-赫胥黎模型中的四个微分方程简化为两个，菲茨休-南云模型保留了动作电位产生的基本特征，同时大幅降低了模型的复杂性。

$$\begin{cases} \dot{V}_m = V_m - \dfrac{V_m^3}{3} - w + I \\ \dot{w} = -c(V_m + a - bw) \end{cases} \tag{7.2.3}$$

式中，V_m 表示膜电位变量；w 表示恢复变量，通常与钾离子电流和钠离子通道的恢复过程相关；I 表示外部输入电流；a、b 和 c 是模型的参数，决定了神经元的动力学特性。

$V_m - \dfrac{V_m^3}{3}$ 项代表了膜电位的内在动力学，包含了非线性特性；$-w$ 代表了恢复变量的影响；I 是外部输入电流的影响。$V_m + a$ 项表示膜电位对恢复变量的影响；$-bw$ 项表示恢复变量的自身恢复特性；c 是一个小参数，通常较小，表示恢复变量变化的慢时间尺度。

这个模型用一个"快"变量表示膜电位的变化，而一个"慢"变量则用来模拟神经元的恢复过程。尽管简化了，但菲茨休-南云模型仍能有效模拟神经元的兴奋阈下调制和动作电位的产生，是研究非线性动力学系统中激发和抑制过程的一个重要工具。

④ 伊科维奇模型　Eugene Izhikevich 于 2003 年提出的伊科维奇模型，结合了霍奇金-赫胥黎模型的生物物理翔实性和整合发放模型的计算高效性。伊科维奇模型实现了对多种神经元发放行为的模拟，包括常见的峰发放、节律发放以及其他复杂的神经动态。伊科维奇模型的优势在于其能够以低计算成本模拟大规模神经网络中的神经元行为，从而适用于探索大脑功能的高级动态。这使得模型特别适合于研究复杂的神经机制，如学习、记忆和模式识别。

伊科维奇模型由以下两个耦合的常微分方程描述：

$$\begin{cases} \dot{V}_\mathrm{m} = 0.04V_\mathrm{m}^2 + 5V_\mathrm{m} + 140 - u + I \\ \dot{w} = a(bV_\mathrm{m} - w) \end{cases} \tag{7.2.4}$$

同时包含一个重置机制：如果 $v \geqslant 30\mathrm{mV}$，那么 $v \leftarrow c$；$w \leftarrow w + d$。式中，V_m 表示膜电位；w 表示恢复变量，通常与膜电位的恢复过程相关；I 是外部输入电流；a、b、c 和 d 是模型的参数，决定了神经元的动力学特性和发放模式。

每个神经元模型都为理解和模拟神经系统的不同方面提供了独特的视角和工具，从单一神经元的行为到整个神经网络的复杂动态，这些模型在神经科学研究中发挥着至关重要的作用。

（2）突触的运行机制

突触（synapse）是两个神经元之间或神经元与感受器细胞之间相互接触并借以传递信息的部位。突触一词首先由英国神经生理学家 C. S. 谢灵顿于 1897 年研究脊髓反射时引入生理学，用以表示中枢神经系统（由大脑和脊髓组成，负责处理和协调几乎所有身体活动）神经元之间相互接触并实现功能联系的部位。而后，又被推广用来表示神经与效应器细胞间的功能关系部位。synapse 一词来自希腊语，原意是接触或接点。

哺乳动物进行突触传递的几乎都是化学突触；电突触主要见于鱼类和两栖类动物。根据突触前细胞传来的信号，是使突触后细胞的兴奋性上升或产生兴奋还是使其兴奋性下降或不易产生兴奋，化学和电突触又相应地被分为兴奋性突触和抑制性突触。使下一个神经元产生兴奋的为兴奋性突触，对下一个神经元产生抑制效应的为抑制性突触。

化学突触或电突触均由突触前膜、突触后膜以及两膜间的窄缝——突触间隙所构成，但两者有着明显差异，化学突触通过释放神经递质到突触间隙，再与突触后神经元的受体结合来传递信号，这一过程相对较慢且通常是单向的。相比之下，电突触通过隙缝连接允许离子直接流动，实现快速且可双向传递的电信号。这种差异导致化学突触在处理复杂信息时具有更高的调控性，而电突触则在需要快速反应的系统中更为常见，如反射弧和维持心脏及某些脑区的节律性活动。这些特性使得两种突触在神经系统中各承担着不同的功能和作用。胞体与胞体、树突与树突以及轴突与轴突之间都有突触形成，但常见的是某神经元的轴突与另一神经元的树突间所形成的轴突-树突突触，以及与胞体形成的轴突-胞体突触。

突触是神经元之间传递信息的重要结构，其运行机制对于神经网络的学习和记忆至关重要。通常，使用权重来表征突触连接的强弱。突触的运作涉及多种参数和机制，其中包括长时程增强（LTP）、短时程增强（STP）、长时程抑制（LTD）、短时程抑制（STD）、突触时序相关性塑形（STDP）、突触频率相关性塑性（SRDP）、双脉冲易化（PPF）等。

① LTP 与 STP　LTP 是指当神经元间的突触连接不断地被激活时，突触传递效率增强的现象。通常被认为是学习和记忆的分子与细胞基础。当两个神经元反复同步激活时，它们之间的突触连接会变得更加强大，从而增加未来信号传递的效率。这种增强能够持续较长的时间。而与之相比，增强持续时间较短的特性为短时程增强 STP，LTP 和 STP 被认为是学习和记忆的生物学基础之一。在神经元活动中，频繁的突触激活和信号传递可以增强突触连接的效率，这对于长期记忆的形成具有重要作用。

② LTD 与 STD　当神经元间的突触被激活后，其传递效率可能会下降。这种抑制通常发生在神经元经过刺激后，突触的传递能力下降。LTD 和 STD 是一种调节神经网络活动，防止过度兴奋并帮助信息编码的机制。STD 可以影响神经元之间的信息传递，通常持续时间较短，不如 LTD 那样持久。

③ STDP　STDP 是指突触传递效率对突触前后神经元的激活顺序和时间间隔敏感。这种现象表示突触的传递效率会根据前后神经元的激活顺序和时间差异进行调整。当突触前神经元先于突触后神经元激活时，可能导致 LTP，反之可能导致突触抑制。这种塑形机制对于神经网络中模式识别和学习过程起着重要作用，其通常基于 Hebbian 学习规则，该学习规则描述了神经元之间突触连接权重的改变，强调了活动相关性在神经网络连接增强和学习过程中的重要性，如图 7.2.4。

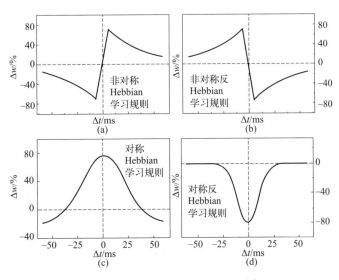

图 7.2.4　突触时序相关性塑形[9]

④ 突触频率相关性塑形（SRDP）　SRDP 是指突触传递效率对突触前后神经元的刺激频率敏感。这种现象表现为突触的传递效率会根据前后神经元的激活频率而变化。在某些情况下，高频率的刺激可以导致 LTP，而低频率的刺激可能导致突触强度的长期减弱（长时程抑制，LTD）。SRDP 强调了刺激模式对神经突触可塑性调节的重要性。

⑤ 双脉冲易化（PPF） PPF 是短时间内两次刺激对突触传递效率的影响。当在短时间内两次激活突触前神经元时，第二次刺激的传递效率可能会增强，这种现象称为 PPF。PPF 可以影响神经元之间的信息传递速度和强度。

突触前膜接收一个刺激时，经过突触在突触后膜会产生兴奋性后电流（幅值为 A_1）。当相同强度的第二个刺激紧接着第一个刺激时，后膜产生的兴奋性后电流（幅值为 A_2）会明显大于 A_1，这种电流明显增强的现象在生命科学领域被称为双脉冲易化（PPF）。PPF 是典型的短时可塑性表现形式之一。如图 7.2.5 插图所示，两个刺激的时间间隔为 Δt，PPF 的计算方式为 $\mathrm{PPF}=100\times(A_2-A_1)/A_1$。图 7.2.5 给出了颗粒细胞和浦肯野细胞之间神经突触的双脉冲易化行为：易化增益的百分比随脉冲对时间间隔的变化。从图中可以发现：当第二个刺激越靠近第一个刺激时，易化的程度越明显；当第二个刺激远离第一个刺激时，易化效果不明显。

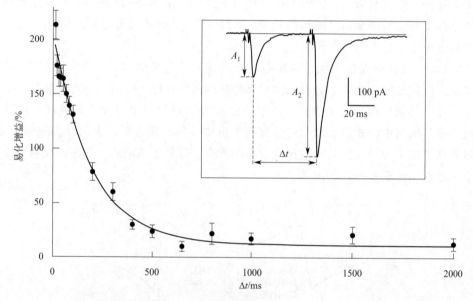

图 7.2.5 颗粒细胞（granule cell）和浦肯野细胞（Purkinje cell）之间神经突触的双脉冲易化行为（插图为连续两个胞外刺激引起的兴奋性后电流变化[10] ）

⑥ STM 向 LTM 的转变 大脑学习时的短时记忆（short-term memory，STM）和长时记忆（long-term memory，LTM）与神经突触的短时和长时可塑性相对应。短时可塑性对应的短时记忆在时间层面上只能维持几秒、几毫秒甚至更短，而长时可塑性对应的长时记忆能够保持几分钟、几个小时至更长时间。虽然短时记忆在很快的时间内遗忘了，但是通过反复的学习和训练，短时记忆会向长时记忆转变。德国心理学家艾宾豪斯（H. Ebbinghaus）研究发现的记忆规律从宏观上很好地诠释了短时记忆向长时记忆转变的过程。如图 7.2.6 所示，艾宾豪斯发现当学习次数少的时候，学习到的信息在很快的时间内大量忘记；而经过多次重复记忆以后，学习到的信息大量被记住，甚至发生永久性记忆。而从微观机制上来说，多次学习刺激造成了突触的连接程度的变强，是短时记忆向长时记忆转变的原因。

这些参数和机制在神经科学和神经网络研究中扮演着重要角色。突触的运行机制不仅

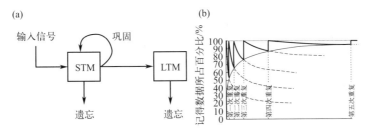

图 7.2.6　短时记忆向长时记忆转变示意和艾宾豪斯记忆曲线

（a）短时记忆向长时记忆转变示意图；（b）艾宾豪斯记忆曲线[11]

有助于理解神经元之间的信息传递和学习机制，还对人工神经网络的设计和优化提供了启示，尤其在模仿生物神经网络方面具有重要意义，并为基于人工电子突触的忆阻器件的发展提供了依据。

7.2.2　神经元与突触器件

在传统的基于冯·诺依曼架构的数字计算机中，信息处理主要依靠逻辑门和存储单元的线性序列操作，这限制了处理速度和能效。于是科学家们参考人脑的神经元和神经突触的功能来提高计算机的运算能力、降低能耗。而忆阻器网络可以模拟大脑的并行处理能力，通过调整连接各个忆阻器的电阻值来并行处理信息，这不仅提高了计算速度，而且还能大幅度降低能耗，被广泛应用与神经形态计算中。

神经形态计算旨在开发模拟人脑结构和功能的计算系统，以提高计算效率和处理复杂问题的能力。忆阻器的非线性和记忆特性使其成为构建神经形态计算系统的理想元件。通过在忆阻器网络中实现复杂的突触连接和调节机制，可以模拟大脑的动态学习过程，为解决复杂的模式识别、数据处理和决策问题提供了新的方法。忆阻器具有突触可塑性、多级存储等特性，近年来，随着人工智能和神经网络研究的不断深入，忆阻器在人工神经网络中的应用受到了广泛关注，特别是基于各种柔性的薄膜材料忆阻器，由于其可穿戴、便携等特点，在模拟人脑神经元与突触方面表现出了巨大的潜力。

（1）人工神经元器件

忆阻器，作为一个可以"记忆电阻"的器件，能够记住通过它的电荷，这意味着它的电阻是随着时间变化的，这一点与神经元的突触可塑性（即神经元连接的强度变化）类似。神经元之间的突触连接可以根据经验加强或减弱，这是学习和记忆的基础。另外，忆阻器表现出的非线性和开关特性，以及可以在不同电阻状态间切换的能力，类似于神经元的动作电位（或称为"尖峰"），即当神经元的膜电位达到一定阈值时，神经元会快速地放电并传递信号。忆阻器就可以模拟这种"开/关"行为，实现对神经元动作电位的模拟。

忆阻器可应用于模拟 Leaky Integrate-and-Fire（LIF）神经元，这展示了其在神经形态工程领域的重要价值。LIF 神经元模型通过简化的方式模拟了生物神经元的电活动，其基于接收电流积分增加膜电位，一旦膜电位达到阈值即发放动作电位，并随后重置膜电位，从而模拟生物神经元的兴奋与重置过程。忆阻器之所以适用于这一应用，是因为它们

235

能够在电阻值中存储信息，并根据通过的电流量改变电阻值，从而模拟神经元膜电位的积分增加、动作电位的发放以及膜电位的重置过程。

在使用忆阻器模拟 LIF 神经元时，首先通过电阻值的变化来模拟膜电位的积分过程。输入电流通过忆阻器时，其电阻值会根据电流大小而变化，相当于膜电位的积累。达到一定阈值时，模拟神经元发放动作电位。动作电位发放后，通过设计电路重置忆阻器的状态，模拟膜电位重置。

忆阻器的这些应用，虽然目前仍面临许多技术和实现上的挑战，比如精确控制忆阻器电阻变化的可靠性问题、忆阻器的长期稳定性以及如何在有限的空间内集成大量忆阻器来模拟复杂的生物神经网络，但其在神经科学和人工智能领域的潜在价值是不容忽视的。未来的研究需要不断优化忆阻器的材料和结构设计，提高其模拟生物神经元行为的准确性和稳定性，从而为开发高性能的神经形态计算系统和智能设备开辟新的道路。

（2）人工突触器件

忆阻器的电阻可根据通过它的电流或电荷的历史而改变，这种特性使其能够模拟神经突触的可塑性，即突触强度的调整是学习和记忆过程的基础。在人工突触的应用中，忆阻器可以被用来模拟生物神经突触的长时程增强（LTP）和长时程抑制（LTD），这是神经突触可塑性的两种主要形式。通过调整忆阻器的电阻值，可以模拟突触权重在重复刺激下增强或减弱的过程，从而实现对信息的存储和遗忘。这一机制为构建能够学习和适应环境变化的人工神经网络提供了基础。

经过近十年的发展，科研界利用忆阻器实现了多种突触功能，尤其是在学习记忆等方面。STDP 作为神经突触可塑性中长时可塑性的表现形式之一，是学习和记忆的基本机制，因而模拟 STDP 是神经突触仿生的重要环节。2010 年，Lu 研究组利用 Pt（顶电极）/Ag+Si/Si/W（底电极）结构的忆阻器成功模拟了 STDP。图 7.2.7 给出了忆阻器的结构[13]。图 7.2.7(c) 给出了利用该忆阻器模拟 STDP 的结果，器件的突触权重的变化（synaptic weight）和脉冲刺激相对时序（spike timing）呈现指数的关系。当 $\Delta t < 0$ 时，突触权重增大，增强的效果随着时间差越小而变弱；当 $\Delta t > 0$ 时，突触权重减小，减弱的效果随着时间差增大而变强。这样的变化和图 7.2.7(d) 中老鼠海马体神经元的兴奋性后电流和刺激的相对时序关系一致。

7.2.3　人工神经网络的硬件实现

近年来，神经形态器件通常用于人工神经网络（ANN）的硬件实现。通过人工神经元和突触等基础硬件的组合，模拟人脑的处理方式，提高了硬件的计算效率和处理复杂数据集的能力。目前，人工神经网络的发展呈现以下几个显著趋势。首先随着深度学习（机器学习领域的一个新的研究方向，是一种通过多层神经网络来学习和理解复杂数据的算法）的兴起，人工神经网络通过多层处理和复杂的结构设计，能在图像和语音识别领域处理高度复杂的数据，这在传统算法中是难以实现的。其次随着硬件技术的发展，尤其是 GPU（图形处理器，又称显示核心，是一种专门在个人电脑、工作站等设备上做图像和图形相关运算工作的微处理器）和专用芯片的发展，ANN 的计算速度和效率得到了显著

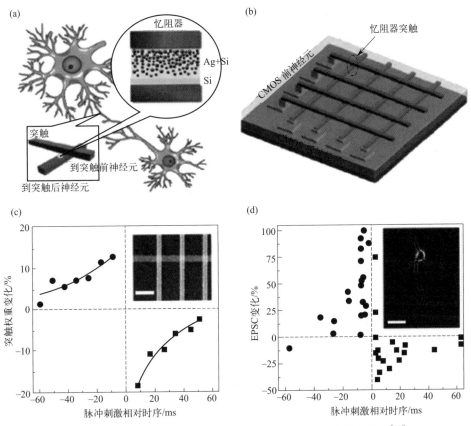

图 7.2.7　Pt（顶电极）/Ag＋Si/Si/W（底电极）结构的忆阻器[12]

提升，这些使得 ANN 能够处理大规模数据集，解决更加复杂的问题。与此同时，人工神经网络在理论和应用层面上也在不断进化。例如，出现了专注于能效和实时处理的轻量级网络结构长短期神经网络（LSTM）、生成对抗网络（GAN）等新型网络结构。这些进步不仅推动了人工智能技术的发展，也给医疗、金融、交通等领域带来了极大的影响。接下来将介绍 ANN 的构架及常用类型。

ANN 的概念灵感来自生物神经网络，它们在人工智能和机器学习领域占据着核心位置。人工神经网络的发展历程可以追溯到 20 世纪 40 年代，但直到近几十年，随着计算能力的显著增强和大数据的可用性，ANN 才真正蓬勃发展起来。

1943 年，Warren McCulloch 和 Walter Pitts 提出了最早的神经网络模型，即 M-P 模型。

1958 年，Frank Rosenblatt 发明了感知器（perceptron），这是最早的单层前馈神经网络模型（是一种最简单的神经网络，各神经元分层排列，每个神经元只与前一层的神经元相连），标志着现代 ANN 的开始。

1986 年，David E. Rumelhart、Geoffrey E. Hinton 和 Ronald J. Williams 发表了关于反向传播（backpropagation，BP）算法的研究，这推动了多层前馈神经网络（也称为 ANN 或 MLP）的发展。

1989 年，Yann LeCun 等人提出了卷积神经网络（CNN）的早期版本，用于手写数字识别。CNN 的设计灵感来自生物的视觉系统，特别适合处理图像数据。

循环神经网络（RNN）的概念早在 20 世纪 80 年代就有了，但是直到 90 年代，RNN 模型才因其在序列数据处理（如时间序列分析、语音识别等）中的优势而受到关注。

1997 年，Sepp Hochreiter 和 Jürgen Schmidhuber 提出了 LSTM 网络，这是一种特殊的 RNN，能够更好地处理长期依赖问题。

2006 年，Geoffrey Hinton 等人提出了"深度信念网络"的概念，标志着深度学习时代的到来。深度神经网络（DNN）通常指拥有多个隐藏层（介于输入层与输出层之间，用于提取和转换输入数据特征以生成抽象表示的神经网络层）的 ANN。

此外，脉冲神经网络（SNN）试图用更贴近生物神经网络的工作方式，使用脉冲序列进行信息传递，近年来随着硬件发展，如 IBM 的 TrueNorth 芯片，SNN 获得了更多关注。

而基于 RNN 发展而来的储备池计算近年来凭借其优异的性能得到了广泛的关注。储备池计算（echo state networks，ESN）是一种独特的递归神经网络架构，专为高效处理时间序列数据而设计。自 2001 年由 Jaeger 提出以来，它通过利用一个固定且随机初始化的大型动态系统——储备池，来捕获和处理输入数据的内部状态动态，而仅将训练的焦点放在网络的输出层上。这种方法的核心优势在于其简化的训练过程，因为储备池内部的连接权重在初始化后保持不变，从而大幅减少了模型的可训练参数数量。储备池计算模型尤其擅长捕捉复杂的时间序列动态，包括长期依赖关系，且在时间序列预测、语音识别和复杂系统建模等领域展现出显著的应用潜力。尽管储备池计算在某些特定任务上表现出色，但它并非适用于所有类型的问题，特别是那些需要精细网络权重调整的复杂任务。不过，其在处理长期依赖问题上的高效性和简化的训练过程，使其成为探索时间序列数据的一个有力工具。

人工神经形态器件是构成 ANN 的重要基础，它们通过模拟生物神经系统的工作方式，为 ANN 实现高效、自适应的计算奠定了基础。ANN 通常由多种神经形态器件构成，包括人工神经元、突触，以及用于将各类器件相连接的组件和控制器。其中人工神经元是使 ANN 能够模仿生物神经行为的基本单元，它们从其他神经元处接收信号，对信号加权、求和后通过激活函数（在人工神经网络的神经元上运行的函数，负责将神经元的输入映射到输出端），最终通过计算决定信号的输出。人工突触连接了前后两个神经元，在 ANN 中模拟生物神经网络的突触，负责神经元之间的信号传递。

目前，基于忆阻型人工神经网络实现多种神经形态学习的模拟得到了研究人员的广泛关注。特别是开发柔性电子突触器件，有助于在未来实现可穿戴计算机、可植入芯片和人工皮肤等应用。为了使忆阻器件具备延展、可拉伸和生物兼容等特点，需要将其制备在一些非传统的衬底上，如 PET 和 PDMS 等。然而，氧化物材料由于需要高温处理，限制了氧化物基忆阻神经突触在柔性可穿戴领域的发展。为了解决以上问题，河北大学科研人员采用柔软的云母作为衬底，制备出了具有柔性的 TiN/ZHO/IGZO 忆阻突触器件[13]。为构筑柔性可转移的氧化物基忆阻神经突触，研究人员提出了一个具有普适性的水溶 NaCl 方法：如图 7.2.8(a) 所示，将 $Pt/WO_x/Ti$ 忆阻器件制备在表面抛光 NaCl 衬底上，由于 NaCl 衬底的高耐热性，忆阻器件的制备不会损坏衬底[14]。利用水溶解 NaCl 衬底之后，自支撑的忆阻器件可以转移到不同的衬底上。图 7.2.8(b) 给出了分别转移至打印纸、3D 玻璃半球、果胶和 PDMS 衬底上的器件实物图，器件展现出柔性、随形可贴附和生物兼容性等应用潜力。更重要的是，转移至以上四种衬底的器件，依然能够模拟神经突触

STDP 学习功能 [如图 7.2.8（c）所示]，器件在转移过程中并没有被破坏。

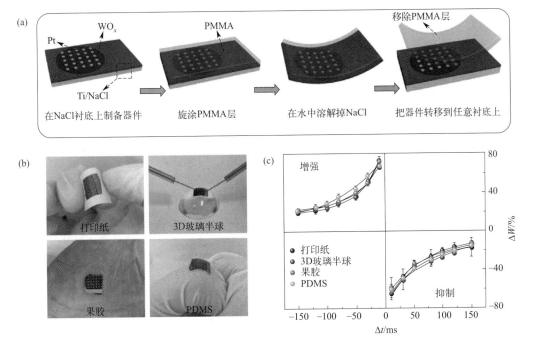

图 7.2.8　制备和转移忆阻器示意

（a）利用水溶方法制备可转移的 Pt/WO$_x$/Ti 忆阻神经突触器件示意图；（b）转移至打印纸、3D 玻璃半球、

果胶和 PDMS 衬底上的器件实物图；（c）转移至不同衬底上的忆阻器件 STDP 学习功能[14]

2022 年，有研究提出了一种新型的可穿戴有机铁电人工突触器件[15]，如图 7.2.9 所

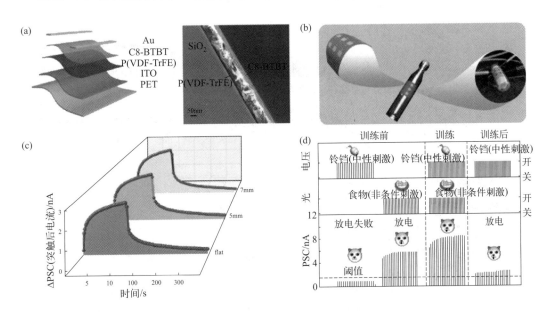

图 7.2.9　可穿戴有机铁电人工突触器件及性能

（a）可穿戴有机铁电人工突触器件；（b）对器件进行柔性弯折测试；

（c）不同弯折半径的 STDP 对比图；（d）巴普洛夫的狗仿真模拟[15]

示，器件具有光电双调制功能，实现了超低功耗的神经形态计算。该人工突触器件在电学和光学调制下能够模拟各种光电突触行为，包括兴奋后突触电流、成对脉冲促进、时序相关塑性、短期记忆到长期记忆的转变、滤波特性和学习行为。该人工突触器件具有超低功耗，并在不同弯折半径下测试器件的性能，均无明显退化。利用其双模态调制，可实现巴普洛夫狗（著名的心理学家巴甫洛夫用狗做了这样一个实验：每次给狗送食物以前打开红灯、响起铃声，这样经过一段时间以后，铃声一响或红灯一亮，狗就开始分泌唾液）的仿真模拟，为未来可穿戴设备和人工智能系统提供了新的思路。

7.2.4　感存算一体器件

感存算一体器件（sensor-computing-storage integrated device）是一种集成了传感、存储和计算功能的新型电子器件。传统计算系统中，数据在传感器（如光电、压电、气体传感器）、存储器和处理器之间的传输消耗大量时间和能量，而感存算一体器件通过将这些功能集成在单个器件中，可以显著提升系统性能并降低能耗。这种高效性使得数据传输需求减少，从而显著降低了延迟和能量消耗。此外，感存算一体器件能够实现数据的实时处理，对于自动驾驶和智能监控等需要实时响应的应用尤为重要。

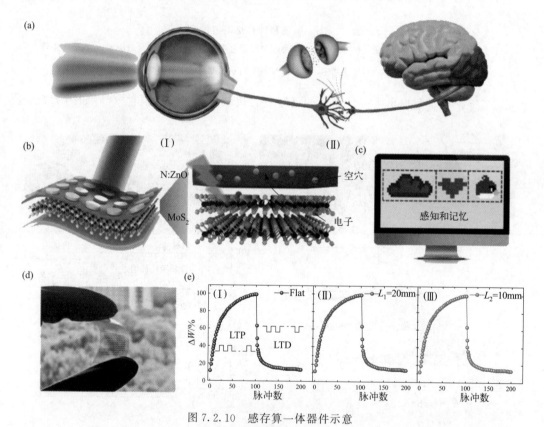

图 7.2.10　感存算一体器件示意

（a）人眼视觉系统；（b）基于 N：ZnO/MoS$_2$ 异质结的柔性光电突触器件示意图；（c）识别处理概念图；

（d）柔性弯折实物图；（e）不同弯折半径下的 LTP、LPD 特性[16]

以光电忆阻器为例，通常由光敏感材料、电极和控制电路等组成。光敏感材料的选择对器件性能至关重要，常用材料包括硅、氧化物、硒化物等，如果要实现柔性，还可采用有机半导体、杂化钙钛矿、二维材料等。这种器件需具有快速响应、低功耗和高稳定性等特点。此外，在工作时消耗的能量相对较低，有助于降低整体系统的能耗，并具有较高的稳定性和可靠性。

最近，有研究提出了一种基于 N:ZnO/MoS$_2$ 异质结的柔性光电突触器件，该器件整合了传感和记忆功能于单一单元中，如图 7.2.10 所示，该器件制备在了云母柔性衬底上[16]。通过该突触器件实现了多种突触功能，包括突触可塑性、长期/短期记忆以及学习-遗忘-再学习属性。此外，还模拟了集成感知和记忆的人工视觉记忆系统，并通过调节光参数来调节视觉记忆行为。同时，还通过向器件阵列施加混合电信号和光信号，验证了光电共调制行为，并探讨了其他相关的人工视觉系统和神经形态计算方面的研究。

在触觉传感方面，有研究提出了一种基于近传感器模拟计算架构的超快人工皮肤系统[17]。其制备在 PET 衬底上，以实现柔性人工皮肤的应用，如图 7.2.11 所示。该系统能够实时捕捉和处理触觉刺激，同时无须接口电子元件。通过将压力传感器阵列与柔性忆阻器阵列无缝集成，实现了同时处理多个原始模拟压力信号。该系统在实时噪声降低和边缘检测方面表现出色，响应速度快，能耗低于传统接口电子系统约 1000 倍，为未来的人机交互领域开辟了极为广阔的发展前景。

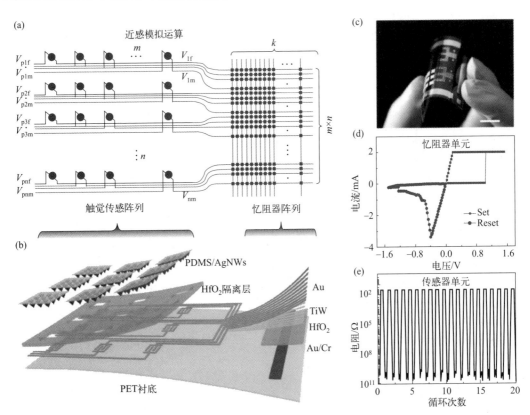

图 7.2.11　器件结构与运算过程

（a）器件运算过程；（b）器件结构图；（c）器件的柔性弯折实物图；（d）器件 I-V 曲线图；（e）器件阻态切换[17]

　　作为新型器件，感存算一体器件与芯片尚处在发展的初期阶段。虽然其具有许多优势和广阔的应用前景，但也面临着一些挑战，如材料的选择与制备、器件的稳定性和可靠性等。未来，随着材料科学和器件制备技术的不断进步，相信感存算一体的忆阻器芯片会在各个领域展现出更大的潜力和应用空间。

参考文献

［1］　Liu L, Geng B, Ji W, et al. A highly crystalline single layer 2d polymer for low variability and excellent scalability molecular memristors. Advanced Materials, 2022, 35 (6): 1-6.

［2］　Ren C, Zhong G, Xiao Q, et al. Highly robust flexible ferroelectric field effect transistors operable at high temperature with low-power consumption. Advanced Functional Materials, 2019, 30 (1): 1906131.

［3］　Leon C S M. Memristor the missing circuit element. IEEE Transactions on Circuit Theory, 1971, 18 (5): 507-519.

［4］　Strukov D B, Snider G S, Stewart D R, et al. The missing memristor found. Nature, 2008, 453 (7191): 80-83.

［5］　Wang G, Jiang S, Wang X, et al. A Novel Memcapacitor Model and Its Application for Generating Chaos. Mathematical Problems in Engineering, 2016, 2016: 1-15.

［6］　Wu J, Cao J, Han W Q, et al. Functional Metal Oxide Nanostructures. Springer, 2012.

［7］　le Gallo M, Sebastian A. An overview of phase-change memory device physics. Journal of Physics D: Applied Physics, 2020, 53 (21): 213002.

［8］　Chen J, Lu Y, Yang Z, et al. Neuromorphic Devices for Brain - Inspired Computing: Artificial Intelligence. Perception and Robotics, 2022: 125-147.

［9］　Hebb D O. The Organization of Behavior: A Neuropsychological Theory. McGill University: 2002.

［10］　Pradeep P, Atluri W G R. Determinants of the Time Course of Facilitation at the Granule Cell to Purkinje Cell Synapse. Journal of Neuroscience, 1996, 16 (18): 5661-5671.

［11］　廖向水, 李祎, 孙华军, 等. 忆阻器导论. 北京: 科学出版社, 2018.

［12］　Wan C. Electric-Double-Layer Coupled Oxide-Based Neuromorphic Transistors Studies. Singapore: Springer Singapore, 2019: 1-32.

［13］　Yan X, Zhou Z, Zhao J, et al. Flexible memristors as electronic synapses for neuro-inspired computation based on scotch tape-exfoliated mica substrates. Nano Research, 2018, 11 (3): 1183-1192.

［14］　Lin Y, Zeng T, Xu H, et al. Transferable and Flexible Artificial Memristive Synapse Based on WO_x Schottky Junction on Arbitrary Substrates. Advanced Electronic Materials, 2018, 4 (12): 1800373.

［15］　Li Q, Wang T, Fang Y, et al. Ultralow Power Wearable Organic Ferroelectric Device for Optoelectronic Neuromorphic Computing. Nano Lett, 2022, 22 (15): 6435-6443.

［16］　Xu L, Wang W, Li Y, et al. N: ZnO/MoS_2-heterostructured flexible synaptic devices enabling optoelectronic co-modulation for robust artificial visual systems. Nano Research, 2023, 17 (3): 1902-1912.

［17］　Wang M, Tu J, Huang Z, et al. Tactile Near-Sensor Analogue Computing for Ultrafast Responsive Artificial Skin. Adv Mater, 2022, 34 (34): e2201962.

第 8 章

柔性传感器

在国家标准 GB 7665—2005 中，对传感器的定义是："能感受规定的被测量并按照一定的规律（数学函数法则）转换成可用信号的器件或装置，通常由敏感元件和转换元件组成"。在信息时代的应用需求急速增长的背景下，传统的刚性传感器逐渐难以满足被测量信息的范围、精度和稳定情况等各性能参数理想化的要求，对于在特殊环境下的测量也具有一定的局限性，比如其无法做到贴合物体表面与进行机械变形。随着柔性电子技术的发展，具有良好机械性能的柔性传感器应运而生，它的出现正好解决了这一问题。柔性电子技术赋予了电子器件独特的柔韧性与延展性。采用柔性材料制成的传感器可以自由地拉伸、压缩、弯曲甚至折叠，因此可以与被测物件无隙贴合；因为材料和结构灵活多样，柔性传感器可以根据应用条件任意布置，方便对复杂被测物进行检测。从刚性到柔性的转换，传感器的应用场景得到了极大的拓展，在可穿戴器件、植入式传感器、电子皮肤、智能机器人（人机交互）、医疗保健、运动器材、纺织品、电子电工、航天航空、环境监测等领域都有所发展。

本章将首先介绍柔性传感器相关的特性参数与原理，接着重点分类介绍柔性物理传感器、柔性化学传感器与柔性生物传感器的原理、种类、研究进展和应用场景等内容。

8.1 传感器特性

传感器是能感受被测非电信号的变化，并将其不失真地变换成相应的电信号的器件，它们的输入量与输出量之间的对应关系就是传感器的特性。如图 8.1.1 所示，把一个传感器看作一个"黑盒子"，令输入量为 $x(t)$，输出量为 $y(t)$，"黑盒"表示的就是传感器系统的传输或转换特性 $h(t)$。本节内容将介绍传感器的特性参数，包含静态特性与动态特性。

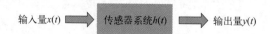

图 8.1.1　传感器系统结构

8.1.1　传感器的静态特性

静态特性指输入不随时间变化的特性，即传感器在被测输入量各个值处于稳定状态时的输出-输入关系。这里输入量的稳定状态是指趋于稳定：基本不变或变化缓慢。衡量传感器静态特性的重要指标包括：测量范围、满量程输出、校准与校准误差、准确度、线性度、灵敏度、迟滞、重复性、死区（dead band）、分辨力和分辨率、饱和、稳定性、漂移及可靠性。

（1）静态数学模型

仅考虑传感器的静态特性时，输入量与输出量之间的关系式中不含有时间变量 t。在理想情况下，传感器的静态数学模型可由代数方程式(8.1.1) 表示：

$$y(x)=a_0+a_1x+a_2x^2+\cdots+a_nx^n \tag{8.1.1}$$

式中，a_0 表示没有输入时的输出，即零位输出；a_1 代表传感器的线性灵敏度；a_2、a_3、$\cdots$、a_n 则为非线性项的待定常数。

设 $a_0=0$，在不考虑零位输出的情况下，静态特性曲线经过坐标轴的原点。根据 a_1、a_2、$\cdots$、a_n 是否为 0，静态特性曲线可以有以下四种典型的形式，见图 8.1.2。

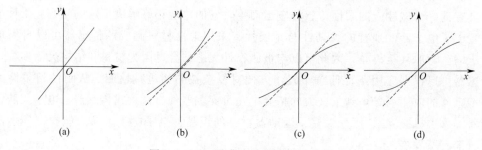

图 8.1.2　四种典型的静态特性曲线

当 $a_2=a_3=\cdots=a_n=0$ 时，静态特性曲线如图 8.1.2(a) 所示是一条直线，其表达式为：

$$y(x)=a_1x \tag{8.1.2}$$

当 $a_3=a_5=\cdots=a_{2k+1}=0$ $(k=1,2,\cdots,n)$ 时，静态特性的表达式为：

$$y(x)=a_1x+a_2x^2+a_4x^4+\cdots+a_{2k}x^{2k},k=1,2,\cdots,n \tag{8.1.3}$$

此时的静态特性曲线如图 8.1.2(b) 所示，其关于原点不具有对称性，线性范围窄，所以在设计传感器时应避免此种特性。

当 $a_2=a_4=\cdots=a_{2k}=0$ $(k=1,2,\cdots,n)$ 时，静态特性的表达式为：

$$y(x)=a_1x+a_3x^3+a_5x^5+\cdots+a_{2k+1}x^{2k+1},k=1,2,\cdots,n \tag{8.1.4}$$

如图 8.1.2(c) 所示，静态特性曲线关于原点中心对称，在原点附近有一段较宽的线性区域。

当 a_1，a_2，$\cdots$，a_n 都不为 0 时，静态特性的一般式为：

$$y(x)=a_1x+a_2x^2+a_3x^3+\cdots+a_nx^n \tag{8.1.5}$$

静态特性曲线如图 8.1.2(d) 所示，其经过原点但不具备对称性。

如果令 $x=-x$，代入式(8.1.5) 可得：

$$y(-x)=-a_1x+a_2x^2-a_3x^3+\cdots+a_nx^n \tag{8.1.6}$$

将式(8.1.5) 与式(8.1.6) 相减可以得到：

$$y(x)-y(-x)=2(a_1x+a_3x^3+\cdots+a_{2k+1}x^{2k+1}) \tag{8.1.7}$$

此时静态特性曲线的形状与图 8.1.2(c) 一致，具有较宽的线性区域，说明将两个传感器接成差动结构可以拓宽线性范围。

（2）静态特性分析与指标

① 测量范围（满量程输入）　可由传感器转换的输入量的动态范围称为测量范围或满量程输入（full scale，FS），它表示传感器所能测量到的最小输入量与最大输入量之间的范围。当最小输入量为 0 时，FS 数值代表了可应用于传感器而不造成不可接受的大误差的最高可能输入值。

② 满量程输出　满量程输出（full-scale output，FSO）是在提供最大输入量和最小输入量时测量到的输出量之间的代数差，且必须包括与理想传递函数（设计传感器所预期的输入与输出之间的数学关系）之间的所有偏差。

③ 校准与校准误差　当我们需要测量精度为 $\pm0.5℃$ 的温度，但可用的传感器的精度为 $\pm1℃$ 时，需要对该特定传感器进行校准，也就是说，需要在校准过程中找到其自身的传递函数。校准前需要已知传感器的传递函数的数学模型，如线性模型、指数模型等，来确定需要知道多少校准点（用于计算校正公式的点），以计算得到表达式中未知的变量。传递函数可以用多项式(8.1.1)来建模，校准点的数量则应根据所需的精度来选择。此外，为了降低生产成本，应该尽量减少校准点的数量。

校准误差是由于传感系统自身固有的随机误差和系统误差所导致的。校准误差多种多样，并且可能会根据校准过程中出现的误差类型不同而随之变化。如图 8.1.3，以某一线性传递函数 $y=a+bx$ 的两点校准为例，为了确定传递函数的斜率和截距，我们对传感器施加了 x_1 和 x_2 两个激励，得到了 y_1 和 y_2 两个相应的输出信号。在对第一个激励信号的测量绝对准确的情况下，第二个激励信号的响应产生了 $-\Delta$ 的误差，于是导

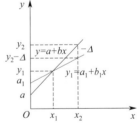

图 8.1.3　校准误差示意图

致了传递函数斜率和截距的误差。其中，截距误差 δ_a 可由计算得到：

$$\delta_a=a_1-a=\frac{\Delta}{y_2-y_1} \tag{8.1.8}$$

斜率误差 δ_b 为：

$$\delta_b=-\frac{\Delta}{y_2-y_1} \tag{8.1.9}$$

最终得到的斜率与截距就会存在一定的偏差，也就是校准误差。通常它是系统性的，并且同一流程生产出的传感器，其校准误差各不相同，但都处于制造商允许的范围内。

④ 准确度　传感器的一个非常重要的特性是准确性，这一特性也可以用不准确度表示。不准确度是指传感器表示的值与其输入的真实值所对应值的最大偏差。不准确度可以用根据输出计算出的理论输入值与实际输入值的差来表示。例如，理想情况下，线性位移传感器每 1mm 位移应产生 1mV 电压；也就是说，其传递函数的斜率（灵敏度）$b = 1$mV/mm。然而，在实际测量中，位移 $s' = 10$mm 产生的输出 $S' = 10.5$mV。此数字对应的位移值，可计算出位移为 $s_x = S'/b = 10.5$mm，即比实际多 $s_x - s' = 0.5$mm。这额外的 0.5mm 是测量中的偏差或错误。如果重复这个实验，消除随机性，并且每次观察到 0.5mm 的偏差，就可以说传感器在 10mm 尺度的系统性不准确度为 0.5mm。由于随机性总是存在的，因此系统性不准确度可以表示为多个偏差的平均值。

图 8.1.4(a) 用细实线表示了一个理想的传递函数，用粗实线表示一个实际传递函数，通常这个实际传递函数既不线性也不单调。由于材料不同、工艺、设计误差、制造公差和其他限制，即使当传感器在相同的条件下进行测试时，也可能产生许多不同的传递函数。为了保证传感器的正常工作，这些实际的传递函数必须在指定的准确度范围内，即与理想传递函数有 $\pm\Delta$ 以内的允许误差。图 8.1.4(a) 中的实际传递函数与理想传递函数存在 $\pm\delta$ 的偏离误差，其中 $\delta \leqslant \Delta$。当输入一个值为 x 的激励时，在理想情况下，这个值对应于传递函数上的点 z，并得到输出值 Y。然而，实际的传递函数对应在点 Z 处，得到输出值 Y'，该输出值对应于理想传递函数上的 z' 点，而该点又与一个值小于 x 的"潜在"输入激励 x' 有关。因此，该传感器传递函数的缺陷导致的测量误差为 $-\delta = x' - x$。

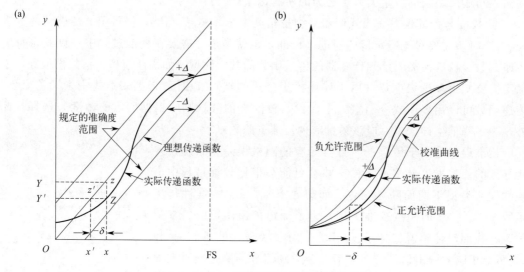

图 8.1.4　(a) 传递函数；(b) 准确性范围

准确度包括局部的变化、迟滞、死带、校准和重复性误差的综合影响。特定的准确度范围通常用于分析确定系统的最差性能（即准确度最差的情况）。图 8.1.4(b) 显示，$\pm\Delta$越小，代表实际传递函数越接近预设的校准曲线，意味着传感器的准确度越好。可以通过多点校准来实现 $\pm\Delta$ 的降低。这会使传感更为准确，但也会提高传感器生产成本。

不准确度的评估可以用多种形式表示：直接按测量值（Δ）计算、按测量范围的百分比计算和按输出信号计算。例如，一个压阻式压力传感器测量范围为 100kPa，它的满量程输出为 10Ω。其不准确度则可用 ±500Pa、$\pm0.5\%$ 或 ±0.05Ω 来表示。

⑤ 线性度　借助实验方法确定传感器静态特性的过程称为静态校准。当满足静态标准条件的要求，且使用的仪器设备具有足够高的精度时，测得的校准特性即为传感器的静态特性。由校准数据可绘制成特性曲线，通过对校准数据或特性曲线进行处理，可以得到传感器特性的数学表达式以及描述传感器静态特性的主要指标。

传感器的校准曲线与选定的拟合直线之间的偏离程度称为传感器的线性度，又称非线性误差 e_L。选定的拟合直线通常是设计传感器时所希望其能达到的理想情况。校准曲线与选定拟合直线之间的偏离程度的示意图如图 8.1.5 所示。

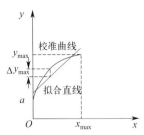

图 8.1.5　校准曲线与选定的拟合直线

e_L 可用公式表示为：

$$e_L = \pm \Delta y_{max}/y_{FS} \times 100\% \tag{8.1.10}$$

式中，Δy_{max} 是校准曲线与拟合直线的最大偏差；y_{FS} 是传感器的满量程输出值。

⑥ 灵敏度　灵敏度是指传感器在稳态工作情况下输出改变量与引起此变化的输入改变量之比。常用 S_n 表示灵敏度，其表达式为：

$$S_n = dy/dx \tag{8.1.11}$$

对于线性传感器，S_n 可表示为：

$$S_n = \Delta y/\Delta x \tag{8.1.12}$$

一般希望测试系统的灵敏度在满量程范围内保持恒定，以便于读数，也希望灵敏度的值越高越好，因为 S_n 越大，同样的输入对应的输出就会越大。

⑦ 迟滞　如图 8.1.6 所示，迟滞即在相同工作条件下做全量程范围校准时，正行程（输入量由小到大）和反行程（输入量由大到小）所得输出输入特性曲线不重合的现象。迟滞误差 e_h 可由式(8.1.13) 表示：

$$e_h = \pm \frac{1}{2} \times \frac{\Delta H_{max}}{y_{FS}} \times 100\% \tag{8.1.13}$$

式中，ΔH_{max} 表示在正反行程中输出量的最大偏差值（如图 8.1.6）；y_{FS} 表示传感器满量程输出值。

造成迟滞的典型原因有很多，如磁性材料的磁化和材料受力变形，机械部分存在（轴承）间隙、摩擦、紧固件松动、积尘、材料内摩擦和其中的结构变化。

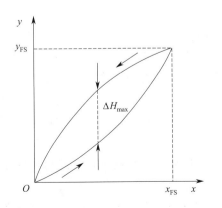

图 8.1.6　传感器的迟滞特性

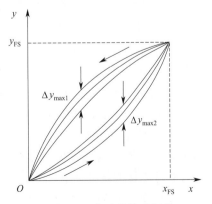

图 8.1.7　传感器的重复性

247

⑧ 重复性　重复性指传感器在输入量按同一方向作全量程连续多次测试时，所得特性曲线不一致的程度，可重复性（可再现性）误差是传感器在相同的条件下不能输出相同的值而引起的，可由 e_z 表示：

$$e_z = \pm \frac{\Delta y_{\max}}{y_{FS}} \times 100\% \qquad (8.1.14)$$

如图 8.1.7 所示，$\Delta y_{\max}$ 是 $\Delta y_{\max 1}$ 和 $\Delta y_{\max 2}$ 中的最大值。可重复性误差的可能来源是热噪声、累积电荷、材料的可塑性等。

⑨ 死区（dead band）　如图 8.1.8 所示，死区是指传感器在特定输入信号范围内的不灵敏度。在这个范围内，输出可能在整个死区区域内保持在某一个值（通常为零）附近。

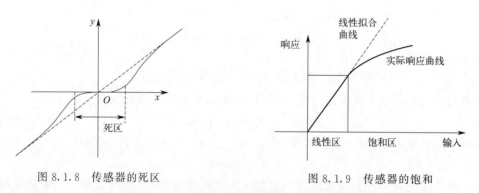

图 8.1.8　传感器的死区　　　　　　图 8.1.9　传感器的饱和

⑩ 分辨力和分辨率　分辨力是指传感器能够检测出的被测量的最小变化量。当被测量的变化量小于分辨力时，传感器对输入量的变化不会出现任何反应。对数字式仪表而言，如果没有其他说明，可以认为该表的最后一位所表示的数值就是它的分辨力。分辨力以满量程输出的百分数表示时，则称为分辨率。

⑪ 饱和　传感器输入存在限制范围。在输入激励超出某些范围时，其输出信号也将不再有响应。如图 8.1.9 所示，当进一步增加输入激励而未产生理想的对应输出，则称传感器呈现饱和状态，传感器的实际响应曲线进入饱和区。

⑫ 稳定性　稳定性表示传感器在一个较长的时间内保持其性能参数的能力。理想的情况是不论什么时候，传感器的特性参数都不随时间变化。但实际上，随着时间的推移，大多数传感器的特性会发生改变。这是因为敏感元件或构成传感器的部件，其特性会随时间发生变化，从而影响了传感器的稳定性。

⑬ 漂移　漂移是指在外界的干扰下，在一定时间内，传感器输出量发生与输入量无关、不需要的变化。漂移通常分为零点漂移和灵敏度漂移，如图 8.1.10 所示。产生漂移的主要原因有两个：一是传感器自身结构参数的变化；二是周围环境（如温度、湿度等）导致输出变化。零点漂移或灵敏度漂移按形式又可分为时间漂移和温度漂移：时间漂移是指在规定的条件下，零点漂移或灵敏度漂移随时间的缓慢变化；温度漂移是指当环境温度变化时引起的零点漂移或灵敏度漂移。

⑭ 可靠性　可靠性是指传感器在规定的条件下和时间内，完成规定功能的一种能力。衡量传感器可靠性的指标如下：

a. 平均无故障时间。平均无故障时间是指传感器或检测系统在正常的工作条件下，连续不间断地工作，直到发生故障，而丧失正常工作能力所用的时间。

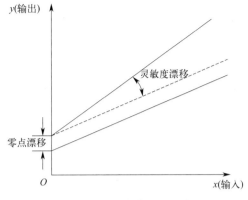

图 8.1.10　传感器的漂移

b. 平均修复时间，即排除故障所花费的时间。

c. 故障率。故障率也称为失效率，它是平均无故障时间的倒数。

8.1.2　传感器的动态特性

传感器的动态特性指其输出对随时间变化的输入量的响应特性。一个动态特性好的传感器，其输出将再现输入量的变化规律，即具有相同的时间函数。实际上，输出信号不可能与输入信号具有相同的时间函数，任何系统的输出与输入之间的时间函数均存在差异，这种差异就是动态误差。动态特性除了与传感器的固有因素有关之外，还与传感器输入量的变化形式有关。

由于实际测量时的输入量千变万化，而且通常是事先未知的，因此工程上采用输入标准信号函数的方法进行分析，并据此确立若干评定动态特性的指标。常用的标准信号函数是正弦函数与阶跃函数，与之相对应的分析方法即为频率响应法和阶跃响应法。

（1）频率响应法

频率响应法指从传感器的频率特性出发研究传感器的动态特性。此时传感器的输入信号是正弦信号，响应特性为频率响应特性。因为大部分传感器可简化为单自由度一阶系统或单自由度二阶系统，所以这里主要介绍一阶和二阶传感器的频率响应。

① 一阶传感器的频率响应　一阶传感器微分方程为：

$$a_1 \frac{\mathrm{d}y(t)}{\mathrm{d}t} + a_0 y(t) = b_0 x(t) \tag{8.1.15}$$

式中，a_0、a_1、b_0 是与传感器的结构特性有关的常系数。令时间常数 $\tau = a_1/a_0$，静态灵敏度 $S_n = b_0/a_0$，时间常数 τ 具有时间的量纲，它反映传感器惯性的大小（即传感器输入突然发生变化时，输出变化到对应值的反应时间），静态灵敏度说明其静态特性。通过傅里叶变换与拉普拉斯变换，可以得到幅度 $A(\omega)$ 与频率 ω 的关系，即幅频特性如下：

$$A(\omega) = \frac{1}{\sqrt{1 + (\omega\tau)^2}} \tag{8.1.16}$$

其相频特性：

$$\Phi(\omega) = -\arctan(\omega\tau) \tag{8.1.17}$$

当 $\omega\tau \ll 1$ 时，有 $A(\omega) \approx 1$，$\Phi(\omega) \approx 0$，传感器的输出与输入呈线性关系，且相位差也很小，此时输出能比较真实地反映输入的变化。因此，减小 τ 可以改善传感器的频率特性。

除了用时间常数 τ 表示一阶传感器的动态特性外，在频率响应中也用截止频率 ω_c 来描述传感器的动态特性。截止频率一般是指幅值比下降到零频率幅值比的 $1/\sqrt{2}$ 倍时所对应的频率，反映了传感器的响应速度：截止频率越高，传感器的响应速度越快。对于一阶传感器，其截止频率为 $1/\tau$。

② 二阶传感器的频率响应　二阶传感器的微分方程为：

$$a_2 \frac{d^2 y}{dt^2} + a_1 \frac{dy}{dt} + a_0 y = b_0 x \tag{8.1.18}$$

式中，a_2、a_1、a_0、b_0 是与传感器的结构特性有关的常系数。令：

$$\omega_n = \sqrt{a_0/a_2}, \quad \xi = a_1/(2\sqrt{a_0 a_2}) \tag{8.1.19}$$

其幅频特性、相频特性分别为：

$$A(\omega) = \frac{1}{\sqrt{\left[1 - \left(\dfrac{\omega}{\omega_n}\right)^2\right]^2 + \left[2\xi\left(\dfrac{\omega}{\omega_n}\right)\right]^2}} \tag{8.1.20}$$

$$\Phi(\omega) = -\arctan \frac{2\xi \dfrac{\omega}{\omega_n}}{1 - \left(\dfrac{\omega}{\omega_n}\right)^2} \tag{8.1.21}$$

式中，ω_n 为传感器的固有角频率；ξ 为阻尼比。

传感器频率响应特性的好坏主要取决于传感器的固有频率和阻尼比。当 $\xi < 1$，$\omega_n \gg \omega$ 时，$A(\omega) \approx 1$，$\Phi(\omega)$ 很小。此时，传感器的输出 $y(t)$ 再现了输入 $x(t)$ 的波形。通常，$\omega_n > (3 \sim 5)\omega$。

为了减小动态误差和扩大频率响应范围，一般需要提高传感器的固有频率 ω_n，而固有频率与传感器运动部件质量 m 和弹性敏感元件的刚度 k 有关，即 $\omega_n = (k/m)^{1/2}$。增大刚度 k 和减小质量 m 都可提高固有频率；但刚度 k 的增加会使传感器的灵敏度降低。因此，在实际中应综合各因素来确定传感器的各特征参数。

③ 频率响应特性指标　如图 8.1.11 所示，频率响应特性指标如下：

a. 通频带 $\omega_{0.707}$：传感器在对数幅频特性曲线上幅值衰减 3dB 时所对应的频率范围；

b. 工作带 $\omega_{0.95}$（或 $\omega_{0.90}$）：当传感器的幅值误差为 $+5\%$（或 $+10\%$）时其增益保持在一定值内的频率范围；

c. 时间常数 τ：用时间常数来表征一阶传感器的动态特性，τ 越小，频带越宽；

d. 固有频率 ω_n：二阶传感器的固有频率 ω_n 表征其动态特性；

e. 相位误差：在工作频带范围内，传感器的实际输出与所希望的无失真输出间的相位差值；

f. 跟随角 $\Phi_{0.707}$：当 $\omega = \omega_{0.707}$ 时，对应于相频特性上的相角即为跟随角。

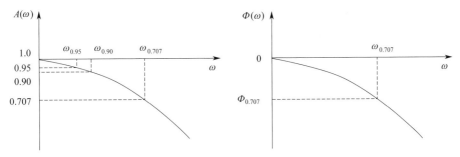

图 8.1.11 传感器的频率响应特性指标

（2）阶跃响应法

研究传感器的动态特性时，在时域状态中分析传感器的响应和中间过程被称为时域分析法，用得比较多的标准输入信号有阶跃信号和脉冲信号，传感器的输出瞬态响应分别称为阶跃响应和脉冲响应。下面以传感器的单位阶跃响应来评价传感器的动态性能指标。

① 一阶传感器的单位阶跃响应　对初始状态为零的传感器，当输入一个单位阶跃信号 $x(t)$：

$$\begin{cases} x(t)=0 & t \leqslant 0 \\ x(t)=1 & t > 0 \end{cases} \tag{8.1.22}$$

代入公式（8.1.15）可得一阶传感器的单位阶跃响应信号为：

$$y(t)=1-\mathrm{e}^{-\frac{t}{\tau}} \tag{8.1.23}$$

相应的响应曲线如图 8.1.12 所示。由图可见，由于传感器存在惯性，因此其输出并不能立即复现输入信号，而是从零开始按指数规律上升，最终达到稳态值。理论上传感器的响应只在趋于无穷大时才达到稳态值，但通常认为 $t=(3\sim4)\tau$ 时，如当 $t=4\tau$ 时，其输出就可达到稳态值的 98.2%，即可认为已经达到稳态。所以，一阶传感器的时间常数越小，响应越快，响应曲线越接近于输入阶跃曲线，即动态误差越小。因此，τ 值是一阶传感器重要的性能参数。

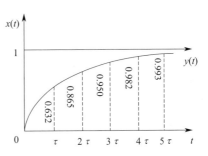

图 8.1.12　一阶传感器的单位阶跃响应

② 二阶传感器的单位阶跃响应　由式（8.1.18）可得二阶传感器的单位阶跃响应为：

$$y(t)=1-\left(\mathrm{e}^{-\xi\omega_{\mathrm{n}}t}/\sqrt{1-\xi^2}\right)\sin(\omega_{\mathrm{n}}t+\varphi_2) \tag{8.1.24}$$

图 8.1.13 为二阶传感器的单位阶跃响应曲线。二阶传感器对阶跃信号的响应在很大程度上取决于阻尼比 ξ 和固有角频率 ω_{n}。$\xi=0$ 时，阶跃响应是一个等幅振荡过程，这种等幅振荡状态又称为无阻尼状态；$\xi>1$ 时，阶跃响应是一个不振荡的衰减过程，这种状态又称为过阻尼状态；$\xi=1$ 时，阶跃响应也是一个不振荡的衰减过程，但是它是一个由不振荡衰减到振荡衰减的临界过程，故又称为临界阻尼状态；$0<\xi<1$ 时，阶跃响应是一个衰减振荡过程，在这一过程中 ξ 值不同，衰减快慢也不同，这种衰减振荡状态又称为欠阻尼状态。固有频率 ω_{n} 由传感器的结构参数决定，固有频率 ω_{n} 也是等幅振荡的频率，ω_{n} 越高，传感器的响应也越快。

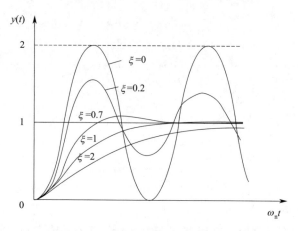

图 8.1.13　二阶传感器的单位阶跃响应

③ 传感器的时域动态性能指标　　如图 8.1.14 所示，传感器的时域动态特性指标如下：

　　a. 时间常数 τ：一阶传感器输出上升到稳态值的 63.2% 所需的时间；

　　b. 延迟时间 t_d：传感器输出达到稳态值的 50% 所需的时间；

　　c. 上升时间 t_r：传感器输出达到稳态值的 90% 所需的时间；

　　d. 峰值时间 t_p：二阶传感器输出响应曲线达到第一个峰值所需的时间；

　　e. 超调量 σ：二阶传感器输出超过稳态值的最大值；

　　f. 衰减比 d：衰减振荡的二阶传感器输出响应曲线的第一个峰值与第二个峰值之比。

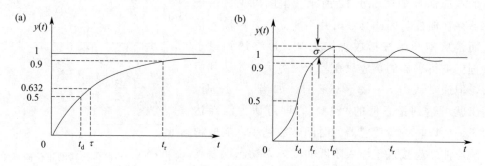

图 8.1.14　一阶和二阶传感器的时域动态性能指标
(a) 一阶传感器的时域动态性能指标；(b) 二阶传感器的时域动态性能指标

8.2　柔性物理传感器

　　传感器按其工作机理可主要分为物理传感器、化学传感器和生物传感器。物理传感器是基于物理规律或效应的装置，通过敏感元件或转换元件将难以测量但可直接感知的物理量转换为适用于测量的电信号。这一转化过程实现了对应力、温度、磁场、光照等物理量的感知、获取与检测。而柔性的物理传感器不仅具备一般物理传感器的基本功能，还可呈现出机械柔韧性、可拉伸性和保形性等特征，使其能够在各种复杂表面甚至机械形变的情况下进行测量，可支持各种接触式或无损式的信息采集、传输和处理。下面将介绍几种典型的柔性物理传感器。

8.2.1 电容式传感器

电容式传感器具有稳定性高、结构简单、动态响应快、分辨率高、无漂移等特性，相关研究与应用众多。较为常见的结构是两个电极中夹着一层特殊的介电层。根据平板电容的电容值计算公式：

$$C = \frac{\varepsilon_r \varepsilon_0 S}{d}$$

式中，C 是传感器的电容；ε_r 是介电层的相对介电常数；ε_0 是真空中的介电常数；S 是电介质层的有效表面积；d 是上下电极间的距离。当施加外力时，电容传感器的电容会随着介电层相对面积的改变，或者随相对间距及介电常数的变化而变化，进而引起电路中输出信号的变化，可由此反向计算原始信号。当然实际使用的电容式传感器并不一定限定为平板电容器，其电容计算公式一般也更为复杂，但其原理与平板电容相似。

典型的柔性电容式传感器是由一对电极和一个柔性介质层组成的三明治状结构，衬底为柔性材料。电极材料的选择除了要考虑良好的导电性外，还应考虑化学稳定性和力学性能等因素。常用的导电材料有金属薄膜、金属纳米线、碳材料以及聚合物凝胶膜。对于柔性介质层，为了提高传感器的灵敏度，通常使用高介电常数的材料。介质层材料大致可分为聚合物介质和织物介质两类。

常用的聚合物介质的杨氏模量相对较高，为了提高传感性能，有时也需要改变聚合物介电材料的结构。聚二甲基硅氧烷（PDMS）、聚对苯二甲酸乙二醇酯（PET）、可降解塑料 Ecoflex、聚氨酯（PU）、聚酰亚胺（PI）、聚乙烯醇（PVA）等聚合物薄膜是常用的柔性基底[1]。其中，PDMS 因其高弹性、热稳定性和化学稳定性而被广泛应用于传感器中。

此外，缝隙较大、柔韧性好的织物也可用作柔性基底。在涤纶织物上电镀镍、铜等金属作为电极层，与 100% 涤纶编织可熔衬布可组装成柔性电容传感器[2]，并成功应用于人体呼吸的检测。织物介电材料主要有经编间隔型和机织结构型[3]。经编间隔织物由间隔丝上下两个表面层构成具有复杂形状的纺织结构，在两个表面层中间，间隔丝以独特的空间架构，将两个表面层撑开一定的厚度从而形成空气层。这种独特的三明治结构使得经编间隔织物具有良好的透气性、压缩性、增强性以及二次开发性等优势。机织织物是由两组垂直的纱线相互交叉和交织，形成一个连贯稳定的结构。对于这两种织物，间隔织物一般较厚，变形范围较大。因此，具有间隔结构介质层的传感器的检测范围相对较大。

灵敏度是决定传感器性能的重要参数，电容式传感器的灵敏度定义为：

$$S_n = \frac{\Delta C}{\Delta X} \tag{8.2.1}$$

再结合式(5.4.13)，可以得到：

$$S_n = \frac{C_0}{\Delta X}\left(\frac{d_0}{d} \times \frac{S}{S_0} \times \frac{\varepsilon_r}{\varepsilon_{r_0}} - 1\right) \tag{8.2.2}$$

式中，C_0 是电容式压力传感器的初始电容；ΔC 是电容变化量；ΔX 是待测物理量的变化值变化；S_0 和 S、d_0 和 d、ε_{r_0} 和 ε_r 表示变化前后两层电极的相对面积、距离和相对介电常数。S_n 值越大，传感器就越容易感知到电容变化。可以从公式中看出，提高灵敏度需要单独或同时改变 S、d 或 ε 的值。

以电容式柔性压力传感器为例，一些常用的介电弹性体的杨氏模量较高，柔性传感器的电极间距在较小的压力下较难改变，导致电容变化较小，灵敏度较低。到目前为止，为了扩大电容式柔性压力传感器的应用范围，人们进行了大量的研究，以提高其灵敏度。

提高传感器灵敏度的有效途径包括以下三个方面[1]：构建介质或电极的微结构；在聚合物弹性体中添加导电填料以生成复合介质；在介电层中引入微孔。

在介质或电极中构建微结构已成为提高柔性电容式压力传感器灵敏度的主要研究方向之一。具有介电弹性体/电极的微结构会导致其黏弹性降低，从而可以避免传感器滞后的增加，并且由于杨氏模量的降低，微结构的介电/电极相对容易变形。此外，微结构还包含了空气，使传感器的有效介电常数在变化时效果更好。这里，微结构传感器的有效介电常数可以估计为[4]：

$$\varepsilon_{eff} = \varepsilon_a V_a + \varepsilon_p V_p \tag{8.2.3}$$

式中，ε_{eff} 是介质层的有效介电常数；ε_a、ε_p 分别是空气和弹性介质材料（$\varepsilon_p > \varepsilon_a$）的介电常数；$V_a$、$V_p$ 分别是气隙和弹性介质材料在总体积中的占比。当压力增大时，ε_{eff} 将由于 V_a 的减小、V_p 的增大而增大。

2010 年有研究[5]将微结构引入介质中，利用硅模板制备了具有金字塔微结构的 PDMS 介质层。在此基础上，开发了一种层次化金字塔微结构[6]，通过光刻和湿法腐蚀在硅模表面形成不同尺寸的倒金字塔结构，然后将 PDMS 层从模具中脱模并与 Pt 黏合，得到分级微结构电极，如图 8.2.1 所示。这种分层结构降低了大金字塔的密度，从而提高了传感器的灵敏度。同时，小金字塔的插入可以减小传感器的迟滞，避免了对灵敏度的影响。该传感器可以实现对脉搏的准确采集。

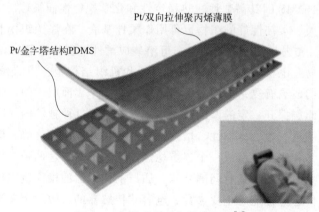

图 8.2.1 层次化金字塔微结构[6]

虽然光刻、化学刻蚀、湿法刻蚀等方法可以制造出高精度、高分辨率的微结构，但成本相对较高。针对这一问题，一些研究采用天然材料作为模板，成本低，加工方法通用。有科学家[7]将 PMMA 包覆在玫瑰花瓣上，得到具有倒置微凸结构的 PMMA 模板。将 PDMS 溶液浇注到 PMMA 模板上，固化后释放，得到与玫瑰花瓣结构相同的微结构 PDMS 介电层。层压后，微结构的 PDMS 介电层与上下的 ITO/PET 电极结合，得到基于玫瑰花瓣微结构的压力传感器，如图 8.2.2 所示。

使用天然材料方便环保，但固有的微观结构的大小很难控制，难以确保一致。因此，一些研究人员使用相对便宜的模板或其他经济的方法来制造微结构。有研究[8] 以商用氧化铝为模板，制备了具有双面微结构介质层的高灵敏度压力传感器。采用高介电常数、低黏弹性的 P(VDF-TrFE) 作为介电材料，使用两个相同的氧化铝模板通过热压获得了具有双面纳米管柱的介质层，然后将其与铜/PI 电极组装成传感器，如图 8.2.3 所示，传感器的灵敏度达到 0.35kPa^{-1}。

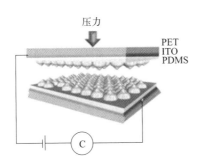

图 8.2.2　与玫瑰花瓣结构相同的
微结构 PDMS 介电层[7]

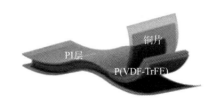

图 8.2.3　双面微结构介质层的
高灵敏度压力传感器[8]

目前，复合介质在压阻式传感器中得到了广泛的应用。然而，这种介质在电容式传感器中的应用仍然有限。复合介质在提高电容式传感器灵敏度方面的研究相对于微结构的研究较晚。通常是通过在弹性介质材料中添加一定量的高介电常数的导电填料或陶瓷填料而形成的。所选择的导电填料种类与电极导电材料相似，主要包括碳纳米管、炭黑、石墨烯等碳材料和金属颗粒、金属纳米线等金属材料。除了导电填料外，还可以使用一些高介电常数的陶瓷颗粒作为填料[1]。例如，有研究[9]通过在聚二甲基硅氧烷介电材料中加入一些纳米银颗粒，使传感器的灵敏度得到提高。虽然这种传感器的灵敏度仍然低于压阻式和压电式传感器，但在某种程度上，该传感器可以从脉冲中检测到非常微小的压力变化，如图 8.2.4 所示。

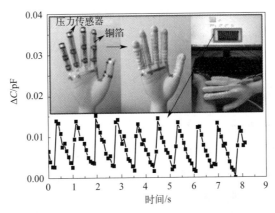

图 8.2.4　聚二甲基硅氧烷介电材料中加入纳米银颗粒传感器[9]

制备具有孔洞的介电层可以降低其杨氏模量。如果电介质层受到的压力增加，电极间距会减小，气孔逐渐闭合，其介电常数会增大。制备多孔介质层的方法很多，最常用的方法是牺牲溶剂法，即在聚合物弹性体中加入一种中间材料作为造孔材料，然后在特定条件下去除中间材料，得到多孔弹性体。

有研究[10]在PDMS溶液中加入常用发泡剂碳酸氢铵（NH_4HCO_3）。通过加热去除牺牲溶剂，制备了多孔PDMS介电材料。该研究为低成本大规模生产多孔介质层提供了一种新的方法。利用多孔PDMS介质层和ITO/PET电极组装了电容式传感器。与使用常规PDMS介质的传感器相比，灵敏度有了显著的提高。该传感器测量压力范围广、灵敏度高，可实时、可靠地监测脉搏和足底压力，在人体运动检测中具有很大的应用潜力。

虽然通过引入一定数量的微孔提高了传感器的灵敏度，但在低压范围内的灵敏度仍然有限，这限制了其在电子皮肤和其他需要在低压范围内具有高灵敏度的领域的使用。有科学家提出[11]，通过搅拌将去离子水均匀分散在PDMS中，并加热24h制备了一层多孔PDMS介电材料。不同去离子水质量比（C_W）的传感器灵敏度不同，当$C_W=0.3$时，传感器具有最高的灵敏度，远高于使用平面PDMS介质的传感器（$C_W=0$）。其（$C_W=0.3$）在小于0.02kPa压力范围内的灵敏度为1.18kPa^{-1}，在小于5kPa范围内具有较高的灵敏度，适用于制造电子触摸屏、高灵敏度电子皮肤和其他器件。

在上述研究中，微孔在弹性体中随机分布，其大小很难控制。随后有研究[12]受药用海绵的启发，仿照其内部结构制作传感器。首先，将相同尺寸的聚苯乙烯微球均匀堆积在一起作为模板，然后将PDMS溶液完全包覆在聚苯乙烯微球上。固化后，如图8.2.5所示，通过刻蚀获得了具有均匀多孔结构的PDMS介质层。介电材料的微孔大小由聚苯乙烯微球的大小来调节。使用介电电极和ITO/PET电极的传感器的灵敏度为0.63kPa^{-1}，大大

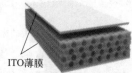

ITO薄膜

图8.2.5　均匀多孔结构的
PDMS介质层传感器[12]

高于非结构传感器的0.08kPa^{-1}。这表明它适合于对电子皮肤进行触觉感知。然而，这种在基质中引入其他材料来制造微孔的方法，过程太复杂，成本太高，无法大规模生产。

还有研究[13]将氧化石墨烯溶液在−50℃冷冻，然后在真空中干燥，得到氧化石墨烯泡沫电介质层。采用氧化石墨烯泡沫介质层的传感器在低压范围内（0~1kPa）的灵敏度为0.8kPa^{-1}，是平面介质层的2×10^3倍，是聚烯烃泡沫的1.6×10^3倍。因此，它可以用来监测来自微小物体的压力，如花瓣（约0.24Pa）。

8.2.2　光电式传感器

（1）光电探测器原理

光电响应器件的研究可以追溯到19世纪。1839年，法国物理学家埃德蒙·贝克勒尔（Edmund Becquerel）发现，当材料暴露在光线下时，可以产生微弱的电流。1873年，英国电气工程师威勒毕·史密斯（Willoughby Smith）发现硒的导电性高度依赖于落在其上的光，他将结果发表在《自然》杂志上，题为"电流通过期间光对硒的影响"。1887年，德国物理学家海因里希·赫兹（Heinrich Hertz）观察到，用紫外线照射的电极更容易产生电火花。这就是所谓的光电效应（也称为光电发射效应）。1905年，阿尔伯特·爱因斯坦通过量子模型（光子）成功地解释了光电效应，他的理论是每个光量子的能量等于频率

乘以一个常数，后来称为普朗克常数。高于阈值频率的光子具有发射单个电子所需的能量，从而产生所观察到的效应。这一发现导致了物理学的量子革命，并为爱因斯坦赢得了1921 年的诺贝尔物理学奖。从那时起，基于光电效应的重要应用已经成为我们日常生活中不可或缺的组成部分，如光电导器件和太阳能电池。

光电效应是光辐射和被辐射激发的物质发生相互作用，引发材料的电导率改变。光电效应包括外光电效应与内光电效应，发生在物体表面的光致电子发射，称为外光电效应。而发生在物体内部引起光电导变化或光电压改变的称为内光电效应。

光电探测器基于光电效应的原理，可以将光信号转换为电信号，通常以电流或电压的形式呈现。其基本机制是通过吸收光子产生电子-空穴对。然后通过电场分离、收集光生电子和空穴，并将其转移到外部电路，该电场由反向偏置结或半导体的外部电压引起。

下面是光电探测器件几种代表性的工作原理。

① 光伏效应　光伏效应是指当光线照射到半导体材料表面时，光子能量被吸收并激发了其中的自由电子，使其跃迁到导带中，从而产生电子-空穴对。这些电子-空穴对在半导体内部分离并沿着电场方向移动，最终形成电流。光伏效应实现了光能向电能的转换，是太阳能光伏发电技术的基础。光伏效应不仅在太阳能发电中有重要应用，还在光电器件、光学通信等领域有着广泛的应用。本书在第 5 章已经对光伏效应进行了介绍，在此就不再赘述。

② 光电导效应　光电导效应是半导体材料的电导随入射光能量变化的现象。在光的作用下，入射的光子能量被半导体材料吸收。当光子能量大于或等于半导体材料的禁带宽度时，电子-空穴对将被激发，在价带和导带形成自由载流子，从而改变半导体材料的电阻值。光敏电阻是基于这种效应的光电器件。

正光电导效应是在光的入射下电导率增加的现象。在光的照射下，如果光子能量大于或等于禁带宽度，则半导体吸收光并产生大量的电子-空穴对。电子-空穴对被分离并由偏置驱动以形成电信号。同时，载流子浓度增加，电阻减小，电导率和电流增加。半导体在光下的电导率（σ）由两部分组成：暗电导率（σ_0）和在光照下增加的电导率（$\Delta\sigma$）。总电导率可以写为：

$$\sigma = \sigma_0 + \Delta\sigma = \sigma_0 + q\mu_e\Delta n_e + q\mu_p\Delta n_p \tag{8.2.4}$$

式中，μ_e 和 μ_p 分别是电子和空穴的迁移率；Δn_e 和 Δn_p 分别是光照下电子和空穴的增加浓度。

③ 光热效应　除了光电效应的光电探测之外，光致的热电效应也可用于光电传感器，即利用热释电效应。热释电器件是一种能够将热能转换为电能的器件，利用材料的热致电效应实现能量转换。它可以应用在温差能发电、热敏电阻、红外传感器等领域。基于热释电的光探测器原理是材料吸收光后，将光能转为热能，从而改变热释电材料中的自发极化，在外电路中产生瞬时的光电流。热释电光响应可应用于多种波段的光探测，特别是红外探测。在第 5 章已经对此原理进行了介绍，在此就不过多赘述。

④ 光电探测器的参数与表征　光电探测器与第 5 章太阳能电池具有部分相同的表征参数，包括在光照和无光照的测试环境下伏安特性 $I\text{-}V$ 曲线、转换效率、量子效率等，也包含了特有的光电特性参数，如响应度、信噪比、探测器灵敏度和响应时间等。不同类的光电探测器在部分参数中具有优异的特性，但在某些指标中存在缺陷。下面对常用的光

电探测器表征参数进行介绍。

量子效率（quantum efficiency，QE）：它是描述光电转换器件光电转换能力的一个重要参数，其公式为：

$$QE = \frac{I_{ph}/q}{P_i/(h\nu)} \tag{8.2.5}$$

式中，QE 代表入射到探测器的单个光子所能产生的光电子数目，又称为外量子效率 EQE；I_{ph} 表示光电探测器产生的光电流；P_i 代表入射光功率。与 EQE 对应的是内量子效率（IQE），在需要考虑器件对入射光的反射等损耗时，上式分母中的入射光功率改为实际吸收的入射光功率，可得到 IQE。

响应度：可视为灵敏度，与量子效率有直接关系，是量子效率的外在表示，响应度 R_v 与量子效率成正比。其表达式为：

$$R_v = \frac{I_{ph}}{P_i} \text{或} R_v = \frac{V_{ph}}{P_i} \tag{8.2.6}$$

式中，V_{ph} 表示光电探测器产生的光电压。

线性度：描述光电探测器输出信号与输入信号线性关系的程度。

噪声等效功率（noise equivalent power，NEP）：信噪比 SNR 为 1 时所需入射光的辐射功率。噪声等效功率越小探测性能越好，NEP 的倒数为光电器件的探测度，是衡量光电器件探测能力的一个重要指标。其表达式为：

$$NEP = \frac{V_n}{R_v} \tag{8.2.7}$$

式中，V_n 为噪声电压，单位为 V。

探测率 D：表征探测器灵敏度的量，其大小与探测器的接收面积的平方根、带宽的平方根均成正比，可用 $D = 1/NEP$ 表示。当探测器的接收面积为单位面积，放大器的带宽为 1Hz 时，单位功率的辐射所获得的信噪比，即归一化的探测率，称为比探测率，记为 D^*，单位为 $cm \cdot Hz^{1/2} \cdot W^{-1}$。

$$D^* = \frac{(S_0 \Delta f)^{1/2}}{NEP} \tag{8.2.8}$$

式中，S_0 为器件光敏面积；Δf 为带宽。

信噪比 SNR：光电探测器中信号功率与噪声功率的比值。光电探测器在完成光电转化过程中，不仅会表征被测器件的电压、电流信号，也伴随着无用噪声的电压、电流，这种起伏的噪声信号决定了探测器的探测能力。该值越大，意味着干扰越小，光电探测器的性能越好。噪声包含种类较多，有暗电流噪声、散粒子噪声、热噪声、低频噪声等。

暗电流：暗电流可以定义为没有光入射的情况下探测器存在的漏电流，是接入电路后由于热电子发射、场致发射或半导体中晶格热振动所激发出来的载流子产生的电流，与外来光照射无关。

散粒噪声：由于电子或光生载流子的粒子性，发射的粒子数量无规则浮动会对器件造成噪声。

热噪声：来源于电阻内部自由电子或电荷载流子的不规则运动，与温度 T 成正比，与探测器响应带宽成反比，与频率无关。

低频噪声：1kHz 以下的低频区域，且与调制频率成反比的噪声。

（2）柔性光电探测器

柔性光电探测器具有柔韧、质量轻薄、易制备等优点，在可穿戴设备、可弯曲电子产品等领域具有重要的应用前景。下面介绍一些具体的柔性光电探测器。

① 有机光电探测器（organic photodetector，OPD） 经过多年的发展，有机光电探测器的研究取得了长足的进展，其性能得到了显著的提高，其中一些性能现已可与无机光电探测器相媲美，有望用于成像应用、医疗和健康护理、工业控制和化学/生物检测等领域。例如，基于 P3OT 和 PCBM 的 OPD，结合彩色滤光片和线扫描仪，可以实现全彩色的图像采集[14]（102 像素×160 像素的全彩色数字图像）。2005 年，Someya 等人开发了第一台纸质图像扫描仪，包含有机晶体管和有机光电二极管的二维阵列，无须任何光学或机械组件[15]。纸张扫描仪的轻便性和灵活性使其便于携带，并且可以设计成多种形状，该原型设备的有效感应面积为 4in²❶，分辨率为 36dpi（点数/in），并且可以轻松提高到 250dpi。

2008 年，甚至出现了 10000 像素的 OPD 无源焦平面阵列[16]。该图像阵列模仿了人眼的尺寸和结构，其中每个像素由基于双层有机光学器件的 $40\mu m \times 40\mu m$ OPD 组成，具有全可见光谱响应的异质结构。OPD 在 $-1V$ 偏置电压下显示出 $(5.3\pm0.2)\mu A/cm^2$ 的暗电流密度，在 640nm 波长下的峰值 EQE 为 12.6%±0.3%，响应时间为 20ns±2ns。

2014 年，So 等人成功制作了基于有机/量子点近红外光电探测器和透明 OLED 的上转换器件，实现了近红外光探测和直视成像[17]。刘等人还制备了纯有机透明上转换器件，并成功实现了图像质量 400dpi 的 3D 近红外成像[18]。

2017 年，有研究报道了使用 3D 打印掩模和转印冲压工艺制造的半球形 OPD，也显示出良好的图像。这些技术允许在半球形基底上直接形成 OPD 图案，而不会产生过度应变或变形。

有机光电探测器还可用于位置检测领域。2009 年，Koeppe 等人报道了大面积、半透明和灵活的 OPD，能够确定光和触摸点的大小和绝对位置[19]。如图 8.2.6 所示，可以通过收集手指散射的光，通过 OPD 发出的光电流信号来确定位置。

此外，OPD 在生物检测和医疗保健方面也显示出巨大的潜力。2014 年，报道了一种基于 OPD 和 OLED 集成的脉搏血氧计传感器[20]，并且与柔性基板兼容。绿色和红色 OLED 以及对其发射波长敏感的 OPD 用于实现全有机脉搏血氧计传感器。有机脉搏血氧饱和度传感器由红色与绿色 OLED 阵列及 OPD 组成，与驱动 OLED 的微控制器连接，测量 OPD 信号并将数据传输到计算机进行分析。如图 8.2.7 所示，OLED 阵列和 OPD 放置在手指的相对侧上。来自 OLED 的入射光被脉动动脉血、非脉动动脉血、静脉血和其他组织衰减。当用 OPD 采样时，由于大量的新鲜动脉血，手指中的光吸收在收缩期（心脏的收缩阶段）达到峰值。在舒张期（心脏的舒张阶段），动脉血向心室的反向流动减少了感测位置的血容量，这导致光吸收的最小值。动脉血容量的这种连续变化转化为脉动信号-人体脉搏。从脉动信号中减去由非脉动动脉血、静脉血和组织产生的直流信号，以给

---

❶ 1in＝2.54cm。

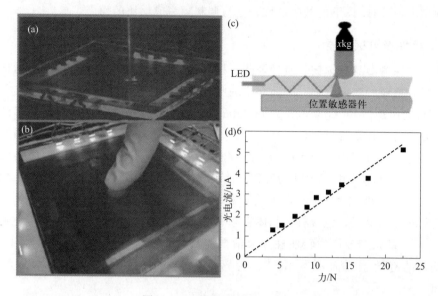

图 8.2.6　某 OPD 结构与性能

（a）触摸板设备的照片，利用金属棒将光耦合出 PDMS 波导；（b）用手指将光耦合出波导；
（c）带有大面积光电二极管和弹性体触摸板的触摸板示意图；（d）光电流与施加到金属棒上力的关系[19]

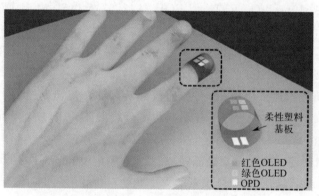

图 8.2.7　采用有机光电传感器的脉搏血氧仪[20]

予脉动动脉血中的氧合血红蛋白和脱氧血红蛋白吸收的光量。该脉搏血氧仪传感器可以准确测量脉率和氧合，误差分别为 1％和 2％。

　　虽然有机半导体显示出许多优于无机半导体的优点，但有机光电探测器的整体性能仍然不如无机光电探测器，有机半导体的柔性、大面积、低成本等优势没有充分发挥出来，目前仍主要集中在基础研究和创新研究上。此外，大多数有机半导体材料在暴露于水蒸气、氧气和其他污染物时倾向于降解，器件寿命仍是限制 OPD 实际应用的重要因素之一。

　　② 杂化材料——钙钛矿型光电探测器　金属卤化物钙钛矿是最近几年发展比较快速的钙钛矿材料，它具有高吸收系数和量子效率的直接带隙，使其具有优异的电学和光学特性，被广泛地应用在光电领域，如钙钛矿太阳电池、钙钛矿发光二极管、光电探测器等。

　　2014 年，钙钛矿光探测器开始萌芽，Hu 等人利用沉积在柔性 ITO 涂层基底上的

$CH_3NH_3PbI_3$ 薄膜，展示了第一个基于有机铅卤化物钙钛矿的宽带光电探测器。有机铅卤化物钙钛矿光电探测器对从紫外光到整个可见光的宽带波长敏感，在 365nm 和 780nm 处的光响应度分别为 3.49A/W 和 0.0367A/W（偏压为 3V），而外量子效率分别为 $1.19\times10^3\%$ 和 5.84%。该光电探测器表现出了优异的灵活性和鲁棒性，多次弯曲后光电流没有明显变化，具有高灵敏度、高速和广谱光响应等特点[21]。

2016 年以来，各种类型的钙钛矿光探测器例如横向和垂直结构钙钛矿光探测器陆续出现，尤其是垂直自供能型、单晶和低维钙钛矿光探测器。例如，黄劲松课题组基于 $PTAA/MAPbI_3/C_{60}$ 功能层制备了垂直结构的自供能型光探测器，实现了超快的光响应[22]。Wang 等人采用窄带隙钙钛矿（$FASnI_3$）$_{0.6}$（$MAPbI_3$）$_{0.4}$ 作为活性层，并通过器件优化实现了宽光谱探测[23]，如图 8.2.8 所示。随后，还出现了基于薄单晶的垂直 p-i-n 型钙钛矿单晶光探测器，由于单晶中不存在晶界，该结构可显著降低电荷复合，进而获得了更优异的光探测性能。

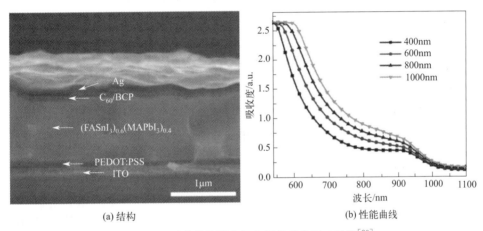

(a) 结构　　　　　　　　　(b) 性能曲线

图 8.2.8　垂直结构混合组分钙钛矿光敏二极管[23]

由此趋势来看，有机-无机杂化钙钛矿光电探测器在器件种类、性能、工艺制备和应用等方面均表现出良好的性能，有望应用于高性能光电子器件领域，在未来发挥更重要的作用。

③ 基于纳米材料的光电探测器　受纳米材料特性的启发，基于不同纳米材料的光电探测器也得到了越来越多的关注，包括传统的低维半导体和新型的二维层状材料得到了广泛的研究，并通过控制它们的尺寸和结构实现了对光电性能的调控。

a. 基于 0D 纳米材料的柔性光电探测器。

零维（0D）纳米结构材料可以通过调整其尺寸和形状来调整材料的能带结构，包括量子点和纳米晶体（NCs）。相应的半导体纳米晶体的直径被控制在 100nm 以下，具有单晶或者多晶的特点，其物理性质可以通过调整晶体的尺寸来调节，可以与基于溶液的制备工艺很好地兼容，并具备良好的机械柔韧性以及机械稳定性，从而可以大规模应用于低成本的柔性光电探测器的制备。

例如，可将 ZnO 纳米晶体沉积在天然芦苇薄膜上，并且利用 Al 和 Ag 形成肖特基二极管型探测器，该紫外柔性光电探测器具有极高的外量子效率以及紫外波段的光响应度[24]。

2015 年，Wu 等人为光电探测器设计了一种垂直结构，由夹在金和铝电极之间的 ZnO NCs 嵌入簧片膜（一种振动膜，具有良好透明度的薄且多孔的纤维素结构）组成，如图 8.2.9 所示。通过使用纤维素结构作为嵌入活性材料的间隔层，ZnO 和 Au 之间可以很容易地实现肖特基结，从而提高了响应速度。而 Al 和 ZnO 之间则形成欧姆接触。该器件能够在没有外部偏置的情况下操作，即可以利用光伏效应进行操作，因此属于自供电型器件。在零偏压下，该器件在整个 UV 区域实现了＞1％的总体外量子效率，并在 350nm 波长处达到了＞3％的峰值，而响应速度小于 1s。

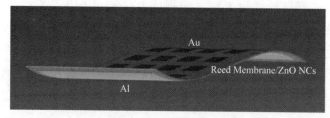

图 8.2.9　装置结构示意图[24]

b. 基于 1D 无机纳米材料的柔性光电探测器。

与薄膜或块状纳米结构相比较，一维纳米结构在高性能柔性光电探测器中的应用具有相应的优势。首先，一维纳米结构具有较大的表面积与体积比，因此具有许多陷阱态，可以显著延长光生载流子的寿命，而它们的一维特性和单晶性质保证了自由载流子的高载流子迁移率。其次，这种结构能够提供均匀的单晶通路，从而有效地传输电荷，缩短光生载流子通过导电通道的传输时间。这两个特性对于提高光电探测器的响应度和光电导增益非常有利。此外，一维纳米结构沿其自然生长方向具有巨大的纵横比，因此具备出色的机械灵活性。

Albiss 等人开发的柔性 UV PD 就是一个例子。他们在柔性聚二甲基硅氧烷基底上生长了 ZnO 纳米棒，该器件表现出优异的透明度和柔韧性[25]。最近，Amos 等人引入了一种通用且廉价的方法，通过利用紫外光氧化图案直接诱导水溶液中的成核和生长，在柔性基底上制造了 CdS 纳米带（如图 8.2.10 所示）[26]。由于半导体制备中使用良性溶剂且无须高温处理，该技术与聚合物基底高度兼容。当柔性器件在 514nm 光照射下曝光时，具有优异的光响应。

c. 基于 2D 层状材料的柔性光电探测器。

近年来，基于二维材料及其异质结构的光电探测器引起了人们极大的研究兴趣。基于二维材料的光电探测器由于其独特的电子学和光电学特性，在超快光响应、超宽探测带和超灵敏探测等方面取得了令人瞩目的成就。这些 2D 材料，包括半金属石墨烯、半导体黑磷、过渡金属二硫属化物、绝缘六方氮化硼及其各种异质结构，显示出了带隙值的宽分布。迄今为止，已经报道了数百种基于 2D 材料的光电探测器。

石墨烯是最早被发现的二维材料，但是单层的石墨烯材料过于单薄，运用于柔性光电探测器的制备中无法保证有效的光吸收。而且石墨烯的无带隙特征也导致了石墨烯材料中的光生载流子的寿命非常短，无法产生高效的光生电流，从而无法确保优良的光电探测器的相关性能。

幸运的是，除了石墨烯以外的二维层状材料还包括六方氮化硼（h-BN）、过渡金属硫

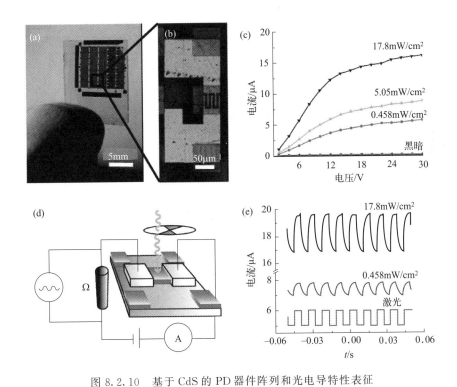

图 8.2.10　基于 CdS 的 PD 器件阵列和光电导特性表征

（a）透明柔性 PET 基板上的一系列器件；（b）单个 PD 器件的光学显微照片；（c）不同辐照功率密度下的暗电流和光电流；（d）随时间变化的信号电流测量示意图；（e）使用 90Hz 斩波的 514nm 激光进行开关测试[26]

化物（TMDs）、石墨氮化碳（g-C_3N_4）、层状双氢氧化物以及少层黑磷（BP）等。它们与石墨烯具有类似的结构但是组成又有区别，因此表现出了丰富的性质，在光子学和光电子学领域得到广泛研究。与其三维对应物相比，这些材料展现出独特的电子和光电性能。对于光探测而言，特别是 TMD 和少层 BP，它们具备许多优势。除了高透明度、出色的柔韧性和易加工性之外，这些二维层状材料的能隙可以通过调整层数来轻松调节，使其适应不同波长的光检测需求。

以 TMDs 为例，由于具有层厚度依赖的可控带隙和高吸光度，可以通过完全关闭导电通道（高开/关比）来实现低暗电流，这有利于敏感的光响应，是柔性光电检测器件的绝佳候选者之一。此外，它们还具有极高的机械灵活性和高透明度。到目前为止，报道最多的是 MoS_2 器件，其间接带隙为 1.2～1.8eV（单层为直接带隙，为 1.9eV），载流子迁移率高达 $480cm^2/(V \cdot s)$，开关比可达 10^6。Ma 等人在聚芳酯基板上制造了 MoS_2 柔性光电探测器（光电晶体管结构），并由 PVP 层完全封装 [图 8.2.11（a）][27]。所选的 PVP 层对于 400～900nm 波长具有大于等于 80% 的高透射系数 [图 8.2.11（b）]。此外，PVP 羟基充当电子供体，有助于去除氧气和水分子等电荷捕获吸收物，并降低接触电阻和 MoS_2 薄层电阻。与非封装器件 [$9.1cm^2/(V \cdot s)$ 和 1.3×10^5] 相比，呈现出了更高的迁移率 [$15.5cm^2/(V \cdot s)$] 和电流比（6.4×10^5）。响应度从 0.02A/W 增加到了 2A/W [图 8.2.11（c）]，而探测率从 2.0×10^9 增加到 3.1×10^{12} [图 8.2.11（d）]，与之前的 PMMA 封装器件相比提高了百倍以上。

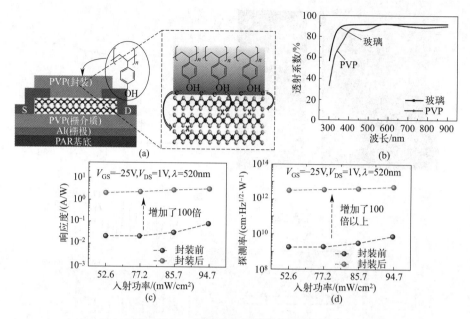

图 8.2.11　层状光电探测器结构与性能

（a）PVP 封装的 MoS_2 光电探测器的示意图以及 PVP 上的电子供给和减少电荷陷阱效应的图示；
（b）PVP 层光传输，波长范围为 $300\sim900nm$；（c）PVP 封装和非封装光电探测器的响应度与入射功率的关系，
封装光电探测器的响应度增加了 100 倍；（d）PVP 封装和非封装光电探测器的探测率与入射功率的关系，
封装光电探测器的探测率增加了 100 倍以上[27]

　　研究显示，可通过光电探测器阵列获取光学信息，再将测量到的光学信息转换为电信号，然后由电极阵列传输给视神经，可恢复人类的视觉功能。例如，有研究基于 $MoS_2/$石墨烯异质结构构建了一个半球形弯曲光电探测器阵列[28]。结合一种具有软表面涂层的柔性印刷电路板，其中包括跨阻放大器、逆变器和微控制器单元（用于测量放大的信号并产生编程的电信号），将获得的信号通过开发的超薄神经接口电极传输到视神经。并利用老鼠进行了生物体内实验，首次展示了一种基于二维材料的电子眼技术，可以有效地刺激视神经。

8.2.3　压电式传感器

　　19 世纪 80 年代居里兄弟发现压电效应后，压电材料发展迅速。压电材料会在机械力的作用下变形，从而导致正负电荷中心的相对位移。因此，当整个压电材料是电中性时，电荷中心位移的差异会导致材料内部的电极化。压电式柔性传感器主要就是运用压电效应，通过对压电材料施加压力来产生电信号。对于不同材料和形状的传感器，产生的电势差各不相同，但都是相应压力的函数，通过电信号的变化可以反映压力的变化。科学家们利用压电效应来测量加速度和动态力等参数。

　　用于压电式传感器的材料主要可分为无机材料和有机材料。无机材料包括锆钛酸铅（PZT）陶瓷、钛酸铅（$PbTiO_3$）和氧化锌；而有机材料包括 PVDF 和 nylon-11。无机材

料大多具有高强度、高硬度、高灵敏度、低成本、性能稳定性好等优点。然而，这些材料通常也是脆性的，在高温或低温环境下稳定性较差，这限制了其在可穿戴柔性应变传感器中的应用。因此在实际运用中也需要使用各种方式来克服这些缺点。例如，有研究[29]通过浸渍法，使用 PZT 和环氧树脂复合材料制备了压电纤维阵列，纤维直径约 $10\mu m$。将纤维有序地嵌入环氧树脂基体中，材料会表现出明显的各向异性。沿纤维纵向的压电灵敏度更高；纵向的最高输出电压是横向的 2 倍，纵向灵敏度方向的最高应变约为横向应变的 4 倍。利用这类 PZT 纳米纤维可制备出具有各向异性的 PZT/PDMS 压电传感器[30]，传感器阵列具有高分辨率，可实时定性地感知冲击力的分布和大小，如图 8.2.12。并且这个传感器阵列还具有很高的耐用性、可重复性和较大的工作范围。

　　作为应用最广泛的有机压电材料，PVDF 的制备方法相对简单，如电纺法、溶剂法、印刷法和气相沉积法。PVDF 具有良好的柔韧性、较强的耐化学腐蚀性和良好的可加工性。利用这些优点，制备出了各种类型性能卓越的 PVDF 压电传感器。PVDF 材料在外力（压力或拉力）作用下沿特定方向变形，PVDF 发生内部极化。PVDF 内的电偶极矩缩短（受到压力时）或延长（受到拉力时），同时在材料表面上感应出正电荷和负电荷。有研究[31] 使用低温光刻工艺生产 PVDF 柔性薄膜压

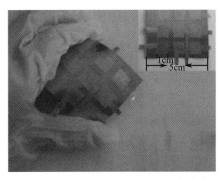

图 8.2.12　高分辨率柔性传感阵列[30]

电传感器。因为高温会导致 PVDF 的 β 相极化程度降低，导致压电性能的严重退化。他们采用低温制造工艺制造了 PVDF 薄膜压电传感器，以保留 PVDF 薄膜 β 相的压电特性，甚至可将 PVDF 传感器添加到 Nike 的腕带中[32]，可以对人体手腕运动进行定量感知与测量。

　　由于 PVDF 中电活性 β 相比例不高，因此可通过掺入其他材料以提高其比例。例如 MoS_2，它是一种性能卓越的无机二维材料。通过将 MoS_2 纳米片嵌入 PVDF 中[33]，可增加 PVDF 中 β 相的比例，制造的柔性压电传感器性能得到了显著提高。

　　有科学家[34] 将氟化纳米纤维（FNC）添加到 PVDF 中，进一步改善了压电性能。FNC 表面的三氟甲基有助于疏水性 PVDF 链的润湿。这促进了纤维素 OH 基团和 PVDF 之间的二次相互作用。这些相互作用最终导致 PVDF 链的全反式构象和 β 相比例的增加。在 PVDF 中仅掺入 2%（质量分数）的 FNC 就能显著提高压力灵敏度，可检测到的压力极限非常低，仅为 10Pa，灵敏度高达 18mV/kPa。这种复合材料对强迫连续振动也表现出极高的灵敏度。在给定应变下，2FNC/PVDF 复合材料的电压响应比纯 PVDF 高一个数量级。此外，PVDF 还可以与油胺功能化氮化硼纳米片、MXene 弹性材料、多巴胺等多种其他材料结合，获得具有特定性能的柔性压电传感器。

　　此外，静电纺丝是制造柔性 PVDF 纳米纤维压电传感器的主要方法之一。PVDF 聚合物溶液在强电场作用下变成喷射流进行纺丝加工可以得到 PVDF 纳米纤维。在高电压下拉伸 PVDF 纳米纤维，将使其由 α 相转变为 β 相，这种处理也会增加 β 相比例。有研究[35] 使用静电纺丝工艺制造了柔性 PVDF 纳米纤维压电传感器。他们所用的纤维直径约 420nm±150nm，纵向压电系数 $d_{33} = -18pm/V \pm 4pm/V$，传感器表现出了异常快速

的响应。

柔性压电传感器还可以通过有机和无机压电材料组合起来制造。有研究[36]采用脉冲激光沉积和基质辅助脉冲激光方法，将 PVDF 和 $Ba(Ti_{0.8}Zr_{0.2})O_{3-x}(Ba_{0.7}Ca_{0.3})TiO_3$（可简写为 BTO）材料集成到单一结构中。随后将该复合材料与 PVDF/还原氧化石墨烯/BTO 纳米颗粒混合，采用熔融纺丝法制备了卷曲的纤维。然后，通过编织工艺缝合可穿戴传感器。其灵敏度为 $7.34mV/kPa$，可满足日常肌肉运动检测的要求。

相较于其他传感器，压电式柔性压力传感器具备自供电能力，即将外界压力转化为电能，能够传感复杂变形并具有快速响应的特性，从而具有广泛的应用前景。

8.2.4 其他物理传感器

（1）电阻式柔性传感器

电阻式传感器的原理是利用应力、应变、湿度等物理量的变化对电阻值的影响来实现由物理信号转变为电信号的目的。例如用温度敏感电阻和前面介绍的光敏电阻来实现对温度、光强的监测，利用压力改变材料形状进而改变电阻的原理，制成压敏电阻器来监测压力和重力变化。还有利用环境湿度变化改变电阻的原理来实现对湿度的检测。由于这些电阻式传感器具有结构精简、工作原理简单、制作工艺相对简单、性能优良等优点，因此被广泛应用于各种领域。

在过去的一段时间里，为了提升传感器的性能，研究人员从传感材料的优化以及探索不同形貌的表面结构两个方面，开展了广泛而深入的研究。受到向日葵表面层结构的启发[37]，研究人员通过在碳化纤维织物上原位生长二硫化钼（MoS_2）纳米片，制备了一种层次化结构的杂化材料，如图 8.2.13 所示。当受到不同压力时，二硫化钼纳米片会随着织物的几何形变发生改变，从而导致接触电阻的相应变化。

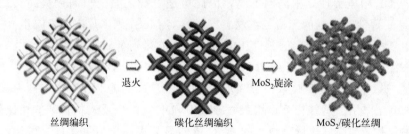

图 8.2.13　碳化纤维织物生长二硫化钼（MoS_2）纳米片作为柔性压力的传感材料[37]

有研究报道[38]了一种由碳纳米管/聚二甲基硅氧烷（CNT/PDMS）多孔海绵和两组叉指电极组成的柔性传感器。受到外部刺激（如压力、拉伸和弯曲）时，顶部和底部的叉指电极分别对施加的力做出响应并将其转换为电流信号。通过分析两个电极之间的响应电流方向与大小，可反推外部刺激的性质和形变程度，如图 8.2.14 所示。所设计的传感器在 $0\sim1kPa$ 的低压区域，上电极的灵敏度为 $0.75kPa^{-1}$，下电极的灵敏度为 $1.1kPa^{-1}$。

还有研究[39]通过化学气相沉积合成了三维弹性多孔碳纳米管海绵，并将其成功应用于电阻柔性传感器，其结构如图 8.2.15 所示。碳纳米管海绵的微纤维具备在外力作用下发生变形并相互接触的特性。这种接触导致在碳纳米管微纤维之间形成新的导电路径，这

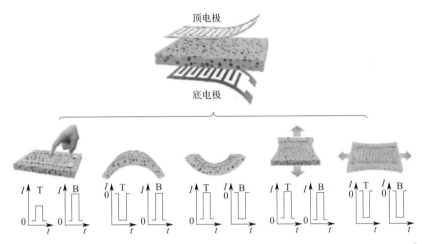

图 8.2.14　碳纳米管/聚二甲基硅氧烷多孔海绵和两组叉指电极组成的柔性传感器[38]

一机制正是该传感器实现传感功能的基本原理。这种基于碳纳米管海绵的传感器在很大的压力范围内具有超高的灵敏度，响应时间只需 120ms，并具有超过 5000 次循环的出色耐用性。

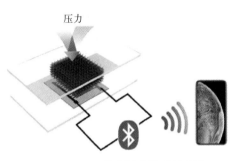

图 8.2.15　三维弹性多孔碳纳米管海绵传感器[39]

（2）电感/磁型柔性传感器

根据法拉第定律，如果电流通过一个与另一个线圈距离很近的线圈，那么第二个线圈中就会出现电磁场。因此，基于这种电感/磁转换机制的传感器不需要外部电源或诸如蓝牙或 Wi-Fi 等附加电路，可以直接进行无线传输数据。电感/磁性型柔性应变传感器将电感线圈/磁体与柔性矩阵集成在一起。当传感器受到外力时，电感线圈与柔性衬底一起变形，或者磁体相对于柔性衬底移动，这就导致线圈的电感或磁铁的磁场分别发生变化。最后，通过无线感应装置接收信号变化，实现对这种变化的检测。图 8.2.16 显示了电感/磁型应变传感器的典型结构。

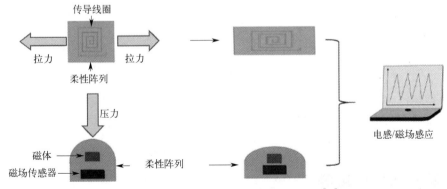

图 8.2.16　电感/磁型应变传感器的结构[40]

电感是电感线圈几何形状和电导率的函数。通过设计一种柔软柔顺的电感线圈，并将其与柔性衬底相结合，可以获得无线应变传感器。例如在隐形眼镜中嵌入感应器线圈，通过互感实现无线无创实时眼压监测[41]。或者将柔软微小的螺旋电感线圈植入硅橡胶介质中，该电感传感器可作为人工机械感受器用于触觉传感[42]。也有研究[43]在硅片上溅射了一层金，随后用光刻技术将其制作成一个由分形蛇形线圈组成的 LC 谐振电路并将电路转移到 PDMS 基板上，如图 8.2.17。由于具有分形结构，电感线圈具有较高的延展性和稳定性。线圈的电感随施加在 PDMS

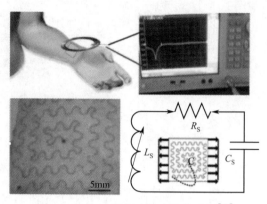

图 8.2.17　LC 谐振电路应变传感器[43]

衬底上的应变而变化，这反过来导致电路的谐振频率变化。根据电路的谐振频率的变化，该传感器可以检测高达 40％的应变，并表现出 6.74MHz（1％）的高响应。

随着霍尔效应传感器的迅速发展，利用磁传感器制作的柔性应变传感器也应运而生。当电子在柱状导体内运动时，由于磁场的作用，偏转力会使移动的电子横向往一侧移动并堆积，导致导体内产生横向的霍尔电位差。外力作用在嵌有磁铁和霍尔传感器的可变形弹性体时，磁铁相对于霍尔传感器发生位移。因此，霍尔传感器得到的信号差可以用来分析弹性衬底上的外力。如图 8.2.18 所示[44]，对于这类结构的磁感与霍尔综合传感器，当从上方施加压力时，随着磁通量的变化，霍尔传感器内部将出现感应电流。而当侧面受到外力时，霍尔传感器内部由于霍尔效应将出现上下电压差。通过读取电流与电压来判断与计算外加压力或形变的大小。

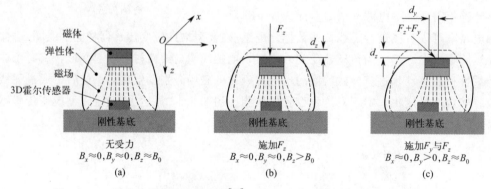

图 8.2.18　磁感与霍尔综合传感器[44]（其中 F 代表外力，B 为磁感应强度，
下标 x、y、z 代表力或磁场方向）

柔性物理传感器的种类远不止以上介绍的这些，其他诸多物理原理如极化、光电、热电效应等也可以运用到柔性物理传感器的制备中，这里就不再赘述。

8.3　柔性化学传感器

化学传感器指的是通过把化学成分、浓度等化学物质特定性质转换成与之有确切关系的电学量，从而实现检测、识别并量化的一种传感器。它多是利用功能性膜对特定化学成分的选择作用筛选待测成分，并通过电化学装置将其变成电学量。这些传感器用于识别和量化化学物种。在科学和研究中，化学传感器被用于许多领域，从监测污染物排放到检测爆炸物。这些传感器可用于表征实验室中的实验气体样本，并跟踪危险化学品在野外土壤中的迁移情况。还包括根据白蚁等害虫的特征跟踪/定位害虫侵扰。在工业中，化学传感器可用于塑料制造和铸造金属生产中的过程和质量控制，在这些生产过程中，扩散气体的数量会影响金属特性，实时监测有毒气体，以避免工人暴露在危险中。

　　大多数柔性化学传感器可以用所有传感器通用的标准和特性来描述，如稳定性、重复性、线性、滞后和饱和度等，但也有独特的特性。由于化学传感器既用于识别又用于定量，因此它们需要对混合化学物种中的所需目标物种具有选择性和灵敏度：选择性是指传感器仅对所需的目标物种作出响应，而几乎不受非目标物种的干扰；灵敏度是指传感器可以成功且重复地检测到的最小浓度和浓度变化（又称为分辨率）。

8.3.1　金属氧化物化学传感器

　　金属氧化物气体传感器（如二氧化锡）自 20 世纪 60 年代末开始流行，简单耐用。块状金属氧化物的电学性质会在其暴露于甲基硫醇（CH_3SH）和乙醇（C_2H_5OH）等可还原气体中时发生变化。当像 SnO_2 这样的金属氧化物晶体在空气中被加热到一定的高温时，氧被吸附在晶体表面，形成抑制电子流动的表面电位。当表面暴露在可还原气体中时，表面电位降低，电导率显著增加。薄膜的电阻与给定的可还原气体浓度之间的关系可用以下经验公式来描述：

$$R = A_1 [C]^{-\alpha_1} \tag{8.3.1}$$

　　式中，R 是传感器电阻；A_1 是给定薄膜成分的常数；C 是气体浓度；α_1 是该材料和相应气体的 R 曲线的特征斜率。

　　由于金属氧化物传感器会随着可还原气体的存在而改变电阻率，因此，只需要额外的电路就能完成信号的转换。包括氧化锌、氧化铟、氧化钨、氧化铁和二氧化钛在内的 n 型金属氧化物半导体材料是常见的用于化学气敏传感器的敏感材料。在这些材料中，氧化锌由于具有高电子迁移率、宽带隙、良好的化学稳定性、无毒性和生物相容性等固有特性，以及在制备纳米棒、纳米线、纳米粒子、柱状和片状纳米结构方面的多功能性，一直受到人们的关注。有研究[45]采用水热法在尼龙衬底上组装了六角形排列良好的氧化锌纳米棒。高比表面积（单位质量材料的表面积）和高结晶质量的氧化锌纳米棒可在 $500\mu L/L$ 的氢气中作出快速响应。

　　由于 In_2O_3 具备出色的低温气敏性能以及合成不同可控形态的能力，它同样被视为一种优良的柔性气体传感器材料。可采用改进的水热合成法[46]制备出 In_2O_3 立方晶体，并将其与聚乙烯醇（PVA）共混制成柔性的乙醇传感器。该柔性复合薄膜在室温下对 $100\mu L/L$ 的乙醇，响应与恢复时间分别为 5s 与 3s。另有研究[47]通过离子前驱体化合物在低氧环境中氧化制备了 In_2O_3 八面体纳米粉末。纳米粒子进一步与丙二醇混合，然后沉积在聚酰亚胺基片上。所制得的传感器在 $100℃$ 下对于 $5\mu L/L$ 的 NO_2 具有良好响应，显示出其作为柔性金属氧化物半导体传感器的巨大潜力。

8.3.2　化学场效应管型传感器

根据前面第 4 章所学内容，基本的场效应晶体管包括三个部分：半导体层、介质绝缘层和三个电极（漏极、源极和栅极）。而化学场效应晶体管传感器是指晶体管组成部分与待测物发生化学反应，改变源极-漏极间的传导信号，实现对待测物的检测的传感器。化学场效应晶体管可用于检测空气中的 H_2、血液中的 O_2、某些军用神经毒气、NH_3、CO_2 等。

由于场效应晶体管的放大功能，场效应晶体管传感器在检测外部刺激方面表现出较高的灵敏度。此外，基于场效应晶体管的传感器具有高关态电流、低功率、低噪声、高动态范围、低工作电压等特性。由第 4 章内容可知，场效应晶体管的电学特性受多种因素的影响，包括电极材料、介质层的电容、半导体的电荷迁移率等。在外部刺激的影响下，场效应晶体管中的元件特性会改变，最终会改变器件的电流-电压特性。因此，当用于特定化学物质的检测时，由于分析物分子的掺杂或陷阱效应，其电学特性（例如，输出电流、阈值电压和载流子的迁移率）被调节。改变的输出电流可以作为电信号来测量，以显示目标分析物的存在和变化。

基于场效应晶体管的单功能和多功能传感器已被报道用于检测各种类型的化学分析物，如挥发性有机化合物、有害气体、特定有机分子等。这些传感器主要是基于化学分析物和功能化活性物质之间的相互作用和反应所引起的载流子迁移率变化或电容变化的原理。有研究[48] 利用有机异质界面制备了基于 OFET 的化学传感器，并成功控制了有机薄膜的形貌。他们在衬底上先热蒸发一层间-双（三苯基硅基）苯（TSB_3）。随后，在真空环境下，在 TSB_3 层上生长了高结晶度的并五苯薄膜，并在并五苯上形成了明显的纳米孔结构。如图 8.3.1 所示，具有纳米孔结构的高度结晶并五苯改善了载流子的传输和传感性能，这使得分析物分子能够扩散到半导体层中以改变载流子的电荷迁移率。发现在场效应晶体管传感器中使用 TSB_3 后，电流显著增加。在并五苯/TSB_3 层中存在垂直大孔，这也增强了化学分子对通道区域的穿透，从而提高了传感器的检测性能。与传统的并五苯 FET 相比，TSB_3 多孔结构的引入显著提高了场效应晶体管对甲醇蒸气的灵敏度并缩短了响应时间。

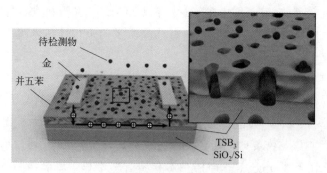

图 8.3.1　多孔并五苯 FET 化学传感器[48]

柔性化学场效应晶体管传感器可以通过监测特定生物分子和半导体材料之间的相互作用来监测健康状况，具有高度的灵活性，能够提供连续和密切的健康状态监测，是个性化临床治疗的理想平台。也有研究[49] 制作了一种以并五苯为半导体层的超薄场效应晶体管，实现了 DNA 分子的无标记传感。如图 8.3.2 所示，由于静电吸附，DNA 分子从溶液中被吸附到两层厚的并五苯薄膜上。DNA 中的负电荷诱导了电容耦合，并增加了并五苯层的正电荷载流子，从而使其获得了检测 DNA 分子存在与含量的能力。

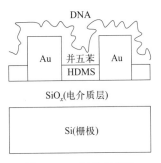

图 8.3.2　以并五苯为半导体层的超薄 FET[49]

8.3.3　电化学传感器

电化学传感器是目前最通用的化学传感器。根据其电路原理可分为测量电压的传感器（电位计）、测量电流的传感器（电流计）和依赖于电导率或电阻率测量的传感器（电导计）。它们都是基于在特殊的电极处，发生化学反应或通过反应调节电荷的传输的原理。电化学传感器大多需要一个闭合电路，也就是说，电流（直流或交流）必须能够流动，因此传感器需要至少两个电极，其中一个称为返回电极。而在电位传感器中，尽管电压测量不需要电流流动，但需要测量电压，测试回路仍然需要闭合。

电化学传感器的电极通常由铂或钯等催化金属制成，也可以是碳涂层金属。电极具有高表面积，可以与尽可能多的分析物反应，产生最大的可测量信号。可以对电极进行处理（修饰）以提高其反应速度并延长其工作寿命。工作电极（WE）是目标化学反应发生的地方。辅助电极（AE）测量电信号，并且在三电极系统的情况下，使用参比电极（RE）来测量和校正每个电极的电位，它可以校正由工作电极引入的误差[50]（如图 8.3.3）。

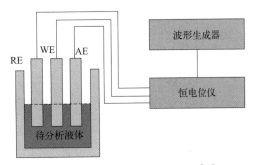

图 8.3.3　电化学传感器示意图[50]

柔性电化学传感器的电极通常也需要具有柔性的特征，一般由导电材料和柔性衬底组成。导电材料常常需要沉积在柔性衬底的外表面，用于实现待检测物质在电极和溶液之间的界面上的电子转移。此外，导电材料应在电解液环境中具有较高的化学稳定性。因此这将排除许多常规的导电材料，如银、铜或其他活泼金属。大多数用于柔性电化学传感器的电极是基于金、铂、碳、氧化铟锡（ITO）或聚(3,4-乙烯二氧噻吩)（PEDOT）等惰性或相对惰性的材料的。

柔性基底单元可赋予电化学传感器柔性和力学稳定性，易于与皮肤紧密贴合。常见的电化学传感器柔性基底，包括聚对苯二甲酸乙二醇酯（PET）和聚酰亚胺（PI），它们可弯曲性能好、透明度高且便于加工，但薄膜的透气、透湿性较差，如果用于人体皮肤，长期佩戴易引起皮肤不适甚至局部红肿，需要寻找一类新型基底来解决该问题。与薄膜相比，织物具有透气性和穿戴舒适性的突出优势，是可穿戴器件更为理想的基底材料，目前织物基的电化学传感器也开始逐渐发展起来。

下面介绍几种电化学传感器。

（1）电位传感器

电位传感器利用了浓度对发生在电化学电池的电极-电解液界面上的氧化还原反应的影响。发生在电极表面的氧化还原反应，可能会在该界面产生电势，可以表示为：

$$Ox + Ze \Longrightarrow Red \tag{8.3.2}$$

在该反应中氧化剂 Ox 得到 Z 个电子生成还原产物 Red。该反应发生在其中一个电极上，故称为半电池反应。在热力学准平衡条件下，适用能斯特方程，能斯特方程将平衡电位 φ_e（也称为能斯特电位）与反应物浓度梯度联系起来。可表示为：

$$\varphi_e = \varphi_0 + \frac{R_g T}{nF} \ln\left(\frac{C_O^*}{C_R^*}\right) \tag{8.3.3}$$

式中，C_O^* 和 C_R^* 分别是 Ox 和 Red 的浓度；n 是转移的电子数；F 是法拉第常数；R_g 是气体常数；T 是热力学温度；φ_0 是标准状态下的电极电位。在电位传感器中，每个电极上会同时发生两个半电池反应。然而，传感器只有一个半电池反应涉及需要测量的化学物质，另一个半电池反应最好是可逆和已知的。电位电化学传感器可以直接测量电化学反应。标准的电位计传感器由两个电极组合而成，一个敏感（工作）电极和一个参考电极。

以测量 pH 值为例，将电位计传感器浸入未知 pH 值溶液中，根据能斯特方程，可以由两个电极之间的电位差计算该溶液的 pH 值。对于柔性参考电极，科学家们利用聚合物 Ag/AgCl、玻璃态 AgCl、玻璃态 Ag/AgCl、玻璃-KCl 层等已成功制造出微型参考电极。玻璃-KCl 复合电极在溶液中的稳定性较好，制作的参考电极的寿命可达 2 年以上。有研究[51] 在聚对苯二甲酸乙二醇酯基底上丝网印刷了厚膜参考电极，如图 8.3.4 所示。所展示的丝网印刷厚膜 Ag、

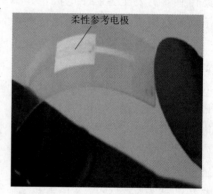

图 8.3.4　柔性参考电极[51]

AgCl、KCl 电极的离子传导通道由玻璃-KCl 粉末复合而成。在不同的弯曲状态（半径分别为 3mm、5mm 和 7mm）下进行评估时，发现这种新配方的可再充电电池的电位变化（±4mV）可以忽略不计。与传统的玻璃基参考电极相比，这种参考电极具有灵活的外形、高耐久性和微型尺寸等显著优势。

对于柔性工作电极，目前已有的制造材料包括金属氧化物、聚合物有机导体、碳纳米管等。其中，金属氧化物具有独特的电学、电化学和高灵敏度特性。基于金属氧化物的电化学传感器的灵敏度在很大程度上取决于材料成分和材料沉积方法，因为材料的微观结构、孔隙率、表面均匀性和晶体结构均会影响传感性能。以氧化物 pH 值传感器为例，RuO_2 和 IrO_2 可以在很宽的范围内测量 pH 值，具有反应快、精度高和耐用性强的特点。除了极佳的灵敏度，IrO_2 特有的生物相容性可为其在体内和体外的应用打下基础。有研

究[52]　通过电沉积在导电纺织品上也开发出了基于 IrO_2 的 pH 值传感器。这种传感器制作在不锈钢网上，显示出 $47mV/pH$ 的灵敏度（pH 值范围为 $4\sim8$），相对误差为 4%。但大部分金属氧化物（尤其是 RuO_2）缺乏生物相容性和柔韧性，成本高且需要高温加工，其应用仍受到了限制。

基于聚合物的有机导体具有优异的电化学特性，因此具有非常好的传感性能。例如聚苯胺（PANI）导电聚合物具有多种氧化态，这些氧化态与 pH 值和电位有关。在酸碱反应过程中，祖母绿盐（ES）和祖母绿碱（EB）的可逆转化与聚苯胺的 pH 值敏感性有关。在酸性溶液中，聚合物掺入 H^+，形成导电的 ES 型 PANI，由此产生的表面电荷会增加敏感电极和参考电极之间的电势。在碱性溶液中，被捕获的 H^+ 会被中和，从而形成 EB 形式的 PANI，由于这种 PANI 相不导电，因此聚合物表面电荷/电势会降低。PANI 电极的 pH 值灵敏度在很大程度上取决于聚合物的聚合条件。尽管聚合物的化学稳定性有限且机械强度低，但其高柔韧性、可拉伸性和易于沉积在任何柔性基底上的特性对可穿戴式传感器具有吸引力。同时，PANI 也具有生物相容性和柔韧性，使之能够应用在可穿戴医疗保健机械中。例如有科学家[53] 制作了基于 PANI 的 pH 值创可贴传感器，如图 8.3.5 所示，在 pH 值为 $4.35\sim8$ 的范围内具有 $(58.0\pm0.3)mV/pH$ 的灵敏度，几乎不受其他离子（Na^+、K^+、Cl^-、SO_4^{2-}）的干扰，具有良好的重现性，并且没有滞后效应。这种绷带可以检测伤口部位的 pH 值变化长达 $100min$。

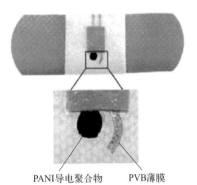

PANI导电聚合物　　　PVB薄膜

图 8.3.5　基于 PANI 的 pH 值
创可贴传感器[53]

单壁和多壁碳纳米管具有良好的电化学特性，包括良好的电学、热学、化学和机械特性。利用这些特性，有学者[54] 开发出了沉积在玻璃和柔性 PET 基底上的单壁碳纳米管微流体传感芯片，其中一个单壁碳纳米管电极上涂有 Ag/AgCl 参考电极。制作的电极在 pH 值 $3\sim11$ 之间的灵敏度为 $59.71mV/pH$。这种传感器可用于流动分析测量和生物细胞代谢过程的检测。

（2）电阻/电导型传感器

化学电阻式传感器是一类将化学变化转化为电阻变化的传感器。传感器的响应归因于传感薄膜上分析分子的表面反应或吸附。这类传感器最初是通过监测传感器表面吸附气体分子时的电阻变化来进行气体传感的。通常，将传感器置于一个较小的电位偏置下，测量电流的变化作为输出，并将其转换为电阻的变化。一般的化学电阻器主要由测量薄膜、电极和基底等部分组成。在气体传感中，电极可能暴露在外界环境中，故其通常会覆盖一层绝缘膜，以避免电气短路。

化学电阻式传感器最初是为检测气体或蒸汽而开发的，近年来也开发出了几种用于测量液体环境中待检测物的化学电阻传感器。这些传感器由两个主要部分组成：测量薄膜和电极。化学电阻传感器可根据有源传感薄膜材料进行大致分类。活性薄膜可由各种导电或半导体材料制成，如碳纳米管、导电聚合物等。电极由导电材料制成，包括碳、铂、金和银等金属电极。

例如，有研究采用聚 4-乙烯吡啶和单壁碳纳米管复合材料制备了一种化学电阻式葡萄糖传感器，用 3-溴丙基三氯硅烷处理了含有金电极的玻璃基板[55]，使聚合物-单壁碳纳米管复合材料与玻璃基板之间形成共价键。聚 4-乙烯吡啶中的部分吡啶基团与表面发生反应，剩余的吡啶基团用 2-溴乙醇季铵化，从而获得高电荷亲水性表面，提高了与酶分子的生物相容性。这种材料在葡萄糖作用下产生的酶解过氧化氢会增加单壁碳纳米管的 p 掺杂，从而导致电阻下降。该传感器对葡萄糖具有很高的选择性，并能对葡萄糖在 3s 内做出即时反应。

另外，由于导电聚合物具有机械柔韧性、合成工艺简单和良好的导电性等特性，因此在传感领域备受关注。例如，由于聚吡咯具有生物相容性，易于加工和制造，且在氧化还原掺杂剂存在时对电导率有显著影响，因此可用聚吡咯制造电化学电阻传感器[56]，即在聚吡咯-多壁碳纳米管薄膜中封装葡萄糖氧化酶用来检测葡萄糖。该传感器通过引入含有聚吡咯的多壁碳纳米管作为检测薄膜，可将传感器的灵敏度提高，同时，该传感器还对机械应力、温度和氧气浓度等环境参数也很敏感。

而电导传感器是一种利用两个导电电极检测溶液电导率因化学反应消耗或生成离子而发生变化的装置。这种方法最初用于研究化学反应动力学，后来被研究人员用于检测酶催化反应。因为溶液中存在的所有离子都会迁移，从而导致电导率发生变化，所以通过在电极上涂抹特定酶，在特定的测量池中进行测量，可以实现对特定物质的检测。

例如，使用有四叔丁基酞菁铜（ttb-CuPc）涂层的金电极可制成检测 H_2O_2 的传感器[57]，这也是较早运用化学电导传感器进行检测的例子。H_2O_2 的传感是基于 H_2O_2 在辣根过氧化物酶的存在下氧化碘离子的原理。碘浓度是通过以 ttb-CuPc 为传感层的电导传感器测量得到的，其在约 10min 内达到稳态响应。在 pH 值为 5.0～6.5 的范围内，传感器的响应最高。该传感器可连续工作 7h，测量次数超过 30 次，在 4℃下储存的稳定性可达 90 天。随后有研究[58] 应用带有柔性检测池的毛细管电泳非接触式电导传感系统同时测定了雨水、地表水和排水样本中的小阴离子和/或阳离子。

实际上，对于柔性化学传感器而言，种类远不止上述提到的那些。例如化学热反应传感器。与热有关的化学反应可以通过适当的热传感器来检测：在温度探头上涂上一层化学选择层，在引入样品时，探头测量样品与涂层之间反应过程中会有热释放，进而改变传感器输出的电压或电流，实现检测化学物质。这些用途广泛的传感器数不胜数，也已经运用在日常生活的各个角落。

8.4 柔性生物传感器

生物传感器是一类特殊的化学传感器，就像生物器官一样，可以对少数分子的存在做出反应。生物传感器是由生物识别元件与信号转换模块构成的，故其发展主要可分为两个领域——生物识别元件与信号转换装置。生物识别元件的作用是识别目标的物质，包括抗体、酶、核酸、细胞、核酸适配体、多肽等。信号转换模块的作用是将生物识别元件与目标分子之间的相互作用转换成不同的信号。比如生物抗体捕获特定的抗原，然后通过标记的荧光来转化成光信号等。将合适的固定技术与有效的信号转换装置相结合，就能产生高效的生物传感器。它们已被应用于食品工业、医学科学、国防、植物生物学研究等各个领域。本章将从生物识别元件以及常用于电子设备的信号转换模块出发介绍柔性生物传感器的相关内容，并举例说明一些柔性生物传感器的常用领域。

8.4.1 生物识别元件

生物识别元件可分为两类——催化型和亲和型。前者包括酶、微生物、细胞器、植物或动物细胞和植物或动物组织；后者包括抗体、受体、核酸等。当与电化学、光学、压电、磁性和温度传感器结合时，这些物质对待检测物具有高度的选择性和敏感性。目前，生物识别元件已经被广泛地开发用于分析生物小分子、核酸、蛋白质和细胞，应用在医疗、国防等诸多领域。

（1）催化型

催化型生物传感器是指将催化反应所产生或消耗的物质的量，通过电化学装置转换成电信号，进而选择性地测出某种成分的器件。这类传感器通常的做法是将酶一类的生物催化剂附着在柔性电极上，或通过复杂的工艺进行表面改性。表面改性技术可以增加传感器的灵敏度。为了实现高灵敏度以及使制造工艺更加简单，可以采用溅射沉积技术来修饰柔性聚合物的表面。

例如，韩国西江大学的研究人员[59]将酶固定在由金/MoS_2/金纳米薄膜改性的柔性聚合物衬底（聚酰亚胺薄膜上），开发出了一种柔性生物传感器。其制造过程如图 8.4.1 所示，包括金的溅射沉积、MoS_2 的旋涂以及金纳米薄膜在柔性聚合物衬底上的溅射沉积。通过使用化学连接剂将葡萄糖氧化酶固定在柔性电极上，制成了柔性葡萄糖生物传感器。葡萄糖的检测极限估计为 $10nmol/L$，与之前已出现的柔性葡萄糖传感器相比，灵敏度更高，这种高灵敏度得益于 MoS_2 对电子转移的促进作用。这种聚合物衬底上的由酶/金/MoS_2/金纳米薄膜组成的柔性生物传感器具有高灵敏度、高柔性和高可靠性，可用作开发可穿戴生物传感系统的柔性传感平台。

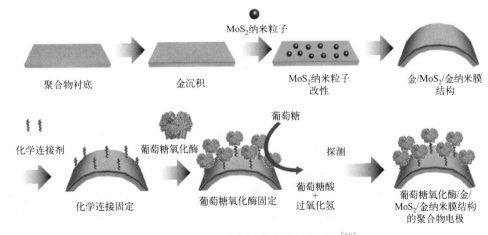

图 8.4.1 柔性葡萄糖传感器制备过程[59]

　　此外，丝网印刷技术也因可以实现电极和器件的微型化而被广泛应用于柔性催化型生物传感器的制造中。如图 8.4.2 显示了一种阵列式柔性乳酸盐生物传感器[60]，其采用氧化铟镓锌（IGZO）作为传感薄膜。IGZO 的电气特性稳定，具有高载流子迁移率和高稳定性，是最具有应用前景的电气元件材料之一。这里采用了丝网印刷技术并实现参考电极和导线的微型化，IGZO 膜上沉积有乳酸脱氢酶和烟酰胺腺嘌呤二核苷酸膜，以实现催化乳酸分解的效果。

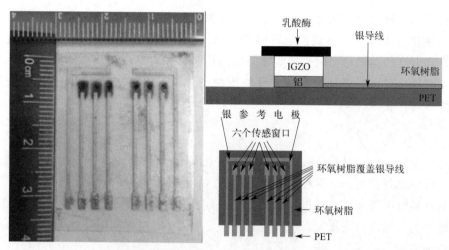

图 8.4.2　柔性 IGZO 乳酸生物传感器实物图及结构示意图[60]

　　这种采用热蒸发和丝网印刷技术的阵列式柔性 IGZO 乳酸生物传感器，具有制备简单、成本低廉等优点，且具有高稳定性。此外，通过抗干扰研究还发现，阵列柔性 IGZO 乳酸生物传感器不易受环境影响，明显优于其他乳酸生物传感器。

（2）亲和型

　　基于亲和力的生物传感器由固定在传感器上的生物识别元件（如抗体或任何其他类型的受体）和其他传感组件构成，通常需要检测和测量目标生物分析物的浓度。对于亲和型生物传感器，当目标分子与工作电极的亲和剂结合时，电极的有效厚度会发生变化，因此，电极的电阻也会发生变化。通常，目标生物分子与识别元件结合会将抑制/促进电子转移到工作电极上，因而反映在工作电极的电流中。

　　如图 8.4.3 显示了一种在多孔聚酰胺基底上制作的对于蛋白质具有亲和性的钼电极柔性生物传感器[61]。由于钼具有多种氧化态，有利于与各种有机和无机官能团形成稳定的化学作用，且在与电解质相互作用时表现出电化学特性。因此其原生氧化层可作为钝化层，从而提高抗腐蚀性能。利用一种关键的心脏生物标记物——心肌肌钙蛋白-I（cTnI）可对该生物传感器的性能进行评估。通过测量 100mHz 至 1MHz 频率内的阻抗变化，可以在磷酸盐缓冲盐水（PBS）和人血清中检测 cTnI 的浓度。其阻抗变化速率的升高与结合到钼表面的 cTnI 分子剂量的增加量正相关。实验表明，在磷酸盐缓冲盐水中的 cTnI 检测极限为 10pg/mL，在人血清培养基中为 1ng/mL。这种钼电极生物传感器在用作便携式护理点诊断生物传感器方面具有广阔的应用前景，能够可靠、快速地检测心脏疾病的发病情况。此外，有研究[62] 在柔性纳米多孔聚合物基底上演示了基于亲和性的 C 反应蛋白

（CRP）的生物传感，在合成尿液中的检测阈值为 100pg/mL。结果显示该生物传感器可开发成一种用于检测尿液中生物标记物的电子设备。

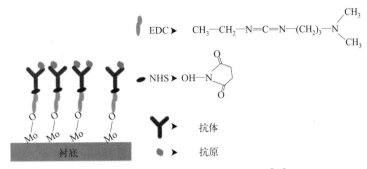

图 8.4.3　钼电极亲和型生物传感器[62]

8.4.2　信号转换模块

生物体内拥有的生物信息非常丰富，这种生物信息可以转化为电信号、光信号或其他物理信号。本节主要讨论将生物信号转化为电信号的电化学生物传感器的相关内容。电化学生物传感器是一种特殊类型的生物传感器，通过将信息转化为电信号（电势、电流等）来检测生物实体。电化学生物传感器已被开发用于检测各种生物实体，如酶、蛋白质、病毒、抗体等。目前已出现的电化学生物传感器包括电位传感器、电容传感器、电阻传感器与电流传感器等。本节主要介绍监测生物信息的电位传感器与电流传感器。

（1）电位传感器

电位传感器可以测量工作电极和参考电极之间的电位差，该电位差与溶液中的待检测离子浓度相关。因此，这种方法非常适合离子检测。电位传感器的关键在于离子选择膜，这层膜主要用于选择性检测某种特定的离子，合适的离子选择膜可以提高传感器的离子选择性。由于可直接读取电位，这种检测方法非常简单，而且便于信号的处理。因此在生物体内监测领域应用广泛。

电位传感器擅长检测生物体内存在的诸多小分子神经递质。检测小分子神经递质的能力对于理解神经元信息处理、相关神经化学过程和整个大脑功能至关重要。多巴胺作为人类中枢神经系统最重要的神经递质之一，参与了许多行为反应和大脑功能的调节。多巴胺水平的异常可以反映帕金森病、阿尔茨海默病、抽动秽语综合征和精神分裂症等多种神经元疾病。由单链寡核苷酸构成的核酸适配体经过核苷酸碱基互补配对、氢键、π-π 堆积、静电作用力等多种相互作用力发生自身适应性折叠，形成特定的三维结构。这种三维结构通过分子间作用力可以与多巴胺分子特异性结合，因此被广泛应用于生物传感器领域。德国生物信息处理研究所的科学家[63]使用嵌入柔性聚酰亚胺基底的有机电化学晶体管作为传感器，制作了具有高灵敏度的多巴胺传感器，他们利用由核酸适配体修饰的金电极作为栅电极。如图 8.4.4 所示，其中一个核酸适配体（aptamer1）连接到金电极表面，另一个核酸适配体（aptamer2）用于信号传递，其一端标记有氧化还原基团（亚甲基蓝）。一旦接触待检测的多巴胺，两个核酸适配体片段结合成 aptamer1/多巴胺/aptamer2 的夹层结构，就可以检测到 aptamer2、多巴胺和 aptamer1 之间的结合引起的栅极电位变化。这种传感器对于超低浓度的多巴胺也具有检测能力。这种高灵敏度和高选择性使其有望集成到神经元探针中，用于体外或体内检测神经化学信号。

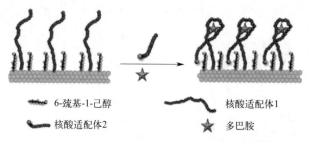

6-巯基-1-己醇　　核酸适配体1
核酸适配体2　　多巴胺

图 8.4.4　基于核酸适配体的多巴胺传感器[63]

（2）电流传感器

电流生物传感器是一种可以监测氧化还原反应产生的电流的集成装置，可提供精确的定量分析信息。这种生物传感器的反应时间、测量范围和灵敏度与电势生物传感器相当。电流生物传感器的灵敏度是通过比较不同分析物浓度下获得的电流来确定的。这类生物传感器只使用两个电极，一个用于施加电压，另一个用于测量流经设备的电流。电流生物传感器不使用光学或电化学装置，而只依赖于电流测量。

电流生物传感器因其结构简单、使用方便，在可穿戴设备和医疗保健应用中拥有巨大的潜在市场，特别是在日常糖尿病管理中。目前，大多数商用有创血糖仪都是基于电流传感技术的。血糖试纸由硬质薄膜或柔性薄膜制成，可通过扎指法或植入装置轻松采集血样，并可连接到血糖仪进一步检测血糖水平。有研究[64]制作了多层柔性生物传感器贴片，并将其用于汗液葡萄糖检测。如图 8.4.5 所示，硅橡胶膜用作柔性基底，能很好地贴合皮肤，具有良好的保形性。此外，葡萄糖贴片还可与 pH

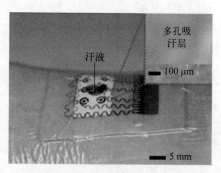

图 8.4.5　汗液葡萄糖传感器[64]

值传感器、湿度传感器和温度传感器集成。为了提高出汗率和汗液收集效率，研究人员在皮肤和贴片之间放置了吸汗层，并在最上方使用防水带防止汗液蒸发。这种功能性贴片具有极佳的稳定性，可以多次重复使用。由于该贴片包含温度传感器和 pH 值传感器，葡萄糖传感器可根据皮肤温度和汗液 pH 值进行动态校准，因此可以提高葡萄糖传感器的精确度。

8.4.3　柔性生物传感器的应用

柔性生物传感器可以与人体或其他生物体完美结合，实现各种应用。其灵活性和适应性使它在医疗诊断、健康监测、运动追踪等领域大放异彩。从实时监测健康指标到提供个性化医疗服务，柔性生物传感器的应用前景无限，将为人类健康和生活质量带来革命性变革。下面介绍几种柔性传感器的具体应用。

（1）监测皮肤

人体皮肤的一个重要功能是排泄。排泄物中含有各种生理指标，如电解质、氨基酸、皮质醇、葡萄糖、乳酸等，是人体疾病的反映。美国加州大学的研究人员[65]制作了一种手套，如图 8.4.6 所示。其通过物理方式收集人体汗液以检测生理指标。传感电极被设计在丁腈手套和指套上，用于原位检测各种生物标记物，包括电解质和异种生物。将传感器直接集成到手套中是一种简单、低成本的自然汗液分析方案，无须高度复杂或微型化的分析物收集和信号传导组件，即可实现实用的常规汗液生理监测。

国内的研究者们在这一领域也有诸多建树。广州大学的研究团队[66]制作了石墨烯基电子皮肤，如图 8.4.7 所示。使用柔性石墨烯电极作为 pH 值响应电极，柔性银电极作为参考电极，检测汗液的 K^+ 浓度和 pH 值。它是通过微电子打印机在导电 PET 基底上打印制备而成的，具有良好的灵敏度、选择性和重现性。这种可穿戴传感器在不同的弯曲状态下表现出良好的电位稳定性。在体表汗液 pH 值和 K^+ 测量中显示出较高的准确性。

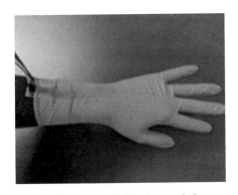

图 8.4.6　人体汗液传感器[65]

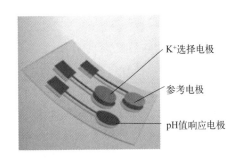

K^+选择电极

参考电极

pH值响应电极

图 8.4.7　石墨烯基电子皮肤[66]

（2）监测眼泪

眼睛作为人体的重要器官之一，可以通过物理、化学信息反映众多的生理指标。例如，眼压是青光眼的主要诊断指标，眼睛的温度反映疲劳或术后炎症的程度。眼泪中所含的化学信息可以看作是血液中化学信息的指标。隐形眼镜作为一种可穿戴的连续诊断生物传感设备，可用于替代采血成为人们更容易接受的检测方式。眼泪中的电解质如 K^+、Na^+、Ca^{2+}、Mg^{2+} 和 Cl^- 可以转化为血液电解质水平，尿素反映了肾功能的健康状况，葡萄糖是糖尿病的指标，各种蛋白质与炎症、艾滋病和癌症等疾病有关。有报道[67]展示了一种作为葡萄糖传感器的智能隐形眼镜（如图 8.4.8 所示）。他们使用银纳米线作为电路，硅基芯片作为二极管，通过葡萄糖氧化酶功能化的石墨烯作为电极，并以 LED 作为指示器。当通过线圈无线供电时，电力通过天线传输到隐形眼镜传感器，将使 LED 灯发光。当泪液中的葡萄糖浓度超过正常水平时，LED 灯将关闭。以 LED 灯的亮暗来指示葡萄糖的浓度。

尽管监测皮质醇浓度有多种方法，但所有传统方法都需要笨重的外部设备，这限制了它们作为移动医疗系统的使用。相关领域的研究人员[68]开发了一种基于石墨烯场效应晶体管的智能隐形眼镜，用于实时检测泪液中的皮质醇浓度（如图 8.4.9 所示）。其与带有透明天线和无线通信电路的皮质醇传感器集成，可以通过智能手机远程操作，而不会遮挡佩戴者的视线。这一传感器使用 NFC 技术进行通信和供电，并通过读取皮质醇传感器的电阻来检测眼泪中分泌的皮质醇，在 22～36.5℃下可稳定工作 192h。

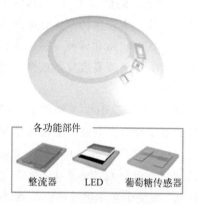

图 8.4.8　含有葡萄糖传感器的隐形眼镜[67]

图 8.4.9　含有石墨烯晶体管的隐形眼镜[68]

（3）监测口腔

口腔作为人体最复杂的环境之一，含有多种电解质、微生物、酶、蛋白质、气体、DNA、RNA 等，具有很高的监测价值和临床诊断意义。从口腔呼出的气体也反映了健康指标。人体排出的气体中含有 CO、细菌、挥发性有机化合物（VOCs）等成分，对糖尿病、癌症、胃炎等具有临床诊断意义。美国普林斯顿大学[69]发明了一种在生物材料上生产无线石墨烯纳米传感器的新方法（如图 8.4.10 所示）。石墨烯纳米传感器首先被印刷到水溶性丝薄膜基底上，然后通过叉指电极接触。最后，石墨烯/电极混合结构被转移到牙釉质或组织等生物材料上。由此产生的设备架构能够进行极其灵敏的化学和生物传感，检测下限低至单个细菌，同时还可以无线实现远程供电和读出。这项研究被认为是口腔传感器的一个重要里程碑。

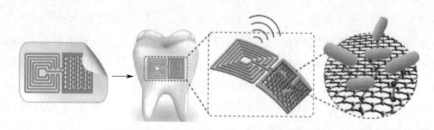

图 8.4.10　牙釉质上的柔性唾液传感器[69]

除了上述几种具体情景，柔性生物传感器还广泛应用于诸多领域，包括但不限于医疗健康监测、运动科学与运动监测、可穿戴技术、生物医学研究等。总的来说，柔性生物传感器的发展为实现个性化医疗、智能健康管理和生物医学研究提供了重要的技术支持，预计在未来将会有更广泛的应用和更深远的影响。

目前，柔性生物传感器已被应用于食品工业、医疗领域、海洋领域等多个领域。与传统方法相比，生物传感器具有更好的稳定性和灵敏度。柔性生物传感器的开发和研究正成为生物学、电子学、材料科学和工程学领域的热门话题，其有助于将生物学与电子学相结合，也正变得越来越高效、小巧和经济，未来必将彻底改变诊断、医疗保健、食品安全和国防领域。

参考文献

[1] Li R, Zhou Q, Bi Y, et al. Research progress of flexible capacitive pressure sensor for sensitivity enhancement approaches. Sensors and Actuators A: Physical, 2021, 321: 112425.

[2] Min S D, Yun Y, Shin H. Simplified Structural Textile Respiration Sensor Based on Capacitive Pressure Sensing Method. IEEE Sensors Journal, 2014, 14 (9): 3245-3251.

[3] Vu C C, Kim J. Simultaneous Sensing of Touch and Pressure by Using Highly Elastic e-Fabrics. Applied Sciences, 2020, 10 (3): 989.

[4] Pyo S, Choi J, Kim J. Flexible, Transparent, Sensitive, and Crosstalk-Free Capacitive Tactile Sensor Array Based on Graphene Electrodes and Air Dielectric. Advanced Electronic Materials, 2018, 4 (1): 1700427.

[5] Mannsfeld S C B, Tee B C K, Stoltenberg R M, et al. Highly sensitive flexible pressure sensors with microstructured rubber dielectric layers. Nature Materials, 2010, 9 (10): 859-864.

[6] Cheng W, Wang J, Ma Z, et al. Flexible Pressure Sensor with High Sensitivity and Low Hysteresis Based on a Hierarchically Microstructured Electrode. IEEE Electron Device Letters, 2018, 39 (2): 288-291.

[7] Mahata C, Algadi H, Lee J, et al. Biomimetic-inspired micro-nano hierarchical structures for capacitive pressure sensor applications. Measurement, 2020, 151: 107095.

[8] Guo Y, Gao S, Yue W, et al. Anodized Aluminum Oxide-Assisted Low-Cost Flexible Capacitive Pressure Sensors Based on Double-Sided Nanopillars by a Facile Fabrication Method. ACS Applied Materials & Interfaces, 2019, 11 (51): 48594-48603.

[9] Liu S Y, Lu J G, Shieh H P D. Influence of Permittivity on the Sensitivity of Porous Elastomer-Based Capacitive Pressure Sensors. IEEE Sensors Journal, 2018, 18 (5): 1870-1876.

[10] Chen S, Zhuo B, Guo X. Large Area One-Step Facile Processing of Microstructured Elastomeric Dielectric Film for High Sensitivity and Durable Sensing over Wide Pressure Range. ACS Applied Materials & Interfaces, 2016, 8 (31): 20364-20370.

[11] Lee B Y, Kim J, Kim H, et al. Low-cost flexible pressure sensor based on dielectric elastomer film with micropores. Sensors and Actuators A: Physical, 2016, 240: 103-109.

[12] Kang S, Lee J, Lee S, et al. Highly Sensitive Pressure Sensor Based on Bioinspired Porous Structure for Real-Time Tactile Sensing. Advanced Electronic Materials, 2016, 2 (12): 1600356.

[13] Wan S, Bi H, Zhou Y, et al. Graphene oxide as high-performance dielectric materials for capacitive pressure sensors. Carbon, 2017, 114: 209-216.

[14] Yu G, Wang J, McElvain J, et al. Large-Area, Full-Color Image Sensors Made with Semiconducting Polymers. Adv Mater, 1998, 10: 1431.

[15] Someya T, Kato Y, Iba S, et al. Integration of organic FETs with organic photodiodes for a large area, flexible, and lightweight sheet image scanners. IEEE Trans Electron Devices, 2005, 52: 2502.

[16] Xu X, Davanco M, Qi X, et al. Direct transfer patterning on three dimensionally deformed surfaces at micrometer resolutions and its application to hemispherical focal plane detector arrays. Org Electron, 2008, 9: 1122.

[17] Kim D Y, Lai T H, Lee J W, et al. Multi-spectral imaging with infrared sensitive organic light emitting diode. Sci Rep, 2014, 4: 5946.

[18] Liu S W, Lee C C, Yuan C H, et al. Transparent Organic Upconversion Devices for Near - Infrared Sensing. Adv Mater, 2015, 27: 1217.

[19] Koeppe R, Bartu P, Bauer S, et al. Light- and Touch-Point Localization using Flexible Large Area Organic Pho-

todiodes and Elastomer Waveguides. Adv Mater, 2009, 21: 3510.

[20] Lochner C M, Khan Y, Pierre A, et al. All-organic optoelectronic sensor for pulse oximetry. Nat Commun, 2014, 5: 5745.

[21] Hu X, Zhang X, Liang L, et al. High-Performance Flexible Broadband Photodetector Based on Organolead Halide Perovskite. Advanced Functional Materials, 2014, 24 (46): 7373-7380.

[22] Shen L, Fang Y, Wang D, et al. A Self-Powered, Sub-nanosecond-Response Solution-Processed Hybrid Perovskite Photodetector for Time-Resolved Photoluminescence-Lifetime Detection. Advanced Materials, 2016, 28 (48): 10794-10800.

[23] Wang W, Zhao D, Zhang F, et al. Highly Sensitive Low-Bandgap Perovskite Photodetectors with Response from Ultraviolet to the Near-Infrared Region. Advanced Functional Materials, 2017, 27 (42): 1703953.

[24] Wu J, Lin L Y. A Flexible Nanocrystal Photovoltaic Ultraviolet Photodetector on a Plant Membrane. Advanced Optical Materials, 2015, 3: 1530-1536.

[25] Albiss B A, Akhras M A, Obaidat I. Ultraviolet photodetector based on ZnO nanorods grown on a flexible PDMS substrate. Int J Environ Anal Chem, 2015, 95: 339.

[26] Amos F F, Morin S A, Streifer J A, et al. Photodetector Arrays Directly Assembled onto Polymer Substrates from Aqueous Solution. J Am Chem Soc, 2007 , 129: 14296.

[27] Dong T, Simões J, Yang Z C. Flexible Photodetector Based on 2D Materials: Processing, Architectures, and Applications. Advanced Materials Interfaces, 2020, 7: 1901657.

[28] Choi C, Choi M K, Liu S, et al. Human eye-inspired soft optoelectronic device using high-density MoS$_2$-graphene curved image sensor array. Nat Commun, 2017, 8: 1664.

[29] Wang A, Chen C, Zhang Y. Orthogonal Anisotropic Sensing and Actuating Characteristics of a 1-3 PZT Piezoelectric Microfiber Composite. Journal of Electronic Materials, 2020, 49 (8): 4903-4909.

[30] He J, Guo X, Yu J, et al. A high-resolution flexible sensor array based on PZT nanofibers. Nanotechnology, 2020, 31 (15): 155503.

[31] Wu T, Jin H, Dong S, et al. A Flexible Film Bulk Acoustic Resonator Based on β-Phase Polyvinylidene Fluoride Polymer. Sensors, 2020, 20 (5): 1346.

[32] Cha Y, Chung J, Hur S M. Torsion Sensing on a Cylinder Using a Flexible Piezoelectric Wrist Band. IEEE/ASME Transactions on Mechatronics, 2020, 25 (1): 460-467.

[33] Bhattacharya D, Bayan S, Mitra R K, et al. Flexible Biomechanical Energy Harvesters with Colossal Piezoelectric Output ($\sim$2.07 V/kPa) Based on Transition Metal Dichalcogenides-Poly (vinylidene fluoride) Nanocomposites. ACS Applied Electronic Materials, 2020, 2 (10): 3327-3335.

[34] Ram F, Gudadhe A, Vijayakanth T, et al. Nanocellulose Reinforced Flexible Composite Nanogenerators with Enhanced Vibrational Energy Harvesting and Sensing Properties. ACS Applied Polymer Materials, 2020, 2 (7): 2550-2562.

[35] Calavalle F, Zaccaria M, Selleri G, et al. Piezoelectric and Electrostatic Properties of Electrospun PVDF-TrFE Nanofibers and their Role in Electromechanical Transduction in Nanogenerators and Strain Sensors. Macromolecular Materials and Engineering, 2020, 305 (7): 2000162.

[36] Enea N, Ion V, Moldovan A, et al. Piezoelectric Hybrid Heterostructures PVDF/(Ba,Ca)(Zr,Ti)O$_3$ Obtained by Laser Techniques. Coatings, 2020, 10 (12): 1155.

[37] Lu W, Yu P, Jian M, et al. Molybdenum Disulfide Nanosheets Aligned Vertically on Carbonized Silk Fabric as Smart Textile for Wearable Pressure-Sensing and Energy Devices. ACS Applied Materials & Interfaces, 2020, 12 (10): 11825-11832.

[38] Li X, Cao J, Li H, et al. Differentiation of Multiple Mechanical Stimuli by a Flexible Sensor Using a Dual-Interdigital-Electrode Layout for Bodily Kinesthetic Identification. ACS Applied Materials & Interfaces, 2021, 13 (22): 26394-26403.

[39] Zhao X F, Hang C Z, Wen X H, et al. Ultrahigh-Sensitive Finlike Double-Sided E-Skin for Force Direction De-

tection. ACS Applied Materials &. Interfaces, 2020, 12 (12): 14136-14144.

[40]　Ma S, Tang J, Yan T, et al. Performance of Flexible Strain Sensors With Different Transition Mechanisms: A Review. IEEE Sensors Journal, 2022, 22 (8): 7475-7498.

[41]　Futai N, Matsumoto K, et al. A flexible micromachined planar spiral inductor for use as an artificial tactile mechanoreceptor. Sensors and Actuators A: Physical, 2004, 111 (2): 293-303.

[42]　Kouhani M H M, Weber A, Li W. Wireless intraocular pressure sensor using stretchable variable inductor. Proceedings of the 2017 IEEE 30th International Conference on Micro Electro Mechanical Systems (MEMS), 2017.

[43]　Dong W, Cheng X, Wang X, et al. Fractal serpentine-shaped design for stretchable wireless strain sensors. Applied Physics A, 2018, 124 (7): 478.

[44]　Wang H, de Boer G, Kow J, et al. Design methodology for magnetic field-based soft tri-axis tactile sensors. Sensors, 2016, 16 (9): 1356.

[45]　Mohammad S M, Hassan Z, Talib R A, et al. Fabrication of a highly flexible low-cost H_2 gas sensor using ZnO nanorods grown on an ultra-thin nylon substrate. Journal of Materials Science: Materials in Electronics, 2016, 27 (9): 9461-9469.

[46]　Seetha M, Meena P, Mangalaraj D, et al. Synthesis of indium oxide cubic crystals by modified hydrothermal route for application in room temperature flexible ethanol sensors. Materials Chemistry and Physics, 2012, 133 (1): 47-54.

[47]　Alvarado M, Navarrete È, Romero A, et al. Flexible Gas Sensors Employing Octahedral Indium Oxide Films. Sensors, 2018, 18 (4): 999.

[48]　Kang B, Jang M, Chung Y, et al. Enhancing 2D growth of organic semiconductor thin films with macroporous structures via a small-molecule heterointerface. Nature Communications, 2014, 5 (1): 4752.

[49]　Stoliar P, Bystrenova E, Quiroga S D, et al. DNA adsorption measured with ultra-thin film organic field effect transistors. Biosensors and Bioelectronics, 2009, 24 (9): 2935-2938.

[50]　Fraden J. Handbook of modern sensors physics, design, and application. Springer, 2004.

[51]　Manjakkal L, Shakthivel D, Dahiya R. Flexible Printed Reference Electrodes for Electrochemical Applications. Advanced Materials Technologies, 2018, 3 (12): 1800252.

[52]　Zamora M L, Dominguez J M, Trujillo R M, et al. Potentiometric textile-based pH sensor. Sensors and Actuators B: Chemical, 2018, 260: 601-608.

[53]　Guinovart T, Valdés-Ramírez G, Windmiller J R, et al. Bandage-Based Wearable Potentiometric Sensor for Monitoring Wound pH. Electroanalysis, 2014, 26 (6): 1345-1353.

[54]　Li C A, Han K N, Pham X H, et al. A single-walled carbon nanotube thin film-based pH-sensing microfluidic chip. Analyst, 2014, 139 (8): 2011-2015.

[55]　Soylemez S, Yoon B, Toppare L, et al. Quaternized Polymer-Single-Walled Carbon Nanotube Scaffolds for a Chemiresistive Glucose Sensor. ACS Sensors, 2017, 2 (8): 1123-1127.

[56]　Teh K S, Lin L. MEMS sensor material based on polypyrrole-carbon nanotube nanocomposite: film deposition and characterization. Journal of Micromechanics and Microengineering, 2005, 15 (11): 2019.

[57]　Sergeyeva T A, Lavrik N V, Rachkov A E, et al. Hydrogen peroxide-sensitive enzyme sensor based on phthalocyanine thin film. Analytica Chimica Acta, 1999, 391 (3): 289-297.

[58]　Kubáň P, Karlberg B, Kubáň P, et al. Application of a contactless conductometric detector for the simultaneous determination of small anions and cations by capillary electrophoresis with dual-opposite end injection. Journal of Chromatography A, 2002, 964 (1): 227-241.

[59]　Yoon J, Lee S N, Shin M K, et al. Flexible electrochemical glucose biosensor based on GO_x/gold/MoS_2/gold nanofilm on the polymer electrode. Biosensors and Bioelectronics, 2019, 140: 111343.

[60]　Chou J C, Chen H Y, Liao Y H, et al. Sensing Characteristic of Arrayed Flexible Indium Gallium Zinc Oxide Lactate Biosensor Modified by Magnetic Beads. IEEE Sensors Journal, 2017, 17 (18): 5920-5926.

［61］ Kamakoti V, Panneer Selvam A, Radha Shanmugam N, et al. Flexible Molybdenum Electrodes towards Designing Affinity Based Protein Biosensors. Biosensors, 2016, 6 (3): 36.

［62］ Kamakoti V, Shanmugam N R, Tanak A S, et al. Investigation of molybdenum-crosslinker interfaces for affinity based electrochemical biosensing applications. Applied Surface Science, 2018, 436: 441-450.

［63］ Liang Y, Guo T, Zhou L, et al. Label-Free Split Aptamer Sensor for Femtomolar Detection of Dopamine by Means of Flexible Organic Electrochemical Transistors. Materials, 2020, 13 (11): 2577.

［64］ Lee H, Song C, Hong Y S, et al. Wearable/disposable sweat-based glucose monitoring device with multistage transdermal drug delivery module. Science Advances, 2017, 3 (3): e1601314.

［65］ Bariya M, Li L, Ghattamaneni R, et al. Glove-based sensors for multimodal monitoring of natural sweat. Science Advances, 2020, 6 (35): eabb8308.

［66］ Cui X, Bao Y, Han T, et al. A wearable electrochemical sensor based on β-CD functionalized graphene for pH and potassium ion analysis in sweat. Talanta, 2022, 245: 123481.

［67］ Park J, Kim J, Kim S Y, et al. Soft, smart contact lenses with integrations of wireless circuits, glucose sensors, and displays. Science Advances, 2018, 4 (1): eaap9841.

［68］ Ku M, Kim J, Won J E, et al. Smart, soft contact lens for wireless immunosensing of cortisol. Science Advances, 2020, 6 (28): eabb2891.

［69］ Mannoor M S, Tao H, Clayton J D, et al. Graphene-based wireless bacteria detection on tooth enamel. Nature Communications, 2012, 3 (1): 763.

第 9 章

柔性电子器件的集成与应用

随着信息技术的快速发展，各式各样的电子器件出现在了我们的身边，与此同时随着生物医疗、柔性机器人以及人机交互等新兴领域的发展以及智能可穿戴设备、医用可植入器件、电子皮肤等概念的提出，传统的刚性硅基电子器件变得越来越难以满足这些领域的实际需求，在这种背景下，柔性电子器件成为未来电子产业发展的重要方向之一。

柔性电子技术指的是将利用有机、纳米、生物、高分子等功能材料所制备的电子器件集成在柔软、可延展的基底上，从而获得可拉伸、弯曲、折叠的电子器件的新兴技术，柔性电子器件相比传统电子器件易加工、制造成本低，并且具有良好的可延展性以及可弯曲性，能在一定程度上适应不同的工作环境，满足设备的形变需求。柔性电子器件由功能结构、导电结构及柔性基板三部分构成。功能结构可响应外界刺激如温度、湿度、应力、应变及化学介质等并将其转化为电信号；导电结构用于电信号的传输；而柔性基板则用于支撑功能结构与导电结构。要实现应用，则必须将电子器件各组成部分、电路等集成与封装，本章将介绍柔性电子器件的图案化工艺、封装、应用等。

9.1 柔性薄膜与器件的图案化

柔性电子器件的制备过程中，功能层的图案化对于器件制备是一个非常重要的过程。图案化制备指的是材料或者器件在制备过程中，通过特殊方式控制特定区域的材料沉淀、刻蚀、生长或组装，从而在材料表面形成特定的图案或结构。图案化制备可以实现高精度、高效率的制造过程，同时可以在微观和纳米尺度上实现对材料或器件的结构控制，包括形状、尺寸、排列和间距等，从而优化材料的性能和功能，实现所需的特定性质。并且通过图案化制备，可以在特定区域上添加不同的功能性材料或器件，实现功能的集成和多功能性。因此，图案化制备也成为柔性电子学的一个重要研究方向。目前对于常见的材料已经开发了多种图案化技术，包括光刻技术、软光刻技术、纳米压印技术、自组装技术、转移印刷技术以及喷墨打印技术等。

9.1.1 光刻技术

（1）光刻工艺步骤

光刻工艺在制造柔性微纳米器件中扮演着重要角色，它是一种自上而下的制造技术，用于定义微结构和图案。光刻主要分为以下几个步骤。首先是基板准备，选择合适的基板材料（如硅片、玻璃等）并进行表面处理和清洁，确保表面光滑、干净，有利于光刻胶的附着和图案转移。光刻工艺也可以在部分柔性基板（如聚酰亚胺、聚二甲基硅氧烷等）上得到应用，但需要特殊处理以适应基板的柔软性。接着是光刻胶涂覆，将光敏感的光刻胶以旋涂或者溅射等方式均匀涂覆在基板表面，形成一层薄膜。

光刻胶涂覆完成后，下一步就是曝光，使用掩模（光刻掩模）投射所需图案到光刻胶表面。在掩模未遮盖的区域，光能够通过掩模照射到光刻胶表面，导致光刻胶在这些区域发生化学反应或物理变化。光刻胶是由高分子光敏树脂、抗蚀性树脂、增感剂、防光晕剂和溶剂等几种主要成分组成的对光敏感的混合胶态液体。这一步骤通常使用 UV 光源，将掩模的图案通过光学系统投射到光刻胶表面。光刻胶可以是正型光刻胶或负型光刻胶。负型光刻胶在曝光后，在光照区域发生聚合或交联反应，使得该区域的光刻胶保留下来，而未曝光区域的光刻胶在显影时被去除。正型光刻胶在曝光后，在光照区域发生交联或断裂反应，使得该区域的光刻胶被去除，而未曝光区域的光刻胶在显影时保留下来（图9.1.1）。

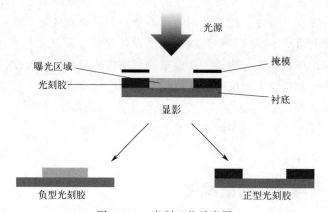

图 9.1.1　光刻工艺示意图

曝光后，将光刻胶进行显影，通过特定的化学溶液去除曝光后的光刻胶部分或者未曝光的部分，形成所需图案。在显影后，在光刻胶未保护的区域进行刻蚀工艺，通过干法刻蚀（如等离子体刻蚀）或湿法刻蚀（如化学刻蚀）去除基板表面的材料，形成所需结构。

光刻技术具有以下优点：光刻技术能够实现亚微米尺度的精度和高分辨率，有助于制造微纳米级别的结构和器件；适用于大规模、高效率的批量生产，制备出大量相似或相同的器件；灵活性高，能够通过掩模的设计来灵活调整光刻胶的曝光模式和显影条件，以实现特定形状、大小和密度的图案。虽然需要昂贵且精密的设备和洁净的生产环境，但光刻技术的高效性和可重复性使得其在微纳米器件制造中具有优势。随着工业需求的不断提出，光刻技术的缺点也会在一定程度上限制其进一步的应用，首先是高度精密的光刻设备和复杂的工艺操作，导致制造成本较高。

最显著的问题是随着器件尺寸不断缩小，光刻技术在达到更高分辨率方面面临一定的物理限制，这一点主要是由光的波长和光学系统的特性所决定的。光的波长决定了能够被聚焦成最小点的尺寸。根据瑞利判据，在光学系统中，两个点能够被清晰地分辨开来的最小距离如式（9.1.1），其中 λ 为光波波长，NA 为数值孔径（是一个无量纲的数，用以衡量该系统能够收集的光的角度范围），d' 为最小分辨宽度。

$$d' = 0.61\lambda/\text{NA} \tag{9.1.1}$$

因此，较长的波长会限制分辨率的提高。传统的紫外光刻技术使用的是 365nm 的波长，而近年来发展的深紫外光刻技术使用的是更短的波长，如 193nm 和 13.5nm 的极紫外光刻技术。另外，光学系统中的透镜和光学组件的设计和制造质量对分辨率有重要影响，透镜的数值孔径决定了光的聚焦能力，数值孔径越大，分辨率越高。此外，光学系统的像差也会对分辨率产生影响，如球差、像散和畸变等。

（2）光刻胶与掩模版

光刻胶可以根据感光的波长划分为以下几类：紫外光致抗蚀剂（UV photoresist）是感光灵敏度在 280～450nm 波长范围内的光致抗蚀剂。如曝光波长为 g 线（436nm）和 i 线（365nm）使用的抗蚀剂为 SU-8 或 S1805 型光刻胶。深紫外光致抗蚀剂（deep ultraviolet photoresist，DUV resist）是感光灵敏度在 180～260nm 波长范围内的光致抗蚀剂，如准分子激光（248nm 和 193nm）曝光用的光致抗蚀剂可使用 AZ-MiR 701 光刻胶。利用深紫外光致抗蚀剂可以减少光衍射产生的光学邻近效应的影响。之所以称为准分子，是因为它不是稳定的分子，是在产生激光的惰性气体和卤素气体结合的混合气体受到外来能量的激发所引起的一系列物理及化学反应中曾经形成但转瞬即逝的分子，其寿命仅为几十纳秒。准分子激光属于冷激光，无热效应，是方向性强、波长纯度高、输出功率大的脉冲激光，光子能量波长范围为 157～353nm。最常见的波长有 157nm、193nm、248nm、308nm 及 351～353nm。其中 193nm 是目前光刻技术的主流光源。极紫外光致抗蚀剂（extreme ultraviolet photoresist，EUV resist）是应用于波长为 10～14nm 的以极紫外光作为光源的光致抗蚀剂。具体如采用波长为 13.4nm 的软 X 射线作为曝光光源的极紫外光刻用的抗蚀剂，可使用的光刻胶型号有 MET-5 或 EUV-RESIT 等。电子束抗蚀剂（E-beam resist）是应用于电子束光刻的抗蚀剂。电子束光刻应用范围非常广泛，用于电子束掩模制造曝光系统的抗蚀剂要求灵敏度高（如曝光剂量选择在 $0.5 \sim 1\mu\text{C/cm}^2$）、曝光速度快，分辨率大约在 100nm。用于纳米直写光刻的电子束抗蚀剂要求高分辨率，通常需要曝光 10nm 量级的结构。但是，高分辨率的抗蚀剂通常对光的波长与曝光剂量并不敏感，实际上所有抗蚀剂都可以应用于电子束曝光，只是很多抗蚀剂的分辨率不太理想。常用的电子束光刻胶有 PMMA 等。

还有一种特殊的光刻胶类型叫化学增幅光刻胶（chemical amplify resist，CAR），这种光刻胶在曝光时，光致反应产生的活性产物可以作为催化剂进一步催化化学反应过程，使光刻胶的曝光区域在显影液中的溶解率和其他未曝光区域的产生显著差异。化学增幅光刻胶的树脂具有不溶于水的化学基团，其感光剂是光酸剂（photo acid generator，PAG）。光刻胶曝光后，在曝光区的光酸剂发生光化学反应会产生一种光酸分子，该光酸分子在曝光后烘（PEB）时，每一个光酸分子在 PEB 中会诱发上千个光酸分子，它作为化学催化剂将树脂上的保护基团移走，从而使曝光区域的光刻胶由原来不溶于水转变为高度溶于水和以水为主要成分的显影液。曝光后产生交联反应使溶解率变慢的为负性化学增幅光刻胶（如负性电子束 SAL601 系列光刻胶），曝光后产生分解反应使溶解率变快的为正性化学增幅光刻胶（如 NBE-22）。

在曝光的过程中还有一个非常重要的影响因素就是光掩模，光掩模是光刻工艺中用于选择性地阻挡曝光、辐照或物质穿透的掩蔽模板。在集成电路 IC 制造工艺中，光刻工艺需要一整套具有特定几何图形的光掩蔽模板，称为掩模（mask）或掩模板。把掩模板上的 IC 图形通过曝光和显影等工序，转移到半导体基片表面的光刻胶上，所形成的抗蚀剂"浮雕"图形是具有阻挡刻蚀、阻挡物质穿透、阻挡离子注入和阻挡氧化等功能的掩蔽层，可以称为"掩模"。具有相同功能的、采用图形转移技术在半导体基片表面形成的二氧化硅膜、金属膜图形层，称为"硬掩模"。掩蔽层在刻蚀工艺中可以阻挡对基片的刻蚀、在扩散工艺中可以阻挡杂质往基片内部扩散、在注入工艺中可以阻挡离子注入、在金属化工艺中可以阻挡金属膜的刻蚀形成铝引线，因此，掩模板在半导体平面工艺中是不可缺少的。

（3）激光直写技术

激光直写技术又称为无掩模光刻技术，是一种利用激光光束直接在材料表面进行加工、刻蚀或者改变材料特性的技术。激光直写利用强度可变的激光束对基片表面的抗蚀材料实施变剂量曝光，显影后在抗蚀层表面形成所要求的浮雕轮廓。激光直写系统的基本工作原理是由计算机控制高精度激光束扫描，在光刻胶上直接曝光写出所设计的任意图形，从而把设计图形直接转移到掩模上。

激光直写系统的基本结构如图 9.1.2 所示，主要由光源、声光调制器（AOM）、声光偏转器（AOD）、投影光刻物镜、CCD 摄像机、显示器、照明光源、工作台、调焦装置、激光干涉仪和控制计算机等部分构成。激光直写的基本工作流程是：用计算机产生设计的

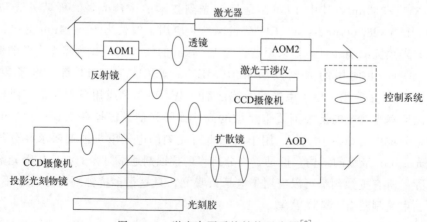

图 9.1.2　激光直写系统结构示意图[2]

微光学元件或待制作的 VLSI（very large scale integration，超大规模集成电路）掩模结构数据；将数据转换成直写系统控制数据，由计算机控制高精度激光束在光刻胶上直接扫描曝光；经显影和刻蚀将设计图形传递到基片上。

与光刻工艺的原理相似，它可以实现精确的微纳米级加工，并且适用于多种材料，包括金属、半导体、塑料等。与光刻工艺不同的是，激光直写技术具有高加工精度、灵活性强的特点，适用于小批量甚至单个器件的加工，能够实现微米到纳米级的高精度加工。激光加工是无掩模板工艺，在工艺灵活性方面，可进行材料合成和烧结、表面改性、表面织构化及图案化，甚至可以一步快速制备完整的柔性器件，还可实现同一类型或不同类型功能单元在同一基板上的快速集成。激光直写技术连续激光热效应显著，可诱导石墨烯化及实现金属纳米材料大面积烧结，但加工结构图案分辨率低、易损伤柔性基板。脉冲激光，特别是飞秒激光，由于脉宽短、峰值功率高及热效应小，不仅可实现无损或低损微纳结构的高分辨图案"冷"加工，还可实现多维度纳米材料的合成和连接[1]。

激光直写系统的工作平台有直角坐标和极坐标两种配置方式。直角坐标方式将光刻胶基片置于 X-Y 平台上，激光束通过聚焦系统进行光栅式扫描和变剂量曝光；直角坐标方式常用于大规模集成电路中专用芯片的小批量开发和生产，适合制作各种线形光学元件，但在制作中心对称光学元件时速度较慢，操作复杂[3]。极坐标方式则将基片放置于回转平台上，随气浮转轴匀速旋转，形成一个圆环等剂量曝光，同时通过一维平台的线性移动调整曝光小圆环的半径，适用于整体基片曝光。

激光直写技术也已广泛用于柔性电子器件领域，如制备微电极、场效应晶体管、发光二极管、微机电系统等。该技术作为一种非接触式技术，具有加工精度高、可控性强、高效可集成的优势，非常适合应用于聚合物柔性衬底上的电路图案化，成为制备柔性可拉伸设备的有效工具，在柔性电路制造中扮演着非常重要的角色。例如，最常见的激光烧结技术，选用金属纳米油墨比常规的热烧结技术更具优势，除了能够选择性烧结固化材料外，激光烧结还具有能量集中、温度场热影响区域小，以及能够及时烧结和退火等特点，从而可以在热敏感聚合物衬底上加工堆叠和结构化金属图案[4]。

9.1.2　软光刻技术

软光刻（soft lithography）是一种非常重要的微纳米制造技术，它提供了一种低成本、简单、高分辨率的制造方法，特别适用于制造柔性微纳米器件。软光刻技术采用柔软的模板或模具，常用的包括弹性印模、PDMS（聚二甲基硅氧烷）模板等，这些模板具有微米和纳米级的结构，用于在柔性基板上复制所需的结构和图案。软光刻并不是指一个独特的加工技术，而是实际上包含了许多的加工方法，可以看作是光刻技术的一种扩展延伸，软光刻作为一种直接的图案转移技术，为微/纳米制造提供了一条低技术含量的途径。

软光刻技术主要基于弹性模板或模具上的图案来制造微细结构。其核心是制作弹性模印章，使用的模板通常是由弹性材料制成的，而非传统光刻技术中使用的硬模，比较常用的材料是 PDMS。软光刻工艺的主要步骤是采用光刻、电子束曝光或激光直写等图案化技术绘制图案，并通过刻蚀技术将所需的图案转移到硅片等刚性基板上，然后用 PDMS 等柔软材料制备出弹性模板，此时可以使用柔软的模板与带有材料的衬底接触，施加压力使模板获取衬底上的材料，最后使模板上的微纳米结构转移到其他基板表面上，实现微接触印刷，如图9.1.3所示。

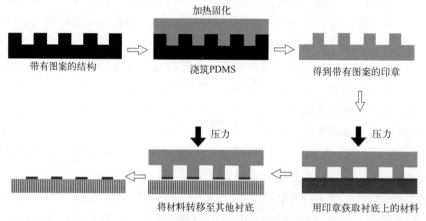

图 9.1.3　软光刻技术以及微接触印刷的步骤

目前这种技术已经被广泛应用于制备柔性微电子器件，如微流控器件，通过软光刻技术可以实现微米级的通道和微结构，在柔性基板上制造出具有精细结构的电子器件，或用于制备柔性传感器、柔性电子皮肤等。相比传统光刻工艺，软光刻技术设备成本较低，软模板相对于刚性模板（如硅基模板）更易制备，并能更好地适应曲面，制造过程不需要高精密设备。软光刻技术适用于聚合物薄膜、弹性材料以及生物兼容性材料等，因为 PDMS 模板等柔软材料制备的模板具有高度柔韧性和适应性并且稳定无毒，所以可以适应不同形状的基板和复杂的结构或功能要求。例如，将传统光刻和软光刻技术结合，在曲面上可以制作多种金属微图案，如图9.1.4，步骤是先将硅衬底表面进行疏水处理，然后通过传统光刻工艺在硅表面制作金属图案，然后对金属涂层进行亲水处理。再将 PDMS 涂布在基片表面，待其固化后从表面剥离，这样就获得了带有金属图案的柔性掩模板。然后在曲面样品表面涂上光刻胶，将柔性掩模板贴合至曲面上再进行曝光和显影，图案会转移到光刻胶上[5]。

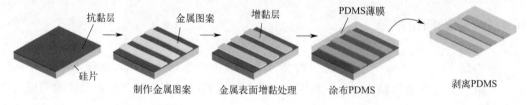

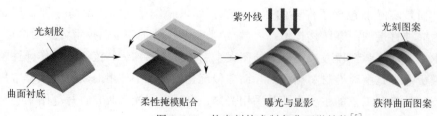

图 9.1.4　软光刻技术制备曲面微结构[5]

但在另一方面，软光刻技术在实际柔性电子器件的制备中仍然存在一些不足，例如在制备前部分阶段仍然需要使用传统方法制造模板，并且因为它基于物理接触，其分辨率原则上受模板制备工艺精度的限制。其他问题主要集中出现于该方法中使用的 PDMS 材料，首先是 PDMS 固化后可能发生收缩变形，并且在甲苯或乙烷等非极性溶剂中，图案中高深宽比的部分可能出现一定的膨胀；也正是因为 PDMS 比较柔软，所以无法获得大的深宽比的结构，在制作图章的过程中可能会导致微结构的扭曲或变形。

9.1.3　纳米压印技术

纳米压印技术（nanoimprint lithography，NIL）是一种高分辨率的图案化制造技术，纳米压印的概念是在 20 世纪 90 年代中叶由美国普林斯顿大学周郁教授提出的，该技术借鉴了中国四大发明之一的印刷术，结合了现代微电子工艺和材料技术，克服了光学曝光中由于衍射现象引起的分辨率极限等问题。

纳米压印的第一步是制备具有所需结构的模板。通常使用电子束或光刻技术在硅片或玻璃片等基材上制备模板，模板上的结构与所需复制的纳米图案相对应。然后将制备好的模板与目标衬底（通常是聚合物薄膜或硅片）接触，并施加压力。这可通过机械压力、真空或热压等方式完成。通常在施加压力的同时，进行热压或使用紫外线（UV）固化，以促进模板与目标表面的结合，并在模板和目标表面之间形成所需的结构。当结构完全转移到目标表面后，模板会从目标表面上取下，留下了所需的纳米图案。

纳米压印技术能够实现 5nm 以下分辨率级别的结构制备，提供极高的分辨率。这使得它在制造高密度、高精度的纳米结构方面具有优势。相比传统的光刻技术，纳米压印技术能够在较短时间内制备大面积的纳米结构，因此具有高通量的优势，适用于大规模制造。纳米压印的设备和工艺相对较简单，不需要超高昂的设备投资和复杂的设备维护，因此具有较低的成本。

与传统光学光刻相比，纳米压印技术不只限于使用光敏性光刻胶，还可直接根据物理学机制在聚合物上实现纳米级图形，是加工聚合物结构较常用的方法。现阶段相对成熟和普遍的纳米平板压印技术主要为热纳米压印技术和紫外纳米压印技术。

热纳米压印技术步骤如图 9.1.5 所示，选用 Si、SiO_2、玻璃等基底，利用旋涂的方式在基底表面覆盖一层热塑性聚合物，加热至其到达玻璃化温度；然后使用以电子束或化学气相沉积等高精度工艺手段事先制作的压印用模板，向其施加一定的向下压力，并保持一段时间，在压力和温度达到一定工艺条件时，玻璃态的热塑性聚合物会充分地填满整个模板的间隙，随后降温，等温度下降到一定工艺条件时即可取下模板完成脱模的步骤；此时图形已从预先制作好的模板转移到了基底上的聚合物从而完成图形化，还可经过刻蚀工艺进一步去除基底上残留的聚合物。

1999 年，C. G. Willson 提出了紫外光固化压印工艺。所选用的光刻胶材料是对光非常敏感的光敏树脂，经过紫外光的照射后，光敏树脂能在数秒内固化成型，大大减少了压印时间。UV 压印的第一步也是在衬底上通过旋涂的方式制备聚合物薄膜，但是与热压印不同的是，在 UV 压印过程中使用的光刻胶黏度远远低于在热压印中使用的聚合物，同

图 9.1.5　热纳米压印示意图

时为了使紫外线能够照射到光刻胶使之固化，在 UV 压印中使用的模板必须对紫外光具有透过性。UV 压印的过程如图 9.1.6 所示，首先将模板与下面涂有光刻胶的基片对准，然后以适当的压力施压于模板，使其压入胶膜中，等待光刻胶将模板中的空隙填满，开启紫外光进行曝光。由于光刻胶中含有光敏剂，吸收紫外光后光刻胶固化，脱模即可得到与模板结构对应的图形。由于紫外压印的光刻胶黏度低，易于流动，在液态下能够迅速完成填充。因此它能在常温和较小压力下操作，同时可以避免加热所导致的模板和衬底膨胀，从而实现更加精确的图形转移。

图 9.1.6　紫外压印示意图

卷对卷纳米压印技术是传统纳米压印技术的一种扩展，可以使用该技术来转移一些具有一定深宽比的图案。它可以通过一系列的印刷、压力、热处理或其他转移手段，将待转移的结构从源卷转移到目标卷上。源卷通常是含有待转移结构或材料的基板，可能经过预先加工或涂覆特殊层。目标卷是接收待转移结构的基板，通常也是柔性的衬底材料。

卷对卷纳米压印技术一方面因为它仍然基于机械式压印让聚合物材料产生变形来实现结构等比例转移的原理，继承了传统纳米压印的高分辨率特质，另一方面采用辊轮旋转连续性压印方式，使得压印速度提升了至少 1～2 倍。卷对卷纳米压印的首要目标是大面积纳米结构的复制。在传统的平面压印方式中，压印大面积的图形结构需要非常大的压力，这极容易导致模板或基底的压碎，而且模板微结构与基底胶层上的压印结构大面积接触会产生非常大的黏着力，使得脱模变得非常困难，且产生的脱模力极易不均，甚至破坏压印结构。其次，传统的平面整体压印方式一般只能在硬质材料基底（如硅片、玻璃等）以及小面积柔性基底上制作图形，应用范围受到限制。卷对卷纳米压印为传统压印方式所遇到的这些难题提供了一个独特的解决方案，可实现在柔性基底上复制微纳米结构，拓展了纳米压印的应用领域。与传统纳米压印类似，卷对卷纳米压印也分为热压印与 UV 压印两种，如图 9.1.7 所示，压印方式与传统的平面热压印和 UV 压印类似，区别在于卷对卷压印是通过辊筒赋予衬底和压印胶压力[6,7]。

卷对卷压印技术在继承了平面压印分辨率高等优点的同时，还具有连续复制的特点，使得生产成本更低而产率更高，具有非常广阔的应用前景。但是该技术起步较晚，目前仍有不少技术难题需要解决。滚动压印主要缺点是图形在转移过程中的一致与保真度较差。

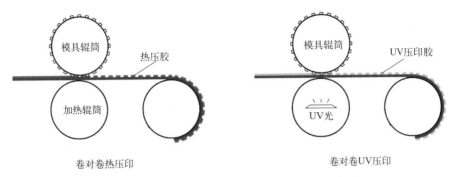

图 9.1.7　卷对卷热压印与卷对卷 UV 压印示意图

卷对卷压印模具的制作需要将平面掩模板上的微纳米结构复制到圆柱基底上，而在压印滚轮的圆周表面上加工微特征形状非常困难，因此太复杂的特征形状不适合采用此方法。此外，由于滚轴压印在脱模时造成结构的形变，因此，使用卷对卷压印加工高深宽比结构时也存在一定的工艺难题，因此滚动压印不能做 100nm 和更小尺寸，只能做亚微米（几百纳米）或者 1μm 左右的尺寸图形。

9.1.4　喷墨打印技术

喷墨打印技术是一种数字化按需打印技术，特点是无须模板，可以直接将计算机内部设计方案转化为电子器件，直接喷涂在适当的衬底上。由于在喷墨打印的过程中喷头与衬底不接触，因此衬底的选择范围较宽。不过喷墨打印系统分辨率和输出速度都不高，在制备高分辨率器件时必须使用特殊制造的高分辨率喷头。目前常规喷墨系统墨滴体积一般都在 1~10pL 的范围，墨滴直径一般在 1~20μm 的范围[8]。如果要制作亚微米甚至更小直径的墨滴，必须开发能够喷射更小体积墨滴的技术。

根据不同的喷墨方式，喷墨打印技术还可以分为连续喷墨技术和按需喷墨技术[8]。连续喷墨技术主要是通过墨滴驱动装置对喷头中的墨水施加高频压力，使墨滴形成并且在压力作用下，由喷嘴高速不断地喷出来，并在充电电极和偏转电场的作用下，使高速喷射的带电荷的墨滴发生偏转而落到衬底表面形成图案，不带电的墨滴不发生偏转，进入墨水回收装置以循环利用，原理如图 9.1.8(a) 所示。

按需喷墨技术是根据所需要的图文信息，将其转换为脉冲信号，通过改变墨腔内部压力或体积，使喷头内部的腔体变形并产生压力波，从而按需将墨滴喷射出去，其原理结构如图 9.1.8（b）所示。按需喷墨技术根据驱动方式可分为热喷墨技术和压电喷墨技术。热喷墨技术主要是通过墨腔内安装的加热元件加载电流，产生瞬间的高热，使油墨部分膨胀形成气泡并产生高压，将墨水推挤出喷嘴，到达衬底表面形成图文信息。这种技术存在一些不足，主要是因为墨水受热易使墨水的性质发生变化，影响喷印质量。压电喷墨是利用电脉冲信号驱动压电陶瓷元件，使其体积发生瞬间变化，使得腔室瞬间增大或缩小，促使油墨从喷孔回缩或喷出，压电陶瓷的变形量可控制喷墨量的多少。压电喷墨技术具有反应速度快、精度高、墨水要求低等特点，在工业领域得到了广泛应用。与连续喷墨相比，按需喷墨技术具有设备结构简单、成本低、可靠性高等优点，无须充电电极、偏转电场和墨水回收装置，节约环保，随着相关技术不断发展，已经逐渐成为喷墨打印的主要方式。

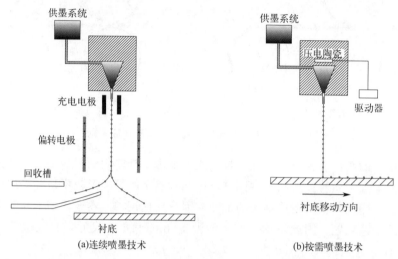

(a)连续喷墨技术　　　　　　　　　　　(b)按需喷墨技术

图 9.1.8　连续喷墨技术与按需喷墨技术原理

喷墨打印可以直接在目标衬底上形成所需要的图案，进一步制备成具有相应功能的器件。目前已经用于多种材料的打印，如功能材料的溶液、胶体纳米颗粒等。例如可以使用喷墨打印技术控制材料的结晶从而直接制备半导体单晶阵列，在不破坏材料性能的条件下将其图案化，如图 9.1.9[9]。

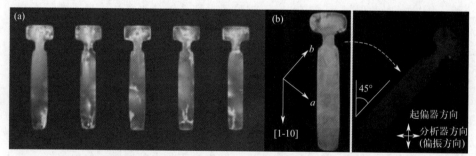

图 9.1.9　喷墨打印制备的单晶阵列薄膜的光学显微镜照片（a）和偏光显微镜照片（b）

（不同偏转角度下亮度不同，证明其结晶取向较好[9]）

9.1.5　转移印刷技术

转移印刷技术（transfer printing）是一种将微纳米级别结构从一个基板转移到另一个基板或目标表面的技术。它可用于制造柔性电子器件中所需的高精度结构，例如电极、传感器、纳米线等，具有较高的精度和可控性。

转移印刷过程属于断裂力学范畴，其中涉及具有两个界面（印章/油墨和油墨/衬底界面）的三层系统（印章/油墨/基材），转印的产量关键取决于转换能力，即调控印章/油墨和油墨/衬底界面之间的黏附力以进行拾取和印刷，如图 9.1.10(a)。另外，转印是否成功取决于印章与墨水之间的竞争性断裂，而墨水与衬底界面关系决定了是拾取还是打印：拾取过程中，印章/墨水界面应比墨水/衬底界面吸引力强，以便印章可以吸附墨水；打印过程中，印章/墨水界面吸引力应弱于墨水/衬底界面，以便可以从印章上释放墨水。通常，墨水与基材的黏附性被视为常数，因而转印的关键取决于墨水与印章的黏附能力。图 9.1.10(c) 反映了转印的基本原理：墨水/衬底界面的黏合强度保持恒定（横线），通过改变印章与油墨的黏合强度实现转印——黏合强度强，则为拾取，黏合强度弱则为印刷。而印章与墨水的黏合强度可通过外部调制，如剥离速度、温度变化等[10]。

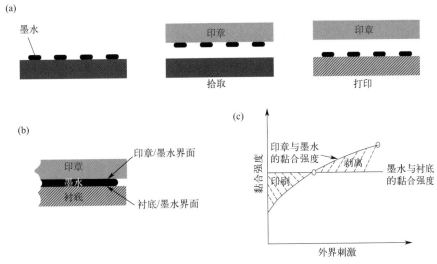

图 9.1.10　转移印刷技术示意

（a）转移印刷的操作流程；（b）印章/墨水/衬底结构中的两个界面；（c）外部刺激调节的黏合强度

　　转移印刷的具体步骤是首先在源基板（通常是硅片或玻璃片）上制备所需的微纳米结构。这些结构可以通过传统的纳米加工技术，如纳米压印、光刻、电子束曝光等加工制备。然后将结构"印刷"到目标基板，即源基板上的结构通过特殊的介质或黏附层与目标基板接触。然后施加适当的压力和温度，使得结构从源基板转移到目标基板表面。当结构成功转移到目标基板后，进行可能的固化或处理步骤以稳定结构或优化性能。转印技术的引入实现了无机集成器件的柔性和可延展性，其最大的贡献是解决了柔性衬底上无法外延生长功能单元器件的问题，转印过程无须承受高温和化学溶液等苛刻的环境，并且相较于其他微纳米图案制备技术，可以在大面积范围内制备结构，为大规模生产提供了可能。

9.1.6　自组装技术

　　溶液法制备图案化柔性器件是一种常见的低成本制备方法，通常用于制备柔性电路、传感器、发光二极管（LED）、太阳能电池等。该方法通过在柔性基板上使用溶液、墨水或溶液型材料，在特定区域上实现图案化的结构和功能器件。相较于其他制备方法（如物理气相沉积、激光刻蚀等），溶液法通常具有较低的制备成本，可以用于大面积的器件制备，有助于扩展到大规模生产。并且溶液法制备器件具有制备灵活性，能够在柔性基板上制备各种复杂的图案和结构。

而自组装技术是溶液法制备图案化柔性电子器件的一种重要技术，自组装技术是指基本结构单元（原子、分子、纳米材料、微米或更大尺度的物质）在外部条件下（例如表面张力、化学亲和力等）自发地组装成特定的结构或图案的一种技术。在自组装的过程中，基本结构单元在基于非共价键的相互作用下自发地组织或聚集为一个稳定、具有一定规则几何外观的结构。自组装的机制主要分为三种：

① 分子亲和力和排斥力：材料中的分子在特定条件下，可能因亲和力和排斥力而自发排列和组装成稳定的结构。

② 表面张力和界面能：在液态材料中，表面张力和界面能促使材料自发形成稳定的液滴或液膜，从而在基板表面形成特定图案。

③ 化学反应控制：利用特定化学反应或处理，在材料表面或界面上引发分子之间的特定相互作用，促使材料形成期望的结构。

自组装通常被分为静态自组装以及动态自组装，而静态自组装更为常见。在静态自组装中，材料自身分子之间相互吸引力和斥力相互平衡，使得材料自发组装成有序结构。而动态自组装是指利用外部刺激或条件改变材料中的相互作用力，使材料分子或颗粒发生有序排列，具有可逆性且能够与外部刺激发生响应。

自组装基于组成单元的特性（如形状、表面性质、电荷、极化率、磁偶极子、质量等），这些特性决定了它们之间的相互作用。将自身组织成所需的结构和功能的系统设计是自组装应用的关键。同时自组装要求组件是可移动的，所以通常在液相或光滑表面上进行。并且在自组装中使用边界和其他组装模板尤其重要，因为模板可以减少缺陷和控制结构。

利用自组装技术制备图案化柔性电子器件的关键在于控制自组装条件和材料选择。通过精心设计功能性材料的化学结构、表面特性以及在基板表面的涂覆方式，可以实现自组装过程中所需的结构排列。例如，在制备柔性电路板时，选择具有导电性的功能性材料，并利用自组装能力使其在柔性基板表面形成特定的电路图案。此外，还可以利用自组装技术制备柔性传感器、柔性显示器件等，实现更灵活、更适应特定应用场景的器件。

自组装技术通常不需要复杂的制造设备和工艺步骤，可以利用自然界的物理和化学原理来实现材料和结构的组装，从而简化了制造过程，并且可以制备具有微米和纳米级结构的器件，且可以改善器件的性能。但在另一方面，自组装技术在确保准确性和稳定性方面仍存在一定的挑战，并且在柔性电子器件制备中，往往需要和其他制造工艺进行集成，这就需要解决材料的兼容性问题。

在采用溶液法制备微纳图案的过程中，某些液滴动力学效应，特别是咖啡环现象（图 9.1.11）[11]，可能会影响最终结果，因此需要特别注意。咖啡环现象是指当一滴洒出的咖啡在固体表面上变干时，它会沿着周围致密的环状沉积。咖啡中溶质最初分散在整滴咖啡中，后来浓缩成环状的一小部分。这种现象在任何

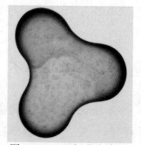

图 9.1.11　咖啡液滴的环状沉积

含有分散固体的液滴的蒸发过程中都很常见，并且它们会影响印刷、洗涤和涂层等过程。它可归因于溶质向液滴边缘的流动，其中液滴的接触线钉扎在初始位置，在液滴边缘的溶液蒸发后，内部的液体会向边缘流动进行补充，从而可将几乎所有的溶质都带到边缘[12]。从另一个角度看，咖啡环现象也提供了一种在表面上写入或沉积精细图案的潜在方法。

理论背后的基本物理思想是，当液滴边缘有蒸发时，钉扎的接触线会诱导向外的径向流体流动，如图 9.1.12 所示。图中的实线表示气液界面的初始位置。如果蒸发速率在空间上是均匀的，并且接触线没有被钉扎，则在某个时间间隔内，蒸发区域将从液滴中移除，界面将从实线演化为虚线，并且接触线将从 A 移动到 B。然而，如果接触点被钉住，则必须有流动来补充从边缘移除的液体，这种流动称为毛细流动。在这种钉扎的接触线的情况下，界面如图 9.1.12（b）所示从实线向虚线演化[13]。

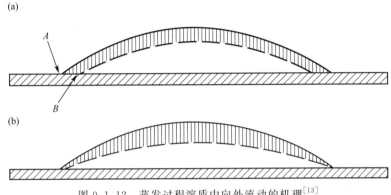

图 9.1.12　蒸发过程溶质中向外流动的机理[13]

另外一种值得注意的效应是马兰戈尼（Marangoni）效应，对于在玻璃衬底上干燥的水滴来说，水滴的顶端应该是最冷的，因为它离衬底最远，而衬底是水滴的主要热源。表面张力随着温度的升高而降低，因此表面张力在液滴的极点处最大。这种梯度将驱动径向向内的液体流动——这就是马兰戈尼流。由于张力梯度，张力大的区域会拉动周围张力小的区域，马兰戈尼流使悬浮粒子向中心运动，因此马兰戈尼流可以在一定程度上逆转咖啡环现象。

将荧光标记的聚苯乙烯颗粒掺杂在水和辛烷液滴中，可以将液滴中的流场可视化[14]，实验结果表明：液滴在蒸发时不仅存在毛细流动，还存在着马兰戈尼流动，马兰戈尼流动与毛细流动会相互抵消，或形成马兰戈尼环流，将边缘处的颗粒重新带回液滴中心位置；在蒸发结束之后，大量的聚苯乙烯颗粒聚集在液滴的中央部分，少部分颗粒分布在其他位置，在液滴蒸干后的中心位置形成了点状沉积，因而使咖啡环效应得到了抑制。

在生活中，液体在固体表面扩散的行为随处可见，如纺织染色、玻璃防腐涂层、润滑及美容等。而去润湿是在衬底上铺展液膜（润湿）的逆过程，源于表面相互作用和分子间作用的竞争机制，进而形成微米和纳米的图案。去润湿现象在几乎所有类型的材料中都可以观察到，目前应用于很多领域：如航空领域中，通过喷洒防冰液，使飞机机身和机翼表面不被水润湿；冶金学中，为了避免通过蒸发干燥薄膜留下残留物和污渍，利用去润湿来去除液体以及所有杂质；日常生活中，洗碗机洗涤剂的配方可自发促进表面的水去润湿。去润湿作为一种自发行为，虽然实现方式简单，但是难以在一个非常大的区域对单个结构进行精确控制。为解决这个问题，通过使用物理和化学方法控制衬底或薄膜的局部表面周期性张力和扰动，以控制三相线的移动前端与薄膜态的演变，可以在多个长度尺度上精确定位和控制单个去润湿结构的尺寸与形状。通过图案化去润湿在所需位置生成有序定向的薄膜，为低成本、大面积制备 OFET、OLED 等器件开辟了新的思路。下面介绍几种常见的图案化去润湿方法。

模板辅助去润湿的方法依赖于表面能的均匀性，利用一些疏水的功能性分子（如OTS）自组装单分子膜在衬底表面制备具有疏水和亲水性的微米级别周期性的图案，通过预先图案化的衬底可以构建具有不同表面能的区域，随后液体倾向于聚集在亲水图案上。一些研究采用的去润湿图案化工艺正是基于该原理，通过 OTS 对 ITO 或者玻璃表面的亲疏水处理后，有机材料可以实现选择性地沉积[15]，如图 9.1.13 所示。可以采用化学处理的方式来使衬底形成亲疏水有序的区域，然后在其表面成功地选择性沉积有机半导体，并将其应用于制备尺寸低至 $1\mu m$ 的 micro-OLED 阵列。

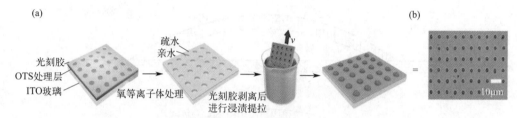

图 9.1.13　模板辅助去润湿法用于有机半导体的流程及所得点阵

（a）模板辅助去润湿法用于有机半导体的流程图；（b）得到的有机半导体点阵[15]

采用刮刀涂布法也可以制备高质量的图案化功能材料薄膜[16]，如图 9.1.14 所示。首先对硅基底表面进行周期性的亲疏水处理，形成一定的线宽和间距结构。用金属刀片以恒定的水平剪切速度对表面含有机分子材料的溶液进行剪切，由于亲疏水作用，液滴被限制在亲水区域上成核，晶体沿着亲水区域的长轴生长得到连续的分子晶体薄膜阵列（这里是一种分子铁电材料 MBI），如图 9.1.14（b）所示，在偏光显微镜观察下，不同偏转角度下亮度不同，证明其结晶取向较一致。而在没有亲疏水图案化的衬底上进行溶液剪切，可以得到从成核点开始，沿剪切方向随机生长出的宽度小于 $10\mu m$ 的针状晶体。

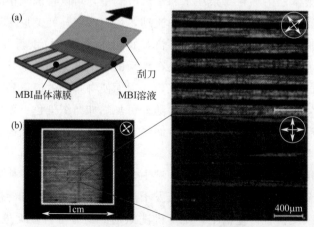

图 9.1.14　溶液剪切法生长 MBI 晶体阵列的示意及偏光显微镜图

（a）溶液剪切法生长 MBI 晶体阵列的示意图；（b）偏光显微镜图[17]

使用去润湿模板诱导图案化的方式也是常用的手段，模板在与液体接触时，模板凸出部分与液体相连而产生弯月面，溶液蒸发后形成结晶图案，具体工艺如图 9.1.15 所示。保证溶液在模板印章和衬底上具有比较好的润湿性时，接触角较小。可以使用垫片来保持模板与衬底合适的距离，当模板与衬底上的液体薄膜接触时，液体流动不稳定，溶液会被吸附并且被固定在模板突出处。当溶剂逐渐挥发，溶液浓度逐渐增大直至达到过饱和时，溶质析出结晶并产生一种与模板凸起部分对应的晶体图案[17,18]。

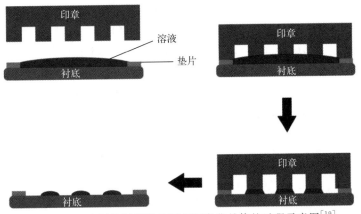

图 9.1.15　光刻控制润湿法制备图案化晶体的过程示意图[19]

9.2　柔性电子器件的封装

柔性器件通常对环境敏感，易受潮气、机械压力等的影响。封装可以提供保护，防止尘埃、水分或其他外部因素对器件造成损害。封装材料可以提高柔性器件的稳定性和耐用性，延长其使用寿命。封装也可以提供电气隔离，避免器件之间的短路或干扰。传统的封装技术大多采用硬质材料直接封盖，影响器件的柔性与可延展性。而柔性封装采用"软物质"作为基材，具有可拉伸、可弯折等新的物理特性，更适合贴合或连接应用于具有运动特征的机器人和软组织生命体；具备优良的"共形"能力，易于贴附在非平面应用平台，与其内外表面几何结构相融合。目前，柔性封装在仿生皮肤、可穿戴装备、有机发光器件、柔性储能、柔性传感等场景展现出了独特的优势，为"人-机-物"的有机结合和信息互通建立了桥梁。下面具体介绍几种代表性的封装技术。

9.2.1　封装技术的分类

（1）防水透气封装

柔性电子器件的特殊衬底材料，对水氧的阻隔能力比刚性材料差，对封装的要求很高，水氧阻隔膜是一类能够实现隔绝水汽、氧气效果的薄膜材料，是柔性电子器件封装的关键材料。第一代柔性阻隔膜以有机薄膜为主，如聚乙烯、聚酯等，这些材料自身的结构特性导致其阻水能力有限。第二代柔性阻隔膜以镀铝薄膜、镀氧化铝薄膜等为阻隔层，阻隔性能好、制备工艺简单，但是需要一定的厚度才能达到阻水要求，成本较高，并且材质较脆、不透明，限制了应用范围。第三代高阻隔膜为氧化物阻隔膜，广泛应用于太阳能电池的封装、OLED 器件封装及量子点显示等行业。

例如 OLED 器件的封装要求极为苛刻，实用化 OLED 器件通常要求其水汽透过率（WVTR）低于 $10^{-6} g/(m^2 \cdot d)$ 且氧气透过率（OVTR）低于 $10^{-5} cm^3/(m^2 \cdot d)$。封装柔性 OLED 器件通常有两种方法，一种是在线封装，另一种是压印封装。

在线封装是指在柔性 OLED 器件金属电极表面直接镀制无机有机交替阻挡层[21]，如图 9.2.1 所示。当前国内外大部分企业均采用在线封装技术。这种方式能够避免金属电极接触水、氧、灰尘等杂质，可以保证 OLED 器件长寿命的性能要求，但是工艺复杂，不易实现卷对卷生产，而且制备阻隔层时在线加工温度（≥360K）会对器件造成破坏。

Barix 封装是比较具有代表性的在线封装方式[21]，这是一种无机有机交叠的多层封装结构。在制备大尺寸柔性 OLED 器件过程中，在蒸镀金属电极前，膜层表面已经出现一些无法避免的凸起小颗粒，因为阴极金属层很薄，这些凸起的小颗粒足以刺穿阴极造成阴极金属层针孔，最终导致水氧顺着针孔进入器件，对器件造成破坏。Barix 封装在无机层之上涂覆有机层，不仅能填补无机层的针孔，还能够提升器件的耐弯折性能。采取 Barix 封装方式的器件结构如图 9.2.2 所示。在金属电极上先镀一层 SiN 薄膜，SiN 薄膜可以覆盖住金属层的针孔，但是 SiN 薄膜本身会形成新的针孔；在 SiN 上涂一层有机聚合物对界面进行平坦化处理，可以填补 SiN 层的缺陷，延长水氧进入 OLED 器件的路径；再镀一层 SiN 薄膜，增加通道长度，降低针孔对器件的影响，实现提高器件的阻隔性的目的[22]。

图 9.2.1　柔性 OLED 器件在线封装结构图[20]

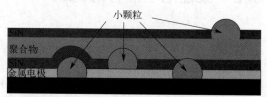

图 9.2.2　多层结构横截面示意图

压印封装是指在柔性 OLED 器件金属电极表面通过胶/膜贴合一层高阻隔膜，如图 9.2.3 所示。压印封装技术相对简单，OLED 器件和高阻隔层的制备工艺被分离开来，方便分别优化性能，但封装时器件可能会接触水、氧和灰尘，封装材料也可能对金属电极造成破坏。由于采用的胶膜没有阻隔性，封装器件可能存在侧漏，水氧会通过黏附层侵入器件内部，造成破坏。此外，未充分反应的胶黏剂有可能与 OLED 器件发生反应，影响其寿命。

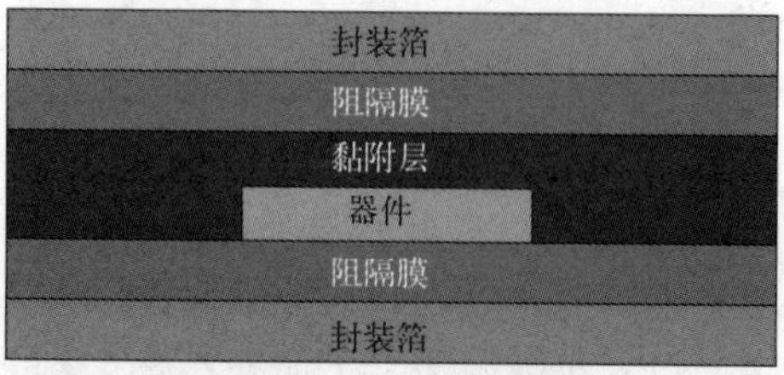

图 9.2.3　柔性 OLED 器件压印封装结构[21]

（2）倒装芯片工艺

倒装芯片工艺在微电子封装中应用广泛，可以有效利用芯片面积，具有超高封装密度，在柔性电子封装中，倒装芯片技术以柔性基板作为载体，产品可弯曲、柔性好。倒装芯片封装方法有焊接凸点法和导电胶黏结，焊接凸点法可以在芯片与基板间形成焊球，但所需温度较高，而通常的柔性基板材料仅适用于低于470K的黏结技术，所以柔性电子封装中常采用导电胶黏结。

图9.2.4为一种应用于柔性电子封装的倒装芯片技术，其主要工艺流程包括[21]：①在制作好电路的柔性基板上切出一个孔来放置芯片；②把各向异性导电胶膜粘贴到基板垫盘上用于电气连接；③调整芯片的焊盘与基板上的焊盘对齐，通过加热和加压实现组件的物理与电气连接；④环氧树脂填充芯片侧面，加强组件结构强度，防止弯曲时产生裂纹；⑤芯片上方放置掩盖物，掩盖物与芯片之间空隙为芯片提供了可移动空间，适合某些运动部件需要，掩盖物的材料是环氧树脂和聚二甲基硅氧烷，通过注射成型工艺制成；⑥聚二甲基硅氧烷涂覆周围以密封整个装置，完成整个封装过程。

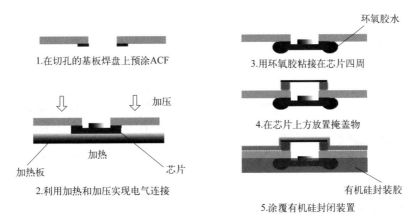

1.在切孔的基板焊盘上预涂ACF

2.利用加热和加压实现电气连接

加热板　　加热　　芯片

加压

3.用环氧胶粘接在芯片四周

环氧胶水

4.在芯片上方放置掩盖物

5.涂覆有机硅封闭装置

有机硅封装胶

图9.2.4　柔性电子封装的倒装芯片封装工艺

（3）薄膜沉积技术

真空薄膜沉积技术也可以作为一种封装方式，如传统的热反应蒸发、等离子体增强化学气相沉积（PECVD）、物理气相沉积、电子束蒸发和原子层沉积技术。由于柔性有机半导体器件中作为基底和功能层的有机材料相对脆弱，玻璃化温度低（约370K），因此，许多工艺不适用于柔性有机半导体器件的封装[23]。下面介绍两种适用于柔性器件的薄膜沉积技术。

① 原子层沉积技术（ALD）　通过原子层沉积技术能够在低温下无损伤地封装柔性OLED器件。不同于化学气相沉积同时向腔体通入两种反应物，使生成物沉积在基底上的反应方式，它将两种反应物的交替脉冲通入腔体，如图9.2.5（a）[24]，使反应物只与基底表面基团反应，并吹走多余的反应物，如此往复。因此原子层沉积是一个自限制过程，每个脉冲生成一层原子层，如图9.2.5（b）[25]，沉积薄膜的厚度仅取决于脉冲对的循环次数。正是由于这种自限制的生长特性，它能够通过控制反应周期数来精确控制薄膜厚度，从而获得超薄、致密的薄膜。即使在低温下，ALD也能实现对薄膜厚度与均匀性的精确控制。

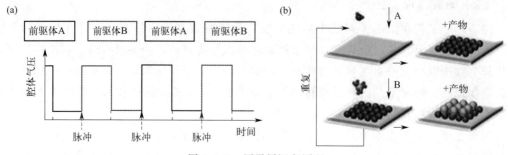

图 9.2.5　原子层沉积原理

（a）反应物脉冲与腔体气压[24]；（b）表面反应图解[25]

②　分子层沉积技术（MLD）　在无机-有机复合封装薄膜的研究中，有机薄膜制备多数采用旋涂等涂覆工艺，存在均匀性较差、厚度不可控等缺点，且与原子层沉积技术不相容，不利于生产[26]。MLD工艺使用有机的双功能团单体与金属前体，通过交替隔离的脉冲实现自限制的表面反应，生成对应的有机物，如图9.2.6所示。分子层沉积技术与原子层沉积技术采用的反应气体不同，它可利用如乙二醇、二胺等来制备一些有机聚合物，如聚酰胺、聚酰亚胺等。

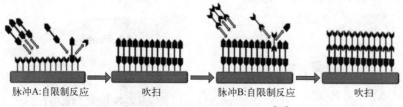

脉冲A:自限制反应　　吹扫　　脉冲B:自限制反应　　吹扫

图 9.2.6　分子层沉积原理图解[27]

（4）散热封装

柔性电子器件会在运行过程中产生热量，柔性电子器件的聚合物基底材料热导率不高，累积的热量可能导致器件失效，影响器件使用寿命，在某些生物相容性器件中，多余的热量可能传导到人体皮肤表面引起不适，甚至引发安全隐患。因此需要通过对柔性基底、封装材料进行改性，或者对器件本身的结构进行改良，来提高材料的导热效率。

随着电子产品的高度集成化，如超大规模集成电路和单片微波集成电路，热量很容易集中在特定区域，电子元件的热量还会干扰附近的电子设备。研究显示，利用填料在特定方向上的排列或填料的三维网络的构建，可实现在特定方向上具有高导热性的热量传导。通过使用各向异性排列技术，如注射成型、真空辅助装配、磁场和电场排列，可以实现垂直或平行方向的导热性，通过使用三维网络化组装技术，如热压、冷冻铸造和自组装，即使在低浓度填料的情况下，也实现了各向异性的高导热性。

加入热导率高的无机填料来制备复合材料衬底，也可用来提高热导率，由于陶瓷填料具有较高的导热性、电绝缘性和热稳定性，许多导热聚合物/陶瓷复合材料得到了发展。但这些复合材料要求较高的陶瓷质量分数（通常大于50%），并且仅产生 $1\sim10$ W/（m·K）范围内的复合热导率。此外，陶瓷填料加入过多会导致复合材料的力学性能恶化。因此，如何在实现高导热性的同时加入更少的陶瓷填料仍然是一个艰巨的挑战。值得注意的是，一些研究证明，一维纳米填料（纳米纤维、纳米线和纳米管）有望克服这一挑战，它们更容易在复合材料中构建导热网络，如金属纳米线（如银[28] 和铜纳米线[29]）、碳纳米管[30] 等。然而，金属纳米线和碳纳米管不可避免地会导致电导率的增加，在一些需要考虑电绝缘的领域需要选用其他材料。例如氮化硼纳米管，它是碳纳米管的类似物，并且具有电绝缘性，由于其高导热性、高热稳定性和高弹性模量，因此在导热复合材料中具有潜在应用价值[31]。

可以在 3D 四面体结构聚合物上沉积连续的氮化硼（BN）纳米片阵列，如图 9.2.7 所示，从而创建具有可变形电子器件的各向异性耗散的三维热路径。3D 四面体结构具有奇特的波浪形截面，保证了复合薄膜在变形过程中的柔韧性和拉伸性，而不会降低导热性。在 BN 质量分数为 16％时，3D 四面体结构聚合物材料面内以及面外的热导率分别为 $1.15W/(m \cdot K)$ 和 $11.05W/(m \cdot K)$，分别比随机混合方法提高了 145％和 83％。此外，该结构 BN 复合材料在复合材料原始长度的 50％应变下仍能保持热耗散性能。

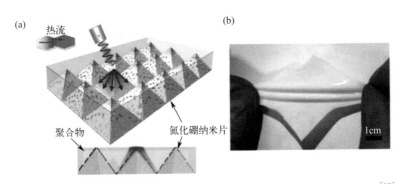

图 9.2.7　在 PDMS 衬底上制备 3D 四面体结构的 BN 纳米片实现热传导[32]

一些散热材料和结构上的设计可能会不同程度地影响衬底的柔性，实际应用中也应该避免一些复杂的制备过程，例如报道的用一种功能性软复合材料作为可穿戴电子产品的热保护衬底[33]，如图 9.2.8，具有控制热流和有效吸收热能的能力，而不会损害衬底的灵活性。该功能软复合材料的特点是在软质聚合物中嵌入顶部有金属薄膜的相变材料，当温度高于相变材料的转变温度时，该相变材料可以沿面内方向扩散热能并将其吸收。石蜡等相变材料具有通过固液相变吸收大量热能的能力，同时保持相对稳定的温度。这种不寻常的相变特征为可穿戴电子集成系统的热防护提供了一种较合适的途径。

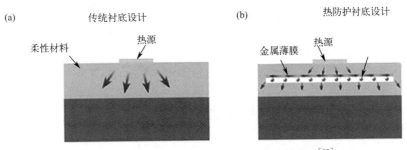

图 9.2.8　传统衬底与热防护衬底的设计示意图[33]

9.2.2 柔性芯片的机械性能测试

为保证柔性器件在封装后的使用中具有稳定性和可靠性，还需要对其进行一系列的封装可靠性测试，对柔性芯片来说，由于其需要承受弯曲载荷，其能够承受的弯曲程度、弯曲状态下的电学性能有着重要意义，所以首先需要评估的是其力学性能。力学性能测试主要评估封装产品在受到外力作用下的稳定性和耐用性，包括弯曲测试、拉伸测试、冲击测试等。通过机械性能测试，可以了解封装产品的材料强度、结构设计等方面的性能表现，为进一步优化设计提供依据。如图 9.2.9 所示，将芯片的一端用黏结剂固定在刚性衬底上，另一端露出平台从而形成类似悬臂梁的结构。探针压头加载在柔性芯片悬臂梁的自由端，另一端完全固定，通过软件施加加载位移并记录加载过程中的力-位移曲线，可通过扫描电子显微镜实时观察加载状态，记录柔性芯片的弯曲状态。

从针头接触芯片开始，向下施加力使其到达一定的位移，然后卸力并使针头回归到刚接触芯片的位置，以此为一个测试周期，如图 9.2.9。对柔性芯片进行一定次数的测试，其外观没有出现微裂纹，芯片性能完好，则表明柔性芯片能够承受一定程度的弯曲，并且在反复弯曲变形时的耐疲劳可靠性好。在测试过程中也需要了解柔性芯片在弯折时可以承受的最小曲率半径，这时的测试转变为使用探针压头对柔性芯片施加力使其发生断裂，刚开始发生断裂的芯片会回弹。造成压头测量的力发生突变，此时说明施加在芯片的力与位移到达了最大值，此时也可近似求得柔性芯片可以承受的最小弯曲半径。进一步也需要考察柔性芯片在弯曲状态下的电学特性，此时需要给芯片输入电压，并在施加弯曲负载的过程中测试其输出信号的变化，测量芯片功能失效时的最小弯曲半径[34]。

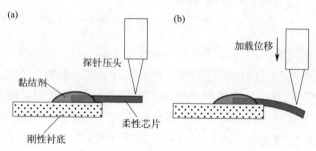

图 9.2.9 柔性芯片力学测试示意图

总体来说，柔性电子封装技术经过几十年的发展，已经取得了不错的成果，极大地提高了柔性电子器件的使用寿命和安全性，拓宽了柔性电子技术的功能和应用范围。随着力学、电子科学以及材料科学等技术的发展，柔性电子封装技术将会取得新的突破，为推动柔性电子技术的广泛应用提供可靠保障。

9.3 柔性电子器件的应用与展望

柔性电子器件具有重量轻、形态可变、功能多样的特点，颠覆性地改变了传统电子系统刚性的物理形态。柔性电子技术可以实现信息获取、处理、传输、显示以及能源等器件和系统的柔性化，实现了高效的人-机-物共融。因此柔性电子技术必将对人工智能、生物电子、脑机接口、物联网等领域产生巨大影响。经过多年的发展，柔性电子器件取得了激动人心的创新成果，逐渐在各种应用中显现出越来越重要的意义，本节将介绍几种重要的柔性电子器件的具体应用。

9.3.1 柔性能源器件与系统

柔性能源器件作为柔性电子器件的重要组成部分，主要包括柔性电池、柔性能量收集器等器件，它是实现柔性电子器件功能系统能独立于传统电源工作的重要基础，可以说柔性电子产品的发展离不开与之匹配的柔性能源器件的发展。下面具体介绍各类能源器件与系统的发展。

柔性电池是指能够承受弯曲、扭曲拉伸甚至可折叠形变的电池。以柔性锂电池为例，其组成要素主要为电极以及电解液。柔性电池的电极以二维层状薄膜电极为主，层状薄膜电极是独立的电极薄膜层或者是在柔性衬底表面涂布的电极层，如碳纳米管、石墨烯、导电聚合物以及金属纳米线等，电解液材料主要为含有锂离子盐的柔性电解液或导电浆料。柔性锂离子电池能实现给可穿戴柔性显示设备供电，例如柔性的有机发光二极管面板。图 9.3.1 展示的是一种使用柔性锂离子电池供电的腕部可穿戴式显示设备[35]。

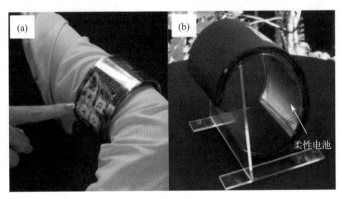

图 9.3.1 （a）可穿戴显示设备；（b）为可穿戴显示设备供电的可弯折柔性电池[35]

柔性太阳能电池是柔性电池的一个重要器件类型，目前主要围绕柔性透明电极设计、高性能光活性层材料以及结构设计等方面进一步提升其性能。通过结构设计不仅可以使转化效率提升，而且还能够使其在受力条件下保持较好的稳定性[36]，图 9.3.2 展示了柔性有机太阳能电池器件在日常生活中的一种具体应用，其可在阳光下点亮 LED 器件，有望用于可穿戴智能织物系统[37]。

而柔性能源收集器可以将柔性电子器件工作环境中的机械振动、压力和变形等机械能源转换为电能，从而为电子器件、电路供电。前面第 5 章内容已提到，这种能量收集器可根据原理分为压电式和摩擦式两种，其中研究最广泛的类型是压电纳米发电机（PENG）以及摩擦电纳米发电机（TENG）。压电纳米发电机结构简单，目前主流的压电材料包括锆钛酸铅（PZT）、ZnO、$BaTO_3$、聚偏氟乙烯（PVDF）等，具有不同的压电性能。例如，掺杂钛酸钡制备的全柔性 PENG 器件不仅可以用来收获生物机械能，例如关节运动，

图 9.3.2　柔性有机太阳能电池结构与应用

（a）柔性有机太阳能电池结构；（b）使用柔性太阳能电池器件点亮 LED；

（c）柔性太阳能电池作为便携式电源附着在织物上[37]

而且还具有触觉感知的潜力，安装在人体皮肤表面的 PENG 可以作为触发信号，在外部电路的辅助下可实现触觉模仿[38]，如图 9.3.3 所示[39]。

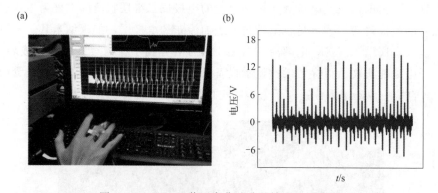

图 9.3.3　PENG 装置弯曲试验及输出电压曲线

（a）放置在手上的 PENG 装置弯曲试验照片；（b）器件在关节弯曲和伸直状态下的输出电压曲线

　　TENG 的工作原理是摩擦起电，其本质是电荷的转移。与压电纳米发电机相比，摩擦电纳米发电机具有高输出、高效率、低成本、结构设计简单、稳定性优异以及环境友好等优点。通过将透明交流电致发光器件与 TENG 集成，共享公共透明电极，可制备自供电柔性显示系统[38]，如图 9.3.4，有望在物联网中的人机交互、人造电子皮肤和自供电通信方面实现应用。

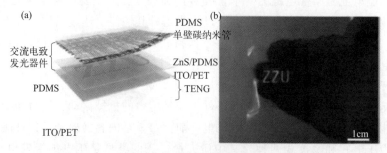

图 9.3.4　透明交流电致发光器件与 TENG 器件集成

（a）示意图；（b）实物照片

9.3.2　柔性显示器件

柔性显示器件可依附于可弯折或者可拉伸衬底表面，由于器件结构可变形，柔性显示器件/结构可与非规则曲面贴合，并可在动态变形的表面实现显示功能，从而充分利用环境空间表面，达到随处皆可显示画面的效果。随着"万物互联"的时代开始，海量的信息、数据伴随着巨大的显示需求，"万物显示"也随之而来，柔性显示器件必将在其中发挥重大作用。

柔性的有机发光显示器件主要是以有机半导体为基本发光单元的器件，有机半导体材料主要通过真空沉积的方式制备。显示器的工作原理如图 9.3.5(a) 所示，外部电压驱动下，电子和空穴分别从阴阳极注入电子传输层和空穴传输层，然后迁移至光发射层，通过电子和空穴的复合激发电致发光层辐射发光。自 1992 年首个可弯曲的有机发光二极管被报道以来［图 9.3.5(b)］[40]，有机半导体发光显示器件迅速发展。2008 年，索尼公司在国际信息显示学会展览会上展出了柔性、全彩、有源驱动的 2.5in OLED 显示器件。2013 年初，LG 率先推出了全球第一款 55in 柔性 OLED 电视产品，这是全世界第一款得以量产的大屏幕柔性显示器件。柔性 OLED 显示具有画面质量高、响应速度快、加工工艺简单、驱动电压低等优点，已经实现了产品的量产化。随着移动端智能设备，如智能手机等的迅速发展，为了兼顾大屏信息输出与产品轻量化之间的平衡，各大厂商逐渐将柔性显示器件应用于移动端设备，大力发展折叠屏手机。

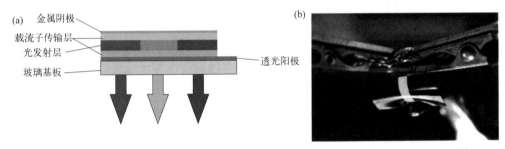

图 9.3.5　(a) 有机发光二极管结构示意图和 (b) 首个可弯曲聚合物发光二极管[40]

纳米材料同样也是柔性发光器件的一类研究热点，其中最受人关注的是量子点材料，量子点是尺寸在 1～100nm 之间，具有"量子限域效应"的半导体纳米晶。量子点材料主要通过旋涂、刮涂、喷墨打印、转移印刷等方式制备，具有颜色可调、极窄带宽的纯色发射、高发光效率和光稳定性等特点。此外，量子点发光二极管（QLED）具有明亮的电致发光，低开启电压和超薄的外形因素，使其成为下一代显示器的候选者。量子点的全彩显示策略可以分为两种，分别是光致发光和电致发光的方式。量子点的光致发光效率很高（超过 90％），因此结合成熟的蓝色 LED 背光技术与红绿两种颜色的量子点构成的色转换层，可实现全彩显示，如图 9.3.6 所示。基于电致发光过程的 QLED 技术最早于 1994 年首次被加州大学伯克利分校的 Colvin 等人在 *Nature* 上报道[41]，其结构与 OLED 相同，并且由于纳米颗粒的薄膜也有一定的柔性，因此也可用作柔性显示。但是由于量子点材料大多含铅、镉等毒性元素，并且对水氧环境敏感，因此目前柔性量子点显示技术仍处于研究阶段，除了开发绿色无毒的材料以外，还需要研究更加先进的封装工艺。

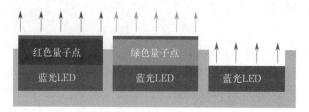

图 9.3.6　全彩量子点光致发光器件示意图

9.3.3　柔性无线传输器件与物联网

柔性电子器件的信息交互离不开柔性通信器件，柔性通信器件无法独立存在，通常与具备特定功能的电子器件集成在一起，构成完整的电子器件系统。近距离柔性通信器件主要采用近场通信（near field communication，NFC）或射频识别技术（RFID）完成信息的传递。NFC系统包括NFC读写器与NFC标签两部分，NFC读写器持续向外发射电磁波，处于有效范围内的NFC标签通过电磁耦合获得能量，发送身份信息，与NFC读写器完成信息交互。利用柔性电子技术制备的柔性NFC器件可以与人体表面紧密贴合，即使在大变形条件下也不会脱黏。射频识别技术可通过无线射频方式进行非接触双向数据通信，利用无线射频方式对记录媒体（电子标签或射频卡）进行读写，从而达到识别目标和数据交换的目的。印刷柔性电子技术的进步赋予了RFID标签制造工艺简单，并具有柔韧性、可拉伸性和耐磨性等创新特性。

无论是NFC还是RFID技术都只能应用于近距离通信，当需要用到远距离信号传输时，则需要用到天线。天线是收发电磁波的关键部件，在所有无线通信设备中必不可少。传统刚性天线不能适应复杂曲面环境，难以与人体良好集成。为解决这个问题，柔性天线受到了广泛研究，可以从材料和结构设计上实现天线整体柔性化。例如设计可拉伸的金属蛇形结构的天线来实现无线贴片的柔性化[42]。将导电纳米材料集成在可拉伸电子系统中，例如石墨烯薄膜，也是实现天线柔性化的常用手段[43]，如图 9.3.7 所示。实现无线传输器件柔性化是人机交互、万物互联不可或缺的步骤。NFC、RFID以及远距离通信电子系统的柔性化和集成化催生出了一大批新型的柔性电子器件与系统，并且可以集成于人体表面的各个部位，推动了可穿戴技术的发展。

为了使物品信息实现智能化管理，需要将各种物体通过网络相连接，进行信息交换，物联网技术就是因此而产生的。它是指通过信息传感设备和智能标准通信接口，将物体和网络相连接，使物体的信息互联互通，以实现智能化管理。在物联网领域，系统分为感知层、网络传输层、应用层三种层次结构。感知层负责采集环境数据，包括温度、湿度、光照强度等。网络层通过无线传输技术（如使用NFC、RFID或Wi-Fi技术等）将数据传输到云端或服务器。应用层可以对数据进行处理和分析，提供智能决策支持。物联网三种层次结构中，感知层是核心，是收集信息的关键。柔性电子器件可以被制成超薄、可弯曲的传感器，而柔性传感器可以模仿人类的触觉、听觉等多种感知功能，作为物联网采集信息的"神经末梢"，能够更好地感知物体的特征和变化，增强设备的环境感知和数据采集能

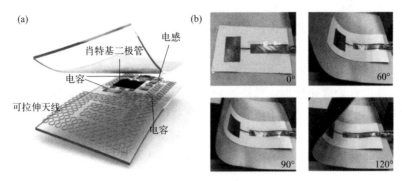

图 9.3.7　柔性天线

（a）带有蛇形结构金属天线的贴片示意图[42]；（b）石墨烯薄膜天线光学照片[43]

力，实现对温度、压力、光照等环境参数的高灵敏度检测，从而更高效地对获得的数据信息进行统计和分析，也能适应各种复杂的曲面结构，从而更好地融入物联网系统中[44]。用于物联网感知层的柔性传感器主要可分为柔性光电传感器、柔性压力传感器、柔性生物化学传感器等，将在下一小节介绍。

物联网技术的一个重要应用就是健康监测，结合可穿戴、可植入设备与人工智能技术、数据分析技术，如图 9.3.8 所示，可以构建起强大的人体健康物联网。通过研发的智能可穿戴设备，可以日常采集佩戴者的健康信息，如心率、血压、睡眠质量等，并将这些数据传输到手机或云端进行存储和分析，通过智能算法和机器学习，这些设备可以根据个人的健康数据提供定制化的健康建议和警告，使人们更好地管理自己的健康状况。

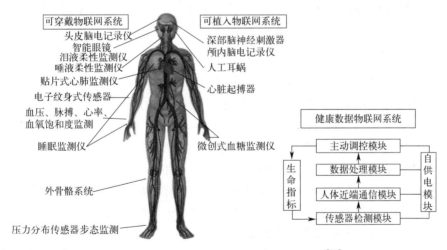

图 9.3.8　人体健康物联网监测与调控系统[45]

9.3.4　柔性传感器与电子皮肤

人类利用视觉、触觉、听觉等感官感知环境的变化，人工智能发展过程中，使用电子技术模拟这些感知能力是一个重要的研究方向。就视觉和听觉而言，目前图像处理和语音识别技术已经积累了一定的研究成果，然而模拟触觉的研究相对而言还比较初级。皮肤作为人体与周围环境间的保护层起着至关重要的作用，在感知到外界刺激时，将其转换为电信号传递到大脑，从而感知到外界的信息，将可以模拟这一过程的柔性传感器件与系统称为电子皮肤。

电子皮肤可以通过集成多种柔性生物传感器感知外部的压力、温度、形变等信息，将其转换为电信号进行处理和分析，最终达到机器人产生触觉的效果，使机器人拥有类似人类皮肤的智能仿生触觉功能。电子皮肤的研究使得物体可以感知和理解触觉，从而对外界进行反馈，在机器人、辅助生活设备等领域都有较好的应用前景[46]。除此之外，在电子皮肤上还可以构建人体生命体征的监测装置，如血糖浓度的监测，实现对生理指标的实时监控，在生物医疗方面也有不错的发展前景。

电子皮肤一般由电极、介电材料、活性功能层、柔性材料组成。当外界施加刺激时，活性功能层可将其转换为可检测的电信号。导电材料通常作为电极层，布置在功能层两侧，接收并传输电信号。柔性衬底材料用于承载电子皮肤，确保其与生物皮肤或其他材料相容。在电子皮肤采用的传感器类型中，现今比较多地采用柔性触觉传感器，其可以对压力、应变、剪切力、振动等信号进行测量，并将这些触觉信息转换为电信号。它通常可用于检测人体肌肉运动，例如呼吸或脉搏等，而器件的制备也可以很简单廉价，例如可以用炭黑和无尘纸作为原材料制备压阻传感器作为简易的电子皮肤（图9.3.9），不仅成本低廉而且具有生物相容性[47]。

图 9.3.9　压力传感器结构与应用

（a）炭黑-无尘纸复合材料柔性压力传感器的结构示意图；（b）压力传感器的实物图[47]

此外，柔性光电传感器也是一类应用较为普遍的电子皮肤传感器，能够将光信号转换为电信号。柔性光电传感器可以模仿生物感光器官的功能，例如受到节肢动物眼睛形状的启发制备的一种复眼光电探测器阵列[48]，其中的探测器数量可达180个，如图9.3.10（a）所示，这种柔性可延展的光电探测器可以用来模拟甚至代替真眼。除此之外，因为柔性光电传感器与生物皮肤或组织有相似的力学性能，所以非常适用于可注射或可植入生物组织，尤其是与生物组织兼容的高性能超薄半导体，一些植入式光电子器件可以将光源、探测器和其他组件插入大脑内部，进行光遗传学研究[49]，如图9.3.10（b）所示。目前柔性光电传感器件在电子皮肤领域的主要工作集中在集成柔性发光器件与光电探测器、利用人体组织的光谱吸收特性来体现与检测生命体征等方面。

在人的生命活动中，会伴随着体内生物化学状态的变化，检测生化成分的变化对健康评估有着重要意义，柔性生化传感器可与人体集成，直接或间接地测量体液中的关键成分以及浓度等。人体汗液中具有非常丰富的生理信息，并且身体表面排汗面积大，可获取信息的区域更多，因此关于汗液传感器的研究最为广泛。例如，汗液中葡萄糖的浓度与血液中的葡萄糖浓度直接相关，前者约为后者的1%，监测汗液中的葡萄糖浓度可间接了解血糖水平，制作可穿戴汗液葡萄糖传感系统更是可以达到实时监测的效果，如图9.3.11

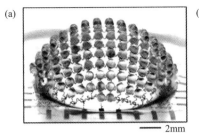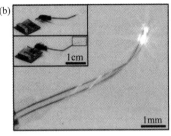

图 9.3.10　某复眼光电探测器和可植入式光电子器件

（a）仿昆虫复眼形式的光电探测器阵列[48]；（b）应用于光遗传学的可植入式光电子器件[49]

所示。

　　长久以来，柔性传感器只能检测单一信号。基于单一的信号采集难以得到可靠的分析结果。例如，传统的可穿戴传感器可以单独监测汗液的 pH 值、葡萄糖浓度等信息，但这些物理量容易受温度的干扰，影响检测结果的准确性。相比之下，生物皮肤在感受温度、压力的同时，也能察觉湿度和应变等变化，从而能够更全面地获取外部环境信息，准确地感知外部环境，并做出相应反馈。因此，有必要在单个器件上集成多个传感模块。如图 9.3.12 所示，多模集成柔性传感器能同时检测多项指标，不仅可以在不同信号之间建立互联关系，而且有助于量化各信号之间的影响和干扰，并且在未来，多模集成传感器将向着器件结构简单化、单元小型化、制备规模化的方向提升。

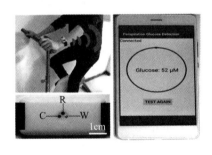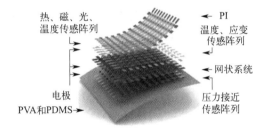

图 9.3.11　腕带式可穿戴汗液葡萄糖传感系统[50]　　　　图 9.3.12　多模集成柔性传感器[51]

　　随着柔性电子传感器件的持续发展，人们希望将各类传感器件集成到更智能的柔性电子系统中，具体的系统构成如图 9.3.13（a）所示，系统的主要功能是从各类传感器连接的电极准确采集到模拟信号后，对其进行适当放大，分别通过放大器（Amp）和模数转换器（ADC）转换为数字信号，以此构建更加智能的电子皮肤。智能电子皮肤的应用能够加速医疗监测、诊断治疗和健康管理的数字化转型，有助于实现人体与电子设备的无缝连接，例如植入式医疗设备、神经控制接口等，距离实际应用较近，有助于为人们提供更加便捷、精准的医疗服务。智能电子皮肤贴片是柔性电子技术在医疗领域最常见的应用之一［图 9.3.13（b）］，它黏附在人体表面，具有较高的灵敏度，可以感知到微小的变化并转换为电信号来记录身体的生理信号，实现无创、非侵入式的生理指标监测，未来甚至可以将智能器件（如忆阻器）与传感器结合，实现存算一体、感存算一体甚至感存算控一体的新型智能柔性电子系统。

　　本章介绍了柔性电子器件的制备工艺，包括光刻、纳米压印、转移印刷以及自组装技

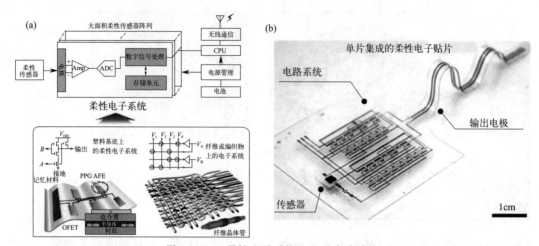

图 9.3.13 柔性电子系统和电子皮肤贴片

（a）用于智能穿戴技术的塑料基底和纺织品上的柔性电子系统[52]；（b）电子皮肤贴片的组件[53]

术等，详细论述了各个工艺的原理、特点、分类以及应用范围。然后介绍了柔性电子的封装技术的原理，传统的封装技术大多使用硬质材料直接封盖，影响器件的柔性以及可延展性，不适合柔性电子封装，随后介绍了几种适用于柔性器件防水透气以及散热等方面的封装工艺。最后展示了一些柔性电子器件的实际应用，主要应用场景为柔性的显示器件、无线传输器件、生物传感器以及电子皮肤等。总的来说，随着材料科学、微纳制造技术等领域的不断进步，柔性电子器件的集成与应用将会更加广泛和深入，为人类生活和产业发展带来更多的可能性。

参考文献

［1］ Lin Z Y, Hong M H. Femtosecond Laser Precision Engineering: From Micron, Submicron, to Nanoscale. Ultrafast Sci, 2021, 2021 (001): 9783514.

［2］ 徐兵，魏国军，陈林森. 激光直写技术的研究现状及其进展. 光电子技术与信息，2004 (06): 1-5.

［3］ Li F, Lu Z, Xie Y. Laser direct writing system with cartesian and polar coordinate. Acta Photonica Sinica, 2002, 31 (5): 616-619.

［4］ Stellacci F, Bauer C A, Meyer-Friedrichsen T, et al. Laser and electron-beam induced growth of nanoparticles for 2D and 3D metal patterning. Adv Mater, 2002, 14 (3): 194-200.

［5］ Kim J G, Takama N, Kim B J, et al. Optical-soft lithographic technology for patterning on curved surfaces. J Micromech Microeng, 2009, 19 (5): 055017.

［6］ Velten T, Schuck H, Haberer W, et al. Investigations on reel-to-reel hot embossing. Int J Adv Manuf Tech, 2010, 47 (1-4): 73-80.

［7］ Leitgeb M, Nees D, Ruttloff S, et al. Multilength scale patterning of functional layers by roll-to-roll ultraviolet-light assisted nanoimprint lithography. ACS Nano, 2016, 10 (5): 4926-4941.

［8］ Singh M, Haverinen H M, Dhagat P, et al. Inkjet Printing-Process and Its Applications. Adv Mater, 2010, 22 (6): 673-685.

［9］ Gu Z K, Huang Z D, Hu X T, et al. In situ inkjet printing of the perovskite single-crystal array-embedded polydimethylsiloxane film for wearable light-emitting devices. ACS Appl Mater Inter, 2020, 12 (19): 22157-22162.

[10]　Feng X, Meitl M A, Bowen A M, et al. Competing fracture in kinetically controlled transfer printing. Langmuir, 2007, 23 (25): 12555-12560.

[11]　Deegan R D, Bakajin O, Dupont T F, et al. Capillary flow as the cause of ring stains from dried liquid drops. Nature, 1997, 389 (6653): 827-829.

[12]　Lippincott K. Tripped up by timekeeping. Nature, 1998, 394 (6688): 32-33.

[13]　Deegan R D, Bakajin O, Dupont T F, et al. Contact line deposits in an evaporating drop. Phys Rev E, 2000, 62 (1): 756-765.

[14]　Hu H, Larson R G. Marangoni effect reverses coffee-ring depositions. J Phys Chem B, 2006, 110 (14): 7090-7094.

[15]　Zhou X, Cai Y, Xu M, et al. Dewetting-Assisted Patterning of Organic Semiconductors for Micro-OLED Arrays with a Pixel Size of 1 microm. Small Methods, 2022, 6 (4): 2101509.

[16]　Tagantsev A K, Stolichnov I, Colla E L, et al. Polarization fatigue in ferroelectric films: Basic experimental findings, phenomenological scenarios, and microscopic features. J Appl Phys, 2001, 90 (3): 1387-1402.

[17]　Noda Y, Yamada T, Kobayashi K, et al. Few-Volt Operation of Printed Organic Ferroelectric Capacitor. Adv Mater, 2015, 27 (41): 6475-6479.

[18]　Cavallini M, Albonetti C, Biscarini F. Nanopatterning Soluble Multifunctional Materials by Unconventional Wet Lithography. Adv Mater, 2009, 21 (10-11): 1043-1053.

[19]　Cavallini M, Gentili D, Greco P, et al. Micro- and nanopatterning by lithographically controlled wetting. Nat Protoc, 2012, 7 (9): 1668-1676.

[20]　Park S H K, Oh J, Hwang C S, et al. Ultra thin film encapsulation of organic light emitting diode on a plastic substrate. Etri J, 2005, 27 (5): 545-550.

[21]　Tan N X, Lim K H H, Chin B, et al. Engineering surfaces in ceramic pin grid array packaging to inhibit epoxy bleeding. Hewlett-Packard J, 1998, 49 (3): 81-90.

[22]　van den Brand J, de Baets J, van Mol T, et al. Systems-in-foil – Devices, fabrication processes and reliability issues. Microelectron Reliab, 2008, 48 (8-9): 1123-1128.

[23]　Jang J W, Suk K L, Paik K W, et al. Measurement and Analysis for Residual Warpage of Chip-on-Flex (COF) and Chip-in-Flex (CIF) Packages. IEEE T Comp Pack Man, 2012, 2 (5): 834-840.

[24]　Nam T, Park Y J, Lee H, et al. A composite layer of atomic-layer-deposited Al_2O_3 and graphene for flexible moisture barrier. Carbon, 2017, 116: 553-561.

[25]　Yu D, Yang Y Q, Chen Z, et al. Recent progress on thin-film encapsulation technologies for organic electronic devices. Opt Commun, 2016, 362: 43-49.

[26]　Wu J, Fei F, Wei C T, et al. Efficient multi-barrier thin film encapsulation of OLED using alternating Al_2O_3 and polymer layers. Rsc Adv, 2018, 8 (11): 5721-5727.

[27]　Yoshimura T, Tatsuura S, Sotoyama W. Polymer-Films Formed with Monolayer Growth Steps by Molecular Layer Deposition. Appl Phys Lett, 1991, 59 (4): 482-484.

[28]　Xu J, Munari A, Dalton E, et al. Silver nanowire array-polymer composite as thermal interface material. J Appl Phys, 2009, 106 (12): 1-7.

[29]　Wang S L, Cheng Y, Wang R R, et al. Highly Thermal Conductive Copper Nanowire Composites with Ultralow Loading: Toward Applications as Thermal Interface Materials. ACS Appl Mater Inter, 2014, 6 (9): 6481-6486.

[30]　Han Z, Alberto F. Thermal conductivity of carbon nanotubes and their polymer nanocomposites: A review. Progress in Polymer Science, 2011, 36 (7): 914-944.

[31]　Zeng X L, Sun J J, Yao Y M, et al. A Combination of Boron Nitride Nanotubes and Cellulose Nanofibers for the Preparation of a Nanocomposite with High Thermal Conductivity. Acs Nano, 2017, 11 (5): 5167-5178.

[32]　Hong H, Jung Y H, Lee J S, et al. Anisotropic Thermal Conductive Composite by the Guided Assembly of Boron Nitride Nanosheets for Flexible and Stretchable Electronics. Adv Funct Mater, 2019, 29 (37): 1902575.

[33]　Shi Y L, Wang C J, Yin Y F, et al. Functional Soft Composites As Thermal Protecting Substrates for Wearable

Electronics. Adv Funct Mater, 2019, 29 (45): 1905470.

［34］ Dahiya R S, Gennaro S. Bendable Ultra-Thin Chips on Flexible Foils. IEEE Sens J, 2013, 13 (10): 4030-4037.

［35］ Tajima R, Miwa T, Oguni T, et al. Truly wearable display comprised of a flexible battery, flexible display panel, and flexible printed circuit. J Soc Inf Display, 2014, 22 (5): 237-244.

［36］ Park S, Heo S W, Lee W, et al. Self-powered ultra-flexible electronics via nano-grating-patterned organic photovoltaics. Nature, 2018, 561 (7724): 516-522.

［37］ Ovhal M M, Lee H B, Boud S, et al. Flexible, stripe-patterned organic solar cells and modules based on multilayer-printed Ag fibers for smart textile applications. Mater Today Energy, 2023, 34: 101289.

［38］ Sun J L, Chang Y, Liao J, et al. Integrated, self-powered, and omni-transparent flexible electroluminescent display system. Nano Energy, 2022, 99: 107392.

［39］ Su H X, Wang X B, Li C Y, et al. Enhanced energy harvesting ability of polydimethylsiloxane-BaTiO$_3$-based flexible piezoelectric nanogenerator for tactile imitation application. Nano Energy, 2021, 83: 105809.

［40］ Gustafsson G, Cao Y, Treacy G M, et al. Flexible Light-Emitting-Diodes Made from Soluble Conducting Polymers. Nature, 1992, 357 (6378): 477-479.

［41］ Colvin V L, Schlamp M C, Alivisatos A P. Light-Emitting-Diodes Made from Cadmium Selenide Nanocrystals and a Semiconducting Polymer. Nature, 1994, 370 (6488): 354-357.

［42］ Park S I, Brenner D S, Shin G, et al. Soft, stretchable, fully implantable miniaturized optoelectronic systems for wireless optogenetics. Nat Biotechnol, 2015, 33 (12): 1280-1289.

［43］ Tang D L, Wang Q L, Wang Z, et al. Highly sensitive wearable sensor based on a flexible multi-layer graphene film antenna. Sci Bull, 2018, 63 (9): 574-579.

［44］ 夏诚. 工业自动化系统中的物联网技术应用. 电子技术, 2023, 52 (10): 352-353.

［45］ 梁峻阁, 宋怡然, 孙杨帆, 等. 基于可穿戴与可植入技术的人体健康物联网研究进展. 物联网学报, 2023, 7 (2): 26-34.

［46］ 陈楚浩. 基于电子皮肤的机器人触觉感知系统研究. 厦门: 厦门大学, 2019.

［47］ Han Z Y, Li H F, Xiao J L, et al. Ultralow-Cost, Highly Sensitive, and Flexible Pressure Sensors Based on Carbon Black and Airlaid Paper for Wearable Electronics. ACS Appl Mater Inter, 2019, 11 (36): 33370-33379.

［48］ Song Y M, Xie Y Z, Malyarchuk V, et al. Digital cameras with designs inspired by the arthropod eye. Nature, 2013, 497 (7447): 95-99.

［49］ Kim T I, McCall J G, Jung Y H, et al. Injectable, Cellular-Scale Optoelectronics with Applications for Wireless Optogenetics. Science, 2013, 340 (6129): 211-216.

［50］ Zhu X F, Ju Y H, Chen J, et al. Nonenzymatic Wearable Sensor for Electrochemical Analysis of Perspiration Glucose. ACS Sensors, 2018, 3 (6): 1135-1141.

［51］ 吴靖, 李晟, 张景, 等. 面向物联网的新型柔性传感器. 物联网学报, 2023, 7 (02): 1-14.

［52］ Baeg K J, Lee J. Flexible Electronic Systems on Plastic Substrates and Textiles for Smart Wearable Technologies. Adv Mater Technol-Us, 2020, 5 (7): 2000071.

［53］ Wang W, Jiang Y, Zhong D, et al. Neuromorphic sensorimotor loop embodied by monolithically integrated, low-voltage, soft e-skin. Science, 2023, 380 (6646): 735-742.

附录 I

主要缩写及其定义

A　受体

A*　激发态的受体

ADC　模数转换器

Ag　银

$AgNO_3$　硝酸银

AgNPs　银纳米颗粒

AgNWs　银纳米线

Al　铝

ALD　原子层沉积技术

Alq_3　8-羟基喹啉铝

AM　大气质量

AMLCD　有源矩阵液晶显示器

Amp　放大器

ANN　人工神经网络

AOD　声光偏转器

AOM　声光调制器

APTES　3-氨基丙基三乙氧基硅烷

a-Si　非晶硅

a-Si：H　氢化的非晶硅

Au　金

AZO　ZnO：Al

BHJ　本体异质结

BN　氮化硼

BNNS　氮化硼纳米片

BP　黑磷/反向传播

BST　钛酸锶钡

C_{60}　富勒烯

CAR　化学增幅光刻胶

CBP　4,4-二(9-咔唑)联苯

CDM　相关高斯无序模型

CE　对电极

CIGS　铜铟镓硒

CIJ　连续喷墨打印

CMOS　互补金属氧化物半导体

CNF　碳纤维

CNN　卷积神经网络

CNT　碳纳米管

CP　导电聚合物

CPU　中央处理器

cQD　胶体量子点

CQW 胶体量子阱

CTE 热胀系数

cTnI 心肌肌钙蛋白-I

Cu 铜

CVD 化学气相沉积法

Cs_2CO_3 碳酸铯

CZTS 铜锌锡硫

D 给体

D^* 激发态给体

DEAs 介电弹性体致动器

DI-TSCLC 测量暗态下载流子的空间电荷限制电流的瞬态行为

DMSO 二甲基亚砜

DNN 深度神经网络

DOD 按需喷墨打印

DRAM 动态随机存储器

DPP 二酮吡咯并吡咯

DSSCs 染料敏化太阳能电池

$[E_2mIm]$ $[EtSO_4]$ 1-乙基-3-甲基咪唑乙基硫酸盐

EB 祖母绿碱

ECG 心电图

ECMOFs 导电 MOFs

EIS 电化学阻抗谱

EPROM 可擦除可编程只读存储器

eQD 外延量子点

ES 祖母绿盐

ESN 储备池计算

EUV 极紫外光刻

FCC 面心立方

FNC 氟化纳米纤维

FS 满量程输入

FSO 满量程输出

FTO SnO_2：F 玻璃基氟氧化锡

FWHM 半高峰宽

GAN 生成对抗网络

$g-C_3N_4$ 石墨氮化碳

GDM 高斯无序模型

GST 锗锑碲合金

h-BN 六方氮化硼

HDD 硬盘驱动器

HIM 咪唑

HOIPs 有机-无机杂化钙钛矿

HOMO 最高被占据轨道

HPZ 吡唑

HRS 高电阻状态

HTZ 三唑（HVTZ）

HTTZ 四唑

IC 集成电路

LET 发光晶体管

IDT 茚二噻吩

IGZO 氧化铟镓锌

IR 红外线

ITO 锡掺杂氧化铟 In_2O_3：Sn

LB Langmuir-Blodgett

LCD 液晶显示器

LRS 低电阻状态

LSTM 长短期神经网络

LTD 长时程抑制

LTM 长时记忆

LTP 长时程增强

LUMO 最低未被占据轨道

MADF 金属辅助延迟荧光

MAI 碘甲胺

MBE 分子束外延

MEH-PPV 苯乙炔衍生物

MLD 分子层沉积技术

MTJ 磁性隧道结

MOCVD 金属有机化学气相沉积

MOFs 金属有机骨架材料

MoO_3 三氧化钼

MOSFET 金属-氧化物-半导体场效应晶体管

MRAM 磁性随机存取存储器

MWCNT 多壁碳纳米管

$\mu c-Si$ 微晶硅

Nb_2O_5 五氧化二铌

NCs 纳米晶体

nc-Si 纳米晶硅

NFC 近场通信

NIL 纳米压印技术

NR 天然橡胶

NVRAM 非易失性随机存取存储器

OECTs 有机电化学晶体管

OFET 有机场效应晶体管

OLED 有机发光二极管

OLET 有机发光晶体管

OPD 有机光电探测器

OSCs 有机太阳能电池

OVTR 氧气透过率

P3HT 聚（3-己基噻吩）

P3OT 聚（3-己氧基噻吩）

PAA 聚丙烯酸

PAC 聚乙炔

PAG 光酸剂

PAM 聚丙烯酰胺

PAN 聚丙烯腈

PANI 聚苯胺

PAR 聚芳酯

PBS 磷酸缓冲液

PC 聚碳酸酯

PCBM C_{60} 的衍生物

PCE 光电转换效率

PCM 相变存储器

PCN 多孔配位网络

PCO 聚环烯烃

PDMS 聚二甲基硅氧烷

PEAI 苯乙基碘化铵

PEB 曝光后烘

PECVD 等离子体增强化学气相沉积

PEDOT 聚（3,4-乙烯二氧噻吩）

PEDOT：PSS 聚（3,4-乙烯二氧噻吩）：聚苯乙烯磺酸盐

PEG 聚乙二醇

PEI 聚乙烯亚胺

PEN 聚萘二甲酸乙二醇酯

PENG 压电纳米发电机

PEO 聚乙烯氧化物

PES 聚醚砜

PET 聚对苯二甲酸乙二醇酯

PF 聚芴

PI 聚酰亚胺

PLED 有机-无机杂化钙钛矿发光二极管

PLLA 左旋聚乳酸

PLQY 光致发光量子产率

PMMA 聚甲基丙烯酸甲酯

PN 聚萘

poly-Si 多晶硅，也表示为 p-Si

poly-TPD 聚［双（4-苯基）（4-丁基苯基）胺］

PP 聚丙烯

PPD 聚苯二胺

PPF 双脉冲易化

PPS 聚苯硫醚

PPV 聚苯乙烯

PPY 聚吡啶

PPy 聚吡咯

PROM 可编程只读存储器

PSC 钙钛矿太阳能电池

p-Si 多晶硅

PTCBI 苝四甲酸二苯并咪唑

PTFE 聚四氟乙烯

PTH 聚噻吩

PU 聚氨酯

PVA 聚乙烯醇或 PVOH

PVD 物理气相沉积

PVDF 聚偏二氟乙烯

P（VDF-BTFE） 聚（偏氟乙烯-溴三氟乙烯）

P（VDF-CTFE） 聚（偏氟乙烯-三氟氯乙烯）

P（VDF-HFP） 聚偏氟乙烯-共六氟丙烯

P（VDF-TrFE） 聚偏氟乙烯-三氟乙烯

P（VDF-TrFE-CTFE） 聚（偏氟乙烯-三氟乙烯-三氟氯乙烯）

QLED 量子点发光二极管

PVP 聚乙烯吡咯烷酮

PZT 锆钛酸铅

R2R 卷对卷

RAM 随机存取存储器

RE 参比电极

ReRAM 阻变存储器件

RFID 射频识别技术

rGO 还原氧化石墨烯

RMS 均方根

RNN 循环神经网络

ROM 只读存储器

RRAM 阻变存储器件

SA 海藻酸钠

SCLC 空间电荷限制电流

SEBS 苯乙烯-乙烯-丁烯-苯乙烯嵌段共聚物

Si 硅

SNN 脉冲神经网络

SNR 信噪比

SRAM 静态随机存储器

SRDP 突触频率相关性塑形

SSD 固态硬盘

STD 短时程抑制

STDP 突触时序相关性塑形

STM 短时记忆

STP 短时程增强

SWCNT 单壁碳纳米管

TA 单宁酸

TAPB 1,3,5-三(四氨基苯基)苯

TADF 热激活延迟荧光材料

Ta_2O_5 五氧化二钽

TMDs 过渡金属硫化物

TPD N,N'-二苯基-N,N'-双（3-甲基苯基)-(1,1'-联苯)-4,4'-二胺

TCNQ 7,7,8,8-四氰基对苯二醌二甲烷

TCO 透明导电氧化物

Te 碲

TENG 摩擦纳米发电机

TeO_2 二氧化碲

TFT 薄膜晶体管

TFSA 双三氟甲烷磺酰亚胺

TMDs 过渡金属硫族化合物

TOF 飞行时间法

TONS 2D 锐钛矿型二氧化钛

TPD 三芳基胺

TSB_3 间-双(三苯基硅基)苯

ttb-CuPc 四叔丁基酞菁铜

UPS 紫外光电子能谱

UV 紫外线

VLSI 超大规模集成电路

VOCs 挥发性有机化合物

WE 工作电极

WVTR 水汽透过率

XPS X 射线光电子能谱

ZnO 氧化锌

附录 II

主要变量及其定义

第 1 章主要变量

F 力

n 平面 C 的外法线

$T(n)$ 应力矢量

$e_{x/y/z}$ 单位基矢量

f 正应力

f_τ 切应力

S 受力面积

L_0 原始长度

ΔL 长度变化

Δx 切变位移

$\Delta \theta$ 形变后改变的角度

ε_f 正应变/纵向应变

γ 切应变

k 劲度系数

σ_p 泊松比

$\varepsilon_f{}'$ 横向应变

s 弧长

dt 切向的单位矢量

κ_s 曲率

r_s 曲率半径

r_c 临界曲率半径

ε_c 临界应变

d 薄膜厚度

ω 旋转速率

第 2 章主要变量

n 原子能级

d 原子的相互距离

E_c 导带底的能量

E_v 价带顶的能量

E_g 禁带

E_0 真空能级

E_{Fe}　电子准费米能级

E_{Fp}　空穴准费米能级

q　单位电荷

$q\phi_m$　功函数

$q\chi$　电子亲和能

E_F　费米能级

T　温度

n_i　本征载流子浓度

n_e　电子浓度

n_p　空穴浓度

N_D　浅施主浓度

N_A　浅受主浓度

V　电压

I　电流强度

R　电阻

l　长度

ρ　电阻率

$\boldsymbol{J}$　电流密度

J_s　饱和电流密度

s　横截面积

E　电场强度

σ　电导率

μ_e　电子迁移率

μ_p　空穴迁移率

v_{th}　热运动速度

l_d　平均自由程

τ'　平均自由时间

$F_{N/L/R}$　电子平均流量

$D_{e/p}$　电子或空穴扩散系数

$G_{e/p}$　电子或空穴净产生率

$U_{e/p}$　电子或空穴净复合率

$J_{e/p}$　电子或空穴流动产生的净电流密度

n_0　电子热平衡浓度

τ　载流子寿命

$\tau_{e/p}$　电子或空穴寿命

ψ　电势

N_D^+　施主浓度

N_A^-　受主浓度

ε　介电常数

ρ_v　电荷体密度

V_D　内建电势差

$L_{p/n}$　空穴或电子的扩散长度

p_{n0}　平衡时 n 区少子空穴浓度

n_{p0}　平衡时 p 区少子电子浓度

J_0　饱和电流密度

C_P　扩散电容

C　电容

Q　电荷量

$q\phi_s$　半导体功函数

ϕ_{B0}　半导体接触的理想势垒高度

I_0　反向饱和电流

β　理想因子

$\boldsymbol{E}$　电场强度

$\boldsymbol{D}$　电位移矢量

$\boldsymbol{H}$　磁场强度

$\boldsymbol{B}$　磁感应强度

μ_0　磁导率

ε_r　相对介电常数

ε_0　真空介电常数

$\boldsymbol{k}$　波矢量

$\boldsymbol{r}$　位置向量 $\boldsymbol{r}$

ω　角频率

t　时间

c　真空中的光速

c'　介质中的光速

n_r　折射率

z　沿传播方向的位置坐标

R_1　反射系数

T_1　透射系数

$E_\perp^2$　垂直于传播方向的电场分量

k_0　消光系数

α　吸收系数

n_c　物质的浓度

κ　摩尔吸光系数

A　吸光度

l　光程

E_S　表面总能量

F_S　表面自由能

S_S　表面熵

dW　液体表面发生微小变化时所做的功

f_σ　表面张力

γ_σ　比表面自由能

$\mathrm{d}l$　微分长度

D_f　扩散系数

D_0　频率因子

E_D　扩散激活能

τ_f　跃迁平均弛豫时间

k_B　玻尔兹曼常数

ϕ_B　势垒高度

ν_0　固体表面原子的振动频率

v'　吸附原子离开其原有位置的概率

α_{H^+}　氢离子活度

$p^\ominus$　标准压力

$\varphi(\mathrm{Ox}\mid\mathrm{Red})$　氢标还原电极电势

$Z(\mathrm{j}\omega)$　阻抗

Z'　阻抗实部

Z''　阻抗虚部

θ　相位角

L　电感

N_C　导带中的有效态密度

第 3 章主要变量

W　克服库仑力所做的功

d_n　超微粒直径

q　电子电荷

Δ　能级间隔

N　总导电电子数

V_n　超微粒体积

m　电子质量

$\hbar$　约化普朗克常数

G　电导

σ_s　碰撞的有效横截面积

r_b　库仑作用能与热运动 $k_\mathrm{B}T$ 相等时的电子-空穴距离

l_0　Förster 能量转移半径

l　供体和受体之间的距离

τ　给体分子在没有受体分子存在情况下其激子态的平均寿命

K_ET　退激发的概率

K_D　转移到受体分子的概率

κ'　与给体分子-受体分子之间方向有关的因子

n_r　材料的折射率

N_0　阿伏伽德罗常数

Φ_D　荧光量子效率

$a_\mathrm{A}(\nu)$　受体分子的吸收谱

$F_\mathrm{D}(\nu)$　给体分子发射谱

ν　频率

ε_ex　受体的消光系数归一化了的光谱重叠积分

$\varepsilon_\mathrm{A}(\nu)$　受体在频率为 ν 时的摩尔消光系数

L　给体与受体的范德瓦尔斯半径之和

K　堆积系数

V'　晶体单元的体积

Z　晶胞中分子的个数

$V_0{}'$　每个分子的体积

W_B　能带的宽度

μ　载流子迁移率

E_a　活化能

E　电场强度

μ_0　前置因子

$g(E)$　定域态能级分布

σ_g　高斯宽度

E_l　态密度的中心位置

υ_{mn}　跃进速率

ν_0　频率参数

ΔR_{mn}　两点之间的距离

$E_{m/n}$　m 或 n 两点的态密度最大时的能量

Γ_{mn}　随机波动参数

T_g　玻璃化温度

Σ　无序性参数，对应于相邻分子相互作用强度的波动

$\bar{\alpha}$　两点之间的平均距离

δ_d　载流子产生区域厚度

t_T　载流子的飞行时间

t_p　达到电流最大值时的时间

I_D　器件漏电流

W　器件沟道宽度

L　器件沟道长度

C_{ox}　器件绝缘层的电容

V_G　栅电压

V_T　阈值电压

V_D　漏电压

u　八面体因子

$r_{A/B/X}$　A、B 和 X 离子的有效半径

TF　容忍因子

第 4 章主要变量

g_m　跨导

V_P　夹断电压

V_{DS}　源漏电极间的电压

$V_{DS(sat)}$　沟道刚夹断时的 V_{DS}

V_{GS}　栅源电极间的电压

I_D　漏极电流

I_{DSS}　饱和漏极电流

V_T　阈值或开启电压

I_{Dsub}　亚阈值电流

I_{on}　导通电流

C^*　单位体积电容

W　沟道宽度

d　沟道厚度

L　沟道长度

第 5 章主要变量

V_{OC}　开路电压

I_{SC}　短路电流

J_{SC}　短路电流密度

P'　功率密度

E_{ph}　入射光子的能量

$b_S(E_{ph})$　光子通量密度

q　电子电量

EQE　外量子效率

$QE(E_{ph})$　量子效率

P_m　最大功率

V_m　最佳工作电压

J_m　最佳电流密度

FF　填充因子

η　转换效率

P_{ph}　辐照度

I_{dark}　暗电流

I_{ph}　光生电流

R_S　串联电阻

R_{sh}　并联电阻

V_{ph}　光电压

I_{sh}　通过等效并联电阻的电流

V_L　负载电压

I_L　负载电流

dn/dt　载流子复合的速率

n　载流子浓度

$k_{1/2/3}$　单分子复合、双分子复合和俄歇复合的速率

L_D　载流子的扩散长度

D　扩散系数

τ　载流子的寿命

S　应变

T　应力

c'　系数矩阵

s'　系数矩阵

$\boldsymbol{\beta}$　介电隔离率矩阵

$\boldsymbol{\varepsilon}$　介电常数值矩阵

r　压电片半径

ρ_m　压电材料密度

s_{11}^E　短路弹性柔顺系数

η_1　与 σ_p 有关的常数

σ_p　压电材料泊松比

d　压电片厚度

c_{33}^D　开路弹性刚度系数

K_p　机电耦合系数

Q　总电荷量

α_{AB}　相对塞贝克系数

π_{AB}　相对珀耳帖系数

τ_A　汤姆孙系数

Q_J　回路中产生的焦耳热

ZT　热电优值

α_s　塞贝克系数

κ_h　热导率

p　热释电系数

P　极化大小

M_0　活性物质的质量

M　活性物质的摩尔质量

K_q　活性物质的电化当量

n　电极反应的电子数

F'　法拉第常数

φ_0　标准电极电势

G　自由能

W_0　电池的理论能量

P'　功率

R_0　电池的全内阻

W'　能量密度

P_a　平均功率密度

R_s　等效串联电阻

第 6 章主要变量

m^*　电子的有效质量

m_0　自由电子的质量

d　材料厚度

E_g　带隙

g　增益系数

I_l　光强

$R_{1/2}$　两个反射面的反射率

dI_g　光强增量

α　吸收系数

dI_α　光强减小量

J_{TH}　阈值电流

J_{nom}　名义电流

η_i　内量子效率

$\beta_{1/2}$　增益因子

第 7 章主要变量

μ_v　平均离子迁移率

R_{on}　器件最小阻值

R_{off}　器件最大阻值

$X(t)$　当前界面的位置

P_s　自发极化强度

P_r　剩余极化强度

E_c　矫顽场

P_{max}　最大极化强度

P　极化强度

I_{ion}　各离子的电流

g_{ion}　电导

V_m　膜电位

E_{ion}　离子电位

$\bar{g}_{ion}$　离子的最大电导值

$F(V_m,t)$　通道函数

$\alpha_{n/m/h}/\beta_{n/m/h}$　仅与 V_m 有关的函数

I_m　单位面积的总膜电流

C_m　单位面积的膜电容

$\bar{g}_K$　单位面积钾的电导

$\bar{g}_{Na}$　单位面积钠的电导

V_K　钾的反转电位

V_{Na}　钠的反转电位

$\bar{g}_l$　单位面积的漏电导

V_l　单位面积的漏反转电位

$V(t)$　膜电位

τ_m　时间常数

V_{rest}　静息电位

R_m　膜电阻

V_{th}　发放阈值

w　恢复变量

$I(t)$　输入电流

第 8 章主要变量

$x(t)$　输入量

$y(t)$　输出量

a_n　非线性项的待定常数

$h(t)$　传输或转换特性

δ_a　截距误差

δ_b　斜率误差

b　传递函数的斜率（灵敏度）

s'　位移

S'　位移 s' 产生的输出

s_x　计算位移

δ　偏离误差

e_L　非线性误差

y_{max}　校准曲线与拟合直线的最大偏差

y_{FS}　满量程输出值

S_n　灵敏度

e_h　迟滞误差

H_{max}　正反行程中输出量的最大偏差值

e_z　可重复性（可再现性）误差

τ　时间常数

$A(\omega)$　幅度

ω　频率

$\Phi(\omega)$　相位

ω_c　截止频率

ω_n　固有角频率

ξ　阻尼比

m　质量

k　刚度

d　上下电极间的距离

ε_{eff}　有效介电常数

$\varepsilon_{a/p}$　空气和弹性介质材料（$\varepsilon_p > \varepsilon_a$）的介电常数

$V_{a/p}$　气隙和弹性介质材料在总体积中的占比

σ_0　暗电导率

$\Delta\sigma$　光照下增加的电导率

QE　量子效率

IQE　内量子效率

R_v　响应度

I_{ph}　光电流

V_{ph}　光电压

P_i　入射光功率

NEP　噪声等效功率

V_n　噪声电压

D^*　比探测率

D　探测率

C_W　去离子水质量比

C_O^*　Ox 的浓度

C_R^*　Red 的浓度

n　转移的电子数

F　法拉第常数

R_g　气体常数

T　热力学温度

φ_0　标准状态下的电极电位

第 9 章主要变量

λ　波长

NA　数值孔径

d'　最小分辨宽度

μ_v　平均离子迁移率

R_{on}　器件最小阻值

R_{off}　器件最大阻值

$X(t)$　当前界面的位置